热力学视角下气候建筑原型方法研究

Research on the Prototype Method of Climatic Architecture from the Perspective of Thermodynamics

陶思旻　著

中国社会科学出版社

图书在版编目（CIP）数据

热力学视角下气候建筑原型方法研究 / 陶思旻著.
北京：中国社会科学出版社，2024. 9. -- ISBN 978-7-5227-4140-6

Ⅰ. TU18

中国国家版本馆 CIP 数据核字第 202483GA60 号

出 版 人　赵剑英
责任编辑　周　佳
责任校对　胡新芳
责任印制　李寡寡

出　　版　中国社会科学出版社
社　　址　北京鼓楼西大街甲 158 号
邮　　编　100720
网　　址　http://www.csspw.cn
发 行 部　010-84083685
门 市 部　010-84029450
经　　销　新华书店及其他书店

印　　刷　北京君升印刷有限公司
装　　订　廊坊市广阳区广增装订厂
版　　次　2024 年 9 月第 1 版
印　　次　2024 年 9 月第 1 次印刷

开　　本　710×1000　1/16
印　　张　26.25
字　　数　362 千字
定　　价　138.00 元

出 版 说 明

为进一步加大对哲学社会科学领域青年人才扶持力度，促进优秀青年学者更快更好成长，国家社科基金2019年起设立博士论文出版项目，重点资助学术基础扎实、具有创新意识和发展潜力的青年学者。每年评选一次。2022年经组织申报、专家评审、社会公示，评选出第四批博士论文项目。按照“统一标识、统一封面、统一版式、统一标准”的总体要求，现予出版，以飨读者。

全国哲学社会科学工作办公室

2023年

序　　言

自古以来，建筑与气候之间一直存在着紧密的联系。它是人类与自然不断抗衡下的产物，满足了人类适应气候生存的需求，也反映了自然力量、技术水平和地域文化的结合。随着综合学科与交叉学科的快速发展，人类知识领域的不断拓展，学科边界逐渐突破了传统科学范式的束缚，变得愈加模糊。于是建筑超越了“庇护所”的属性，而成为了集合气候、人文、技术、社会、信息环境的空间综合体。

当前中国城市化进程中面临能源消耗、环境污染等问题，绿色建筑与节能减排标准正在对建筑理论和设计领域产生重大影响，但建筑本体是所有这些挑战的载体与根本。起源于20世纪的“热力学建筑”作为一种理论研究方向，着眼于“设计追随能量”，专注于建筑、气候、环境与人之间的协同关系，寻求实现气候环境与人和谐共存的建筑形态。这种理念不仅关注形式美学，更深入探讨了建筑与其所处环境气候的紧密联系，以及如何更好地满足使用者的实际需求，是一种将环境热力学与美学融合转化的崭新视角。

从2013年前往哈佛大学做访问学者开始，我与哈佛大学的伊纳吉·阿巴罗斯（Inaki Abalos）教授、宾夕法尼亚大学的威廉·布拉汉姆（William Braham）教授等，持续开展热力学建筑的教学与研究合作，不断寻找学科知识边界的新动力，而能量与热力学建筑研究无疑为建筑科学知识发展带来新视角。其不仅是建筑形式展现的特有引擎，也是一条独特的建筑教学路径，更是一种审视学科历史并对其现代性进行评价的方法，既试图回答过去，也在面向未来。在此过程中，结合黄浦江杨浦滨江大桥景观综合体、黄河口生态旅游区游客服务中心、上海崇明体育训练基地、中国商业与贸易博物馆等一些中国本土实践项目的设计和落地，我深入思考热力学建筑如何在当代中国的语境下进行转化，试图基于能量流动与形式生成的研究重建一种建筑批评与实践的范式。如今“能量与热力学建筑”研究在中国已经发展了十余年，其不断与世界范围内的环境、气候与健康议题相呼应，强调以人为本，不过度迷恋机械技术所创造的环境，始终面向我们更美好的生活目标。热力学为建筑学科关注“能量—物质—形式”的跨学科内在设计逻辑打开视角，目前我们的研究已经在热力学考古、热力学物质化、材料文化、气候城市等多个层面展开，既有纵向的知识结构，也有紧密结合具体类型和特定气候环境的设计实践。

气候建筑作为本书构建的研究范畴，重点关注“形式追随气候”的那一部分，以外部气候条件为出发点、以建筑本体形式策略为手段、以被动利用自然资源改善室内热舒适和能耗状况为目标的建筑，其目标聚焦于“气候适应”和“环境调控”两个要点。作为陶思旻博士近年来在团队中理论和实践结合的研究成果，本书主要面向几个关键问题：如何以热力学原理来介入气候建筑的理论体系？如何通过建构建筑本体来调控微气候环境？不同气候建筑是否存在原型，原型是否又存在转译为新形式的潜力？这些都是当下建筑学面对可持续议题，力图保持自身本体性时需要回应的问题。当代绿色建筑发展应当回应“以人为本”的导向需求，而非仅着眼于各类规范及性能指标。绿色低碳设计也未必以牺牲人的舒适为代价，而应该最优化利用自然系统资源，最大化调适建筑环境性能；即在减少建筑的能源消耗和污染排放的同时，提升使用者在建筑中的舒适感受。当我们将建筑和其所在的气候环境视为一个开放且复杂的热力学系统时，系统中的能量流动就成了评判系统的重要线索。厘清能量流动方式则厘清了形式生成的内部逻辑，将气候建筑还原为“原型”，代表了外部气候要素对建筑形式的支配和塑造，也代表了能量流动对建筑形式、材料和空间的系统影响。

本书所总结的“能量流通结构—原型要素层级—能量需求因子”热力学原型形态梯度，寻求特定气候和环境下建筑生成的逻辑，客观思考其规律的根源，为建筑环境提供一种重新组织和演化的可能性，更为当代生态与可持续性议题下的建筑范式更新提供一个新的思路。

李麟学
同济大学长聘教授
建筑与城市规划学院、设计创意学院博士生导师
艺术与传媒学院院长
2024 年 6 月

摘　要

气候建筑是以气候条件为出发点、以建筑本体形式策略为手段，目的是改善室内热舒适和能耗的外部主导型建筑。本书从热力学视角，以气候建筑为研究对象，将建筑和其所处气候环境看作一个开放的热力学系统，在能量流动的逻辑中获得建筑气候策略的形式原型。本书从以下方面依次展开研究。

第一，从本书的研究背景（即气候、能量、建筑和人之间的思考）入手，以气候建筑为研究对象展开讨论。通过对关键词的释义，根据国内外相关领域的研究综述，明确了本书基于热力学视角对气候建筑原型进行研究的目标和意义，并概述了研究方法和研究框架。

第二，在理论建构方面，本书借助气候设计和热舒适理论对气候建筑的本体认知作出阐述，将能量作为线索叙述了气候建筑的历史演进；以热力学理论为起点，建构了气候建筑的能量作用机制，提出研究的视角转换和理论假说。在方法建构方面，本书提出热力学原型是能量规律的抽象本质，是环境调控的建筑形式法则；建构了从传统气候建筑中提取原型、在当代气候建筑中转译原型的研究路径。

第三，展开从传统气候建筑中提取热力学原型的方法研究。以典型气候特征下的传统民居聚落案例为依托，本书提出气候建筑热力学原型的“结构—层级—因子”形态梯度：气候建筑作为一个开放的热力学系统，由三个能量流通结构（能量捕获结构、能量协同结构、能量调控结构）和五个要素层次（整体布局、平面层次、竖向层次、界面孔隙度、构造补偿）组成，用以应对气候特征下不同的能量需求因子（减少得热、促进通风等）。

第四，展开在当代气候建筑中转译热力学原型的方法研究。结合对传统气候建筑热力学原型提取的研究，提出当代气候建筑的形态生成实际上是能量形式化的过程。根据相应当代气候建筑案例的研究，总结出“结构—层级—因子”形态梯度的热力学原型转译模式。在此基础上，本书将黄河口生态旅游区游客服务中心作为当代气候建筑的研究样本，从能量形式化的机制入手，结合定性与定量研究，对其外部响应、空间梯度和构造补偿的环境调控方式进行深入分析，构建了它的热力学原型转译模型。

第五，探讨气候建筑的热力学原型方法应用于设计实践的策略路径。结合参数化环境性能软件工具，首先是对气候特征的可视化分析，其次是形态参数与能量需求参数交互优化的原型建立阶段，最后是原型在三个能量形式化层面上的转化和结合建筑功能的尺度还原。自此，热力学视角下气候建筑原型方法有望面向未来绿色建筑发展的前景，提供一种范式更新的动力。

关键词：气候建筑；热力学建筑；环境调控；气候适应；建筑原型

Abstract

Climatic architecture is an external leading building which takes the external climate conditions as the origin, takes the building form as the strategy, and passively improves the indoor thermal comfort and energy consumption. It regards the climate as the external environment that buildings need to adapt to and the external energy source that buildings can use. From the perspective of thermodynamics, this book takes climatic architecture as the research object, regards architecture and its climate environment as an open thermodynamic system, and obtains the formal prototype of architectural climate strategy in the principle of energy flow. The process emphasizes the symbiotic relationship among climate, energy, architecture and users. The thermodynamic prototypes can be further transformed into the basis for the formation of future climatic architecture, and become the driving forces for the renewal of building paradigm under the guidance of environmental regulation. This book studies from the following aspects in turn.

Firstly this book starts from the research background, that is, the thinking of climate, energy, architecture and human, and takes climatic architecture as the research object. Through the definition of the key words, according to the research review of related fields, the goal and significance of the research are clarified, and the research methods and framework are summarized.

Secondly, in the aspect of theoretical construction, the book expounds the noumenon cognition of climatic architecture with the help of climatic design and thermal comfort, and describes the historical evolution of climatic architecture with energy as a clue; Then based on thermodynamics, the energy mechanism of climatic architecture is constructed, and the perspective transformation and theoretical hypothesis are put forward. In the aspect of method construction, the book takes the energy systems language as the analysis tool, and proposes that the thermodynamic prototype is the abstract essence of energy law and the architectural form law of environmental regulation; It constructs the research approach of extracting the prototype from the traditional climatic architecture and transferring the prototype into the contemporary climatic architecture.

Thirdly, the method of extracting thermodynamic prototype from traditional climatic architecture is studied. Based on the case studies of vernacular settlements in different climate zones, according to the field research and literature research, this book analyzes the long-term climate adaptation mechanism of traditional climatic archiecture, and analyzes the energy flow in building forms with energy systems language. Then, based on the case studies, the "structure-level-factor" morphological gradient of thermodynamic prototypes of climatic architecture is proposed. As an open thermodynamic system, climatic architecture is composed of three energy flow structures (energy capture structure, energy programming structure, energy regulation structure) and five formal element levels (overall layout, plane level, vertical level, interface porosity, structural compensation) to cope with different energy demand factors (heat gain reduction, ventilation promotion, etc.). According to this research approach, thermodynamic prototypes are the basic forms of the environment regulation mode of traditional climatic architecture.

Fourthly, the method of translating thermodynamic prototypes into climatic architecture is studied. According to the thermodynamic prototype extraction of traditional climatic architecture, it is proposed that the formation of contemporary climatic architecture is actually the process of energy formation, including the influence of energy capture mechanism on interface morphology, the influence of energy programming mechanism on spatial morphology and the influence of energy regulation mechanism on technical morphology. According to the case studies of contemporary climatic architecture, the book summarizes the translation model of thermodynamic prototype based on the morphological gradient of "structure-level-factor" . On this basis, this book takes the tourist center of yellow river estuary ecological tourism zone as the sample, combines the qualitative and quantitative research, starts with the mechanism of energy formation, and makes an in-depth analysis of its external response, spatial gradient and structural compensation of environmental regulation and control mode, which verifies the thermodynamic prototype translation mode of contemporary climatic architecture.

Fifthly, the book discusses the method of applying the thermodynamic prototype of climatic architecture as a strategy to design and research. Based on the parameterized environment performance analysis software, the first step is the visual analysis of climatic characteristics, the second step is the prototype establishment stage of interactive optimization of form parameters and energy demand parameters, and the third step is the transformation of prototype on three energy formation levels and the scale restoration combining with functions. Since then, the prototype method of climatic architecture from the perspective of thermodynamics is expected to provide a new impetus for the future development of green building.

Key Words: climatic architecture; thermodynamic architecture; environmental regulation; climate adaptation; architecture prototype

目　　录

第一章　绪论 ………………………………………………………………（1）
第一节　研究缘起及背景 …………………………………………………（1）
一　能源危机与可持续背景下的建筑发展方向 ……………（1）
二　地域与气候适应性需求下的建筑思维转换 ……………（3）
三　技术浪潮与建筑自主性危机 ……………………………（5）
四　能量系统与热力学建筑思潮 ……………………………（6）
第二节　研究对象界定 ……………………………………………………（7）
一　气候建筑的属性和范畴 ……………………………………（7）
二　建筑中的能量流动机制……………………………………（10）
三　从原型到类型的系统转化…………………………………（11）
第三节　相关研究综述……………………………………………………（13）
一　外围研究……………………………………………………（13）
二　相关研究……………………………………………………（20）
三　由研究综述引发的问题导向………………………………（31）
第四节　研究目的和意义…………………………………………………（31）
第五节　研究内容和方法…………………………………………………（33）
一　研究内容……………………………………………………（33）
二　研究方法……………………………………………………（35）
三　研究框架……………………………………………………（39）

第二章 气候建筑热力学系统的理论构建…………………… (41)
第一节 气候建筑的本体认知………………………………… (41)
一 气候成因……………………………………………………… (41)
二 影响建筑的气候要素………………………………………… (43)
三 热舒适与气候适应…………………………………………… (47)
四 生物气候设计方法…………………………………………… (51)
第二节 气候建筑热力学议题的历史图景…………………… (55)
一 前现代：传统建筑中的能量线索…………………………… (56)
二 现代：从隔离到开放的环境调控…………………………… (61)
三 当代：话语重构下的热力学建筑思潮……………………… (69)
第三节 气候建筑的能量交换机制…………………………… (72)
一 开放系统与耗散结构………………………………………… (72)
二 能量转化方式………………………………………………… (79)
三 能量流通结构………………………………………………… (81)
四 气候作为能量来源…………………………………………… (84)
五 能级匹配的建筑形式………………………………………… (85)
第四节 气候建筑的研究视角转换…………………………… (88)
一 认识转换……………………………………………………… (88)
二 系统转换……………………………………………………… (90)
三 策略转换……………………………………………………… (91)
第五节 本章小结……………………………………………… (94)

第三章 气候建筑热力学原型的方法构建…………………… (97)
第一节 作为分析工具的能量系统语言……………………… (97)
一 气候、环境与建筑语境……………………………………… (98)
二 组成单元……………………………………………………… (99)
三 三个尺度 ………………………………………………… (101)
四 图解逻辑 ………………………………………………… (102)
第二节 作为抽象本质的建筑热力学原型 ………………… (103)

一　“燃烧”或是“建造” ……………………………（104）
二　热源与热库 ………………………………………（106）
三　原型内含的核心经验 ……………………………（108）
四　原型发展的形式潜力 ……………………………（109）
第三节　作为研究基础的传统气候建筑热力学原型提取 …（111）
一　气候应对的能量反馈 ……………………………（111）
二　调节热舒适的能量策略 …………………………（112）
三　热力学原型的要素层级 …………………………（113）
第四节　作为研究目标的当代气候建筑热力学原型转译 …（117）
一　能量流通结构的形式化 …………………………（117）
二　能量策略的形式变量 ……………………………（119）
三　热力学原型的尺度再现 …………………………（121）
第五节　本章小结 ……………………………………（122）

第四章　基于气候特征的传统气候建筑热力学原型提取 ……（124）
第一节　气候分类方法 ………………………………（124）
一　依据气候要素和动因 ……………………………（125）
二　依据建筑和气候关系 ……………………………（126）
第二节　原型提取方法 ………………………………（129）
一　以环境性能软件为工具 …………………………（129）
二　以气候特征分析能量需求 ………………………（131）
三　以能量策略提取原型 ……………………………（133）
第三节　案例研究：典型气候环境下的传统气候建筑
热力学原型 ……………………………………（135）
一　选型依据 …………………………………………（135）
二　干热气候：通风与隔热协同的原型（Ⅰ） …………（137）
三　湿热气候：通风与遮阳协同的原型（Ⅱ） …………（153）
四　温和气候：防寒与隔热协同的原型（Ⅲ） …………（172）
五　寒冷气候：防风与蓄热协同的原型（Ⅳ） …………（189）

六　中国典型气候环境下的传统热力学原型（Ⅴ）……（205）
第四节　传统气候建筑的热力学原型提取模式总结………（240）
一　能量需求因子类型………………………………………（240）
二　原型要素层级类型………………………………………（243）
三　能量流通结构类型………………………………………（244）
四　以“结构—层级—因子”为形态梯度的原型提取 …（246）
第五节　本章小结……………………………………………（251）

第五章　基于能量形式化的当代气候建筑热力学原型转译…（254）
第一节　当代气候建筑的热力学深度………………………（254）
一　目标体系…………………………………………………（255）
二　热力学原型性……………………………………………（256）
三　能量形式化………………………………………………（258）
第二节　能量形式化机制下的当代气候建筑形态转译……（263）
一　能量捕获的外部形态转译………………………………（263）
二　能量协同的空间形态转译………………………………（271）
三　能量调控的技术形态转译………………………………（281）
第三节　当代气候建筑的热力学原型转译模式总结………（290）
一　能量策略价值比较………………………………………（290）
二　能量形式化侧重点比较…………………………………（292）
三　以“结构—层级—因子”为形态梯度的原型转译 …（293）
第四节　样本研究：当代气候建筑热力学原型转译模型…（297）
一　研究样本及概况：黄河口生态旅游区游客服务
　　中心……………………………………………………（297）
二　能量捕获结构的外部响应………………………………（309）
三　能量协同结构的空间梯度………………………………（322）
四　能量调控结构的辅助调节………………………………（334）
五　研究样本的热力学原型转译模型总结…………………（338）
第五节　本章小结……………………………………………（344）

第六章　气候建筑热力学原型的应用策略 …………………… (347)
　第一节　基于气象数据的可视化分析 ……………………… (348)
　　一　空气温度数据 ……………………………………… (349)
　　二　空气湿度数据 ……………………………………… (350)
　　三　太阳辐射与太阳角度 ………………………………… (351)
　　四　风速风向与通风控制 ………………………………… (354)
　第二节　基于参数变量的原型建立 ………………………… (354)
　　一　气候特征确定原型优选项 …………………………… (355)
　　二　能量策略整合生成多级原型 ………………………… (356)
　　三　参数变量设定和原型优化 …………………………… (357)
　第三节　基于能量形式化的原型转化 ……………………… (361)
　　一　外部形态改善能量捕获 ……………………………… (362)
　　二　空间形态组织能量协同 ……………………………… (366)
　　三　技术形态整合能量调控 ……………………………… (367)
　第四节　应用策略的局限性 ………………………………… (369)
　第五节　本章小结 …………………………………………… (370)

第七章　结语 …………………………………………………… (372)
　第一节　本书的结论 ………………………………………… (372)
　　一　时代背景下的气候设计和环境调控观念更新 ……… (372)
　　二　以能量流动为基础的类型学方法构建 ……………… (373)
　　三　热力学思考下的范式和评价标准重塑 ……………… (373)
　第二节　本书的创新点 ……………………………………… (374)
　第三节　未来展望 …………………………………………… (376)

参考文献 ……………………………………………………… (377)

索　引 ………………………………………………………… (386)

Contents

Chapter 1 Introduction ············ (1)
Section 1 Research Origins and Background ············ (1)
1. Architectural Development Direction in the Context of Energy Crisis and Sustainability Background ············ (1)
2. Architectural Thinking Transformation in Response to Regional and Climate Adaptation Needs ············ (3)
3. Technological Trends and the Crisis of Architectural Autonomy ············ (5)
4. Energy Systems and Trends of Thermodynamic Architecture ······ (6)
Section 2 Definition of Research Object ············ (7)
1. Attributes and Categories of Climatic Architecture ············ (7)
2. Energy Flow Mechanisms in Architectures ············ (10)
3. Transformation from Prototype to Production System ············ (11)
Section 3 Review of Relevant Research ············ (13)
1. Peripheral Research ············ (13)
2. Relevant Research ············ (20)
3. Problem-Oriented Approach Triggered by Research Review ······ (31)
Section 4 Research Objectives and Significance ············ (31)
Section 5 Research Content and Methods ············ (33)
1. Research Content ············ (33)
2. Research Methods ············ (35)

3. Research Framework ………………………………………………… (39)

Chapter 2 Theoretical Construction of Climatic Architecture Thermodynamic Systems …………… (41)

Section 1 Ontological Understanding of Climatic Architecture ……………………………………………… (41)

1. Climatic Causes ……………………………………………… (41)
2. Climatic Factors Affecting Architecture ……………………… (43)
3. Thermal Comfort and Climate Adaptation …………………… (47)
4. Bioclimatic Approach ………………………………………… (51)

Section 2 The Historical Picture of the Thermodynamic Issues of Climatic Architecture …………………… (55)

1. Pre-modern: Energy Clues in Traditional Architecture ……… (56)
2. Modern: Environmental Regulation from Insulated to Open … (61)
3. Contemporary: Thermodynamic Architecture Thoughts under the Reconstruction of Discourse ……………………… (69)

Section 3 Energy Exchange Mechanism of Climatic Architecture ……………………………………………… (72)

1. Open System and Dissipative Structure ……………………… (72)
2. Energy Conversion Mode ……………………………………… (79)
3. Energy Flow Structure ………………………………………… (81)
4. Climate as a Source of Energy ……………………………… (84)
5. Energy Level Matching Architectural Form …………………… (85)

Section 4 The Transformation of Research Perspective of Climatic Architecture ……………………………… (88)

1. Cognitive Transformation …………………………………… (88)
2. System Transformation ……………………………………… (90)
3. Strategy Transformation ……………………………………… (91)

Section 5 Summary of this Chapter ……………………………… (94)

Chapter 3 The Method Construction of Thermodynamic Prototype of Climatic Architecture ·················· (97)
Section 1 Energy Systems Language as an Analytical Tool ······ (97)
1. Climate, Environment, and Architectural Context ·············· (98)
2. Constituent Units ··· (99)
3. Three Scales ·· (101)
4. Illustrative Logic ··· (102)
Section 2 Architectural Thermodynamic Prototype as Abstract Essence ······································ (103)
1. "A Camp Fire" or "A Substantial Structure" ················· (104)
2. "Heat Source" and "Heat Sink" ····························· (106)
3. The Core Experience Contained in the Prototype ·············· (108)
4. The Formal Potential of Prototype Development ·············· (109)
Section 3 The Thermodynamic Prototype Extraction of Traditional Climatic Architecture as the Research Basis ·· (111)
1. Energy Feedback of Climate Response ························· (111)
2. Energy Strategy for Adjusting Thermal Comfort ················· (112)
3. The Element Level of Thermodynamic Prototype ·············· (113)
Section 4 Thermodynamic Prototype Translation of Contemporary Climatic Architecture as a Research Goal ·· (117)
1. Formalization of Energy Flow Structure ······················ (117)
2. The Formal Variables of Energy Strategy ······················ (119)
3. Scale Reproduction of Thermodynamic Prototype ·············· (121)
Section 5 Summary of this Chapter ······························ (122)

Chapter 4　Thermodynamic Prototype Extraction of Traditional Climatic Architecture Based on Climate Characteristics ……………………… (124)
Section 1　Method of Climate Classification ……………… (124)
1. Based on Climate Factors and Motivation …………………… (125)
2. Based on the Relationship Between Architecture and Climate ……………………………………………… (126)
Section 2　Prototype Extraction Method ……………………… (129)
1. Environmental Performance Software as a Tool ……………… (129)
2. Analysis of Energy demand Based on Climate Characteristics ……………………………………………… (131)
3. Extract Prototype with Energy Strategy ……………………… (133)
Section 3　Case Study: Thermodynamic Prototype of Traditional Climatic Architecture in Typical Climate Environment …………………………………… (135)
1. Selection Basis …………………………………………… (135)
2. Dry-hot Climate: Ventilation and Thermal Insulation Synergy (Ⅰ) ………………………………… (137)
3. Humid and Hot Climate: Prototype of Ventilation and Sunshade Synergy (Ⅱ) ……………………………… (153)
4. Mild Climate: Prototype of Cold Protection and Heat Insulation Synergy (Ⅲ) ………………………… (172)
5. Cold Climate: Prototype of Windbreak and Heat Storage Synergy (Ⅳ) …………………………………… (189)
6. Traditional Thermodynamic Prototypes under Typical Climatic Environments in China (Ⅴ) ……………………… (205)
Section 4　Summary of Thermodynamic Prototype Extraction Mode of Traditional Climatic Architecture ………… (240)
1. Type of Energy Demand Factor ……………………………… (240)

2. Type of Prototype Element Hierarchy ·························· (243)
3. Type of Energy Flow Structure ································ (244)
4. Prototype Extraction with "Structure-Level-Factor" as Morphological Gradient ·· (246)
Section 5 Summary of this Chapter ····························· (251)

Chapter 5 The Thermodynamic Prototype Translation of Contemporary Climatic Architecture Based on Energy Formalization ································ (254)
Section 1 Thermodynamic Depth of Contemporary Climatic Architecture ··· (254)
1. Target System ·· (255)
2. Thermodynamic Prototypicality ································ (256)
3. Energy Formation ·· (258)
Section 2 The Translation of Contemporary Climatic Architecture Form under the Energy Formalization Mechanism ····························· (263)
1. External Form Translation of Energy Capture ·················· (263)
2. Spatial Form Translation of Energy Cooperation ·············· (271)
3. Technical Form Translation of Energy Regulation ·············· (281)
Section 3 Summary of Thermodynamic Prototype Translation Model of Contemporary Climatic Architecture ······ (290)
1. Comparison of Energy Strategy Values ························· (290)
2. Comparison of Energy Formalization Emphasis ················· (292)
3. Prototype Translation with "Structure-Level-Factor" as Morphological Gradient ·· (293)
Section 4 Sample Study: Thermodynamic Prototype Translation Model of Contemporary Climatic Architecture ······ (297)

1. Research Sample and Overview: Visitor Service Center of Yellow River Estuary Ecological Tourism Area ················ (297)
2. External Response of Energy Capture Structure ·············· (309)
3. Spatial Gradient of Energy Synergy Structure ················· (322)
4. Auxiliary Adjustment of Energy Regulation Structure ········ (334)
5. Summary of Thermodynamic Prototype Translation Model of Research Samples ··· (338)
Section 5 Summary of this Chapter ··························· (344)

Chapter 6 Application Strategy of Climatic Architecture Thermodynamic Prototype ························ (347)
Section 1 Visual Analysis Based on Meteorological Data ······ (348)
1. Air Temperature Data ·· (349)
2. Air Humidity Data ··· (350)
3. Solar Radiation and Solar Angle ································ (351)
4. Wind Speed, Wind Direction and Ventilation Control ········ (354)
Section 2 Prototype Establishment Based on Parameter Variables ·· (354)
1. Climatic Characteristics Determine Prototype Optimization Options ·· (355)
2. Energy Strategy Integration Generates Multi-level Prototypes ·· (356)
3. Parameter Variable Setting and Prototype Optimization ········ (357)
Section 3 Prototype Transformation Based on Energy Formalization ··· (361)
1. External Form Improves Energy Capture ······················· (362)
2. Spatial Form Organizes Energy Cooperation ··················· (366)
3. Technical Form Integrates Energy Regulation ················· (367)
Section 4 Limitations of Application Strategy ················· (369)

Section 5 Summary of this Chapter ············ (370)

Chapter 7 Epilog ············ (372)

Section 1 The Conclusion of This Book ············ (372)

1. The Renewal of the Concept of Climate Design and Environmental Regulation ············ (372)
2. The Construction of Typology Methods Based on Energy Flow ············ (373)
3. The Remodeling of Paradigms and Evaluation Criteria under Thermodynamic Consideration ············ (373)

Section 2 Innovations of This Book ············ (374)

Section 3 Future Prospect ············ (376)

Reference ············ (377)

Index ············ (386)

第一章

绪　　论

第一节　研究缘起及背景

一　能源危机与可持续背景下的建筑发展方向

20 世纪 70 年代的两次能源危机之前，全球经济空前繁荣，消费主义盛行，人们沉浸在科技乐观和经济乐观的表象下，现代建筑被鼓励着朝全面机械化设备化大步迈进。全玻璃外观的摩天大楼、全面覆盖的中央空调、全天候的人工照明等设计在当时的发达国家随处可见。技术进步实现了对建筑空间环境的绝对控制，也无限制地浪费着地球资源。当时，建筑被倡导作为与时装、可乐、娱乐一样的商品来看待，建筑电讯（Archigram）的沃伦·查克（Warren Chalk）甚至直接抛出了口号——“建筑应当成为消费品”。[①] 他认为未来的都市应当像一座造船厂，未来的住宅应当像一台巨大的高效机器，它们应当靠着无数设备运转（见图 1 - 1）。

1970 年夏，来自十多个国家的科学家、教育家、经济学家、人类学家和实业家等在罗马组成了一个非正式国际研究协会——罗马俱乐部（Club of Rome），制订了著名的“人类困境”（human predic-

① Warren Chalk, “Architecture as a Consumer Product”, Arena, 1966.

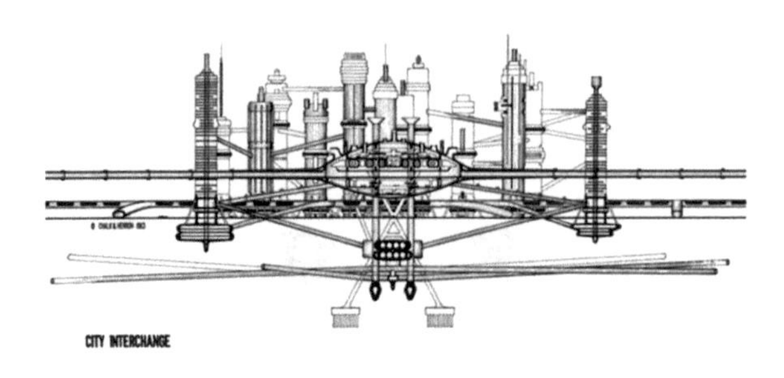

图1－1　沃伦·查克与隆·海伦的城市立交机器项目

资料来源：Simon Sadler，*Archigram*：*Architecture without Architects*，Cambridge：The MIT Press，2005。

ament）研究计划。其中，丹尼斯·米都斯（Dennis Meadows）带领的研究小组于1972年发表了《增长的极限》（“Limits to Growth”），给当时过度迷信科技而奢侈浪费的人类文明一记棒喝。他们悲观地预测人类将在20世纪末耗尽石油能源（见图1－2），而随即1973年就发生了惊天动地的第一次能源危机。

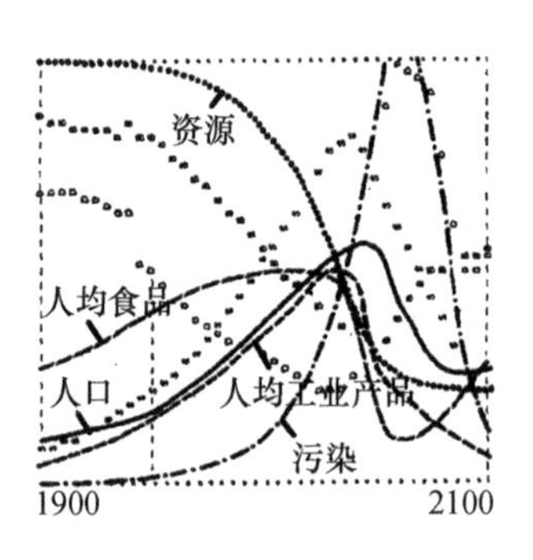

图1－2　人口增长和能源消耗预测模型

资料来源：［美］丹尼斯·米都斯等：《增长的极限——罗马俱乐部关于人类困境的研究报告》，李宝恒译，吉林人民出版社1997年版。

美国作家怀特（Elwyn Brooks White）曾说，“我为人类感到悲伤，因为人类太过精明于自身利益，还意图通过蛮力来征服自然。我们若要获得更好的生存机会，就必须抛开多疑与专横，心怀感激地对待这颗星球。”①石油恐慌使人类开始反思建立在工业文明基础之上的行为模式，并随之唤起了广泛的环保意识，“绿党”“绿色和平组织”等环保组织纷纷成立。此后建筑界也形成了节能设计的趋势，包括受20世纪60年代生态学科发展影响的“生态建筑”思潮、雨后春笋般出现的“太阳能设计”住宅，以及各国积极制定的建筑节能设计法令等。短短几十年间，以节能为目标导向的建筑设计与技术得到了快速发展。

20世纪80年代之后，生态环境的理念进一步扩大到地球环保的尺度，人类社会与环境之间的矛盾日趋严峻，环境恶化、全球变暖与能源危机威胁着人类的生存与发展。建筑活动是人类改造自然行为中最大型的活动之一；日益增长的建筑能耗，包括建造与运营能耗所带来的一系列能源、资源、环境问题，成为中国建筑领域面临的关键问题和主要矛盾。“加快生态文明体制改革、建设美丽中国”是党的十九大报告的重要议题，而建筑领域绿色低碳发展是实现这一目标的重要途径。因此倡导建筑节能、推广绿色建筑已经成为国家可持续发展战略下的强制要求，它必将催生新型建筑与建筑市场。

二　地域与气候适应性需求下的建筑思维转换

自20世纪90年代起，气候变化开始成为国际社会普遍关心的重大全球性问题。过去人类无节制地消耗能源，使地球二氧化碳浓度年年增加，造成地球气候高温化。冰河、冰山的溶解导致海平面快速上升，雾霾、酸雨、热带雨林的消失、山川湖泊的破坏等异常气候现象的后果令人触目惊心。2018年12月召开的第24届联合国气候变化大会（UNFCCC COP24）上，近200个国家的代表通过了《〈巴黎协定〉实施细则》，目标是将21世纪全球平均气温上升幅度控制在2℃之内。②

---

① Amos Rapoport, *House Form and Culture*, Englewood Cliffs: Prentice Hall, 1969.

② United Nations, “Framwork Convention on Climate Change (FCCC)”, Report of the Conference of the Parties on its twenty-fourth session, 2019.

以 CESM（community earth system model）为代表的，由成千上万的计算机代码建立起来的地球气候系统作为现今国际上应用最广泛的耦合性气候模型，已成为各国科学家们竞相投入研究气候科学的核心工具，并被提升到国家发展战略层面。人们意识到了人类活动的结果对环境与气候的影响和危害，建立在环境容量无限理念之上的现代建筑设计方法因此受到了挑战。

建筑物通过消耗能源来提供电力、照明、供暖或制冷，成为造成气候变化的主要排放源之一。作为生态环境系统的重要组成部分，建筑的气候适应性成为气候问题大框架下的重要分支。早在 20 世纪 70 年代前后欧美建筑界掀起的生态浪潮中，就曾诞生过许多实验性的生态概念方案。它们成为此后当代气候建筑的原型和先导者，引领着一部分建筑师朝着拥抱自然、适应气候的道路持续前行。建筑环境学家丽莎·艾斯琼（Lisa Heschong）在于 1979 年发表的麻省理工学院硕士学位论文《建筑中的热舒适》中就着重提及了美国建筑学界于 20 世纪 60 年代出现的生态意识萌芽（ecological consciousness），认为“不应该用科学技术来疏远人和自然环境，而应致力于建设一个与自然力量更亲密、更协同的合作关系”。①

但面对气候适应下的节能减排问题时，建筑师近年来形成了一种对设备的过度依赖，通过堆砌所谓的低碳新技术来达到某种指标要求。这不但不是绿色节能的最佳选择，反而会由于新技术生产中的资源消耗而造成更大的能源浪费。同时，这样的技术观将气候问题与建筑设计割裂开来，容易造成不同地域之间的建筑形态同质化，缺乏本质上的建筑地域特征。

因此，建筑师迫切需要重新关注并全面思考新时代下气候适应性建筑，摆脱片面地以耗能的主动技术手段来解决建筑气候适应问题的思路。立足于研究与继承传统气候适应设计思维，发展更多样化、更有创新性的建筑气候策略，从设计前期就把握好建筑与气候

---

① Lisa Heschong, *Thermal Delight in Architecture*, Cambridge: The MIT Press, 1979.

之间的联动关系，加之以适宜的技术手段，才能获得良好的建筑环境空间，实现社会环境的可持续发展。通过对气候的关注，“建筑不再是一个与外部隔绝的物体，而是在建筑空间、集群、城市与外部的环境、气候以及在地的文化之间，建立起一种长久的、值得不断探究的深刻关联，成为自然系统的一个动态的、重要的媒介”①。

三　技术浪潮与建筑自主性危机

近年来建筑界日渐关注环境和社会责任议题，其自主性面临前所未有的挑战，同时也面临着发展的机遇。在可持续发展的广泛语境下，绿色建筑成为当代建筑发展的重要方向，以节能和评估为第一导向的绿色建筑浪潮，在通过指标化普及绿色建筑理念的同时，其自身的体系也受到一系列的质疑与反思。这种反思集中在两个方面：一方面，对于太阳能光伏板、地源热泵等主动式高技术的依赖，使所谓的绿色建筑以巨大的资金投入和新技术的研发为代价，一味追求达到能效指标而没有处理好与建筑设计的整合问题，忽视从设计与气候的关系本身开始控制；另一方面，建筑师在绿色建筑的潮流中的角色错位导致建筑本体实践的缺席，节能与能效被简化成了数值验算，并以商业化的认证和指标为评价参照，建筑师反而退到专业边缘，成为机械的立面绿化工程和“表皮”主义的执行者，触及不到可持续的内涵。

“‘绿色’和‘可持续性’是被用来命名对这个时代最紧迫的问题的解决之道，然而其含义正危险地变得模糊和不确定，它们使得建筑沦为一个任务而非一种渴望……已经被编码化、商品化和规格化了。我们必须充满激情地去接纳一切关于可持续性的新鲜想法，从本质上整合可持续性原则，将历史验证的经验与新鲜热切的创造力相结合，去开辟一条新的道路，通向更具生态性的建筑。”②　当生

---

①　李麟学、周渐佳、谭峥：《热力学建筑视野下的空气提案：设计应对雾霾》，同济大学出版社 2015 版。

②［美］莫森·莫斯塔法维、［美］加雷斯·多尔蒂：《生态都市主义》，俞孔坚等译，江苏科学技术出版社 2014 年版。

态焦虑涌入设计领域，“技术官僚主义”开始成为设计体系的主导。在学科交叉过程中，面对环境工程师的专业性，建筑师越来越边缘化，本体创造性越来越弱，这也直接导致了建筑师在面对能量的核心问题时话语权的缺失。技术堆砌而非技术整合的某些建筑以“采用多套先进技术”作为评价标准，除了没有达到节能的目的，更否定了建筑学的自主性和核心价值，使绿色建筑的形态高度同质化。千篇一律的节能型建筑从经验主义的角度出发，忽视了当地的气候要素和环境资源，将同一种形态类型运用于多个气候条件中。这不仅是缺乏思考的表现，更会引发额外的生产维护成本与能源损耗。因此通过越来越多相关学者和专家的关注与批判性研究，绿色节能建筑的导向与内核不断进化，气候适应与能量协同在建筑形式中的整合势在必行。

四　能量系统与热力学建筑思潮

在全球气候变化、能源危机背景以及更广泛的环境与社会议题下，人们开始重新聚焦“能量”这个无形物质的无限潜力。新知识体系的建构，建筑本体性和工具性的整合，将使建筑师有机会在可持续语境中重获话语权。对于能量的研究不是纯粹技术意义的深入，也不是技术对建筑形式的附加影响，而是在基本概念层面重新构建知识体系并重新诠释设计的过程。

近年来，热力学研究逐渐成为国际建筑学界热议的前沿话题，能量与热力学建筑的当代演化为建筑的自主性重建与绿色建筑的发展提供了一个全新视角。将热力学定律应用于建筑领域，其基础源于对“系统”概念的重新关注。热力学将宇宙解释为系统与环境的关系，建筑作为热力学开放系统，展现了系统与环境互动的过程。有两个基本要素用以描绘系统：一是外延特征，包括体积、形态等与物质大小相关的要素；二是集约特征，包括温度、密度等与物质性质相关的要素。在此视角下，建筑可以被看作一种物质组织，由组织中要素的秩序来控制空间中的能量流动，并依此平衡与维持此组织的形式。物质、能量、气候、形式、身体和系统，才应是构成当今建筑学体系的重要话语。[①]

从热力学的角度来看，人类过度开发化石能源的能量利用模式效率太低，浪费了能量梯度中大量等级更高的可用能。涉及建筑时，首先要批判的就是自近代空调发明以来对机械设备过于依赖的能耗方式。热力学建筑重新思考了能量流动、气候应对、感知与体验、环境性能与建筑本体之间的相互作用，试图打破现代主义以来封闭隔离的建筑形式壁垒。它将能量流动作为建筑本体生成动力，将气候参数作为依托和导向，借助微环境模拟和参数化设计工具，提出基于热力学的功能重置、空间建构、生态塑形、气候性能、定性和定量设计工具等系统化的理论与方法，目的是解放设计初期对建筑形式与功能的预设，寻求一种新的逻辑方式将其由特定气候中自发形成，以此来反思大规模现代化之后建筑对气候与环境因素考虑的缺失。

第二节　研究对象界定

一　气候建筑的属性和范畴

建筑是人类与大自然不断抗争的产物。作为史前人类生存和发展的遮蔽物，建筑在远古时期起到防风御雨、使人远离寒暑的重要作用。维特鲁威（Marcus Vitruvius Pollio）早在《建筑十书》的第六书中，就将居所建筑和气候条件与地理位置相关联，强调由于太阳高度角的不同而产生的直射和斜射是影响建筑的最核心气候因素，“在北方，房屋应当用屋顶严密覆盖，尤其需要造成封闭式的而非开敞式的，并且朝向温暖的方位；与此相反，南方的建筑处于强烈的太阳之下，因受到暑热的压力而应尽量造成开敞式的，朝向北方和东北方。若某个方位有自然致害之处，就要依靠技术来

---

① 李麟学、陶思旻：《绿色建筑进化与建筑学能量议程》，《南方建筑》2016 年第 3 期。

补救"①。阿尔伯蒂（Leon Battista Alberti）的《建筑论》中则更明确地指出了建筑与气候之间的朴素关联，"找到一处合适的地点成为自己的居所，须有完整的庇护体以抵挡外界不良影响……最后，在墙体各边开启门窗便于人们出入以及引入光线和空气、排除湿气"②。

虽然气候并非决定建筑形式的唯一因素，但乡土建筑往往会在形态上显示出和气候环境的紧密联系。日照、降水、温度、湿度等气候因素会直接影响建筑的功能和形式，比如封闭或是开敞、厚重或是轻盈、紧凑或是松散，它们共同构成了传统乡土建筑的基本特征。拉普卜特（Amos Rapoport）在其著作《宅形与文化》中着重将气候限定作为塑造形式的一项重要因素，认为前工业化时期人们的技术水平达不到忽视气候的程度，因而"为了让自己过得舒服，他们就要在材料和技术匮乏的条件下盖出适应气候的房子，从而对抗自然和争取资源……这些解决气候问题的措施必定对建筑形式具有重要影响"③。这种观点将气候列为影响建筑形式的源语言之一，而受影响的程度和气候量度有关。建筑在功能上是原始巢穴的延续，是人类作为动物适应气候而生存的生理需要；在形式上又是人类启蒙的反映，是自然力结合技术水平与地域文化的集中表现。

进入20世纪下半叶，虽有空调诞生后依赖机械控制的环境隔离型建筑潮流在先，但仍有一批学者和建筑师坚持将气候作为设计思路的主导。他们结合了反击"国际式"建筑的"地区主义"（regionalism）思潮，研究针对性应对各个气候要素的控制性设计策略，重视结构性的学科方法探索，发展出以奥戈雅（Victor Olgyay）为代表的"生物气候设计方法"（bioclimatic design method）。他通过将气候与建筑

① Marcus Vitruvius Pollio, *Vitruvius: The Ten Books on Architecture*, Cambridge: Harvard University Press, 1914.

② Leon Battista Alberti, *The Ten Books of Architecture: The 1755 Leoni Edition*, New York: Dover Publications, 1986.

③ ［美］阿摩斯·拉普卜特：《宅形与文化》，常青等译，中国建筑工业出版社2007年版。

设计两个概念结合，首次提出了在室外气候条件约束下根据人体舒适度要求进行建筑设计的方法，以建筑本体而非附加机械手段来实现微环境控制。自此之后，许多学者、环境工程师和建筑师均对这一方法做出各自的理论和实践补充，并结合当代程序化手段和数字技术力图构建一套系统方法论，为建筑提供满足人体热舒适并且减少能耗的设计依据和策略。

通常，我们将内部设备、人员等发热量较小，室内温度受气候环境的影响较大，并以在地气候能源利用为主体的建筑称为外部结构主导型建筑，而将内部设备、人员等发热量较大，室内温度受气候环境的影响相对较小，以非在地集中能源供给为主体的建筑称为内部空间主导型建筑（见图 1－3）。作为本书研究对象的“气候建筑”并不等同于生态建筑与绿色建筑，而是指“形式追随气候”的那一部分以外部气候条件为出发点，以建筑本体形式策略为手段，以被动利用自然资源改善室内热舒适和能耗状况为目标的传统或当代的外部结构主导型建筑。

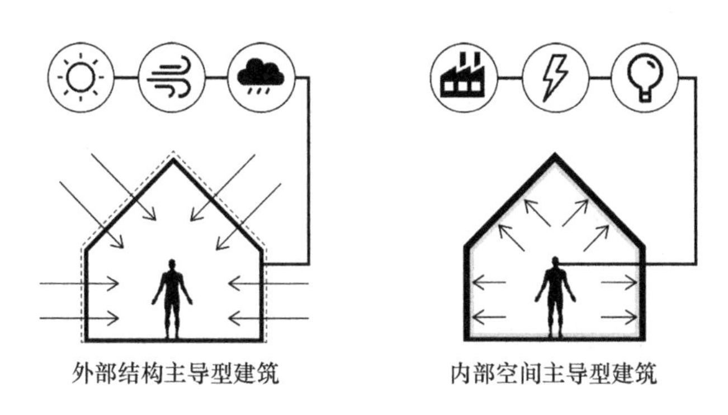

图 1－3　外部结构主导型建筑 vs. 内部空间主导型建筑

资料来源：笔者自制。

“气候建筑”的概念包含两个要点：一是将气候视为建筑需要适应的外部环境；二是将气候视为建筑可以利用的外部能源。它的目标也分为两个要点，一是气候适应，二是环境调控。气候以一个运动着的能量系统构建出人与建筑的特殊环境，建筑则以消耗或转变能量流与质量流的方式从外部气候中划定一种具体环境，在两种环境之间，是能量的川流不息。[①]“气候建筑”将建筑的空间思考与气候思考联系在一起，不同于现代主义以来封闭隔离的环境观，而是以友好开放的形态积极应对外部气候资源，使建筑的本体价值和工具价值得以融合。

二　建筑中的能量流动机制

“能量”一词源于希腊语的“ἐνέργεια”，它最早出现于亚里士多德（Aristotle）的《尼各马可伦理学》中，意为“操作、活动”，后由托马斯·杨（Thomas Young）于1807年在伦敦国王学院的一次自然哲学讲座中引入。尼采（Friedrich Nietzche）在其著作《权利意志》中曾说：“这个世界是能量组成的怪物：它没有始或终；它不会变小或变大；它无法消耗自己，它只能转化自己。”[②] 建构与能量作为建筑学科的两个基本知识线索而贯穿历史始终，前者可见并得到充分发展，后者不可见而被长期忽略。但能量议题在建筑界始终是一个至关重要的领域，对能量的研究包含了自然科学与社会历史的经典知识，贯穿了20世纪以来人类经历的两场学科上的突变：以自然和生态为主的新学科兴起，以及随之而来的参数设计工具发展。[③]

现代建筑中的能量议程包括两条并行的路线：一方面是威利斯·开利（Willis Carrier）发明空调以来建筑设备和机械的突飞猛进，建筑与环境“隔离与控制”范式的不断巩固；另一方面是对于以气候适应、太阳能等为对象的，源于前现代时期环境设计方法的持续研究。这两条路线代表了建筑对“外部气候”与“内部环境”之关系的不同态度，它们在字面上的概念对立，内在却无法严格区分。这是由于建筑作为一个开放系统，与环境始终处于持续的能量

---

① 闵天怡：《生物气候建筑叙事》，《西部人居环境学刊》2017年第6期。

② Friedrich Nietzche, *The Will to Power*, New York: Vintage, 1968.

③ ［西］伊纳吉·阿巴罗斯等：《建筑热力学与美》，周渐佳译，同济大学出版社2015年版。

交换中。在热力学视角下，能量是物质的一种性质，物质是能量的聚合，材料是物质的聚合；当我们将热力学定律应用到建筑领域中时，建筑便是物质与能量在特定形式下的组织、流动与转化。若能在热力学视野下重新考虑能量与建筑之间的关系，现代主义以来由于长期保温隔热传统而产生的人工与自然的界限就将变得模糊。

本书将建筑中的能量流动机制作为研究切入点，用热力学的方法重新思考建筑的气候适应性，将建筑作为能量的容器、作为一个开放的非平衡热力学系统去看待。建筑系统是否能合理完成与外界环境的能量转换，与建筑形式和所处环境中的能量流动状态密切相关（见图1－4）。应当理性关注与研究光照、湿度、温度、空气流动等生物气候能量流，以促进与能量协同的建筑形式的设计与生成。

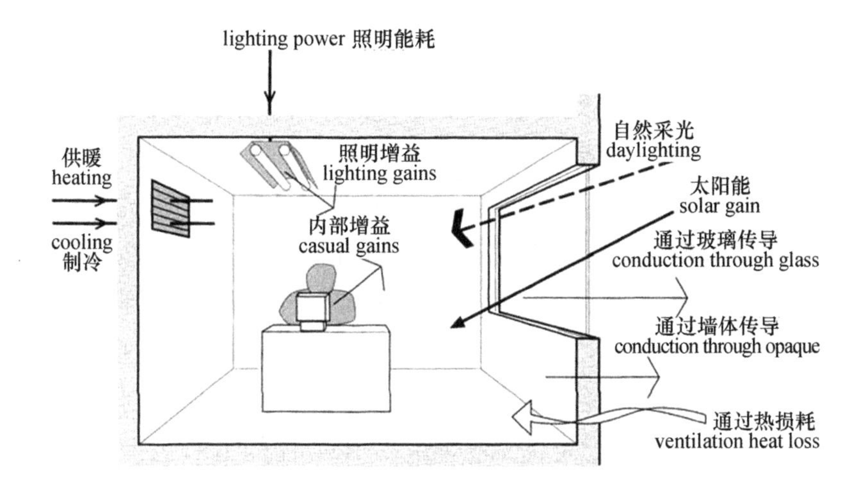

图1－4　建筑中的能量流动方式

资料来源：Nick Baker，Koen Steemers，*Energy and Environment in Architecture*：*A Technical Design Guide*，London：Taylor & Francis，1999。

三　从原型到类型的系统转化

从柏拉图（Plato）的理性世界到荣格（Carl Gustav Jung）的集体无意识，“原型”（Archetype/Prototype）一直被视为人类最基本的力量来源。荣格在《论分析心理学与诗歌的关系》一文中说：“创造过程，就我们所能理解的来说，包含着对某一原型集体潜意识的激活，通过给它赋以具体的形式，艺术家将它转译成了现有的语言，并因此使我们找到了回返最深邃的生命源头的途径。”①

心理学中的“原型”引入建筑领域后，往往作为一种开放性的理解，被置入不同的语境下讨论。劳吉埃（Marc-Antoine Laugier）在1735年的《论建筑》中提出那张著名的原始棚屋（primitive hut）插图中所提到的原初概念；罗西（Aldo Rossi）将建筑原型作为有关历史的一种最具典型的内在法则；克里尔（Robert Krier）将城市空间还原为基本原型与衍生类型；BIG事务所在他们的“原型档案”中的先验式理解、将原型作为建筑设计过程中的参考媒介；等等。它们的共同点是对隐藏在事物深处的规律或本质的探寻，是建筑的历史积淀、潜在的经验与普遍的建筑形制，涉及规律和结构性的要素。分歧点在于研究范畴的不同，需要对其进行界定。

“博物学研究的是短暂和偶然的事物，而非永恒或普遍的事物；普遍性事物的原因和结果唤起了我们的好奇心，也成了我们研究的终极方向。”② 本书对于建筑原型的相关理解是建立在建筑及其他学科已有的原型理论基础上，同时根据建筑学科本身的特性，进行了部分吸收和改进后提出的。因此，根据研究目的，本书将“原型”（prototype）界定为人类在漫长的认识和改造自然的历史过程中，通过应对气候和环境，经由潜意识遗传、经验继承或个人创造的建筑和城市中最核心、最稳定的结构规律，该结构的范畴包括材料、空间、结构、界面等基本要素和其包含的内在意义。研究的范围限定在能量的视角下，关注不同气候下建筑中对于能量的捕获和利用，包括它们在应对冷/热、干/湿环境时的不同方式，对其进行原型溯源以及原型演变的研究。本书从“外在属性思考”转向“内在属性

---

① ［瑞士］卡尔·荣格：《论分析心理学与诗歌的关系》，冯川译，载伍蠡甫、胡经之主编《西方文艺理论名著选编》下卷，北京大学出版社1987年。

② Darcy Thompson, *On Growth and Form*, Cambridge: Cambridge University Press, 1961.

思考”，将原型作为当今建筑关于能量的知识体系中的一个重要话语与启示进行深入探讨。在当代热力学语境中对建筑自主性和建筑师主导的诉求下，本书对建筑原型的研究则伴随着探索形式、空间、材料和能量之间的关系，希望能从能量流动的形式生成机制出发，抽象出特定气候条件下的建筑原型。从原型到类型是一个能量形式化的过程，目的是寻找原型中内含的守则和优化系统的逻辑，浓缩人类以建筑应对气候时经验传承的长期结果，对建筑作为热力学机器的核心规律做出客观阐释，并服务于当下建筑的设计和分析过程。

莫内欧（Rafael Moneo）曾提出，原型“是某些不断发生的心理体验的沉积，并因而是它们的典型的基本形式”。而类型是存在“内在结构的一定相似性”，其中的“结构”也就是指原型，“找到原型从而能令特定类型的解释成为可能”①。与传统形式类型学仅考虑建筑本体的组织方式不同，本书从热力学原型到类型的转化不只是针对形态的分类，而更像是一种进化，随着具体要求和环境的变化而演变，继而进化出更复杂的概念，并将具体某种环境调控的方式还原到建筑的形式表现，也就是使热力学原型成为环境调控的形式法则。构建类型是重建和完善研究对象体系的过程，其方法论意义在于将气候建筑的热力学原型方法在抽象的类型基础上赋予细节的转变，用于具体设计实践中所面对的各种外部环境，增加实际操作的可能，并作为策略推广和应用模式。

第三节 相关研究综述

一 外围研究

（一）关于气候学与气候数据的研究

与气候现象有关的记载和气候知识的经验探索可以追溯到3000

① Rafael Moneo, “On Typology”, *Oppositions*, No. 13, 1978.

年前，但气象观测仪器出现之后，气候学才成为一门单独学科。16—17 世纪温度表与气压表的相继发明，开启了气候科学的系统研究。19 世纪初，洪堡（A. von Humboldt）绘制了全球等温线图；19 世纪末，汉恩（J. F. von Hann）编著了《气候学手册》……这一时期建立了较为完整的气候学研究方法体系，为定性研究全球气候和区域气候奠定了基础，并随着无线电报的发明和应用逐步形成了世界气象观测网。

"气候学要求对气候系统进行定量观测和综合分析，对气候形成和变化的动态过程进行理论研究……从而能够采取有效措施，改善气候条件并进而为改造自然服务。"① 20 世纪初是气候学和气象学的发展时期，出现了锋面、长波、气团等学说，柯本（W. P. Köppen）也在 1936 年提出了世界气候分类。20 世纪 50 年代之后，随着生产发展的需要，电子计算机、遥感和人造卫星等技术快速进步，地面观测和高空直接观测相结合，人工气候模拟方法也得到广泛采用。气候学从而摆脱了定性描述阶段，进入定量试验阶段，从认识自然向控制与改造自然的方向发展。

20 世纪 70 年代之后，世界范围的气候异常引起了人们的普遍关注。气候工作者们把气候看作一个复杂的系统，加强了气候学同其他基础学科、技术科学和社会科学的交叉综合研究。与建筑有关的气候学研究属于微气候（microclimate）学的研究范畴，指的是地面边界层部分，温湿度受地面植被、土壤和地形影响的气候。对建筑气候的研究需要获得和建筑设计有关的各项气候数据资料，而气象环境具有随机性，根据各年的气象参数来模拟建筑环境，其结果会有较大差别。因而需要从多年气象数据中挑出具有代表性的全年逐时数据，建立典型年以系统反映长期气象变化规律。

早在 19 世纪早期，英国就有部分建筑师开始了气象数据的收集记录，用于温室建筑的设计中。对这些数据的分析研究导向了

---

① 周淑贞主编：《气象学与气候学（第三版）》，高等教育出版社 1997 年版。

一些成功的早期气候设计策略，比如围护结构蓄热、阳光房采暖和地面辐射采暖等。系统地为建筑设计提供气候数据则始于美国建筑师协会（The American Institute of Architects，AIA）。该协会经过多年努力，提出了美国主要地区不同气候影响下的建筑设计依据和原则，并发表于 AIA 信息汇刊（1949—1952 年）上。① 如今美国能源部开发的 EnergyPlus 能源仿真所使用的文件数据库拥有从世界气象组织和国家地区整理的超过 2100 个气象站的气候数据包，数据包包括 . epw 与 . stat 等文件格式，涵盖了气象站所在地的温湿度、太阳辐射、风速风向等逐时数据，广泛地应用于建筑设计的环境模拟过程中。中国关于气象数据的研究始于 20 世纪 50 年代，80 年代开始较为系统的分析和统计工作，如今国家气象信息中心拥有全国 270 个地面气象观测站的信息化数据集，并应用于建筑行业标准制定和建筑设计依据中。

（二）关于热力学基本理论的研究

能量是物质基本单元在空间中的运动周期范围的量度。在 17 世纪之前，人们对热现象有一些基本的认识。早在 1450 年达・芬奇就关注到能量这种不可见的形式，还研究了阻碍物对风流动的影响；1593 年伽利略（Galileo Galilei）制造了第一支温度计以测试空气温度，开启了热力学的研究；牛顿在 1687 年发表的《自然哲学的数学原理》促进了对机械能守恒定律的论证。但是，当时的人们还不能正确区分温度和热量这两个基本概念的本质。

17 世纪末到 19 世纪中叶，人们对热的解释一直是“热质”说，误认为物体的温度高是由于储存着某种称为热质的流体，其间伴随着 1698 年托马斯・萨瓦瑞发明蒸汽机，1713 年尼古拉斯・戈热发表的火炉建造指南和 1775 年瓦特制作的改良蒸汽机。能量守恒的概念从经典力学领域的机械能守恒引申到了热能，为热力学理论的确立

① 杨柳：《建筑气候分析与设计策略研究》，博士学位论文，西安建筑科技大学，2003 年。

奠定了基础。

19 世纪初，萨迪·卡诺（Sadi Carnot）发表了《论火的动力及产生这种动力的机器》，提出“热不可能是别的东西，而是动力（能量），是自然界的不变量，既不能产生，也不能消灭，实际上它只改变它的形式”①。1843 年詹姆斯·焦耳（James Joule）通过大量实验研究发现了热功当量，彻底摆脱了“热质说”，促成了能量守恒也就是热力学第一定律的完全确立。1850 年，鲁道夫·克劳秀斯（Rudolf Clausius）提出了熵（entropy）的概念，并发表了对热力学第二定律的表述，“热量不可能从低温热源传送到高温热源而不产生其他变化”。1912 年，能斯特（Walther Hermann Nernst）提出了“用任何方法都不能使系统达到绝对零度”，也就是热力学第三定律。有关能量的理论在 19 世纪到 20 世纪初得到了快速发展，热力学基本定律得以完善和理论化。这表明了热力学作为一门学科的正式诞生。

20 世纪 30 年代之后，量子统计力学的发展使人们对热力学第二定律和熵的意义有了更深入的了解，对非平衡、不可逆的热力学系统和过程的研究开始逐渐发展。1950 年，伊利亚·普利高津（Ilya Prigogine）与伊萨贝尔·施腾格斯（Isabelle Stenger）共同推动了复杂性科学（complexity science）的诞生，热力学研究由经典的平衡态热力学向着非平衡态热力学迈进了一大步。他们发表的《结构、稳定和涨落的热力学理论》《非平衡系统中的自组织》等论文中关于“开放系统”“耗散结构”的研究推动了能量由“机械论”向“有机论”转变。因此热力学的应用领域越来越广泛，对这个世界上的热现象和能量转换的解释也越来越完整。直到今天，广义的热力学还在继续向前发展。

---

① Sadi Carnot, *Reflection on the Motive Power of Heat*, New Jersey: John Wiley & Sons, 1897.

（三）关于系统生态学与能量流动的研究

系统生态学（systems ecology）是生态学的一个跨学科领域，是运用系统分析方法开展生态学研究的系统科学。它使用并扩展了热力学理论，发展了复杂系统的其他宏观描述。作为科学探究模式，系统生态学的一个核心特征是能量规律在任何尺度上的普遍应用。

20 世纪 50 年代，随着第二次世界大战后控制论、信息论及电子计算机技术的蓬勃发展，霍华德·奥德姆（Howard T. Odum）在系统生态学的理论和实验研究中开创性地提出了“能量流动”（energy flow）的概念，并运用“能量图解”（energy flow diagram）和“能值图解”（emergy diagram）作为研究工具分析生态系统的能量传递和转化规律。通过从一个系统到另一个系统的形式类比进行推理，系统生态学家能够利用能量流动原理，以类似的方式研究跨系统尺度边界的运行方式，并成为研究、表征和预测复杂实体的方法和工具。

奥德姆的研究理性解释了生态系统复杂结构表象下隐藏的能量逻辑。他在 *Environment*, *Power*, *and Society for the Twenty-First Century*: *The Hierarchy of Energy* 中继续拓宽了能量流动规律的应用范围，用热力学来解释更复杂的生态系统、社会和经济发展。他认为，“热力学已经涌现为一个科学的工具，服务于社会规划，甚至是一个新的范式，通过引入熵和不可逆转的时间概念来塑造思想的景观”①。系统生态学所研究的对象只涉及热力学开放系统，需要有跨系统边界与周围系统环境的连接，建筑与其所在的建成环境就是系统生态学说中所容纳的重要一环。而在 20 世纪 60 年代，保罗·索莱里（Paolo Soleri）结合生态学和建筑学提出了著名的“生态建筑”（Arology）概念，唤醒了建筑领域中的生态意识。

---

① Howard T. Odum, *Environment*, *Power*, *and Society for the Twenty-First Century*: *The Hierarchy of Energy*, New York: Columbia University Press, 2007.

（四）关于建筑原型的研究

“原型”概念自心理学始，其一是侧重于文化心理和集体无意识范畴的分析心理学中的“原型”（archetype），其二是侧重于认知过程和创造心理方面的认知心理学中的“原型”（prototype），后者往往被表述为“原型启发”和“概念结构”。它突破了心理学的范畴，深刻地影响了类型学领域，以一种记忆的方式回应着深藏人类内心的永恒原则。荣格对原型理论的发展为后来其他学科的原型研究提供了思想的沃土。

可以说，“建筑原型”就是对建筑和城市中事物的规律或事物本质的探索，针对建筑领域出现的原型理论，都可以归结为范畴差异。早期的“建筑原型”思想可被简单理解成“初始的一般参照物”，从维特鲁威时代开始，建筑学者们就提出“第一建筑模式”（即原型）的概念，成为有关建筑最初模式的讨论。“建筑原型”一词在西方建筑理论文献中出现频率很高，人们从未停止过对建筑“本源”的追寻，不同发展阶段建筑界对原型讨论的重点是各不相同的。

公元前1世纪，维特鲁威的《建筑十书》中已有对原型的描述。他试图在人体与几何形体、数学测量学之间找到一种契合与和谐，想找到一种基于经验主义的人体比例参照原型。他还认为建筑是对自然中物体的模仿，如由树木搭成的棚子、洞穴等。18世纪，劳吉埃在《论建筑》中将原始茅屋看作建筑的始源，认为它包含了已经发展的一切建筑元素的胚胎，对建筑学有着绝对指导作用。他们对于“建筑原型”的认知在于认为自然的理性秩序是事物合理存在的依据。

帕拉迪奥（Andrea Palladio）在16世纪的别墅设计中使用了从古典中发现的“永恒普遍法则”，其多个乡村别墅的平面被认为是基于同一个原型的不同变体；森佩尔（Gottfried Semper）在他1851年出版的《建筑艺术的四要素》中提出，“炉灶”“基台”“屋顶”“墙体”建筑四要素的背后对应了人类的四个动机，即“汇聚”“抬升”“遮蔽”“围合”这四个实用需求的技术操作；德昆西（Antoine Quatremère de Quincy）在《建筑艺术中历史、描述、考古、生物、理论、教义和实践等概念的历史词典》第二卷中通过对类型和原型的比较论述，证实了建筑的尺度、形式及各种构件模式在人们的思维中具有一定的相互关系，提出原型模式是内化于建筑本质理念中的东西。此时，“建筑原型”在形态演变的层面上则转化为一种基本型的讨论，比如柯布西耶的 Domino 与 Monol 体系范型，以及皮里尼（F. Purini）提出的利用三角形、方形和圆形将建筑还原到基本类型，建立一套建筑基本句法的尝试。

罗西的建筑类型概念外延更广，更接近于荣格原型理论的本质。他认为建筑类型与原型相似，是形成各种最具典型的建筑的一种内在法则。这种法则不是人为规定的，而是在人类世世代代发展中形成的，因而他努力将类型问题追溯到建筑的本源上去。罗西用“记忆”代替历史，用“集体记忆”将类型思想进行特殊转化。类型成为原型在建筑领域中的变化，它试图透过事物的表象去探索事物的内在深刻结构。“一种特定的类型与一种形式和一种生活方式联系在一起……某种永恒而复杂，先于形式且构成形式的逻辑原则。”①

当代建筑师在对“建筑原型”的理解上则表现出更多的先验性，原型从指向确定性转变为指向可能性。BIG 事务所将原型理解为最原始的空间类型，设计实践主张原型的“进化论”：某一类型的空间构思可以随着具体的设计要求、环境条件的不同进行人为演变。也就是先根据自己的理解推敲出不同的原型，然后把这些原型应用到不同的设计中，建构特定的空间理解和空间形式，即一种从原型（prototype）到模型（model）的思考方式。

国内对于“建筑原型”的研究还较少，且对原型的理解和文

① ［意］阿尔多·罗西：《城市建筑学》，黄士钧译，中国建筑工业出版社 2006 版。

章的出发点也存在着很大不同。张毓峰教授于浙江大学任教时所主持的建筑空间原型研究中，提出将复杂的建筑形态看作空间原型的集合，原型是保持空间属性的不可分割的最小单位。该研究将空间原型划分为空间原型、结构原型、路径原型。这三方面的抽象符号共同构建了建筑空间的形式语言系统，同时该课题团队于2002年发表了《结构原型的确立——建筑空间形式研究》与《空间原型的确立——建筑空间形式研究》两篇硕士学位论文。[①]清华大学朱文一教授在其著作中提出了一种原型比较分析，认为中西方城市在物质形态构成上的最小单元分别是“边界原型”和“地标原型”，揭示了中西方城市于物质形态构成上的本质差异。[②]前者的“建筑原型”理念主要在于形态——空间的独立研究，后者的“建筑原型”理念更注重将形式（空间）与符号（意义）相结合。

二 相关研究

（一）关于气候设计的研究

建筑自产生之日起就与特定的气候环境有着不可割裂的密切关系。建筑气候设计的基本原理源自人们对室内环境的基本舒适要求。1963年，维克多·奥戈雅在其编著的《设计结合气候：地域性建筑的生物气候方法》中第一次提出“生物气候地方主义”（Bioclimatic Approach to Architectural Regionalism），书中提出将能量研究与建筑设计相结合，将利用建筑构造为空间中的人体提供舒适生存环境作为生物气候设计方法的原则，并创立了沿用至今的生物气候图表

---

① 崔艳：《结构原型的确立——建筑空间形式研究》，硕士学位论文，浙江大学，2002年；张迅：《空间原型的确立——建筑空间形式研究》，硕士学位论文，浙江大学，2002年。

② 朱文一：《空间·符号·城市：一种城市设计理论》，中国建筑工业出版社1993版。

(*bioclimatic chart*) 和阴影遮罩 (*shading mask*)。[①] 这种气候设计方法综合地考虑了多个气候要素对于建筑设计的影响，以及所涉及的热环境与热舒适问题。之后，吉沃尼、沃森与伊万斯等在该方法的基础上进行了各自的改进。有关气候设计的理论与方法研究目前比较成熟（见表1－1），主要是为了发展出一种系统化的设计方法，将外部气候、室内热舒适环境和建筑设计三者有机结合起来，为建筑师提供在具体地区中以建筑形式调节地方气候环境影响的节能设计参考。整个过程包括室外气候分析技术、应对气候的技术措施和建筑方案的热工评价分析三个阶段。

表1－1　　气候设计相关文献中的理论体系架构

研究者	首级分类（理论体系）	次级分类（设计策略）
Victor Olgyay, 1963	气候分区、气候要素、建筑形式响应	选址、朝向、遮阳、通风组织、围护结构的材料性能
Baruch Givoni, 1969	气候要素、热交换要素、人体感觉反应和影响因素、建筑形式响应、气候分区和设计原则、自然能源利用	材料的热性能、屋面形式、朝向与太阳辐射关系、窗户与遮阳、通风要求、建筑受潮影响
T. A. Marcus, 1980	人体热反应、气候要素、建筑稳态热损失、能量分析方法、自然能源	太阳辐射得热、空气自然渗透、建筑体型、工程设备
G. Z. Brown, 1985	气候和环境、计划和应用、形状和围合、三个尺度的设计策略	场地设计、绿化水体、建筑密度、缓冲区、分层分区、平面布置、遮阳通风、被动补充策略
Arvind Krishan, 2001	气候类别、气候参数、热舒适、形体与围护结构、设计工具	围护结构和太阳轨迹、自然通风、门窗采光与遮阳、场地规划
Dean Hawkes, 2002	气候分区、热舒适、环境设计类型学	场地分析、建筑形式、天井、材料热性能、开窗与遮阳、自然通风、被动太阳能得热、人工照明

① Victor Olgyay, *Design with Climate: Bioclimatic Approach to Architectural Regionalism*, New Jersey: Princeton University Press, 1963.

续表

研究者	首级分类（理论体系）	次级分类（设计策略）
宋晔皓，2000	气候要素、城市设计、单体设计、细部设计	城市布局、开放空间、基础设施、绿化景观、朝向、功能、开口和遮阳、围护结构材料
杨柳，2010	气候分析、人体热舒适、气候策略、地域性原则	群体布局、建筑朝向、建筑体形、建筑空间、室内气候稳定性、围护结构

资料来源：笔者整理。

在建筑气候设计的理论研究方面，吉沃尼的《人·气候·建筑》主要是针对炎热地区的气候设计方法，包括气候各个因素作用下的互相影响，及其所导向的建筑材料、太阳辐射控制、通风等设计原则的总结；布朗（G. Z. Brown）与德凯（Mark Dekey）合著的《太阳辐射·风·自然光：建筑设计策略》中总结了35种被动式气候设计策略，从气候因素的影响到设计策略的应对，再到附加技术的形式整合，提出“对于信息和问题的分析必须以可以生成建筑形式的方式呈现，并且这种方式要有助于设计者理解如何把能量的关注生成为形式”；克里尚（Arvind Krishan）等编著的《建筑节能设计手册——气候与建筑》针对湿热地区的气候条件，将气候参数视为建筑设计的基本要因，把系统的建筑设计分解为多个建筑要素后以案例分析的方式娓娓道来，并将有用的气候类别、气候数据等整理为表格，方便查用。

在建筑气候设计的早期实践研究方面，许多扎根地域性的建筑师对此进行了深入探索，主要是基于传统建筑形态研究之上的被动式气候策略。拉尔夫·诺尔斯（Ralph L. Knowles）在1978年发表的《能量与形式：城市发展的生态途径》中深入研究了美国亚利桑那州土著居民的长屋部落，在有关太阳塑形与太阳界面方面总结出了相应的气候策略；哈桑·法赛（Hassan Fathy）对干热地区的气候策略（如风井、凉廊和遮阳构件等）进行了深入研究，在当地传统建筑的调研基础上，试图推出一种适宜技术的设计方案来解决气候适应和人体舒适的共同难题，研究和实践的成果收录于他的著作中；[①] 柯里亚（Charles Correa）根植于印度本土，充分分析当地气候条件，利用地方材料和传统构造，创造了“管式住宅”“缓冲空间”“冬夏季剖面”等表达了气候特征的形式词语。

机械技术的主动全面控制与适应气候的纯粹被动式设计曾经是完全割裂的，但到了20世纪八九十年代，气候设计伴随着生态建筑理论得到了进一步发展，并逐步过渡到主被动一体化设计，相关的理论实践也试图将主被动整合用于未来的可持续建筑中。1990年，德国建成了世界上第一栋被动式房屋，从空气渗透、外围护结构传热和热回收三方面进行优化设计，将能耗降到当时德国平均能耗的1/20。苏珊娜·哈根（Susannah Hagan）在《成形：建筑与自然的新契约》中关注了可持续技术新理论和建筑新材料的影响，将建筑内部环境可持续性的论述和实践转移到对其文化意义与文化潜力的更大程度的认识上，认为环境与气候设计并不像人们通常认为的那样“只是智力和审美的倒退”，而是展示了可持续建筑拥抱文化和技术创新的能力；彼得·史密斯（Peter F. Smith）在《适应气候变化的建筑——可持续设计指南》中结合对能源和气候的深度研究，介绍了低能耗、零排放建筑的多个实例，阐述了如何达成建筑节能的综合目标。

国内在建筑气候设计方向的理论与实践研究也有许多成果，这些成果多强调气候适应性与建筑设计过程的紧密结合，重视以性能化设计来提升建筑创作的高度。东南大学鲍家生教授的学生吕爱民的博士学位论文《应变建筑：大陆性气候区生态策略》探讨了气候作用下建筑实现生态化的设计策略；华中科技大学李保峰教授长期致力于绿色建筑的理论和设计方法研究，他的学生陈宇青在硕士学

① Hassan Fathy, *Architecture for the Poor: An Experiment in Rural Egypt*, Chicago: The University of Chicago Press, 2000.

位论文《结合气候的设计思路——生物气候建筑设计方法研究》中系统地对生物气候设计理论进行研究，并分析了中国夏热冬冷地区的气候设计策略；西安建筑科技大学杨柳教授的著作《建筑气候分析与设计策略研究》系统地进行了中国建筑气候设计分析方法的研究，并针对不同气候区提出相应的气候设计策略，为建筑师在建筑设计初步阶段提供了可靠依据；同济大学的陈飞博士在其博士学位论文《建筑与气候——夏热冬冷地区建筑风环境研究》中以中国夏热冬冷气候区风环境研究为基础，探索了各气候因之间的相互关系及对建筑生成发展所起的作用；清华大学秦佑国教授的学生王鹏所著博士学位论文《建筑结合气候——兼论气候的乡土性策略》中论述了适应气候的乡土建筑理论，其另一位学生郝石盟的博士学位论文《民居气候适应性研究》以渝东南地区民居为例提出了类似气候区的民居设计原则；等等。

（二）关于环境调控的研究

建筑曾经是调节室内外环境的首要介质，环境调控是人类建造行为的最初目标。但随着工业革命之后暖通空调和其他设备的发展，机械逐渐替代了建筑成为环境调控的主要介质。雷纳·班纳姆（Reyner Banham）在1969年出版了《环境调控的建筑学》一书，在当时作为对现代建筑的反思与批评，提出了建筑自身实际上是一个“环境调控的机器”（这里的“环境”专指由温湿度与光电热所组成的物理环境）。他强调了一直以来在材料和结构的技术观下受到忽视的现代建筑，在环境调控方面的技术发展和成就。班纳姆认为建筑发展史实际上是一部环境调控的历史，在工业革命之后，现代建筑进程表现为以不断发展的机械化技术手段实现环境调控，环境调控中所对应的“能量”提升到了与结构、材料和空间设计同样重要的地位。

班纳姆在《环境调控的建筑学》中区分了三种环境调控的模式：一是“保守型”（conservative），通常出现于干燥地区，以厚重的围护结构和窄小的门窗达到保温或隔热的要求；二是“选择型”（selective)，通常出现于湿热地区，以通透开敞的围护结构，借助外部气候条件来达到内部环境的理想状况；三是“再生型”（regenerative)，这种类型需要借助人工采暖、采光或降温手段来达到改善室内环境的目标，油灯、火炉、壁炉是较为传统的手段，而电灯、中央采暖和空调系统则是机械时代的产物。班纳姆对环境调控史学的研究深刻地影响了霍克斯（Dean Hawkes）的学术观点。

霍克斯在《环境的传统：环境建筑研究》中论述了环境议题在建筑理论和实践历史中的演变，又在《选择性环境》中同样提出了三种环境调控模式：“隔离型”（exculsive)、“务实型”（pragmatic）和“选择型”（selective)。其中，他所阐述的“选择性建筑”沿用了班纳姆提出的“选择型”（见图1－5)，指代那些不依赖环境控制机械系统的建筑，从类型学的角度详述气候要素如何影响建筑空间与形式的方方面面。霍克斯还吸收了奥戈雅的生物气候设计思想，

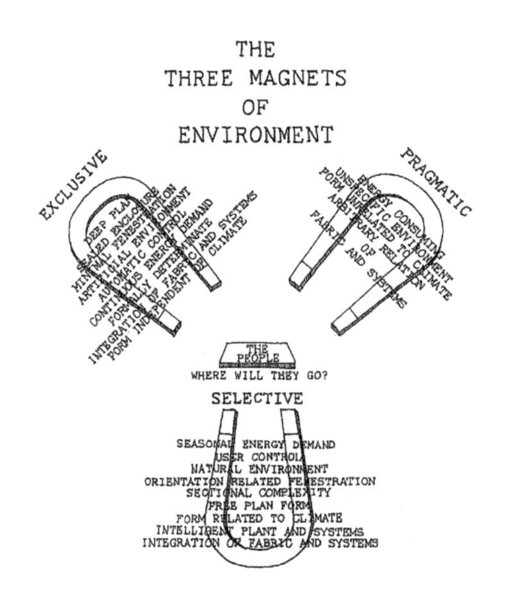

图1－5　霍克斯的“环境调控三磁极”：隔离型—务实型—选择型

资料来源：Susannah Hagan, *Taking Shape: A New Contract Between Architecture and Nature*, Oxford: Architectural Press, 2001。

认为必须更为积极地应对气候。有别于现代建筑以来以外部隔离和内部封闭为特征的环境控制模式，他充分挖掘和利用历史原型的潜力并发展出“选择性设计”方法。对于霍克斯来说，建筑学是一个丰富且复杂的综合学科。他关注的环境议题既需要考虑通风、采光、照明及机械系统等环境调控元素，也需要空间、形式和材料等更为传统的建筑元素的参与，以及建筑环境的技术性调控与非技术性创造的融合。[①]

近年来建筑学范畴的“环境调控”旨在综合权衡主动与被动，重视外部气候与内部环境的协同动态作用。国内学者对环境调控的研究：东南大学的张彤教授团队提出了相对于主动控制下“空气调节”（air-conditioning）的“空间调节”（space-conditioning）理论，即通过有效的空间组织与体型选择、合理的表皮形式以及高效的构造设计，以建筑本身的形态和空间组织实现对室内外环境的性能化调节，从而提高建筑使用的舒适度，同时有效地降低能耗需求，并在著作《绿色建筑设计教程》中提出了基于空间营造的“形式的重力法则”和基于环境调节的“形式的能量法则”。东南大学的史永高教授在《面向环境调控的建构学及复合建造的轻型建筑之于本议题的典型性》一文中从建造方式和环境调控视角考察了轻型建筑的发展历程，指出当代轻型建筑因其自身的层叠性、复合性、系统性，成为面向环境调控的建构学研究的关键对象；又在《身体与建构视角下的工具与环境调控》一文中通过分辨和阐释工具与环境调控的概念，从身体视角探讨它们之间统合的可能，同时分析了进入这一主题的历史起点与可能路径，提出建构可以作为跨越工具与环境调控的中介。南京大学的鲁安东教授团队对中国近代江南地区蚕种场开展了长期研究，分析了地方建造体系对蚕种场风热环境的创造和改良，指出蚕种场的表皮和建构如何对建筑内部环境起到精确而有

① 王骏阳：《环境调控——建筑史教学与研究的一个技术维度》，世界建筑史教学与研究国际研讨会论文集，2015 年。

效的控制作用。[①] 同济大学的王骏阳教授在《环境调控——建筑史教学与研究的一个技术维度》一文中通过对现代建筑史学中班纳姆及其后续学者的理论立场的回顾与展望，论述了人类面临生态环境的恶化和挑战并努力探求可持续发展之路的大背景下，将环境调控作为建筑史教学与研究的技术维度和内容的必要性。清华大学的宋晔皓教授在《技术与设计：关注环境的设计模式》一文中挖掘了技术和设计结合的建筑师案例，阐述了经由奥戈雅、班汉姆和霍克斯三人研究提出和完善的环境设计模式，并指出环境选择型设计是关注环境的建筑师应该采用的模式。

（三）关于热力学建筑理论的研究

将“能量”的概念引入建筑学时即为建筑热力学（architectural thermodynamics），其研究对象为建筑设计理论、单体建筑及城市设计中的能量、熵、热力学定律等。在21世纪之前，关于建筑热力学的相关探索已经展开。英国建筑师阿兰·威尔逊（Alan Wilson）教授1970年出版的《城市和区域模型中的熵》一书中将统计学中的熵最大化方法应用到城市和区域模型研究中，描述了建筑热力学的理论，认为整体系统理论和熵对于城市规划有促进的作用；尼克斯·萨伦格洛斯（Nikos Salingaros）自1995年起在建筑热力学领域做了大量理论工作，提出建筑熵和建筑温度、混沌理论和复杂性等概念，认为热力学联系了生物生活与建筑生活，并组织起人类活动中的物质与能量；尼克·贝克（Nick Baker）等将环境调控策略拆解为得热、防热、日照、通风和能量系统等多个部分并进行了综合讨论，不仅提供了大量气候设计的实践样本，更是对物质和能量的热力学机制与影响因素展开了详尽描述。[②]

---

① 鲁安东、窦平平：《发现蚕种场　走向一个“原生”的范式》，《时代建筑》2015年第2期。

② Nick Baker，Koen Steemers，*Energy and Environment in Architecture：A Technical Design Guide*，London：Taylor & Francis，1999.

进入21世纪后，在建筑热力学、建筑与环境调控、气候响应等相关理论研究的基础上，随着生物科技和数字技术的发展迎来了信息文明时代，逐渐有了“热力学建筑”（thermodynamic architecture）这一概念，能量流动与形式生成的思维和操作方式达到了新的高度。它从热力学的角度出发分析、思考建筑，研究的对象是能量而非纯粹的主动或被动技术，近年来成了国际建筑理论界热议的前沿话题（见表1-2）。

表1-2　热力学建筑理论的重要文献和实践探索

研究者	理论研究	实验/实践研究
Luis Fernandez Galiano	建筑史中的能量线索、环境调控史	—
Prieto González	能量与形式、环境调控史	—
Kiel Moe	批判环境隔离、整合设计、热主动界面、能量集聚、建筑的热力学系统	StackHaus
William W. Braham	能量语境下的建筑形态研究、能量系统语言、零能耗建筑、能量管理计划	碳足迹、整合设计评价、能源与碳核算、被动策略
Salmaan Craig	—	材料热力学性能的实验研究
Philippe Rahm	气象、能量与建筑	气象建筑实践：辐射、传导、对流、压力、蒸发、消化
Iñaki Abalos	热力学之美、能量形式化	热力学内体主义、热力学物质化、洛格罗尼奥城市综合体、巴黎奥斯莫斯车站
李麟学	能量形式化、生态化模拟、热力学设计方法、气候建构、环境智能	热力学建筑原型研究、黄河口生态旅游区游客服务中心、上海崇明体育训练中心

资料来源：笔者整理。

在理论研究方面，加利亚诺（Luis Fernandez Galiano）于2000年出版了《火与记忆：建筑与能量》，深入研究了20世纪机械制冷供暖系统的起源和发展，并详述了热力学与能量流动机制在建筑史中所扮演的重要角色；普里埃多·冈萨雷斯（Eduardo Antonio Prieto González）在其博士论文《从机器到大气：建筑中的能量美学，1750—2000》中以七个隐喻来组织250年来建筑中能量线索的美学表现；基尔·莫（Kiel Moe）在《以非现代的方式抗争最大熵》中提出建筑师的实践与研究应该促使建筑向远离热力学平衡状态的开放系统发展，而不是一味地追求建筑节能规范、建筑认证及建筑模拟，在《建筑中的热主动界面》中提倡消除建筑系统本身与它所处的外界环境的隔绝关系，将建筑系统的界面从阻止物质和能量流动的角色转变为促进能量流动的角色；威廉·布雷厄姆（William W. Braham）编著了《建筑与能量：性能与形态》一书，整合了针对建筑形式与性能优化的许多学者的观点，从性能优化入手阐释了能耗如何影响建筑的风格及形式，并在《建筑学与系统生态学：环境建筑设计的热力学原理》中引入了奥德姆的系统生态学概念，提出了一套能量系统语言来评价建筑的各项性能，从场地、建筑和空间这三个相互关联的尺度为能源利用、材料选择、建筑风格确定等确定了语境；丹尼尔·威利斯（Daniel Willis）在《能源账户：能源、气候和未来的建筑代表》中将当代多个关注能量设计前沿的建筑师作品以能量数据和性能可视化的方式进行分析，展现出一个具有热力学潜力的设计未来。

在设计实践方面，瑞士先锋建筑师菲利普·拉姆（Philippe Rahm）的许多实践及研究项目都在探索气候话语下建筑的形态转变，他主张将建筑学的范畴从生理学扩展到大气环境，对传导、对流、蒸发和其他一些大气现象做了深入研究并将其应用到建筑设计中，建筑从空间建构转变为热环境的建造，建筑思维方式由结构转向气候；伊纳吉·阿巴罗斯（Iñaki Abalos）教授作为热力学建筑前沿理论的领军人物，其在多年来的实践中一直追求气候协同的建筑设计。他认为，用热力学的观点去讨论能量、建筑设计与形式时，推崇的是建筑的能量形式化——获取最有利于能量转换和流动的建筑界面构造、功能组织、材料使用、几何空间造型及尺度关系；麦吉尔大学副教授、工程学博士萨曼·克雷格（Salmaan Craig）依靠工程学的相关知识提出“形随流定”的概念，提倡将热力学第二定律提高至建筑学讨论的框架之中，并开展了一系列基于材料热力学性能的实验研究。

在教学体系与课程设置方面，作为哈佛大学设计研究生院建筑系前系主任的伊纳吉·阿巴罗斯教授成立了热力学建筑教学与研究团队。这一团队由建筑历史理论家、建筑材料专家、建筑师、建筑环境模拟专家和能源专家组成，致力于推动热力学建筑理念的发展。此外伦敦建筑联盟学院、代尔夫特理工大学、巴塞罗那理工大学等建筑学院的呼应，也使热力学进入了建筑学核心知识体系。2011—2012 年，巴塞罗那理工大学建筑学院和哈佛大学设计研究生院组织开展了热力学内体主义/立体图景（Thermodynamic Somatisms/Vertical scapes）的课程设计，参考天生能够保证低熵运转的生物体器官的运作方式，关注能量在高层建筑内部的流动与平衡，最终设计出不同气候语境下的热力学实体（thermodynamic entity）；2013 年，苏黎世联邦理工学院结构设计系与哈佛大学设计研究生院合作展开了“运动中的空气/热力学物质化”（Air in Motion/Thermodynamic Materialism）研讨班；2015 年，同济大学建筑系与哈佛大学设计研究生院合作开展了“热力学物质化——中国高铁站引导的高度建筑集群研究”课题，期望能结合热力学视角和中国的城市背景，探寻以“集聚”（conglomeration）为特征的建筑聚合模式。

此外，国内的一些建筑学者也进行了一些针对能量流动及热力学的研究。同济大学建筑系的李麟学教授致力于在对能量流动与形式生成的研究的基础上，展开题为“能量形式化与热力学建筑前沿理论建构”的同济大学人居环境生态与节能联合研究中心重点项目课题研究，先后主持了“热力学物质化——中国高铁站引导的高密度建筑集群研究”“设计应对雾霾——热力学方法论在中国”“热力学建筑原型”等实验性教学，探索风、光、热等不同的能量运动对建筑形式的具体塑形方式，并相应出版了《热力学建筑视野下的空气提案：设计应对雾霾》《热力学建筑原型》等著作，努力推动热力学建筑理念作为建筑学新的批评与实践方式。

三　由研究综述引发的问题导向

纵观已有研究，有如下发现。

（1）对于气候建筑和气候设计来说，虽然现有理论文献和实践应用较多，但多分散为应对某项气候要素的构造方法。对单方面气候要素的研究又主要集中于技术领域，并未形成学科之间的贯通和交叉，很少触及气候作为庞大的建筑体外能量来源对建筑形态的直接影响。

（2）对于热力学建筑理论来说，国内的研究主要还是集中于期刊论文、学位论文和课程设计研究，出版的书籍主要是论文和课程设计研究的转化，未形成较为系统的理论体系。

（3）国内有关建筑与气候关系的讨论多集中于某个具体的气候分区，较少将气候要素和气候特征作为建筑形式原型的来源而对其溯源式抽象，以及进行统筹化的类型研究和系统梳理。

（4）由于研究机构和设计机构的分离，理论及实践研究成果很少能直接应用于实际项目设计的过程中去，成果转化不够及时。因此，当下需要建立一套有关热力学和气候的建筑设计与研究的方法体系，结合当下软件工具与参数化技术的发展，研究建筑中的能量流动机制，促进建筑范式的更新。

第四节　研究目的和意义

综合研究背景和研究综述来看，本书的主要着力点在于研究气候建筑的过程中引入热力学原理，通过理论建构和方法论证，借助能量系统语言图解和环境性能模拟软件工具，研究能量在建筑中的产生、传递和消耗过程，思考气候建筑作为一个系统、一个耗散结构、一个热力学机器，其界面、空间、组织等存在原型，以及这些原型在能量流动路径中如何协作与演化，并生成新形式的内在机制。

本书所涉及的关键问题包括以下几个。

·如何以能量流动与热力学原理来介入气候建筑的理论体系？建筑中最基本的能量流通结构是什么？

·气候作为建筑的体外能量来源，如何利用？气候作为室内人体舒适度的外在环境，如何调控？如何通过建筑本体的建构来完成上述目的？

·在热力学语境下，不同气候条件下的气候建筑是否存在不同的原型？原型是否存在形态梯度，原型之间的组织方式和结构关系是怎样的？

·热力学原型如何转译为类型并生成建筑形式？

·热力学原型的方法框架是否可以协助建筑建立气候适应策略，在可持续议题中保持建筑本体性的同时，还具有范式更新的潜力？

因此，本书将以能量线索串联气候、建筑和人体三个维度，通过研究特定气候下的案例，提取典型的热力学原型，以系统思维反映并验证这些原型在不同尺度、不同场景、不同层面下相互协作并转化成新形式的方法路径。建立气候建筑的热力学原型方法是对气候设计理论和热力学建筑理论的再解读，可以更加透彻地理解建筑中能量线索产生、发展的科学背景及客观依据，也为“生态焦虑”中建筑自主性缺失背景下的设计实践提供新的思路。

1. 构建气候建筑的热力学系统思维

气候建筑的本体形式可能是对外部环境的阻隔，也可能是对外部环境的适应；实质上这是一个热力学过程，运作的本质是能量流动。即使是经过长期发展的气候设计理论，仍缺乏对气候特征的综合考量和对建筑形态的有效划分，只是以单个部件或部分独自应对所需解决的气候或能量问题，缺乏整体性的视角。本书提出以热力学的系统思维分析气候、能量和建筑之间的内在关系，从新的角度提供了一种更为综合客观的方式，寻求在特定气候和环境下建筑自发生成的逻辑，探究建筑本体如何通过能量流动来化解人和气候之间的必然矛盾。

2. 气候建筑的热力学原型提取与转译的类型阐释和模式建立

本书将建筑和其所在的气候环境视为一个开放且复杂的热力学系统，以能量流动为思考方式，研究气候建筑内部的环境调控作用，从而厘清形式生成的内部逻辑，即气候建筑的热力学原型，它代表了对事物复杂性的还原。热力学原型关注外部气候要素对建筑形式的支配和塑造，探寻能量作为线索时对建筑形式、材料、空间的系统影响。本书通过类型归纳，研究不同气候条件下的传统气候建筑热力学原型提取模式，以及当代气候建筑中的热力学原型转译模式，总结出“能量流通结构—原型要素层级—能量需求因子”的热力学原型形态梯度，并将其作为主体关系的研究构架。

3. 基于热力学视角下气候建筑原型方法的当代范式更新

本书一方面希望从热力学角度为建筑的气候适应性提供一个新视角的解读，另一方面力图进行此语境下的建筑原型方法建构。“原型”的工具性融合建筑的本体性，寻求在特定气候和环境下建筑生成的逻辑，客观思考其规律的根源以及重新组织和演化的可能性。本书所建构的热力学原型方法，从原型提取到原型转译，基于定性和定量研究，提供一种基于能量形式化机制的气候建筑新范式，为当代实践提供直接或间接的参照，具有一定的现实指导意义。

第五节 研究内容和方法

一 研究内容

本书的研究分为四个部分。

第一部分（第一章）：问题提出。

第一章为绪论，通过阐述可持续语境下的建筑自主性危机，引出了建筑师在话语权缺失的情况下对气候和能量话题的双重关注。在此基础上，结合气候设计理论和热力学建筑理论等交叉学科，提出将气候建筑作为对象，研究其能量流动机制和类型到原型的转化过程，解析了相关概念并回顾了国内外研究现状和研究成果，明确研究的目标和意义，并建立了本书的整体研究框架。

第二部分（第二、第三章）：理论框架及研究方法构建。

第二章为本书的理论基础。本书对气候建筑进行了能量系统的建构，先是从气候分析方法到人体热舒适的原理阐述；再从历史维度以能量线索串联了气候建筑的历时性演进；最后分析了气候建筑中蕴藏的能量交换机制和能量转化方式，将气候建筑同热力学视角联结了起来。

第三章是本书的方法基础。本章架构了热力学原型的方法体系，先提出了“能量系统语言”这一重要的分析图解工具的构成要素和使用方法，并分析了气候建筑拥有的原型潜力以及原型中包含的核心经验，接着提出了基于气候要素的气候建筑原型提取方法，最后提出了以能量形式化机制为基础的气候建筑原型转译方法。

第三部分（第四、第五、第六章）：气候建筑的热力学原型提取及转译方法研究，及其在实际应用上的策略路径。

热力学原型表达的是建筑应对气候的原初经验和核心机制，因此第四章是以传统气候建筑为研究对象，选择了多个典型气候分类下的乡土建筑案例，根据实地调研测量与文献阅读分析，并通过环境性能模拟软件可视化，研究了不同的气候要素是如何影响到建筑的能量需求，又如何影响到建筑各个层面的形式表达。进而对研究结果进行类型学研究，建立了气候建筑的热力学原型提取模式，提出“结构—层级—因子”的热力学原型形态梯度。

第五章是对当代气候建筑的原型转译方法建构。首先提出了当代气候建筑的能量形式化机制，并以多个当代气候建筑案例分别对能量捕获、能量协同和能量调控这三种机制进行分析；而后基于前文提出的“结构—层级—因子”热力学原型形态梯度，归纳出当代气候建筑的热力学原型转译模式；最后将黄河口生态旅游区游客服务中心作为当代气候建筑的样本，进行定性与定量结合的研究，在气候适应和环境调控的实践层面上验证了热力学原型转译的可行性与有效性，并建立了该样本的热力学原型转译模型。

第六章是热力学原型方法在设计实践上的应用，借由参数化环境性能软件为工具，从气候数据可视化到目标原型建立，再到原型转化，整合了气候建筑形式发展与性能模拟的整体过程，为热力学视角下的气候建筑原型方法研究构建了实践策略路径。

第四部分（第七章）：结语。

回应研究主题，总结了本研究的创新性，提出不足并作出展望。

二 研究方法

（一）理论研究方法

1. 文献研究

本书基于理论文献阅读和梳理，通过对热力学理论、生态学理论、气候设计理论、类型学理论和热力学建筑理论等既有文献的研读和整理，一方面为开展研究建立了宽广的理论视野和方法储备，另一方面对本书研究对象的界定提供较客观的依据，为研究热力学视角下的气候建筑原型方法提供更为全面的认识观。

2. 案例研究

对国内外不同气候分类下传统气候建筑和当代气候建筑的实际案例进行收集分析，阅读相关的国内外理论文献和研究资料，对符合本书研究对象和有重大价值的部分案例进行实地调研，结合笔者所在课题组的相关研究，以获取直接的认知经验和一手资料。

3. 学科交叉

采用学科交叉的方法，针对气候学、热力学和系统生态学的应用，借鉴气候设计理论和热力学建筑理论的研究经验，有选择地进行吸取归纳，并利用海外访问和国际会议的交流机会了解多个学科领域的国际动向，综合各个学科的文献成果，形成广泛又专注的交叉焦点。

4. 类型研究

本书借鉴了类型学的研究方法对气候建筑案例进行了分析，依据气候特征和能量需求归纳出多种原型的基本模式，通过对基本模式的提取和转译，探寻能量线索下有组织的形式生成依据，因而得到研究对象的内在规律认识。

5. 图解分析

图解（diagram）是形态分析的基本工具，通过图解可以直观呈现研究对象的各种形态特征，并由此展现研究者的特定意图和研究逻辑。图解不仅仅是对象间关系的表达与问题的展现，还可以发现研究对象潜在的更深更广的问题。本书在研究气候建筑的热力学原型中，依据不同的能量递转结构，将原型划分为多个层级，以图解分析表达各层级原型在不同气候条件下的形态变化和影响关系，以此研究原型转化发展的多种可能性。

（二）技术分析方法

1. 能量系统语言（energy systems language）

富勒（Richard Buckminster Fuller）借用“协同”（synergy）这一概念来表达“不能通过局部行为预测整体行为”，明确提醒设计师和规划师注意他们的提议可能造成难以料想的后果。奥德姆提出的能量系统语言为评价建筑中的各种性能提供了完整语境，为理解人类系统与自然系统的相互作用提供了强大的工具，威廉·布雷厄姆在其著作《建筑学与系统生态学：环境建筑设计的热力学原理》中用它来组织全书的论题结构，将衍生于系统生态学的热力学原理运用于不同尺度的建筑环境中，以此来评价能效的价值。本书将能量系统语言衍生至气候环境与建筑系统之间的相互作用（见图1－6），客观分析其中涉及案例的能量流动方式和能量转换路径，以此来厘清气候对原型形态的影响和原型运作的内在逻辑。

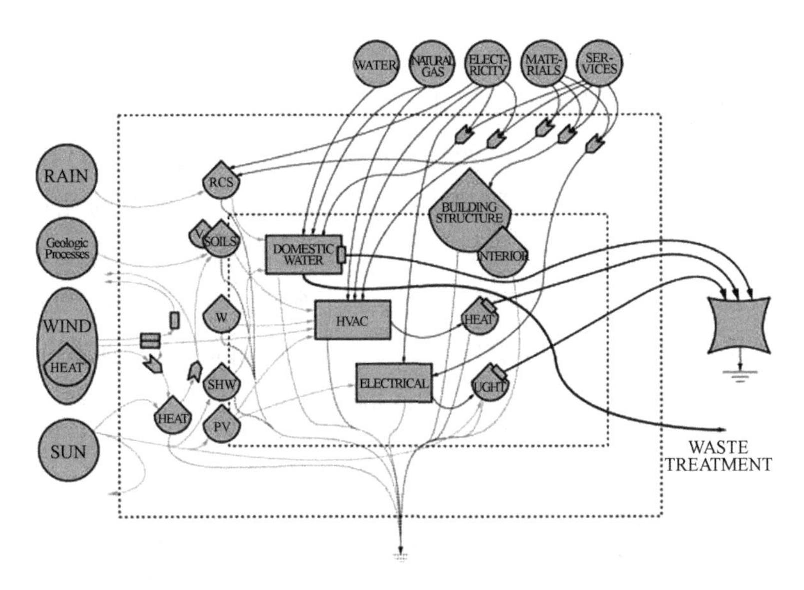

图 1-6 一个典型简单建筑系统的能量系统语言图解

资料来源：Ravi Srinivasan，Kiel Moe，*The Hierarchy of Energy in Architecture*：*Emergy Analysis*，New York：Routledge，2015。

2. 环境性能软件模拟分析

本书所运用的软件工具涉及环境信息可视化、生态模拟运算和参数优化分析软件。其中主要采用的是目前使用最广的，以 Grasshopper 为载体并以 Energy Plus 和 Open Studio 等运算平台为数据基础的 Ladybug Tools 软件。Grasshopper 是基于 Rhinoceros 建模软件的可视化编程软件，具有多级树形数据存储结构，能够分级有序存储各项数据，采用可视化命令模块保证数据的灵活编辑；它还可以对数据进行动态集成和更新，在某个参数改变时能够根据关联逻辑自动修改一系列数据并进行运算，从而动态反映数据变化。Ladybug Tools 软件是基于 Grasshopper 良好的扩展性能上发展而来的环境性能模拟平台，包括 Ladybug、Honeybee、Butterfly 等多个模拟模块（见图 1-7）。它由美国宾夕法尼亚大学的客座教授娄德萨利（Mostapha

Sadeghipour Roudsari）和毕业于美国麻省理工学院的建筑师麦基（Chris Mackey）合作研发，它拥有面向建筑方案设计阶段的优势，尤其适用于建筑师。它能够将气候数据进行可视化图解，能将辐射强度、日照时数、风速风向与建筑能耗等进行模拟运算，能在建筑形态生成与性能模拟优化之间建立起紧密的交互机制。该工具特有的程序开源、参数化编程和设计操作界面特征，在短短的几年间吸引大量学者和建筑师相继在算法研究、方法创新和工具开发三个方面进行学术研究和应用探索，取得了丰硕的成果。① 除了 Ladybug Tools，本书所涉及的软件工具还包括 Design Explorer2、Ecotect、Climate Consultant、Weather Tool、Windperfect 等。

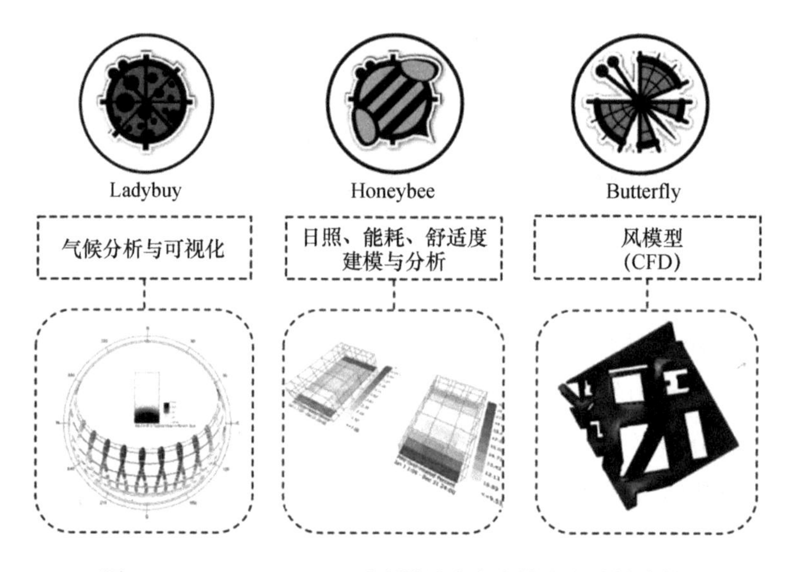

图 1－7 Ladybug Tools 系列软件中各个模块的分析功能

资料来源：Mostapha Sadeghipour Roudsari，Chris Macky，"*The Tool vs. The Toolkit*"，Design Modeling Symposium，2017。

① 毕晓健、刘丛红：《未来设计：基于 Ladybug + Honeybee 的参数化性能设计方法》，《建筑师》2018 年第 1 期。

三 研究框架

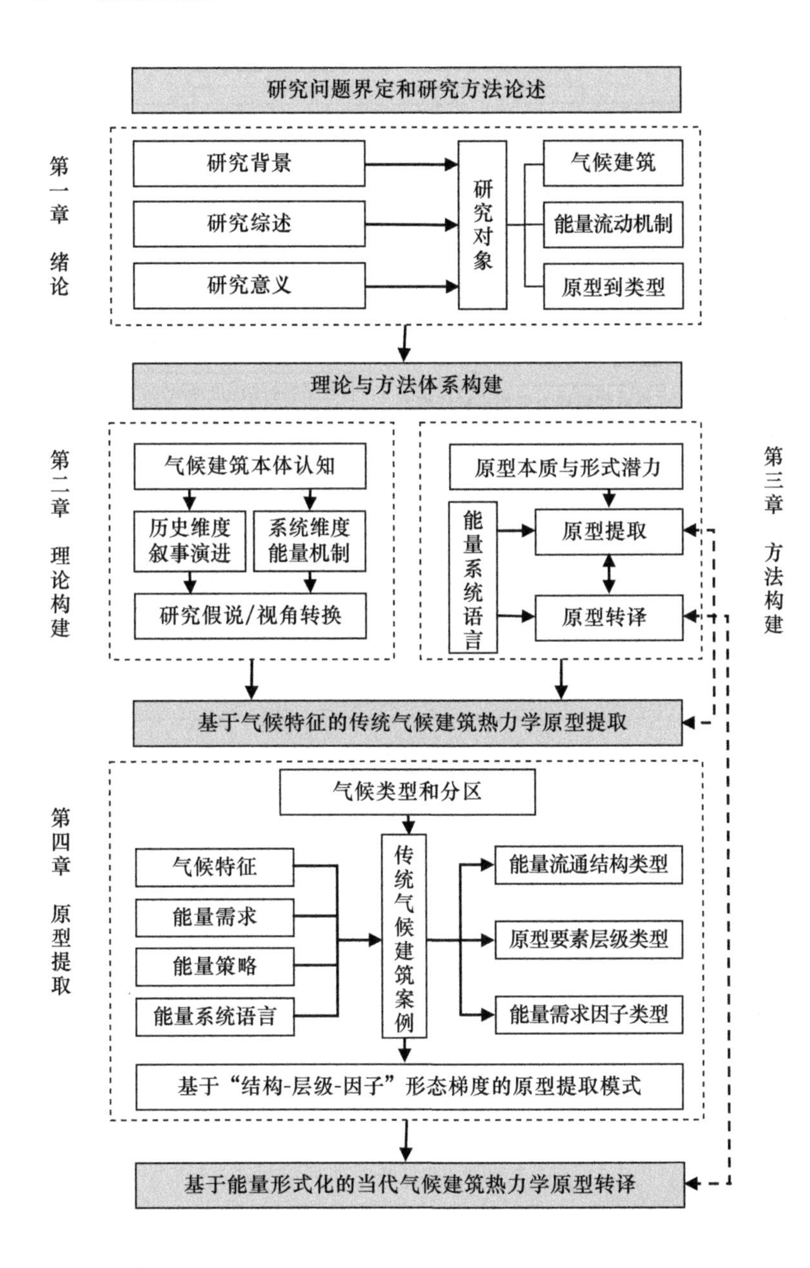

研究问题界定和研究方法论述
第一章 绪论
研究背景
研究综述
研究意义
研究对象
气候建筑
能量流动机制
原型到类型
理论与方法体系构建
第二章 理论构建
气候建筑本体认知
历史维度 叙事演进
系统维度 能量机制
研究假说/视角转换
第三章 方法构建
原型本质与形式潜力
能量系统语言
原型提取
原型转译
基于气候特征的传统气候建筑热力学原型提取
第四章 原型提取
气候类型和分区
气候特征
能量需求
能量策略
能量系统语言
传统气候建筑案例
能量流通结构类型
原型要素层级类型
能量需求因子类型
基于“结构-层级-因子”形态梯度的原型提取模式
基于能量形式化的当代气候建筑热力学原型转译

续前图

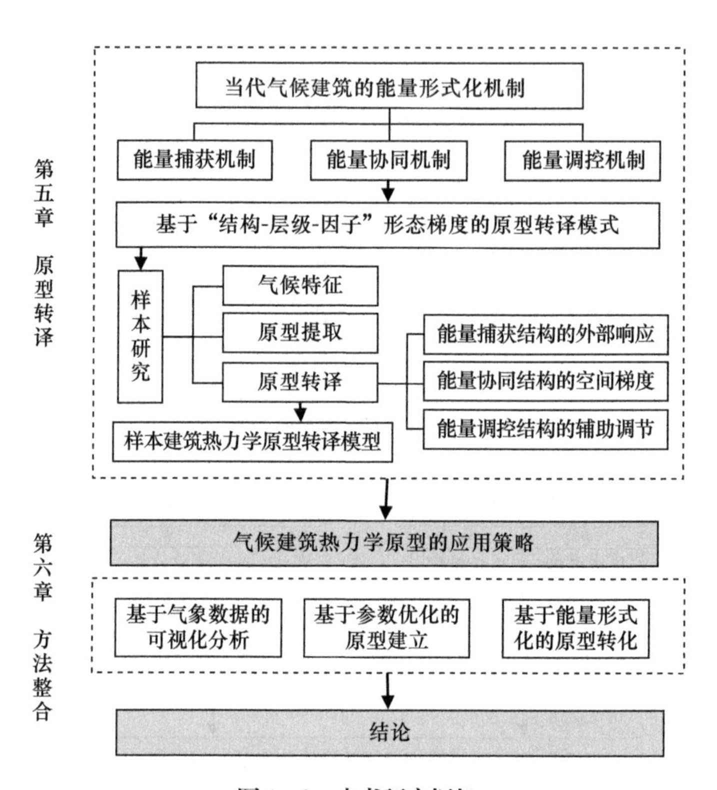

图1-8 本书研究框架

资料来源：笔者自制。

第二章

气候建筑热力学系统的理论构建

第一节　气候建筑的本体认知

一　气候成因

我们通常所说的“天气”，指的是地球上某一特定地点当下的大气状况；“气候”却指的是某个地区多年天气与大气活动的特征，通过一段时期内天气状况统计的平均结果得出，时间跨度通常在30年以上。因此，“气候”是一个相对稳定的概念，变化缓慢。气候（climate）这个单词起源于古希腊语，意为“斜度”，指代了地球相对于太阳光线的倾角，暗示了西方古代早有将气候形成因素与太阳相关联的意识。

古希腊天文地理学家托勒密把地球分成360度，并根据气温将世界分为几个气候带（climate zones），提出假说认为地球上最高的温度会出现在赤道附近，而后向着两极方向温度逐渐降低。13世纪的英国科学家赛科诺伯斯克（Johannes de Sacrobosco）根据托勒密的球面几何学提出地球由五个气候带组成，并认为其中只有两个气候带适宜人类居住（见图2－1）。

如今以现代科学来阐释，人们意识到影响气候形成的原因十分复杂。由于太阳辐射在地球表现的分布差异，加上陆地、海洋、山

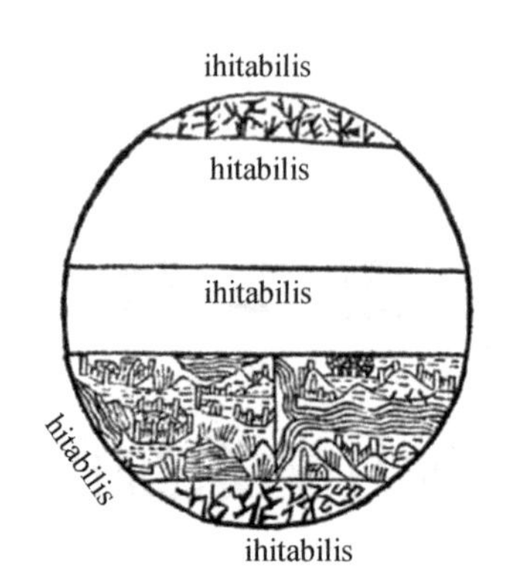

图2-1 赛科诺伯斯克的气候带假说

资料来源：Victor Olgyay, *Design with Climate*: *Bioclimatic Approach to Architectural Regionalism*, New Jersey: Princeton University Press, 1963。

坡、森林等不同地理性质的下垫面对地表太阳辐射的影响作用，气候不仅表现为温度沿纬度呈梯度分布，也表现出明显的地域特征。例如，低纬度地区下垫面多为海洋，高纬度地区下垫面多被冰雪覆盖，两者下垫面相对均匀，因此气候带的表现比较明显；但在许多中纬度地区，由于陆地面积更大，山脉、盆地、海洋、平地相互交错，下垫面情况复杂，气候就不一定沿纬度呈带状分布。在某些海陆交接的地区或者其他地势变化剧烈的地区，气候带甚至有偏离或分裂的情况。因而气候需由一系列更为复杂的可计量气候因子表述，包括辐射、气温、降水、风等要素的概率、均值和极值。某个地区的气候特征均取决于这些因子的变化和组合情况。

太阳辐射因子。太阳每日以射线的形式释放大量能量到地表，它是气候形成的根本动力，起着决定性的影响。太阳辐射也是大气与地面的热能来源，不同地区地表对辐射的吸收能力有差异。地表接受热量后需要和大气进行热交换，冷热气流的相遇促成了热交换，整个热量平衡的过程对于气候形成有重要影响。

大气环流因子。大气环流因太阳辐射的接受差异、地球自转、地表海陆分布与气团内部能量交换而形成，它促进了不同时间地点的水分循环和热量交换，调整地表的水分与能量再分配，同时它也是这个输送、平衡与转换过程的结果，是气候特征的主导因子。

下垫面因子。下垫面是大气与下方地面或水面的分界，也可以说是地表特征，地形地质能影响局部气候的形成，洋流能影响湿度和热量分配。下垫面影响气候的方式和其动力作用有关，例如小地形起伏对气流产生的阻挡和抬升作用；同时也与其热力作用有关，例如水陆分布使大气受热与散热不均，从而导致风场与温度场的变化。

人类活动因子。人类与气候的关系经历了神话、理论、测量、了解、预测与控制六个阶段。[①] 人类活动对气候造成的影响也包括了无意识的副作用与有意识地改变这两种情况，途径则包括改变大气化学组成、改变下垫面性质和人为排放热量等，例如工业生产中排放的温室气体，人工造林改善局部地区气候，以及人类活动形成的热岛效应。

二　影响建筑的气候要素

气候是自然界生物体演变的重要因素，也是对建筑形式最为直接的外部影响。20 世纪中期兰斯堡定义了微气候（microclimate），它指的是地面边界层温湿度受地形与土壤植被影响的气候，影响建筑的气候就属于微气候的研究范畴。气候因素除了对建筑结构、材料及室内微气候产生直接影响，还通过对地方资源、植被甚至地域文化的影响而间接作用于建筑。与建筑密切相关的气候要素为空气温度、空气湿度、太阳辐射、风和降水等，每个要素都与人体的热舒适感觉相关，要素之间也相互联系，影响着建筑内的能量流动与建筑最终呈现的形式。

1. 太阳辐射与日照

太阳辐射：来自太阳的电磁波辐射，包括直接辐射与间接辐射，

① Neeraj Bhatia，Mayer H. Jurgen，*Arium*：*Weather + Architecture*，Berlin：Hatje Cantz Verlag，2010.

由红外线、紫外线和可见光组成，通常以太阳辐射照度的单位瓦特/平方米来表示。太阳辐射的强度由纬度、季节和大气状况决定，它对建筑的影响包括光效应和热效应。光效应主要是通过太阳辐射中的可见光影响了建筑室内的自然采光情况；热效应主要是太阳辐射通过建筑围护结构材料传热，或通过建筑开口直射入室内。它是夏季温度过高时需要规避的对象，又是冬季室内采暖的天然热源。太阳辐射是决定建筑选址、布局和朝向的关键因素，许多建筑技术（比如采光、遮阳与集热等）也与之相关。每个小时可获得的太阳辐射可以用来确定在室外达到舒适温度的时间，以及评价建筑物的太阳能采暖潜能。

太阳轨迹：一个给定纬度的太阳轨迹图可以通过太阳高度角和方位角来确定，它也可以确定一块具体的场地一年可以照射到阳光的日期和时间。太阳高度角、太阳方位角和时刻是太阳运动轨迹的三个重要参量（见图2－2）。太阳光线与地平面的夹角为太阳高度角，太阳光线在地平面上投影线与正南方位的夹角为太阳方位角。太阳轨迹影响到建筑对自然日照的争取，以及对强烈日光下所产生眩光的规避。

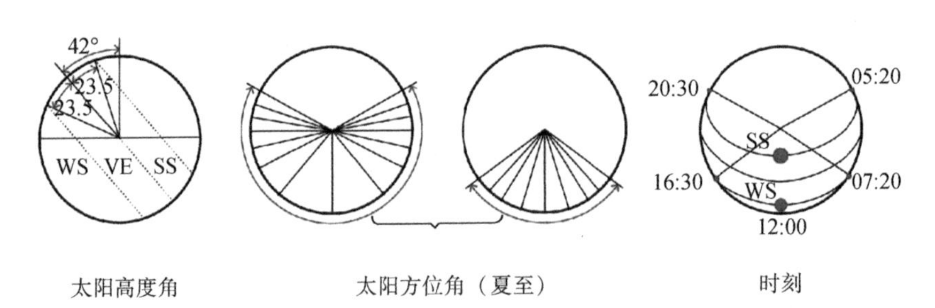

图2－2　太阳运动轨迹的重要参量：太阳高度角、太阳方位角和时刻

资料来源：沈晓飞：《气候适应及能量协同的高层建筑界面系统研究》，硕士学位论文，同济大学，2015年。

日照时数和日照率：日照时数是指太阳照射地面的实际小时数。由于云层的遮挡，地面上的日照时数小于可照时数，其比值称为日照率。日照时数和日照率受天空云量影响较大，多云地区因漫反射比例较大而日照时数相对较短。

2. 空气温度

气温的水平变化：空气温度是标志某个地区热状况最常用的气候参数，通常指距离地面 1.5 米高背阴处的温度，多以摄氏度表示。宏观上气温随纬度的变化表现出“赤道高、两极低”的水平分布，一个地区的气温变化主要由太阳辐射照度、风速风向以及该地的地形因素决定，是外部气候变化的最直观反映。空气温度对建筑的影响很大，它以热传导的方式通过建筑围护结构影响室内温度，影响材料厚度的选择和设计应该保暖还是制冷，也间接影响了建筑的通风设计。

气温的时间变化：气温的年较差是指一年中最热月平均气温和最冷月平均气温的差值，随纬度、地表性质、海拔高度的变化而不同，但一般来说随着纬度的升高，年较差增大。气温的日较差是指一天中的最高气温和最低气温的差值，也随纬度、季节、地表性质、海拔高度和天气状况的变化而不同。一般来说，低纬度地区日较差大于高纬度地区，内陆地区日较差大于滨海地区，洼地、谷地大于突出的山峰，晴天大于阴天，夏季大于冬季。日较差在很大程度上决定了建筑围护结构的蓄热性能要求。建筑内部气温与室外气温变化是非同步的，存在一定的热延迟，因而在日较差很大的沙漠地区，厚重的蓄热墙体显得格外重要，它可以调节与延缓室内温度变化的幅度。

3. 空气湿度

空气湿度是指空气中含有水分的多少，通常用相对湿度来表示。相对湿度是气温和气压作用的结果，常用干湿球温度计来测定，直观地表明了空气蒸发潜力的大小。空气湿度直接影响人的热舒适感受，过高的湿度会影响人体皮肤自然排汗的蒸发效率，过低的湿度又会产生令人不适的干燥和静电效应，因此相对湿度一般在 30%—70% 较为合适。空气湿度影响了建筑的材料性能和通风方式的选择。

当建筑环境的湿度太低时可以用设置水或植物的方式加以调节，但若湿度太高则多靠通风来散发身体热量，或采用外加的机械设备来改善。

4. 风

地表受太阳辐射不均所形成的温度差和气压差引起了气流运动，从而形成风。一般以风速、风向和风频来描述某个地点的风规律。风速和温度、湿度共同作用可以归入“有效温度”的概念，以此来衡量人体舒适性。风对建筑形式有着重要的影响，主要体现在考虑热带与温带地区的自然通风和寒冷地区防止冷风渗透两个方面。风向决定了建筑的布局、朝向和窗洞的设计，风速影响了室内房间的换气量和围护结构的换热能力。

5. 降水

所有从大气中降落到地表的水（如雨水、雪、冰雹和露珠）都被称为降水。一个特定时间内（日、月或年）的降水量规律，可以体现出旱季或雨季的长短以及降雨的强弱。降水量影响了建筑的屋面形式、建筑的排水设计和围护结构的耐久性能。干旱地区有时需要收集雨水并防止蒸发，蓄水池还可以同时对房屋进行冷却加湿。潮湿地区的雨水可以影响房屋结构的耐久，因此需要合理构造以排水。

拉普卜特在《宅形与文化》中将气候变量作为建筑应对的因素，认为建筑会在一定程度上从形式、材料和设施方面考察应对这些变量的措施，并可以根据强度对其进行气候等级的排列（见表2－1）。上述气候要素对建筑的影响只是一个简要的概略，实际上这些影响错综复杂，是相互叠加与耦合的关系。建筑作为一个既有的物质环境，通过建造和技术综合地应对这些气候条件，也就是建筑的气候适应性策略，它强调对有利气候因素的利用和对不利气候因素的合理规避。

表2－1　　拉普卜特提出建筑应对气候时需要考察的气候变量

气候变量	特征描述
空气温度	干热与湿热，寒冷
空气湿度	低，高
风	喜欢或讨厌，接纳或阻挡
辐射与光	喜欢或讨厌，接纳或阻挡
降水	主要是结构问题，尤其是在湿热地区，需要边通风边防雨

资料来源：［美］阿摩斯·拉普卜特：《宅形与文化》，常青等译，中国建筑工业出版社2007年版。

三　热舒适与气候适应

人类文明极少产生于气候条件十分严酷的难以生存的地区，也极少在自然条件十分优越、无须与自然抗争即可以生存下来的地方发展。它主要在气候四季分明、寒暑节气变化明显但温和的中纬度地区发生并发展，会因为气候条件的宽松而呈现出多样化的特征。建筑则是人类文明的重要载体。生物气候学指出，生物体生存需要其与所处环境相适应，并且其形式适应来自内外部的气候作用，比如叶子能根据周围的气候环境改变自己的表面大小，极端天气的叶子表面积较小，温和区域的植物根据季节变化产生应变反应，春夏枝繁叶茂、秋冬叶落凋零。建筑应对环境的自我调节也有着类似生命的特征，在有机体与环境的关系、有机体内部的相互作用、形式与功能的联系上，建筑与生命体都极为相似，它们对气候与环境都能进行较好的自发回应。

1. 人体的热舒适度

人所在的建筑空间需要满足人体不同的需求，其中最基本的需求就是生理方面的人体舒适。人体舒适度可以根据人体感官分为人体热舒适度、人体光舒适度、人体声舒适度及人体呼吸舒适度，其中与气候环境密切相关的主要是人体热舒适度。人作为一个复杂的有机整体，与外界环境处于不断的能量和物质交换过程。这一过程中人体必须保持核心温度的相对稳定，才能使产热与散热达到动态平衡，使人体感到舒适。国际标准化组织根据范格的研究成果制定了《建筑热湿环境领域的标准》，定义热舒适为人对周围动态热环境所做的主观满意度评价。它和客观的室内物理环境相关，关系到皮肤通过自身温度调节对室内热环境的适应；同时它作为人体感知的主观评价，又和人的生理与心理状态有关，比如活动量、服装热阻、社会文化背景和行为方式。

热舒适度和建筑性能与能耗总量密切相关，良好的建筑热环境能够有效降低建筑制冷供暖能耗，提高热舒适度和工作效率。它串联了气候、能量、建筑和人四者的关系，还可以通过客观的物理量与公式来描述，为气候建筑的设计研究提供了客观依据和评估标准。

2. 热舒适评价指标

热舒适评价指标是将多个环境参数综合为一个变量，用于对热环境进行评价。目前国际上通用的热舒适评价指标包括基于范格热舒适方程的 PMV/PPD 评价系统，基于慕尼黑人体热量平衡模型 MEMI（Munich Energy Balance Model for Individuals）、生理等效温度 PET（Physiological Equivalent Temperature）指标，以及近年来在世界气象组织（WMO）气候学委员会的倡导之下，由欧洲科学与技术合作计划 730 号行动建立的基于多结点模型的通用热气候指数 UTCI（Universal Thermal Climate Index），等等。

PMV-PPD 指标：PMV-PPD 评价系统指的是预计平均热感觉 PMV（predicted mean vote）指标和预计不满意者的百分数 PPD（predicted percentage of dissatisfied）指标模型，它是现行的热舒适度标准 ISO7730 及 ASHRAE55 的基本蓝本。PMV 的热舒适方程为：

$$PMV = [0.303\exp(-0.036M) + 0.0275]\ TL$$

其中，M 为人体新陈代谢产热率（metabolic rate），TL 为人体热负荷（thermal load）。它综合考虑了物理环境中空气温度、湿度、空气流速和平均辐射温度，以及人体活动量、衣服热阻六个因素。ASHRAE55 标准中 PMV 指标的 7 级分度由冷至热以 -3（冷）—3（热）这 7 个数字来表示，其中国际标准化组织（ISO）规定 PMV 在

±0.5 之间为室内热舒适区间。而 PPD 指标表示对热环境不满意的百分数，比如即使在 PMV =0 时，也有 5% 的人表示不满意（见图 2 -3）。这个值是个体的生理差异，其公式为：

$$PPD = 100 - 95\exp\left[-0.03353PMV4 + 0.2179PMV^2\right)\right]$$

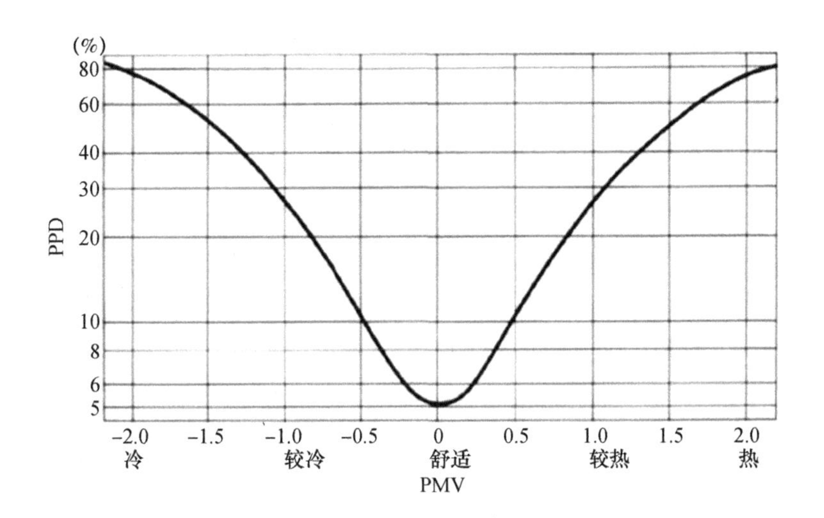

图 2 -3　PMV 与 PPD 的关系

资料来源：C. Ekici, I. Atilgan, "A Comparison of Suit Dresses and Summer Clothes in the Terms of Thermal Comfort", *Journal of Environmental Health Science and Engineering*, No. 1, 2013。

UTCI 指标：PMV - PPD 指标是针对室内热环境提出的热舒适评价模型，而通用热气候指数 UTCI 是用于室外热舒适的评价模型。该模型将人体明确分为具有热调节功能的主动系统和人体内部传热过程的被动系统，综合了环境气候模型、多节点人体热调节模型和穿衣模型对人体温度的影响。它结构复杂，考虑细致周全，拟真度高，可以广泛应用于气象服务、公众健康预警、城市规划、旅游娱乐等诸多领域，是当下最全面的人体冷热感受指标。①

① 闫业超等：《国内外气候舒适度评价研究进展》，《地球科学进展》2013 年第 10 期。

3. 热舒适与气候适应

热舒适并不是追求绝对的静态热平衡，它是人体对热环境的动态感应，随着环境的热力学参数的变化而维持一种相对动态热平衡。人们更希望置身于能感受到一定程度温差和空气流动的环境中，并且人在不同活动和不同季节中会因为生理和心理双方面的原因而产生不同的室温需求，也就是存在一种“热舒适的适应性”。在现代环境控制技术出现之前的一些传统住宅中，很多房间的功能是不固定的，人们应对气候有一定的主动性，会以“迁徙”的方式随着日夜或季节的变化来变更所处的位置（见图2－4），比如某些干热地区的屋顶平台在夏夜可以成为人们的卧室。这是由于人的活动方式会改变人体代谢速率，比如当人体处于运动模式，代谢速率提高，人体自身产生热量，从而对外界的热量需求就降低了。虽然目前凭借空调等主动控制技术，实现恒温恒湿的室内人工气候早已不是难事，但如何合理调动自然能源利用，如何适应气候，以及如何维持舒适健康的活动环境才是当下建筑设计的重要目标。气候建筑就是利用建筑的形式和空间适应气候的波动，令使用者无须频繁移动即可在室内获得舒适的环境。

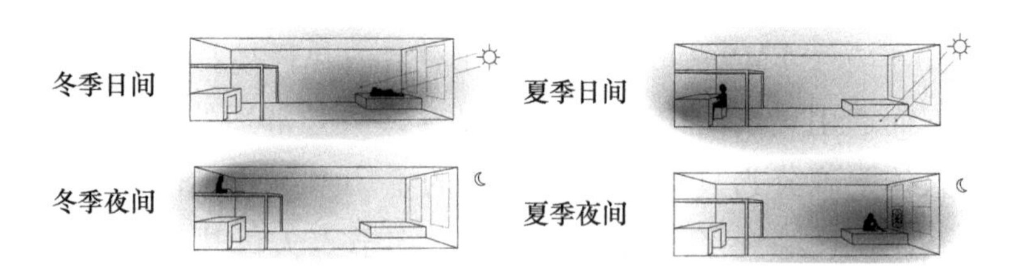

图2－4 主动“迁徙”的气候应对方式

资料来源：Chris Macky，Mostapha Sadeghipour Roudsari，“The Tool vs. The ToolKit”，Design Modelling Symposium，2017。

利用适宜的被动式设计方法，如太阳能采暖、遮阳、自然通风等，能够在一定程度上改变环境变量，将热舒适的区域扩展到更宽的范围。在人工环境技术尤其是空调技术没有出现之前，或者尚未采用空调技术的地区，建筑往往呈现出明显的气候特征，成为形成建筑地方性的重要因素。一方面，对于特定的地域，其气候特征是相对稳定的，人对环境的舒适范围与需求也是相对稳定的，因此建筑应对气候的策略也是稳定的；另一方面，不同文化与生活背景的人对环境的“舒适”定义是不一样的，舒适性的需求发生了变化，建筑作为达到需求的工具，其形式必然也会发生变化。

四　生物气候设计方法

在设计过程中对建筑所处的室外气候作定性分析及定量分析，指导建筑师提出设计对策，正确利用太阳辐射和风等气候资源，被称作“建筑气候分析”方法。气候设计的概念和方法最早由美国的奥戈雅兄弟在20世纪50年代提出。其后，很多建筑师与工程师对此表现出了高度关注，并将这种分析方法不断完善发展。到了1969年，吉沃尼（Baruch Givoni）结合空调工程师使用的温湿度图发展出了建筑气候设计图法，将气候、人体热舒适和建筑设计被动式方法结合在一张图表上，使设计更为方便，其基本原理方法与奥戈雅的“生物气候图”很接近，都是利用自然能源并以恰当的建筑设计措施获得室内热舒适为原则，减少建筑对人工能源的依赖和需求。

生物气候设计方法从人体热舒适的角度分析当地气候特征，并给出具体的建筑设计原则和技术措施。通过被动式策略，不用或者少用设备调节的原则最大限度地获得室内舒适环境，从而节约能源、保护环境。这种方法基于低能耗建筑设计的原则，能够把利用自然通风或者夜间通风、降低室温、蒸发散热以及太阳能利用或者采暖空调等方法调节的适用范围同时表示在一个图表上。

目前应用最为广泛的建筑生物气候设计方法如下（见图2－5）：

· 645198313-Olgyay 生物气候图法（1963 年）

· 645198314-Givoni 建筑气候图法（1976 年）

· 645198315-Arens 新生物气候图法（1980 年）

· 645198316-Mahoney 生物气候列表法（1982 年）
· 645198317-Watson 建筑—气候图法（1983 年）
· 645198318-J. Evans 热舒适三角图法（1999 年）

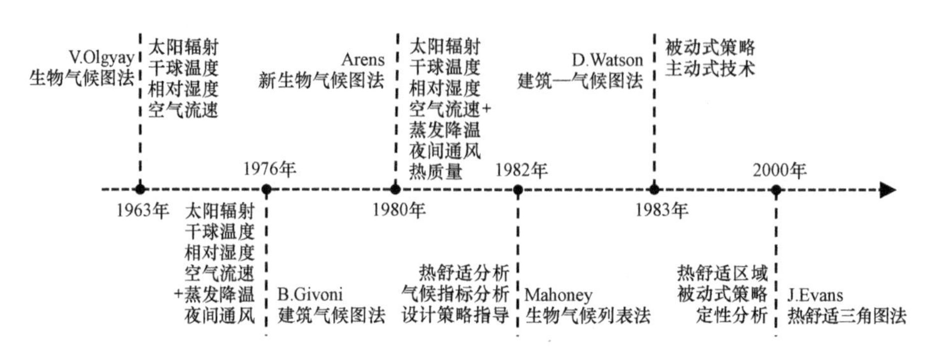

图 2－5　生物气候设计方法历时性发展图解

资料来源：笔者改绘自闵天怡《生物气候建筑叙事》，《西部人居环境学刊》2017 年第 6 期。

从应用上讲，上述诸多气候分析方法基本上可以归为图表分析法和表格分析法这两个类别，也都存在一定的适用条件和局限性，以下对其中具有代表性的几种方法进行详述。

1. Olgyay 方法

奥戈雅认为应将影响热舒适的环境因素表示在一张综合的图表中，既能够同时反映温度、湿度、空气流速以及辐射对人体舒适的影响，又能够看到每个环境因素的影响程度。他提出了按照人体舒适要求和室外气候条件进行建筑设计的系统方法，并将这种分析方法用图表的形式表现出来，称为“生物气候分析图”（见图 2－6）。图中表明了人体热舒适区（中间阴影部分）与四个环境变量——空气温度、平均辐射温度、风速和太阳辐射之间的关系。横坐标表示相对湿度，纵坐标表示干球温度。在此基础上建筑师可以提出相应的设计对策，通过建筑形式、朝向、开口位置尺寸调整等措施，在室外环境条件不利时给予一定补偿。这种方法第一次将建筑设计方法和室外气候分析、室内人体舒适三者系统地结合起来，也就是最初的“生物气候设计学”的思想，对欧美建筑师产生了深远的影响。Olgyay 生物气候分析方法最大的局限性在于它对人体热舒适需要的分析是以室外气候条件为基准的，而不是根据建筑内部的预期气候条件。而室内外气候条件的关系随着建筑的构造和细部不同会有很大的变化，因此它只适用于室内外气候状况差别不大的空间，如湿热气候区以自然通风为主的轻型建筑形式。

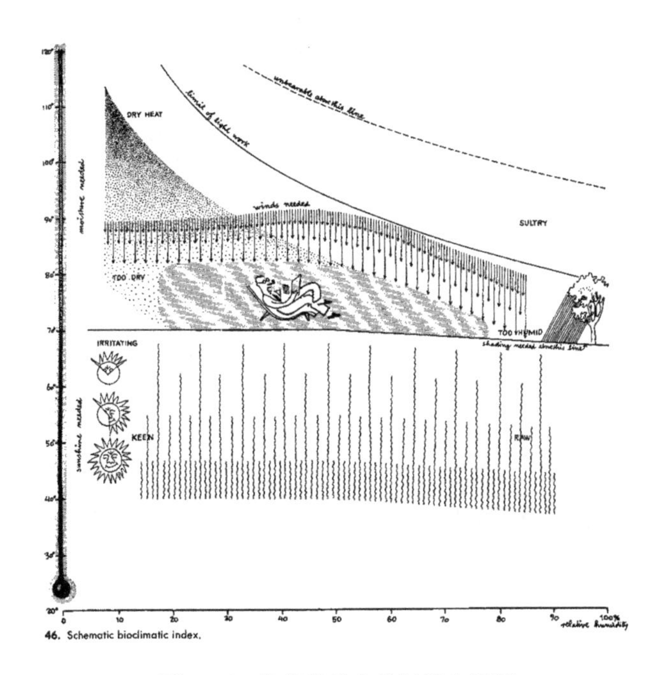

图 2－6　奥戈雅的生物气候分析图

资料来源：Victor Olgyay, *Design with Climate*: *Bioclimatic Approach to Architectural Regionalism*, New Jersey: Princeton University Press, 1963。

2. Givoni 方法

吉沃尼发展了早期 Olgyay 的生物气候方法。为了便于应用，吉沃尼针对不同的温度振幅和水蒸气压力组合成的环境状况，把凭借通风、降低室温、蒸发散热等方式调节的适用范围均表示在一个焓湿图上（psychrometric chart），成为“建筑气候设计分析图”（building bioclimatic design chart）（见图 2－7）。当环境条件超出了上述所有这些可以用通风、建筑构造、蒸发冷却等被动方式达到热舒适范围时，就必须采用空调设备等人工调节手段。所有可供选择的适宜方法在 Givoni 图表上都一目了然。Givoni 建筑气候设计分析方法存在的局限性在于，首先它只适用于内热源很少的住宅类建筑；其次，它对于自然通风上限的假设条件是基于室内平均辐射温度、水蒸气压力和室外环境相同，这种条件也只有建筑外围护结构热阻较小的轻质建筑才成立；最后，它建议利用围护结构蓄热性获得室内热舒适的条件是白天关闭门窗、室内风速接近零的情况下才能成立。

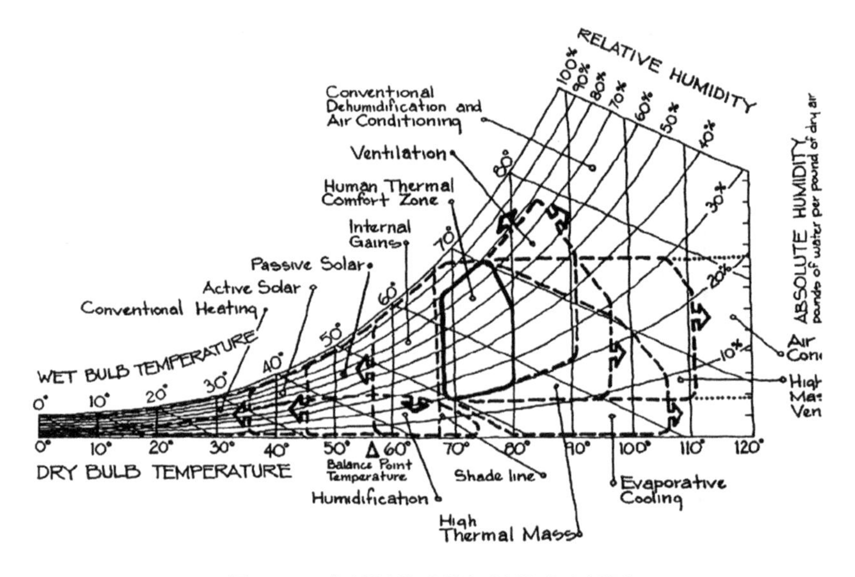

图 2－7　吉沃尼的建筑气候设计分析图

资料来源：Donald Watson, *The Energy Design Handbook*, Washington, D. C.: The American Institute of Architects Press, 1993。

3. Mahoney 列表法

Mahoney 列表法是由科尼伯格（O. H. Koenigsberger）等研究热带地区建筑时提出的一种建筑气候设计方法。其分析过程包括四个阶段：第一步是针对建筑所在地区的室外气候参数，包括月均最高温度、最低温度、温度波动、相对湿度和降雨进行气候参数分析，并制成表格；第二步是通过考虑不同气候区人们对气候的适应性进行热舒适分析；第三步是根据气候分析结果和热舒适范围的规定，并根据所建立的设计策略和室外气候条件之间的关系，用列表方式统计每个月的指标总数；第四步是根据气候指标和建筑具体措施之间的关系，提出建筑气候设计的具体措施，包括平面空间布局、通风、房间开口、墙体、屋顶、保温等。Mahoney 列表法的局限性在于，它没有提出建立室外气候分析指标和建筑设计具体措施之间关系的依据，使得建筑师无法判断策略是否正确以及如何有针对性地更正或改进。

4. J. Evans 的“热舒适三角”图法

伊万斯（Johe Evans）认为，多数热舒适分析方法侧重于对稳定环境下静坐的人的舒适范围研究，不适于温度周期波动较大的气候条件，比如干热气候或大陆性气候。而在这些地区，温度波动的变化大小和舒适感的关系才是建筑气候设计的重要问题。他以此提出针对被动式建筑设计的温度波动与人体舒适关系的分析方法，即“热舒适三角图”法。热舒适区域的确定考虑了人体不同活动情况，如睡觉、休息、静坐、行走等。“热舒适三角”图法所用的气象数据最少，在获得典型日的月平均最高和最低温度的情况下就可以利用图表进行分析，适合建筑师设计初期对气候的定性分析。但其提出的气候设计策略和数据的分析结果不能在图中直观地显示出来，因此建筑师必须有一定的建筑热物理基础知识。

第二节　气候建筑热力学议题的历史图景

福斯特建筑事务所合伙人斯蒂芬·贝林在 2002 年提出了著名的可持续性三角图解，解释了建构形式与主动技术、被动技术间的关系。阿巴罗斯在 2013 年针对建筑与气候环境的关系，将该三角图解拓展为前现代、现代和当代建筑的环境调控图解（见图 2－8），将主动系统、被动系统和建筑形式的关系进行排列，从热力学视角展现了建筑应对气候的系统方法论进化过程。从建筑史维度进行热力学考古，我们可以发现热力学理论贯穿建筑发展进程的历史基础及科学合理性。前人自发利用能量流动规律来应对气候的建造方式，也有助于本书重新建构气候建筑的热力学叙事体系。

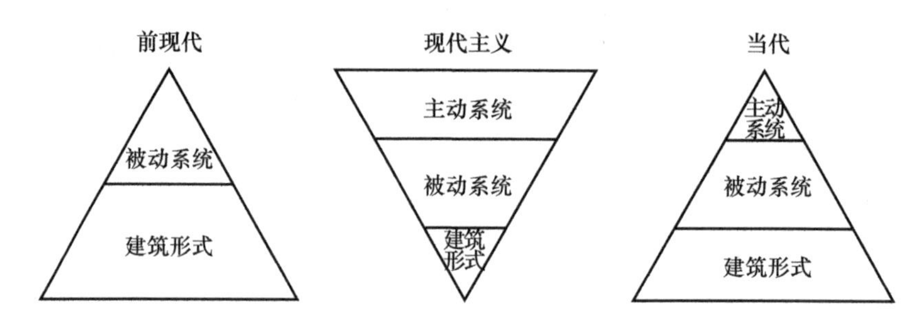

图 2-8 阿巴罗斯的环境调控演进图解

资料来源：［西］伊纳吉·阿巴罗斯等：《建筑热力学与美》，周渐佳译，同济大学出版社 2015 年版。

一 前现代：传统建筑中的能量线索

（一）能量作为和建构平行的线索

热力学定律使人们有能力用能量解释世界，它涉及了人类生活的方方面面。能量通过注入有机生命体，注入过程和机制，再经过转换作用进入无生命的物质世界，从而进入了建筑领域。建筑可以理解为一种材料的组织，以形式调节其中的能量流动方式使之有序，又以能量组织稳定了材料的物质形式。这就隐喻了一对矛盾：建筑作为人类环境的产物，调节可再生能量流动的同时也为使用者提供非可再生能源的传输通道；建筑作为物质组织持续处于退化和腐蚀中，需要不断向其本体提供材料与能量以重建形态。① 人类早期文明对建筑材料和能源投入的认识很片面，认为用于建造的材料是一次性投入，而用于维持生活的能源却需要得到不断补充。因此几千年来大部分文明都将建筑建造过程与能量消耗过程视为截然不同的两

① Luis Fernandez Galiano, *Fire and Memory: On Architecture and Energy*, Cambridge: The MIT Press, 2000.

个发展对象。某些气候严苛的地区，人们在建筑内的活动行为无法离开中心能源（如火盆、壁炉等），可这种能源策略仍旧是建筑内部的附属品，同建构相分离。

但若仔细回顾建筑史中与能量相关的部分片段，我们还是可以发现“能量”作为与“建构”平行的线索，在建筑的气候适应发展中早就有迹可循。为了使同样的能源发挥更大的作用价值，炎热地区加大了窗洞口的尺寸、减小了墙壁的厚度，增加室内自然通风以降温，寒冷地区不断加大外墙厚度，缩小窗子尺寸或用毛毯覆盖外墙缝隙，以减少室内热量的损失。这就是能量思考在建筑的形式构造中的雏形。人们逐渐发现，若将能量的流动路径结合到建筑空间布局和构造形式中，可以获得更高的能源效率，比如风井、阳光房、火炕等。能量思维通过这些特定的材料组织植入了建筑文化脉络。中西方传统建筑由于气候、文化的差异产生了地域特色。这些特色所表现的形式与外界环境相适应，实际上是能量在气候与建筑之间的流转和反馈。

（二）传统建筑的热力学考古

国外传统建筑的热力学考古可以溯源到古罗马时期。维特鲁威在《建筑十书》中提到，“火的发现在人们之间开始了集合、聚议及共同生活，后来人们就和其他动物不同，从自然得到了恩惠，譬如能够不向前弯下、直立行走、观看宏大的宇宙星辰……比以前更容易处理他们想要的东西，把这些聚集在一起，有些人便开始用树叶铺盖屋顶，有些人在山麓挖掘洞穴，还有一些人用泥和枝条仿照燕窝建造自己的躲避处所”①，他认为火的发现作为人类能源利用史的开端，同样也是建筑的缘起（见图2－9）。西方古典世界中，火代表了能量的中心，是和城市或房屋有关的仪式中最重要的参与者。对于希腊人与罗马人来说，圣火是一座城市最主要的祭坛，是居民身份认同和宗教生活的源泉。而后“不同地区的建筑应有‘不同’，

① ［古罗马］维特鲁威：《建筑十书》，高履泰译，中国建筑工业出版社1986年版。

寒冷地区的建筑需要密实、完整，炎热地区的建筑需要通透、疏朗；不同地区的建筑屋顶应该有着不同的坡度”，这是建筑理论中对能量议题的最早描述。

图2-9　维特鲁威所述“火的发明”

资料来源：Luis Fernandez Galiano, *Fire and Memory*: *On Architecture and Energy*, Cambridge: The MIT Press, 2000。

早在两千多年前，古罗马工匠就建造出了带有集中供热系统的浴场，浴场的地下和墙体内敷设管道用于热空气输送和排烟（见图2-10）。在世界各地的传统建筑中，对能量合理流动的潜在追求也融入了建筑的空间排布和构造形态。

古代波斯帝国的工程师创造出一种称为“冰坑”（Yakhchāl）的建筑，用于在炎热的夏天储存冰以及食物。冰屋在地面上的外部呈现一种尖顶的圆形结构，内部具有巨大的地下空间。冰坑外东西方向通常造有遮阴墙体，并从墙体北面引入水体，墙体的阴影能使水池保持冷却。冰坑外墙为隔热效果极好的防水砂浆制成，墙体底部厚度在2米以上。冰坑从底部水池处吸入冷空气，冷却室内后再由顶部锥形通风口排出（见图2-11）。

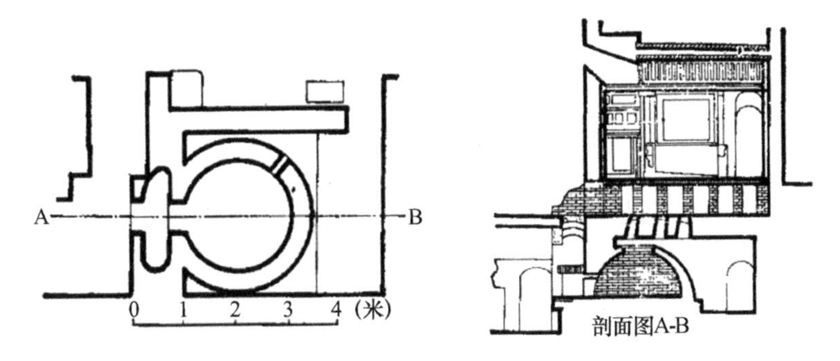

图2-10 庞贝古城，梅朗德（Merlot）府邸中高温浴室的土坑与供暖炉

资料来源：［英］T. A. 马克斯、［英］E. N. 莫里斯：《建筑物·气候·能量》，陈士骥译，中国建筑工业出版社1990年版。

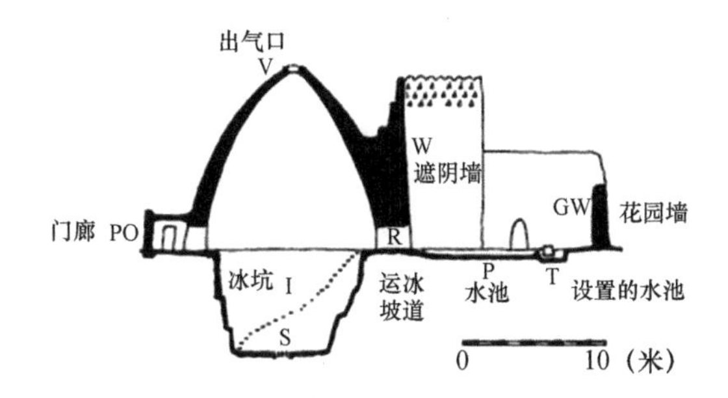

图2-11 伊朗亚兹德，Yakhchāl剖面图解

资料来源：Prieto González提供。

伊拉克巴格达地区属于热带沙漠气候，常年炎热干旱，昼夜温差极大。地毯式密集内向的城市布局使建筑之间相互遮挡，减少了直射于外墙上的辐射热。厚实的土坯墙体具有很强的热惰性，隔热能力很强，适应于当地温差剧烈的气候条件。外墙为了减少直接进入室内的热量，窗洞口窄而少，因而当地采用了高于屋面的风井构造将气流引入室内，通过通风来降低室温。

位于冷温带的芬兰日照时间短，冬季漫长寒冷。芬兰民居在气候与能量上的考虑主要在于保暖，减少热量损失，因此房屋形体简单紧凑。壁炉通常位于房屋中心并向室内辐射热量，深色的墙体外表面增加了吸收太阳热辐射的可能。双面陡坡屋顶则可防止雪荷载压迫屋顶。

始建于12世纪的西班牙塞维利亚王宫（Real Alcázar de Sevilla），其设计中也有大量对当地日照强烈、干燥炎热气候的回应。王宫由多个带有水池的庭院串联而成，水池的蒸腾作用达到了降温和加湿的作用。庭院与室内空间之间隔着一条开放的檐廊，这个檐廊空间成为室内与室外的缓冲区，室外的热空气经过有遮阳的檐廊后温度降低，有风吹过时将清凉的空气带入室内（见图2－12）。

图2－12　塞维利亚皇宫的中央庭院

中国疆域广博，传统乡土建筑的地域特征十分明显，建筑的地域性也反映出对气候环境和能量需求的对应关系。“风水”学说就是传统建筑能量思考的一个折射，“左右有山辅弼，前有环水，后有镇山”的理想选址正是古代人民对气候选择与适应的初步考量。北方民居的规整厚实，南方民居的开敞轻透，庭院、高窗、天井、架空等构造与空间处理，都是能量组织通过建筑的物质性对环境的反馈。北方民居中常见的火炕是传统民居中能量调控的典型例子。学界普遍认为，火炕是两千多年前分布于长白山北的沃沮族所发明，沿用至今经过了代代人民的经验和技术发展而越发成熟。最原始的火炕为占据房屋正中的狭窄单烟道结构，而后其位置渐渐被移到房屋一侧，随着居住者家族的扩大而提供更多的生活热能。火炕上可供一家人并排躺卧，因此火炕宽度和人的身高相关，一般为2—2.4米，长度通常占满房间一侧。火炕位于卧室，火灶位于厨房，厨房和卧室之间仅一墙之隔以缩短传热路径；炕两端又分别设灶口和烟口，灶口连接厨房的灶台，充分利用炊事余热，烟口连接通往室外的烟囱以排出燃烧的烟气。火灶—火炕—烟囱三者形成了一个高效的能量组织。部分地区还将烟道连入火墙、火地构造，进一步在寒冷时期为室内提供舒适的温度环境（见图2－13）。

图2－13 火灶—火炕—烟囱的能量组织构造

资料来源：Prieto Gonzúlez 提供。

二 现代：从隔离到开放的环境调控

自工业革命始，18世纪到20世纪以来，思想改革、技术进步和新材料发明推动了建筑设计方法的功能主义革新。建筑中的能量线索则在现代建筑的进程中逐渐明晰，分别形成两条并行的发展路线：一条是随着现代技术发展而着重于内部调控，通过主动技术的性能优化，将建筑内部环境与外部环境隔离开来；另一条是具有批判性的，将气候作为外部能量，以太阳能利用和气候设计为主的早期环境设计方法，这种方法注重建筑对外部环境的开放。

（一）形式追随内部能耗

使用机械设备创造并控制建筑室内微气候，以保持建筑室内环境的舒适度的方法始于19世纪至20世纪之间。它的出现，一方面是由于科技的发展，人们已经逐渐掌握使用供暖、制冷、通风及照明设备对建筑室内环境作出改善；另一方面，建筑界面受结构分离的影响，呈现出轻质化倾向，导致其自身保温隔热功能大为降低，因而需要额外的手段保持室内舒适。

1742 年，富兰克林（Benjamin Franklin）发明了机械火炉，冷空气经过炉子底部的铁盘后被加热，再从炉子上方的管道进入室内进行供暖；1851 年，哥里（John Gorrie）发明了空气循环压缩冷冻系统，这种设备首次实现了机械降温，使人们无须在夏日存储冰块制冷；1902 年，开利（Willis Carrier）将先前的供暖与制冷设备相结合，借助蒸发与冷凝之间的换热关系发明了空调，用机械能驱动将室内的热量转移到室外以降温。空调系统的发明具有划时代的意义，自此开始，建筑终于可以依靠设备营造出温湿度稳定的室内环境，满足人体的热舒适要求。

早在 19 世纪下半叶，建筑师就借助当时的技术设备，做了大量对建筑内部环境调控的尝试。建于 1867 年，位于英国利物浦的八角住宅（Octagon）是海沃德教授的自宅。该住宅在供暖和通风上结合建筑内部空间配置作出了先锋性尝试。海沃德在 1872 年发布的《住宅建筑中的健康与舒适》中对八角住宅进行了详述：地下室主要用于收集并加热新鲜空气，地面层是冷库和舞厅。一层为起居空间，二层为早餐室和卧室，三层是仆人房、儿童游乐室、储藏室和两个水箱间。位于屋顶下方的是一个污浊的空气室（foul air chamber），整栋住宅房间内的污浊空气通过烟道汇集到这个空间，通过厨房生火的热量被引入竖井内沿着污风道（foul air flue）下降，再流入火炉后方的烟囱，上升并排放出去。在建筑内使用可上升下降的对流管道，以燃烧后的废热（即厨房产生的热量）提供动力，这在风扇发明之前的时代是一种较为普遍的建筑内部送风方式。八角住宅的特殊之处在于建筑空间和能量流转方式的结合：主要房间面向门厅（lobbies）的方向都是封闭的，仅通过门和楼梯相连；这些门厅相对封闭，并且在各层平面上都完全重叠，形成了一个垂直的送风烟道（见图 2－14）。

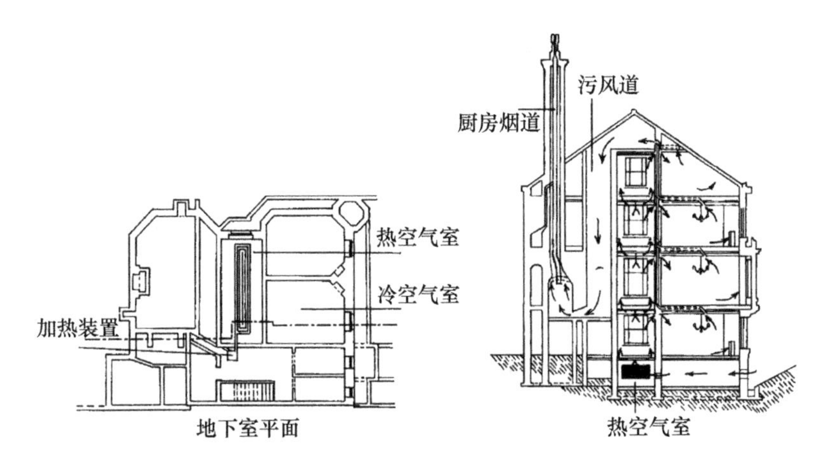

图 2－14　八角住宅中的供暖通风系统

资料来源：Reyner Banham, *The Architecutre of the Well-tempered Environment*, Chicago: The University of Chicago Press, 1969。

20 世纪空调发明后，机械制冷系统不再局限于医院及医疗中心，而开始运用于办公楼以提高工人的工作效率。赖特在 1906 年设计的拉金大厦（Larkin Building）就是第一批使用机械制冷系统的办公楼之一，建筑本身的形式直接反映了该系统在建筑内部的布局。厚厚的密封砖墙将室内空间与室外火车呼啸而过所带来的有毒烟气相隔离，四个高耸的角楼不仅是交通空间，也是空气吸收、压缩、交换及排出的位置。从高处吸入的新鲜空气在地下室被过滤并加热，再由位于角楼边上的管道分配到各层的内部空间中（见图 2－15）。它是最早的气密性现代空调建筑之一。赖特本人也指出建筑内外气候严格的隔离是未来城市不可避免的发展趋势，这反映出现代建筑时期在环境控制语境下盛行的一种技术导向思潮。

机械供暖和制冷的普及让室内舒适的人工环境变得愈加容易建立和控制，对建筑的气密性要求也越来越高。依赖机械设备系统的传统内部调控型建筑常常以二元对立的态度划分室内外空间，用密封的建筑界面保护建筑物免受外部环境影响，尽力隔离室外空气流动、多余热量和雨水等，再利用主动设备消耗电能、机械能来为室内提供持续稳定的热湿环境。这种方式忽视了能量的转化利用，浪

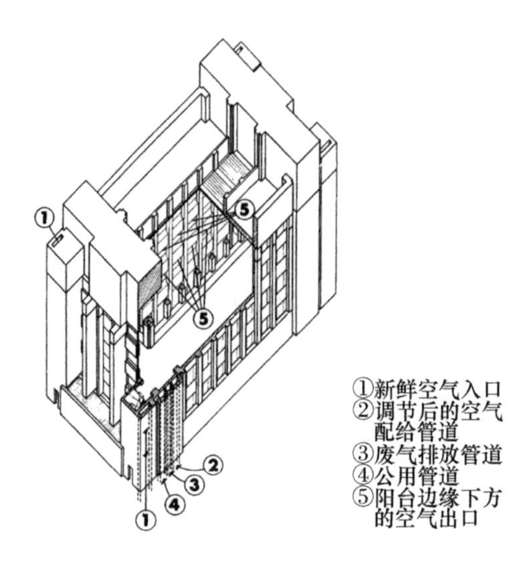

图2－15 拉金大厦的供暖通风系统

资料来源：Reyner Banham，*The Architecutre of the Well-tempered Environment*，Chicago：The University of Chicago Press，1969。

费了室外环境的天然能源，实际上还会造成大量的能源消耗。建筑对机械设备系统的依赖性不断上升时，对能源的损耗会愈加严重。数据显示，在维持建筑运营的过程中，建筑空调系统占据了整体能源使用的一半以上。[①] 如果将标准楼层面积相似的两个样本办公空间的内部能耗进行比较，通过自然通风的样本空间能耗大大低于通过机械通风的样本空间。前者每平方米的通风费用仅0.5美元，而后者则达到3.3美元，是前者的将近7倍。[②]

机械设备的运转还会向环境排放大量的废弃热量，造成气候变暖、环境恶化等长期不良影响。更糟的是建筑从“利用设备”转变为“成为设备”，建筑不再代表秩序和人类审美的结合，而成为一堆管道和网格设计的集成。在设备的间隙中创造的建筑空间有着使用

① Kiel Moe，*Integrated Design in Contemporary*，New Jersey：Princeton Architectural Press，2008.

② “The Government Energy Efficiency Best Practice Program/Energy Consumption Guide 19/Energy Use in Offices”，www. energy-efficiency. gov. dk.

功能，却缺乏视觉或象征意义（见图2－16）。

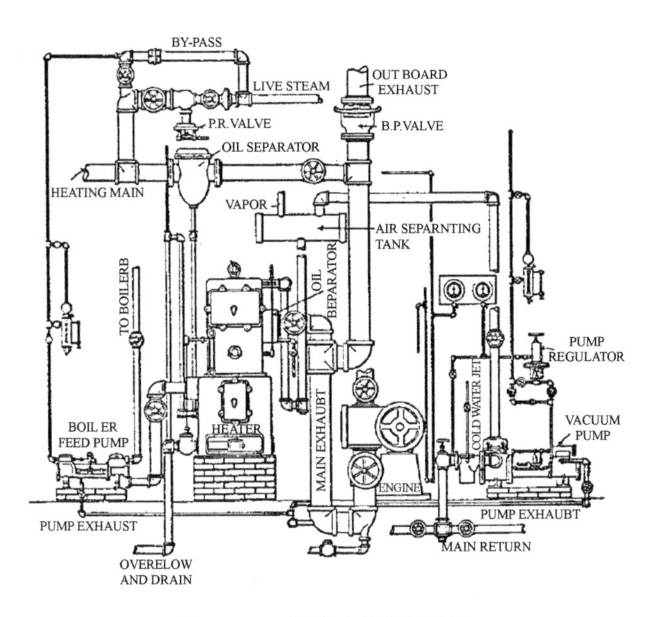

图2－16 简化为设备的建筑

资料来源：Luis Fernandez Galiano, *Fire and Memory*: *On Architecture and Energy*, Cambridge: The MIT Press, 2000。

（二）形式追随外部气候

虽然建筑内部调控的倾向与当时的技术革新相辅相成，加上当时的能源比较价格低廉，使这种环境隔离型的大进深标准化现代建筑得到了大量推广；但在另一类思潮中，还是有一部分现代主义建筑的实践者将气候视作一种资源，关注气候环境对建筑空间形态的影响并展开协同设计。此时建筑界面不再成为建筑内外的阻隔，建筑形式由内部调控的人工热环境转向气候开放的环境适应。形式成为应对气候的重要途径，利用双层界面、遮阳板、阳光房、拔风井等实现建筑的通风和温度控制的方法应运而生，气候成了建筑话语的一个重要部分。

自20世纪20年代以来，柯布西耶的部分著作和实践中展现出了他对环境的敏感性，尤其是风、太阳对城市规划和建筑的影响。

他曾经提出，“建筑是阳光下形体间精准而卓越的游戏”。[①] 他在印度昌迪加尔议会大厦中所设计的巨大曲面，能够“阻挡夏日的阳光，接收冬季的阳光，并将春分点的阳光投射到双曲面的内部边缘”（见图 2－17a）；哈佛大学卡朋特艺术中心也延续了他在印度时对遮阳板形式的探索（见图 2－17c）。这些设计伴随着他对太阳轨迹、高层建筑阴影和场地分析的一系列研究展开（见图 2－17b）。柯布西耶提出的另一项重大设想是双层界面（mur neutralisant），使几厘米的空气间层包裹整栋建筑，空气能在其中循环流通，成为建筑和气候之间的缓冲层，从而起到环境调控的作用。这种双层界面在他 1928 年的莫斯科消费者合作社（Centrosoyuz）和 1933 年的巴黎救世军旅馆（Cité de Refuge）设计方案中均有体现。尽管该设想在当时由于造价高和效率低的原因并未得以实现，双层界面的概念和目标却得以确立，成为气候设计中非常重要的一种构造手段。

对于柯布西耶来说，太阳是一个用于照明和规划人类生活轨迹的常量；而对于赖特来说，太阳对建筑更重要的意义是热量而非光照，是一个实时变动、不稳定的要素。赖特在他设计的许多住宅中

a. 昌迪加尔的双曲面设计

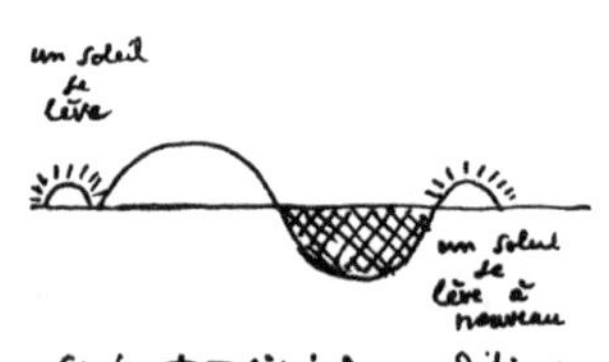

b. 柯布西耶的太阳轨迹研究

① Corbusier, *Vers une Architecture*, Paris: Editions Flammarion, 2008.

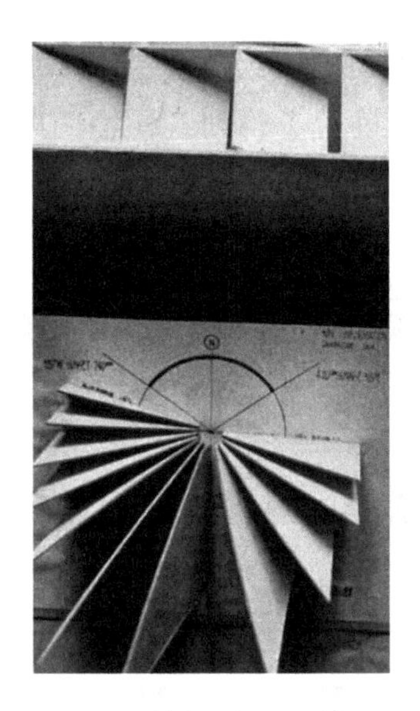

c. 卡朋特中心的百叶研究

图2－17　柯布西耶的理论与实践中关注气候对建筑形式塑造的研究

资料来源：Luis Fernandez Galiano，*Fire and Memory*：*On Architecture and Energy*，Cambridge：The MIT Press，2000。

利用了太阳几何学，其中最著名的是洛杉矶的斯特奇斯住宅（Sturges house），在该住宅的各个方向立面上不同进深的挑檐都与太阳角度有关；他在第二雅各布斯住宅（second Jacobs house）的设计中将建筑置于草坡之上，以一个玻璃覆盖的“太阳能半圆”空间铺开并面向太阳的方向，结合他在“草原式”住宅中一贯坚持以平面中心的壁炉作为家庭的传统精神象征，为室内空间创造了既开放又舒适的温和环境。

格罗皮乌斯（Walter Gropius）认为气候是设计基本概念中的首要因素，“如果建筑师把完全不同的室内外关系作为设计构思的核心问题加以应用，那么只要抓住气候条件影响建筑设计而造成的基本区别……就可以获得表现手法上的多样性”①。他的许多规划方案与

① 转引自［英］T. A. 马克斯、［英］E. N. 莫里斯《建筑物·气候·能量》，陈士骅译，中国建筑工业出版社1990年版。

住宅设计都以太阳照射角度的选择为准则。他还以矩形建筑地盘上的十层楼房间距为例，确定了行列式住宅间距受到太阳照射角度影响的布局原则（见图2－18）。

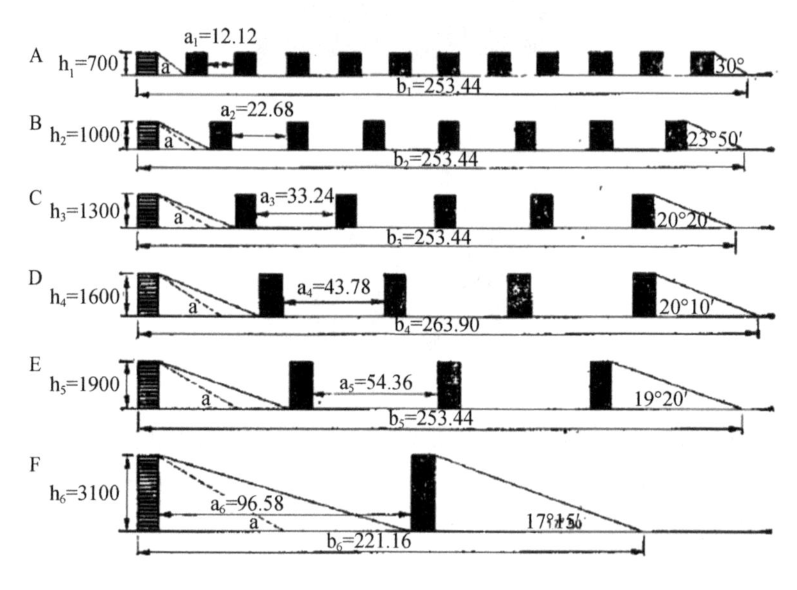

图2－18　格罗皮乌斯根据太阳照射角确定的布局原则

资料来源：［英］T. A. 马克斯、［英］E. N. 莫里斯：《建筑物·气候·能量》，陈士骥译，中国建筑工业出版社1990年版。

此外，许多根植于地域的建筑师基于对当地气候的长期研究，以当地材料和环境为设计灵感，探索出适合本土气候环境的现代建筑新空间和新形式，充分体现出“形式追随外部气候”的理念。印度建筑师柯里亚针对湿热气候设计的“管式住宅”原型体现了建筑形式与在地气候相呼应的特征，他将拔风原理和建筑剖面形态结合，建筑底部入口有可调节的百叶控制外部凉爽的进风，室内的热空气则顺着倾斜的屋顶上升并从顶部通风口排出。埃及建筑师法赛在新古尔纳村项目（New Gourna Village）中对中东地区传统捕风塔形式进行了革新并与现代空间相结合，白天高耸的捕风塔上方对着当地主导风向捕捉清洁的高速气流，气流进入倾斜的捕风塔后，内壁潮湿的木炭对气流产生了降温作用，冷空气进一步下沉进入主要使用空间；夜晚的捕风塔运作原理则方向相反。这些地域性的气候适应设计既利用了气候的天然资源，也丰富了建筑空间。

三　当代：话语重构下的热力学建筑思潮

（一）“热力学之美”

在当代，随着气候与能源问题的愈加严峻，对热力学的研究再次成为建筑学界关注的热点。“热力学建筑”这一思潮将建筑看作一个开放非孤立的热力学整体系统，与外界有能量和物质交换，建筑界面是热力学系统的边界，建筑所处的环境就是热力学系统的环境。在这一视角下，纯粹技术依赖的建筑体系受到批判，建筑设计的目的是协助建筑及使用者远离热力学平衡，以抗争系统内部的最大熵增，而不是一味地追求建筑节能规范、建筑认证及建筑模拟。因此建筑应该向环境开放，高效地利用外界环境能量中的可用㶲，尽量减少存量㶲（“㶲”为热力学概念，意为“有效能”）的浪费。

在这个原则之下，热力学建筑提倡的是消解建筑系统与外界环境间的二元对立关系，将建筑构件转变为促进能量流动的角色。建筑界面是建筑内外能量平衡与交换的窗口，可以根据周围环境的状态选择隔离还是开放。建筑内部空间和建筑外部气候之间能产生最高效的能量流动和能量转换，维持建筑这个热力学非平衡体系的有序性，并依此指导建筑形式的设计生成方法。相较于单独的对象，热力学建筑更迫切的任务是研究什么样的建筑形式能够高效组织建筑与气候环境的关系，在这个技术与形式的作用过程中呈现出一种“热力学美感”，并为实现多学科之间的对话提供了新的维度，从而改变传统设计方法，催生出新的形式。

对能量与热力学建筑的关注，代表了现下建筑设计认识论转变的最前沿也是最重要的方式之一。“随着热增量的传导和对流成为建筑概念中不可分割的一部分，‘热力学唯物主义’（thermodynamic materialism）这种全新的观念给那些组织空间所需要的材料和体量，还有结构力的传递带来了新的生命力……重新定义的不仅是对物质的实际需求，或是我们对材料和产品的选择，同样改变了我们形成室内空间的方法。”①

（二）能量流动促进建筑类型演化

霍华德·奥德姆早在20世纪60年代于系统生态学的创建过程中提出了“能量流动”（energy flow）的概念，从能量的角度来解释生态系统复杂表象下的结构逻辑，分析系统内的能量传递和转化规律；他还提出了生态工程（ecological engineering）的概念，认为生态工程是人类用来控制以自然资源为能量基础的生态系统所使用的少量辅助性工程，建筑工程即是其中之一。自此，热力学思考方式所适用的系统范围开始拓宽，除了用于解释生态系统，更延伸至复杂的社会和经济发展之中。他认为，“热力学已经涌现为一个科学的工具，服务于社会规划，甚至是一个新的范式，通过引入熵和不可逆转的时间概念来塑造思想的景观”②。

这一观念实际上是意图通过捕捉能量这一非视觉的要素来获取视觉上的建筑形式，将能量的流动方式视为建筑类型演化的主要原则。菲利普·拉姆在2008年威尼斯双年展中展出的菲拉斯特住宅项目中提出的“湾流”（Gulf）模型就是以室内能量流动的路径作为空间设计的视觉依据。空间内设置了两个热源，两个横向金属板在不同的高度上延伸，加热到22℃的金属板位于较低层，冷却到15℃的金属板位于较高层（见图2－19），两种不同的热量在整个室内创造出一个热场，空气的冷热循环将在空间中形成不同的温差，就像是涌动的溪水。建筑师利用自然现象和对流产生了运动的空气，从而创造一个恒热流量，类似于一种无形的景观，在不同活动功能的房

① ［西］伊纳吉·阿巴罗斯等：《建筑热力学与美》，周渐佳译，同济大学出版社2015年版。

② 李麟学：《知识·话语·范式 能量与热力学建筑的历史图景及当代前沿》，《时代建筑》2015年第2期。

间里产生多样化的微气候环境，从而达到动态人体热舒适。

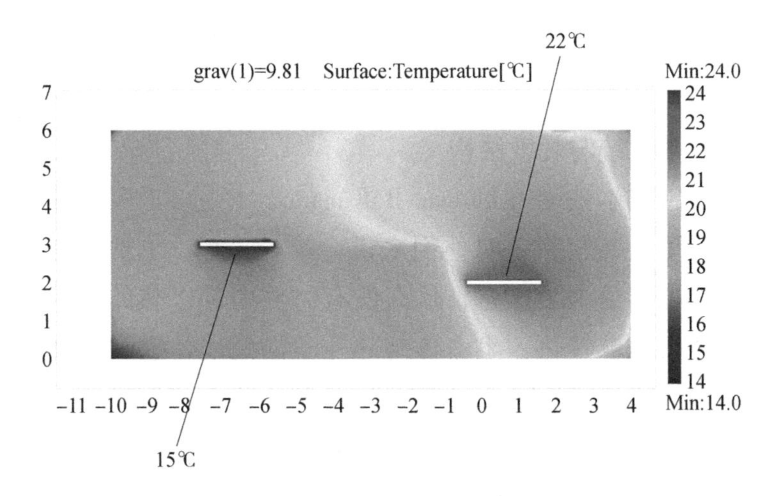

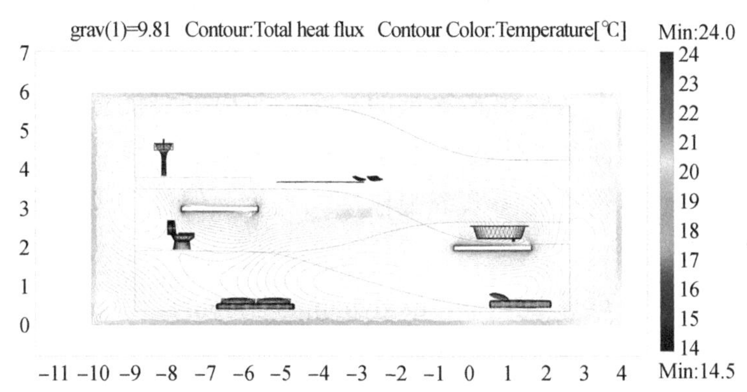

图2－19　菲利普·拉姆，菲拉斯特住宅的“湾流”模型

资料来源：http：//www. philipperahm. com/data/projects/interiorgulfstream/index. html。

能量在气候环境、建筑系统、人的身体之间流动与转化，这个热力学过程要求建筑成为气候与人体之间的桥梁，建筑的形式是对气候环境的转译与反馈。热力学视野下的建筑气候协同，是用特殊的形态、材料、空间组织去反馈环境的热力学状态的表现。在避免技术成为形态主角的同时，确定最优的能源消耗方案，再结合功能和主体审美进行有针对性的深化。

第三节　气候建筑的能量交换机制

一　开放系统与耗散结构

物理学家玻尔兹曼（Ludwig Boltzmann）说过，"生命体的生存竞争并非为了天然材料，对他们来说，空气、水、土地都是大量存在的；当然也不是为了能量，这在所有物质中都以热的形式大量存在，尽管他很难被转化。生命体与之斗争的是熵，它在灼热的太阳向冰冷的地球传递能量时才可获得"①。热力学是研究热现象中物态转变和能量转换规律的学科，它着重研究物质的平衡状态以及准平衡状态的物理、化学过程，定义了许多宏观变量如温度、熵、内能、压强等，并描述了各变量之间的关系。建筑中的热力学议题更多的是关注宏观系统中这些相关变量的关系，对应的是能量传递和能量转化的行为。工程学或系统生态学等学科中的能量概念可能会有效地激发人们对建筑在能源系统中作用的理解，但这些理解最终必须针对建筑进行。

（一）热力学系统（thermodynamic system）

热力学涉及对能量规律的研究，其研究对象均属于热力学系统。热力学系统指的是用于热力学研究的有限宏观区域，是物质世界中用于研究的部分。这个系统是有限的，因此它有边界；系统的边界（boundry）将系统本身与它的外部空间分隔开来，而此外部空间被称为这个系统的环境（surroundings）（见图2－20）。

热力学系统的边界划定了热力学系统占据的空间区域，物质（mass）、热量（heat）和机械能（work）均可以流过这个边界。系统可以与其所在环境通过边界进行各种形式能量的传递。将热力学

---

① 参见［美］基尔·莫《以非现代的方式抗争最大熵》，陈昊译，《时代建筑》2015年第2期。

系统根据系统边界所指定的能量传递类型进行分类（见表2－2），可分为孤立系统、封闭系统，力学孤立系统、绝热系统和开放系统（见图2－21）。其中，开放系统指的是允许与其相对应的环境进行能量和物质传递的热力学系统。在热力学视角下，气候建筑就是一个开放非孤立的热力学整体系统，气候是系统的环境，而建筑界面是系统的边界。

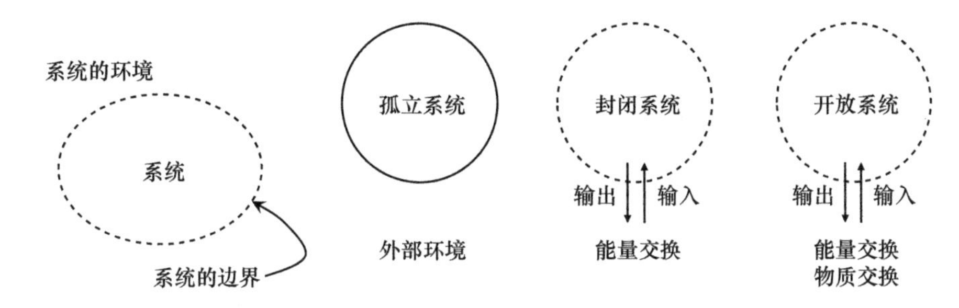

图2－20　热力学系统与边界

资料来源：笔者自制。

图2－21　孤立系统、封闭系统与开放系统

资料来源：笔者自制。

表2－2　根据系统边界能量传递所划分的热力学系统类型

系统类型	系统特征
孤立系统（isolated system）	彻底孤立于环境的热力学系统，它的边界不允许系统与环境之间产生物质和能量的传递。由于万有引力，现实中并没有孤立系统的存在
封闭系统（closed system）	能与其对应的环境传递能量，但不能传递物质的热力学系统，例如温室，至于封闭系统与外界环境可以传递的是热量还是机械能，则取决于该热力学系统边界的性质
力学孤立系统（mechanically isolated system）	不与其所处环境传递物质或机械能，但可以传递热量的热力学系统
绝热系统（adiabatic system）	不与其所处环境传递物质或者热量，但可以传递机械能的热力学系统
开放系统（open system）	与外界环境存在物质、能量甚至信息交换的系统。开放系统与封闭系统是相对而言的

资料来源：笔者整理。

（二）热力学定律

对热力学四大基本定律的理解有助于我们认识到建筑中能量运转的本质：热力学第零定律以热平衡为基础确定了温度的概念和测量方法；热力学第一定律是能量守恒与转换定律（Conservation of Energy）；热力学第二定律阐明与热现象相关的各种过程进行的方向、条件及限度，确定了熵的概念（Law of Entropy）；热力学第三定律从熵的角度得出绝对零度是不可达到的（Definition of Entropy in 0°K）。其中，热力学第一定律和第二定律对建筑设计有着关键的指导作用。

热力学第一定律所表述的能量守恒定律是一个封闭系统的总能量 E 保持不变，总能量指的是系统的静止能量（固有能量）、动能和势能三者的总量。对非孤立系统的扩展则遵循公式：

$$\triangle Eint = Q + W$$

能量可以以功 W 或热量 Q 的形式传入或传出系统，△Eint 指的是系统内能的变化量。热力学第一定律也可以解释为，系统内能的增加等于系统吸收的能量和对系统所做的功的综合。借由热量传递的过程，可以从一个高温的源头系统 A 增加能量给对象系统 B，也可以从该对象系统 B 损失能量给另一个更低温的系统 C。这种以热量传递为媒介的能量流动过程对于理解建筑是非常重要的。

热力学第二定律表述为热不可能自发地、不付代价地从低温物体传至高温物体，又称为“熵增定律”，表明在自然过程中一个孤立系统的总混乱度，也就是“熵”不会减小。熵在可逆过程中不变，在不可逆过程中增加。热力学第二定律表征了能量的传递方向和转化效率，除了一部分可以继续传递和做功的能量外，另一部分不能继续传递和做功而以热的形式消散的能量，使得熵和系统无序性增加。

除了上述经典热力学定律，奥德姆经过长期研究，站在系统生态学的角度上又提出了三项定律：最大功率原则（Maximum Empower Principle），指系统的自组织过程或结构的自我设计通常会朝向引入更多能量和更有效地使用能量的方向发展；能级原则（Emergy Hierachy Principle），指最大功率原则下的结果通常是形成一个能量转换的层级结构；物质演变层级原则（Biogeochemical Hierachy Principle），与能级原则相似，物质演变的层次性总是和能量转换的层次性紧密相关，在时间和空间的尺度上都在争取最大功率。奥德姆的这三项热力学定律和气候建筑中能量流动的方式关系紧密。

（三）熵（entropy）、㶲（exergy）和 （anergy）

物理学家克劳秀斯于1865年提出了“熵”的概念，他用公式 $\Delta S = dQ/T$ 定义了一个热力学系统中熵的增减，即可逆反应热与温度之比。熵的大小与系统某一宏观状态对应的微观状态数相关，微观状态数越多，熵越大，系统越混乱；微观状态数越少，熵越小，系统越有序。一个开放系统的有序是以外界环境的更大无序为基础的，也就是开放系统的熵减是以周围环境更大的熵增为代价的。因此负熵是维持和发展耗散结构有序化过程的动力，它阻止了系统进一步无序。负熵是靠系统外界的物质与能量提供的，考虑到了建筑与气候环境的共生关系。因此作为典型的开放系统，建筑与环境的关系是矛盾的，建筑的设计是对负熵的追求，而负熵又意味着对外界环境的消耗。应用熵的热力学原理可以解释不同的地域气候对应不同的建筑类型的现象，从宏观上来讲这反映的是一种对均质的抵抗，是宏观下对有序的追求。

机械工程师左兰·兰特（Zoran Rant）于1956年提出“㶲”的概念，㶲又称有效能，是指当系统由一任意状态可逆地变化到与给定环境相平衡的状态时，理论上可以无限转换为任何其他能量形式的那部分能量，表征理论上能量可以做最大功的能力。在系统设计中，㶲是非常重要的设计参数，它可以用来评价能源的品质，㶲越低则能源的品质越低，㶲表征的是能量的可用性。㶲的值涉及围绕某一系统边界的具体物理环境，例如位于南极洲的一公升热水所拥有的㶲要显著大于位于上海的一升热水。因此，㶲把能量的数量和品质结合起来，能够更敏锐地理解给定环境中的能源特性，它反映了能量传递过程中能的品质逐步退化的本质，所反映的能级匹配可以应用于建筑空间组织的创造中。

与“煳”相对的概念是“炁”，任何形式的能量理论上可转换的最大可用功部分称为煳，其余的不能转换为功的那部分能量则称为炁。因此，系统的总能量就由煳和炁两部分组成。

根据热力学第一定律，能量的总量是不变的，因而产生能源短缺现象的本质，其实是由于煳的消耗。在一定的能量总量之下，可以使用的煳却被逐级耗散了。一个开放系统的能量消耗分为四个步骤：能量输入—煳的耗散—熵的产生—熵的输出（见图 2 - 22）；熵、煳、炁一起描述了能量转化的过程，对这些热力学函数的理解有助于探寻建筑系统与外界环境能量转换的本质。

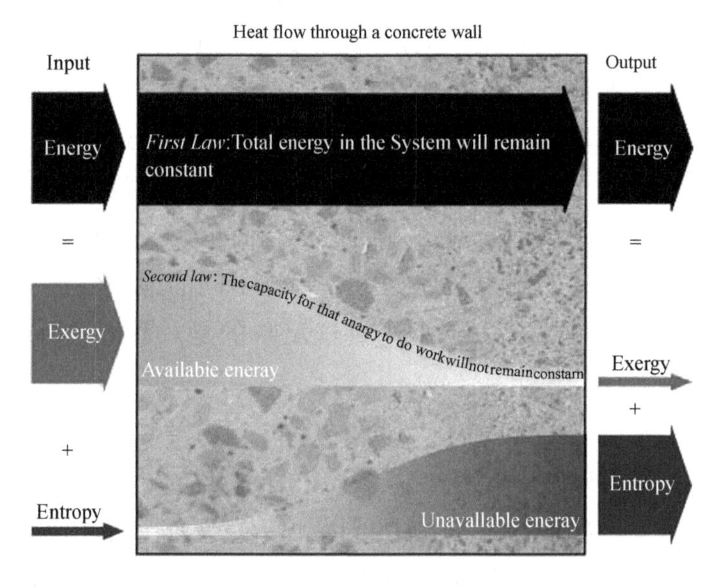

图 2 - 22　一片普通混凝土墙体中的能量传递过程：煳与熵的关系

资料来源：Kiel Moe, *Convergence: An Architectural Agenda for Energy*, New York: Routledge, 2013。

（四）开放的非平衡系统

热力学平衡态指一个热力学系统在没有外界影响的条件下，系统各部分的宏观属性在长时间内不发生任何变化的状态。平衡态热力学又被称为经典热力学，它描述的是进行可逆过程的系统，其内部系统结构不会随着时间和空间的改变而改变。而系统常常要排出一部分热量给环境，因此实际过程只可能十分接近于平衡，但永远不能达到。面对自然界中大部分实际发生的、处在非平衡态下的不可逆过程，比如热传导、热对流、热辐射、物质扩散，尤其是生命系统的复杂过程时，平衡态热力学已经无法解释。因此，针对热力学的研究发展从平衡态逐渐拓展到了非平衡态。

热力学非平衡态对应的是开放系统，对它的解释要建立在局域平衡假设和耗散结构（dissipative structure）的基础上。耗散结构论是 1969 年由物理学家普利高津在热力学第二定律的基础上发展而来，并在《结构、耗散和生命》一文中提出，指的是处于热力学非平衡状态、通过与外界环境进行物质和能量的交换来维持自身稳定状态的一种宏观体系结构（见图 2－23）。平衡结构自身不需要经过任何与外界的物质和能量交换就可以维持稳定的状态；而耗散结构则必须通过与外界进行能量和物质交换，才能够维持自身的稳定状态。同时普利高津使用了“自组织”（self-organization）的概念，描述了那些系统自发出现或形成有序结构的过程。这一理论论述了一个热力学非平衡系统可以通过与外界交换物质、能量来获取负熵流，

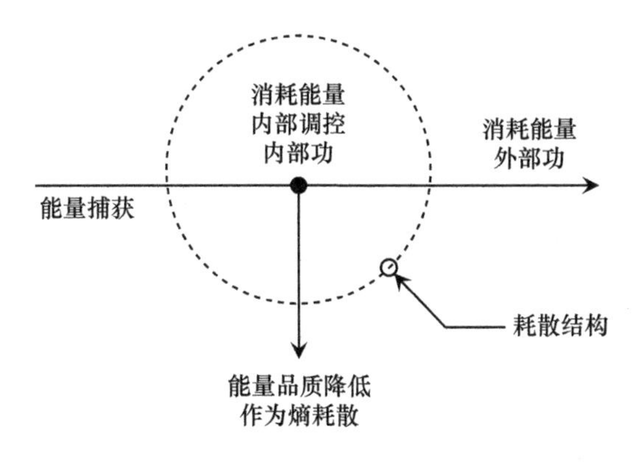

图 2－23　耗散结构

资料来源：笔者自制。

从而达到减少系统的总熵的目的，使系统达到一种新的更加有序的状态。

耗散结构理论给生命系统的复杂解释提供了热力学依据。宇宙作为一个已知的最大的热力学系统，从宏观的时间长线上来看它是向着平衡态发展的。但生命体的平衡态意味着死亡，于是为了远离平衡态，生命系统开始从外界环境摄取物质和能量，由原先的无序状态向着一种有序的时间、空间、功能状态转变。最终，生命系统在远离热力学平衡态的非线性区域里逐渐形成了稳定的、有秩序的新系统即耗散结构，这个过程就是生命系统的自组织现象。从热力学视角看，建筑和城市与生命体一样也是耗散结构（见图2－24），都为了远离热力学平衡态而不断地与外界环境进行能量与物质交换，

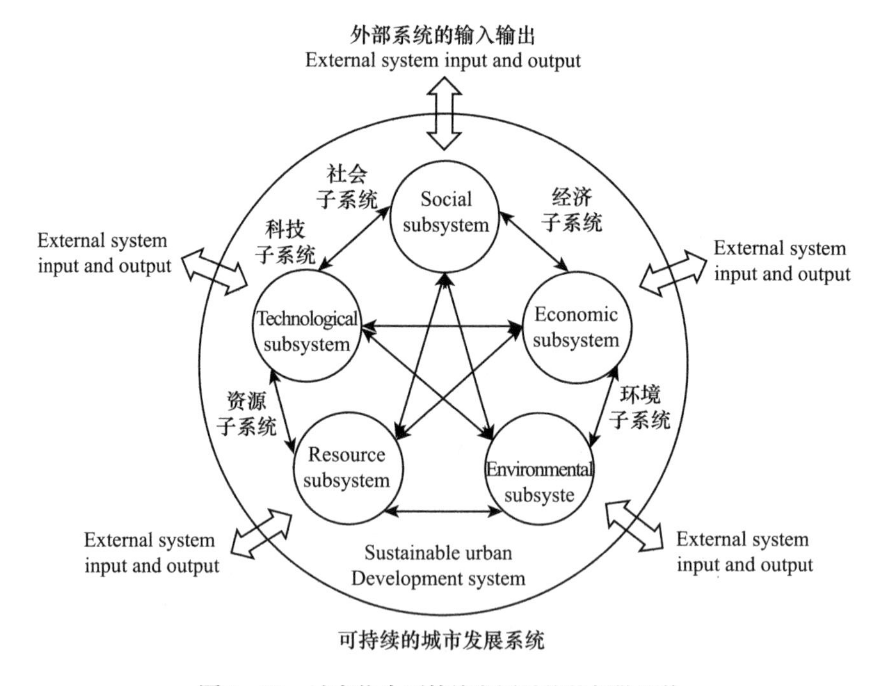

图2－24　城市作为可持续发展系统的耗散结构

资料来源：Q. Gong et al.，“Sustainable Urban Development System Measurement Based on Dissipative Structure Theory，the Grey Entropy Method and Coupling Theory：A Case Study in Chengdu，China”，*Sustainability*，Vol. 11，No. 1，2019。

摄入负熵以维持自身系统的有序并抗争最大熵，而耗散结构能否正常运转与它的内部组织有关。

对于建筑，由于不同气候条件和不同功能空间所对应的能量需求不一样，因此同样的热量输入，对有供暖功能需求的空间和对有制冷功能需求的空间的熵改变也不一样。外界与系统交换的能量究竟产生了多少正熵流或负熵流，取决于该系统在那个时刻的内部组织结构，如何以最佳方式调节㶲的耗散是设计中的根本任务。将这种热力学观点应用到建筑设计中时，这个耗散结构的内部组织就是广义上的建筑形式（form），它成为能量流动的组织方式。

二　能量转化方式

在建筑这个耗散结构中，能量转化主要以热传递的方式存在，分为热传导（围护结构的传导方式）、热对流（空气对流方式）和热辐射（表面辐射换热）三种方式类型（见图2－25）。其中，热传导是固体内热传递的主要方式；热对流是流体（气体或液体）内热传递的主要方式；热辐射是具有温度而在空间中辐射电磁波的主要方式。这些三种传热方式构成了气候建筑环境控制的基本策略（见表2－3），并维持着建筑系统的热量平衡（见图2－26）。

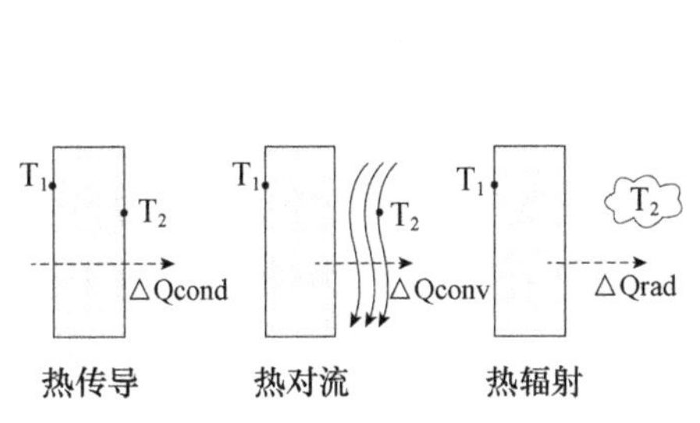

图2－25　热传递的三种方式，T1＞T2

资料来源：笔者自制。

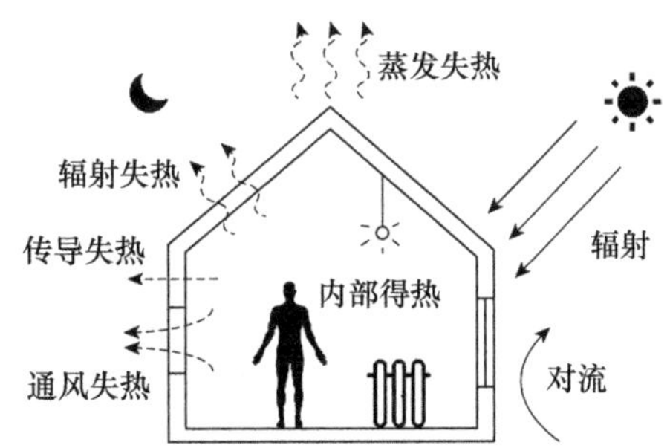

图2－26　建筑系统能量平衡

资料来源：笔者自制。

表 2－3　　气候建筑环境控制的基本策略

	热量控制途径	热传导	热对流	热辐射
冬季	增加得热量	—	—	利用太阳能
	减少失热量	减少围护结构以传导方式散热	减少风的影响	—
			减少冷风渗透量	
夏季	减少得热量	减少传导热量	减少热风渗透	减少太阳得热量
	增加失热量	—	增强通风	增强辐射散热量

资料来源：杨柳：《建筑气候分析与设计策略研究》，博士学位论文，西安建筑科技大学，2003 年。

热传导是热能从高温向低温转移的过程，热量可以从系统的一个部分传递到另一个部分，也可以从一个系统传递到另一个系统，这个过程遵循傅立叶定律（Fourier law）。热传导这种能量转化方式在建筑构件中较为常见，其中占建筑界面系统主体的围护结构就是建筑室内外热传递方式的主要介质。导热系数与材料的组成结构、密度、含水率、温度等因素有关，不同建筑材料之间的导热能力相差很大，围护结构的界面构造和材料特性会直接影响热量在室内外的传递效率。例如在某些干燥炎热的地区，由于室外高温和强烈的太阳辐射，建筑往往采用某些导热系数较低的建筑材料或特殊结构下的材料组合，比如夯土墙体，这种墙体构成了热质（thermal mass），有较好的热惰性，能够延缓热量传递的速度，从而降低室内温度。

热对流是通过介质的流动来传递热量的方式，主要存在于液体和气体中的热传递过程（在建筑中主要是气体对流现象），分为自然对流和强制对流两种：自然对流是指流体在不受外力情况下由于温度不均匀而产生的流动，比如地面空气受热上升，上下层空气产生循环对流，建筑开放空间中的自然通风，建筑形态变化引起的风压和热压通风现象等；强制对流是外力（如泵和风机等）对流体的搅拌作用引起的流动，例如机械通风，加大液体或气体的流动速度能加快对流传热。充分利用建筑中的热对流有助于有效组织建筑与环境之间的空气流动，维持室内一定范围内的热舒适。在建筑中热对流和热传导常会同时发生，称为对流换热，指流体流经固体表面时流体与固体表面之间的热量传递现象，比如风扇就是利用气流从人身体表面经过时，从身体带走多余的热量来达到对人体降温的目的。

热辐射是指物体由于自身温度而向外辐射电磁波的现象，这种以电磁波的形式传递的能量称为辐射能。物体的绝对温度越高，辐射出的总能量就越大，辐射过程伴随着能量形式的转变，从物体的内能转化为辐射能，再转化为另一物体的内能。物体之间相互吸收辐射能的过程称为辐射换热，不需要相互接触，只要彼此可见就能互相进行热辐射，并且热辐射是双向的，能量最终会由高温物体传向低温物体。建筑系统中很大一部分能量来自太阳的热辐射，热辐射所释放的能量分为红外线、可见光和紫外线等。其中，红外线对人体的热效应很显著。在人、建筑和环境所组成的复杂系统中，人体的得热与失热量里很大一部分就来自人所处的室内空间与建筑构件之间的热辐射，而建筑中的供暖或制冷设备也是利用辐射传热原理来直接影响人体热舒适。由于辐射是沿直线传播的，因此控制好建筑的外部形态与太阳辐射能的入射角度的关系，可以在很大程度上控制建筑表面及室内的温度，从而进一步调节人在其中的热舒适度。

三　能量流通结构

（一）生命系统理论（living systems theory）

建筑是容纳人体活动和适应气候环境的复杂系统。对系统组成的有效认知有利于我们找到其能量运作的方式，进而有针对性地找到形态操作的重点。米勒（James Grier Miller）所开创的“生命系统理论”（living systems theory）是一个关于所有开放自组织系统的理论。该理论认为无论系统属于哪个层级，都由 20 个关键子系统组成并用于能量、物质和信息流的输入输出（见图 2－27）。其中可以用于处理能量和物质的子系统包括再生器、边界、摄食器、分配器、转换器、制造者、存储、排泄器、动力和支撑。整个自组织系统的能量流通过程包括四个阶段：边界和摄食器是能量流通结构的起点；分配器、转换器、制造者、存储是能量流通结构的关键内核，决定了系统处理能量的效率；再生器、排泄器是结构末端用于前一阶段的成果再处理；动力和支撑是结构的保障和辅助。

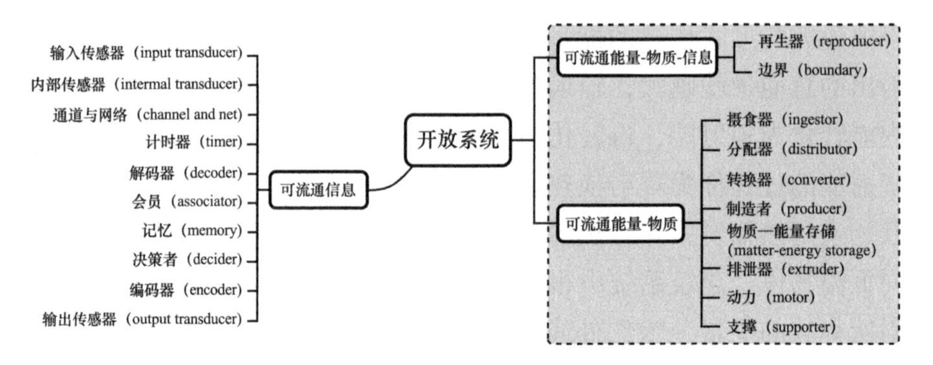

图 2－27　“生命系统理论”的 20 个关键子系统

资料来源：笔者自制。

对于建筑来说，能量流通结构就是这些子系统在建筑构件和空间中的呈现，其中影响能量流通结构有效性的主要是前两个阶段，也就是结构起点所对应的“捕获行为”和结构关键内核所对应的“递转行为”，它们影响了建筑系统输入输出能量的能级差值。“捕获行为”集中于建筑边界，负责收集能量；“递转行为”深入了建筑内部，负责转载能量。合理的建筑边界设计能最大化获取气候环境中可用的能量梯度，合理的建筑内部组织能迅速传输和转化这些能量并生成新的能量类型。① 建筑形式就是对这两者的明确表达和有效统一。

（二）作为结构起点的“捕获行为”

建筑的“捕获行为”位于系统边界，它不仅仅是围合内部环境

① 徐入云：《热力学引导下的材料文化和生成建构研究》，硕士学位论文，同济大学，2015 年。

的墙体或屋顶，更是一层过滤外部能量的界面空间系统。气候建筑的边界承担了两种功能：一种是保护建筑内部不受外界不利环境因素的侵袭；另一种是有选择地捕获外部气候能量，并有效地传递转化给建筑内部。伦佐·皮亚诺（Renzo Piano）设计，建于南太平洋岛屿新喀里多尼亚的芝贝欧文化艺术中心（Tjibaou Cultural Center），它以特殊的表皮设计捕获能量（见图2－28）。当地气候潮湿温暖，时而伴有适宜的微风，时而出现龙卷风。建筑表皮成为捕获有利风、规避有害风的调控中心，每个体量单元都类似一个木条编制的通风装置。外部弯曲木肋和内部垂直百叶共同组成双层表皮并形成空腔，根据风速和风向的变化合理控制开合百叶，从而使人体达到热舒适并减少机械通风依赖。

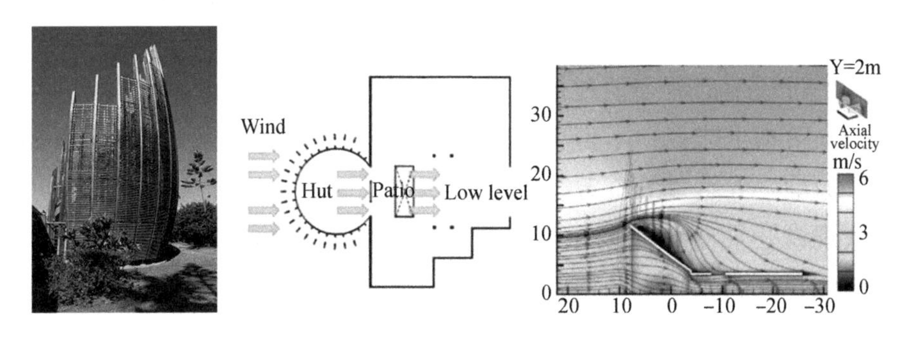

图2－28　芝贝欧文化艺术中心的“捕获行为”

资料来源：Y. C. Wu et al.，“Myth of Ecological Architecture Designs：Comparison Between Design Concept and Computational Analysis Results of Natural-ventilation for Tjibaou Cultural Center in New Caledonia”，*Energy and Buildings*，Vol. 43，No. 10，2011。

（三）作为结构内核的“递转行为”

建筑的“递转行为”将边界捕获的能量进行存储、传递、转换与再分配。这个过程是能量和体量的交换，涉及建筑的功能组成和空间排布。有效的递转组织能减少递转过程的能量损耗，将这些能量逐级运送于有需要的功能部分。“递转行为”也常常成为建筑形式操作的母题。功能和审美相互协作，表现出对内部能量的积极利用，呈现出合理的建构模式。

四　气候作为能量来源

建筑作为一个开放非平衡的热力学系统，气候是其系统外部的重要环境。气候所产生的能量流源源不断地输入建筑，成为系统运作的动力来源之一。太阳是地球上所有能量的来源，太阳辐射进入地表后转换为其他形式的能量储存起来。能量以多种不同形式存在，根据不同的物质运动形式，能量可以分为化石能、核能、电能、热能、光能、机械能、潮汐能等，不同形式的能量之间可以相互转化。

初级能量（primary energy）指气候环境中的可再生能源，以及存储于自然界物质中不可再生的化石能，它们在转化成次级能量（secondary energy）（也就是天然气、电能、煤炭等）再传输到建筑中作为终端能量（end energy）用于制冷、取暖、照明、新风系统及做功的过程中都需要消耗能量。初级能源可以进一步分为不可再生能源与可再生能源：不可再生能源包括亿万年长期形成的煤炭、核能、原油、天然气等资源，它们短期内无法恢复，随着人类无止境的大规模开采而存储量越来越少；可再生能源包括太阳能、风能、潮汐能、地热能和生物质能等，它们在自然界中能够循环再生，人类的使用不会对生态系统造成破坏。

在热力学视角下，气候是建筑最主要的体外能量来源。因此气候建筑的重点除了节约使用能量，还要积极寻找并利用气候环境中的可再生能源，将技术与建筑形式相互结合。从奥戈雅在1963年提出“设计结合气候”将气候参数作为建筑设计的重要参数，到后来建筑师将气候、热舒适和能耗建立了耦合的数据链接，再随着数字化技术的发展使可视化的风热环境模拟成为设计工具，气候能量真正地进入了建筑设计的过程中，不可见的能量通过设计转换为可见的形式。气候能量从过去因炭火不足而设置的能量补偿，到如今建筑运作的能量来源，逐渐担负了建筑系统的主要角色。

太阳能利用。太阳能是太阳辐射产生的能量，人们利用技术手段将其转换为光电等并进一步利用。其中，在建筑中主要的是太阳能光热利用和太阳能光电利用。太阳能集热器和太阳能光伏板均可以结合屋面和立面进行组合设计，成为建筑形态的一个要素，例如结合屋顶绿化、防水材料，结合立面的遮阳构件等。而建筑形式与太阳能的关系不仅仅是技术层面上对于太阳辐射的利用，建筑形体和内部空间对自然采光的调控也是重要的利用方式。

自然通风系统。前现代时期的建筑一般采用门窗通风为主的自然通风。19 世纪以来建筑形式产生了巨变，大进深建筑和人群的密集使用使得人类对建筑室内舒适度的要求越来越高，通风系统和空调系统因此诞生。但中央空调系统的高能耗与 20 世纪 70 年代的能源危机使人类重新审视建筑通风调控的需求，低能耗高性能的空调系统和最大化自然通风成了建筑界争相研究的焦点。自然通风的动力主要来自风压通风和热压通风。建筑表面不同的气压差是空气流动的动力，空气通过建筑表面的开口从正压区向负压区流动，从而促进风压室内通风；建筑室内外有温度差，温度低的空气密度大，温度高的空气密度小，由此产生的压力差使空气从低温处向高温处流动，从而促进热压室内通风。自然通风可以结合建筑空间和建筑立面开口完成。

地热能利用。地热能是存储于地壳内的天然热能，是无污染的清洁能源。地热交换器需要以埋入地下和外露于室内空间的混凝土为热质，用水将热量从土壤中传入建筑内部，再有一个封闭管道使水在其中循环流动，以及将热量集聚并传递的热泵。所有的装置连在一起组成了地热交换系统，用于建筑制冷和供暖。

五　能级匹配的建筑形式

（一）可用能量梯度

能量总是自发地由高质向低质转化，并且在无外界影响下这种过程不可逆。依据热力学定律，一个系统的能流方向倾向于能量差的消除，比如高温物体到低温物体的自发传热现象。这种自发过程是系统的伴随状态，难以抑制，若不对它加以干涉（也不计系统外部能量造成的影响），那么所有的可用能“㶲”会被耗散尽，“熵”值达到最大，达到终极热平衡。这是一个无法避免的趋势，区别则在于时间长短的博弈。

而对于能量的品位来说，由于机械能与电能理论上可以完全转化为热能，热能却无法完全转化为机械能或电能，因此热能的品位比机械能和电能更低。机械能、电能、热能等各种品位的可用能量构成了能量梯度（energy gradients）。人、建筑、城市都可以视为热力学开放系统，都在耗散着不同等级的可用能量梯度。若根据系统中能量梯度的品位顺序逐级匹配利用，就可以减少可用能的浪费，减缓熵增（见图2－29）。

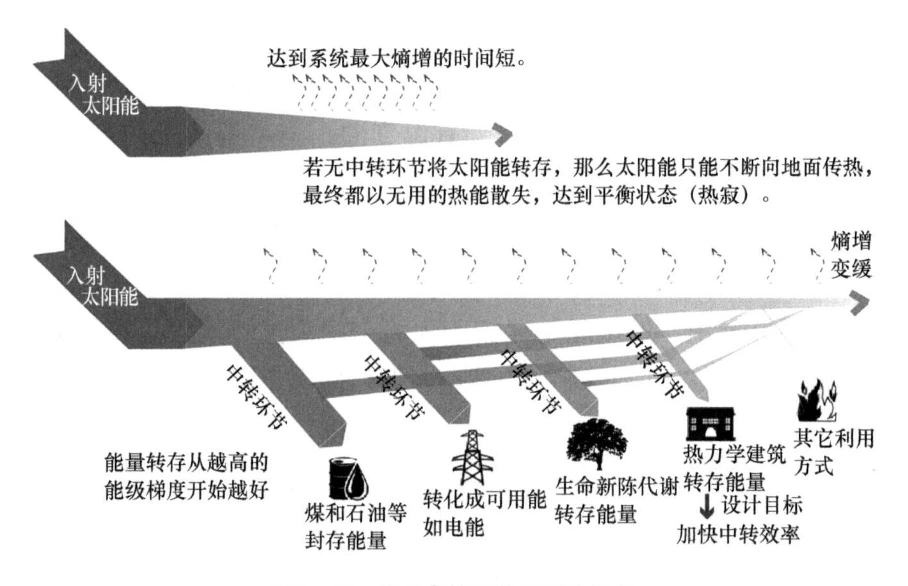

图2－29　能量中转环节重要性解释

资料来源：徐人云：《热力学引导下的材料文化和生成建构研究》，硕士学位论文，同济大学，2015年。

从这个角度看，建筑应当尽可能快速地以多种方式将外部气候能量存储并转化，减少自发传热导致的熵增。这种转存行为分流了那些本将耗散掉的有用能，为系统走向无序化提供了有效的中间缓冲；同时在这个过程中，建筑的各个部分（子系统）和建筑整体（母系统）之间保持双向互利。这种中间缓冲的环节越多、次数越频繁，能量流动转化的层级就越多，功率就越大——从而浪费的有用能就越少，熵增越缓。因此建筑本体应成为一个高效的能量中转耗散结构，梯度地耗散可用能。

（二）能级匹配提高系统效率

耗散结构的效率取决于耗散对象和耗散目标的能级匹配。能级匹配的要点有二：一是当耗散是为了储存能量或转化为电能、光能等有用能时，耗散对象应是较高梯度的能量，减少较低梯度能量的使用，避免高能级能量的浪费与中间缓冲环节的失效；二是当耗散是为了热交换时，耗散对象应选用较低能级的能量，低梯度的能量相对高梯度能量来说更为无序和无用，将其用作供热可以充分发挥它的剩余价值。热压通风就是一种充分利用低梯度能量的方式，建筑局部受热时这部分能量难以被再次转化，通过建筑构造的组织引导温差造成的压力差以带动某个空间内的空气流动，从而在等量熵增的条件下自然地获得更大的人体热舒适，间接提高了系统运作的效率。

建筑与人的生活行为密切相关，为了达到建筑内部人体舒适度，势必要考虑到建筑的制冷制热、通风、采光、水与电力供应甚至智能控制等技术的综合使用，而每项技术都涉及建造时的投入和使用过程中的能耗。正确的能级匹配意味着建筑系统的最高效率和最缓熵增，合理的形式能导向合适的能量资源策略，这是一种“物质—能量—形式—性能”之间的思考。Abalos + Sentkiewicz 建筑事务所设计的巴黎奥斯莫斯车站是一座大型综合建筑。建筑师以对当地气候的综合评判为基础，整体设计了城市、建筑、景观和能源，设置了一个贯穿整栋建筑中央的“风肺”空间，空间形态经过参数化性能优化，易于获得自然通风和地铁运行所产生的热能。“风肺”上部出风口内设有一个可逆热泵以保持建筑内部水系统温度恒定。混合使用的居住、商业和办公空间又为可逆热泵提供了所需的环境（见图2－30）。气候环境和建筑内部产热提供了建筑运行的一大部分能源。这种高密度的集合布局正是当代气候建筑能级匹配的一种新范式。

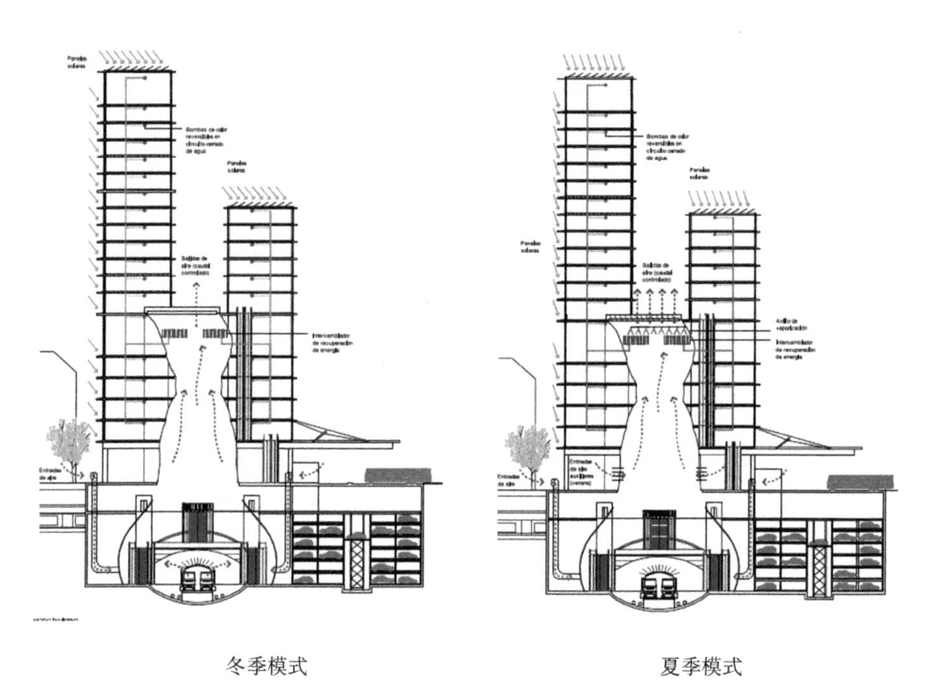

冬季模式　　夏季模式

图2－30　奥斯莫斯车站的能级匹配概念：地铁＋混合使用＋密度＋太阳能＝零排放

资料来源：［西］伊纳吉·阿巴罗斯等：《建筑热力学与美》，周渐佳译，同济大学出版社2015年版。

第四节　气候建筑的研究视角转换

一　认识转换

人们将建筑看作遮风挡雨的庇护所的历史过程中存在一种朦胧的观念，认为建筑（主要是外围护结构）可以作为室内外气候的调节器。维特鲁威和文艺复兴时期的建筑师们均对建筑物的调控功能产生过兴趣，但他们对气候的研究缺乏一种系统性，对人体反应又限于健康范畴的研究。虽然人们始终模糊地认为气候、建筑和人体之间存在一定联系，但将这三者看成一个或多个系统的组成部分，并以能量流动的观念来进行分析，是 20 世纪系统理论出现以后才有的结果。

在气候、建筑和人体的作用过程中，它们的系统、边界和要素存在一种反馈途径的模式。在 T. A. 马克斯等的观点中，食物以及从气候中得到的能量都是能源环境，人类系统从能源环境中取用并调节能量而产生对受控环境的输出，此种输出即人类的工作，而由工作所造成的受控环境则可以看成人类活动的结果。热能是人类系统的二次输出，一旦人们进入一个能源环境（例如经过调节的建筑物内部环境）时，热能就会对该环境产生显著影响（见图 2－31）。[①]

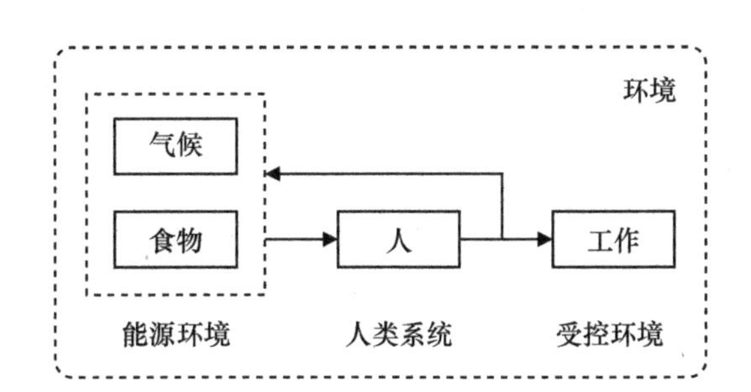

图 2－31　能源环境—人类系统—受控环境的反馈关系

资料来源：笔者自制。

气候建筑的观念是对现代主义以来环境隔离传统的批判，是对前现代时期传统建筑中气候应对智慧的积极利用，也是将气候要素纳入建筑设计过程的一种方法革新。它模糊了室内空间与室外气候的界限，消解了内部与外部的二元对立。气候建筑能够挖掘出外部气候的多种潜力，并将这种潜力转化为建筑功能和人类行为的支持。

---

① ［英］T. A. 马克斯、［英］E. N. 莫里斯：《建筑物·气候·能量》，陈士驎译，中国建筑工业出版社 1990 年版。

从热力学视角对气候建筑进行分析、设计或优化，是从能量流动的出发点将建筑解构，从而完成气候建筑的认识转换。气候是当代城市化进程中唯一没有被控制的自然因素，是建筑这个热力学系统赖以存在的重要环境。气候环境中的温湿度、太阳辐射、风、降水等环境参数，直接影响处于建筑中的人体是否能获得动态热平衡。在这个视角下，气候不再是物质意义上的风、光、雨、热，而是不同形式、不同品位的能量来源，它们支撑着建筑系统的有效运转。

二　系统转换

在一个需要研究的“气候—建筑—人体”系统中，我们可以根据其中的热力学关系建立一个系统模型（见图2－32）：气候和建筑联合组成第一环境，建筑和人体联合组成第二环境。第一环境中的气候指的是具体地点中的微气候，将它看成系统中一般的、不确定的“第一能源环境”；场地、绿化和建筑物作为气候的调节器，将它看成“第一系统”；人体是“第二系统”；而人的行为或工作成为“第二受控环境”。在第一环境和第二环境的相交之处出现了一种调

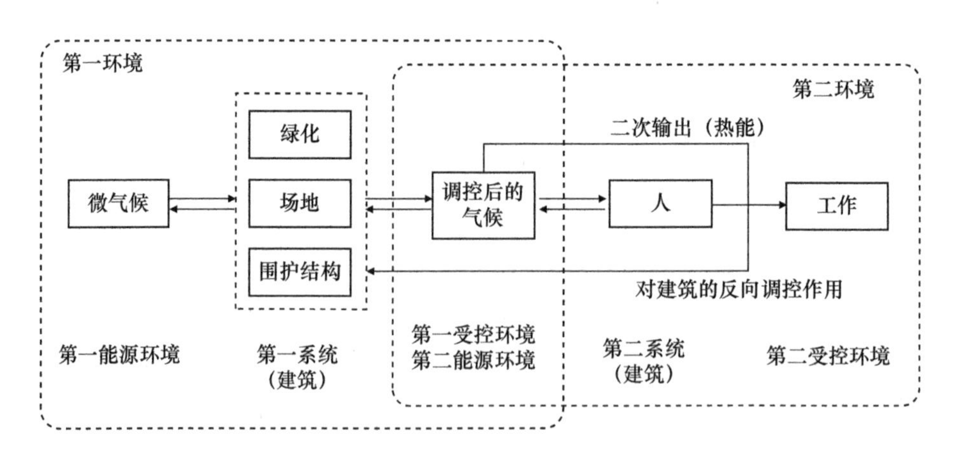

图2－32　气候—建筑—人体之间的热力学关系

资料来源：笔者自制。

节过后的气候，它既是“第一系统”的输出，成为“第一受控环境”，同时又可以作为“第二能源环境”，向“第二系统”即人类系统输入能量。人通过建筑受到气候的影响，反过来又向气候再辐射并产生对流传热，这就形成了一个能量反馈模式。这个模式中的能量流动可以被任何气候要素的变化影响，从而关联到人类系统对能量输入的需求，此间的能量控制过程则由建筑物来完成。

G. Z. 布朗等在《太阳辐射·风·自然光：建筑设计策略》中将气候影响下的建筑构成分为三个层级，即建筑组团、建筑物和建筑构件。建筑组团层级包括组团密度、高度控制、通风走廊、遮阳共享、绿化水体等，建筑物层级包括房间朝向、缓冲空间、进深、庭院、捕风井、日光间等，建筑构件层级包括了蓄热墙、反射材料、天窗、遮阳板、光伏屋面、通风口等。所有的设计要点组成了气候建筑这个整体。

而在热力学视角下，气候和建筑之间的协同关系，是以材料、构造、空间组织和特殊形态来反馈系统热力学状态的表现。建筑组织是气候和人体中间的热力学桥梁，建筑形态是气候环境的转译。这种系统转换使得建筑不再是空间与结构的建构，而是热环境的建造。建筑由建构思维转向气候思维，再转向能量思维。构件之间不是单纯的组合关系，而是与建筑整体成为子母系统的关系，在建筑分析或者建筑设计过程中需要以系统思维加以考量。界面的组织，功能的组织，空间的组织……最终建筑系统和外界环境产生最为高效的能量流动和转换，减缓建筑整体热力学系统的熵增，维持其有序性。

三　策略转换

建筑自出现之始，最基本的目的是作为遮蔽物，将用于行为的内环境与有害的外环境隔离开来，创造出适宜生活的理想空间。这种隔离观念保障了人类免遭恶劣气候的侵袭，却也阻断了人和气候的有利交流，并白白浪费了气候这个无穷尽的外部能量来源。工业革命以来的设备化建筑虽然提高了建筑内部的舒适度，但依赖机械设备的建筑运作方式更加导向了建筑界面的气密性，将气候排除在建筑话语之外，不仅造成了千篇一律的建筑形态，还导致能源短缺日益加剧。

建筑依靠围护结构使内部与外部环境隔开，从而创造出室内微气候。一般情况下，建筑室外气候与室内热舒适环境总存在不同程度的差异。建筑设计过程可以考虑气候的影响，采用被动式调控获得室内热舒适，缩小室内外热环境的差异。这种设计过程体现在各种分析方法、设计方法和技术手段（比如太阳能设计、自然通风设计、建筑朝向设计、围护结构开口设计等具体的设计策略）中。这些设计策略的组合以一定的表现形式体现，就成为所谓的气候建筑（见图 2－33）。

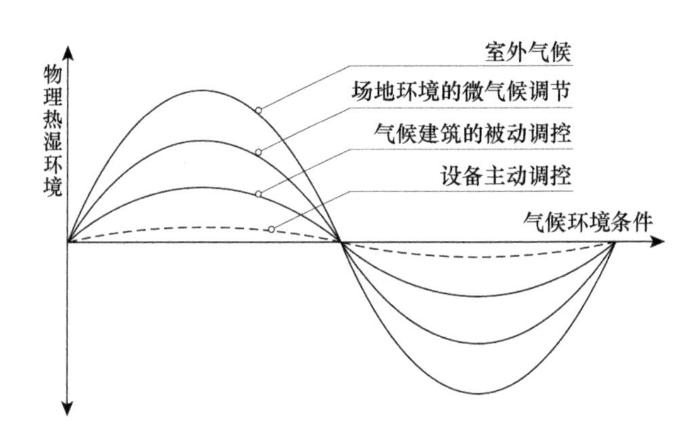

图 2－33　环境调控的方式和气候条件的关系

资料来源：笔者自制。

气候建筑的设计目标一般是利用被动式方法调节室内气候，该目标需要建立室外气候和室内热舒适的关系。同济大学夏翀的博士学位论文《建筑过渡空间的气候缓冲策略和关键技术研究》中，将建筑的气候调节方式以如下关系式表达：

a.［室外气候－气候调节＝热舒适环境］

而气候调节这部分可以视为通过建筑形式的被动调节与通过外

加设备的主动调节两种方式共同作用，这样一来以上等式可转换为：

b. ［室外气候条件 - 被动调节 = 热舒适环境 + 主动调节］

若从本书的热力学视角出发，将其转化为以能量为度量的等式，则成为：

c. ［室外气候能量 - 建筑形式中的流通能量 =
热舒适所需能量 + 设备能耗］

通过等式 c. 可以看出，由于“热舒适所需能量”是一个相对稳定的常量，因而建筑通过形式本体的调控作用可以将有利的气候能量最大化，等式 c. 左边的这部分数值越大，等式 c. 右边所需补充的“设备能耗”就越小。也就是说，基于当地气候的建筑通常能以更低的能耗获得更高的性能，即从分析当地气候条件状况到分析使用者热舒适要求，再结合建筑不同尺度和不同部件制定相应的被动策略。

热力学视角下的气候建筑是从能量在建筑中生产、流动和消耗过程中重构建筑思考的整体性。与传统的气候设计所侧重的技术标准相比，它更重视与建筑设计方法论的结合，并具有更强的范式转变潜力。气候建筑不再是各个部件的拼接成果，而是从整体以一个热力学系统进行思考。构件和空间化身为子系统的组织，相互协作共同推动系统高效运转。将气候视为天气状况，可以用于指导被动式策略应用；将气候视为大气资源，则可以用于指导主动式策略应用。以非机械设备手段的被动式形式策略为主，以适宜的主动式策略为辅，主被动相结合维持建筑内部的能量平衡，对生产能量、储存能量、转化能量和循环能量的能量流动过程进行整体控制，这就是热力学视角下的气候建筑策略转换。

同时，热力学的科学性结合当代参数化软件工具，使气候建筑的形态生成方法更具多样性。地区气候信息数据可以导入环境性能分析软件，将其可视化并成为可用的设计参数。对生成形式在气候环境中的进一步可视化模拟，可以展示出建筑中能量流动的机理和性能，以及身处其中的人体舒适度变化。

第五节　本章小结

本章是本书的理论基础。以气候建筑的本体认知为出发点，先从历史维度以能量为线索串联气候建筑的演进过程；再通过引入热力学基本理论来阐释其对气候建筑认识论的影响，从物理角度分析气候建筑中能量交换的作用机制；最后构建出热力学视角下气候建筑的理论与方法转向，并成为之后方法构建的研究基础（见图2－34）。本章内容以系统的复杂性和关联性论述了气候建筑的能量

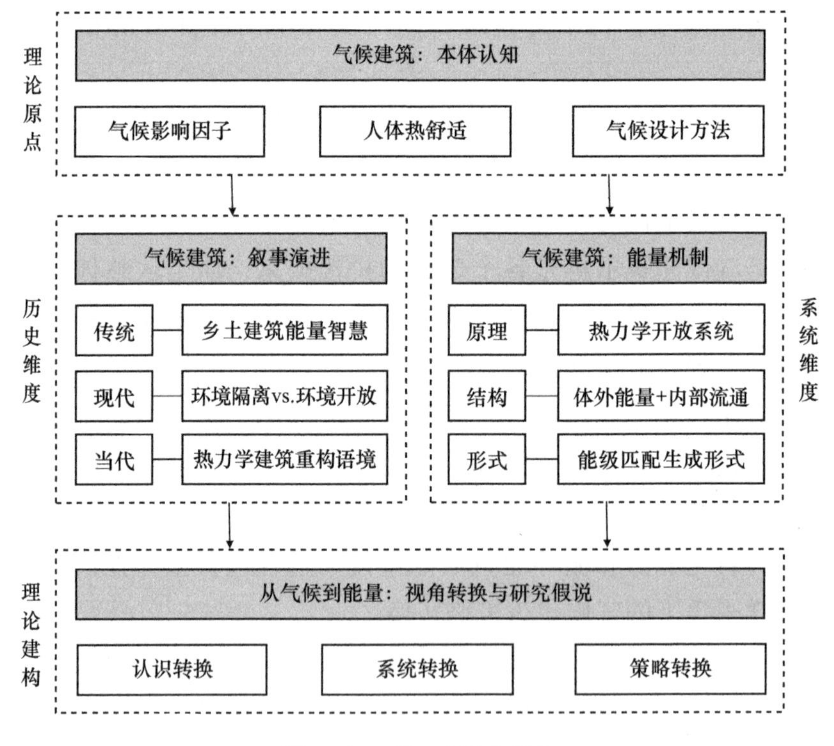

图2－34　第二章研究框架

资料来源：笔者自制。

本体认知、能量叙事演进和能量交换机制，从而在气候、能量、形式和性能之间建立了一个气候建筑的热力学全景视野，将能量纳入气候建筑的形式思考中。

首先，本章从气候建筑的本体认知出发，分析了气候的成因和影响因子，进一步详述了对建筑有影响的气候要素以及影响作用的表现方式；从人体热舒适的原理论述了建筑气候适应的科学依据和思路；阐述了从热舒适角度分析当地气候特征，并给出了具体的建筑设计原则和技术措施的建筑气候分析方法。

其次，本章从历史维度挖掘了气候建筑在前现代、现代和当代的能量线索路径。传统乡土建筑中对于气候的朴素回应，无论是抵抗气候还是利用气候，均可以看出能量作为与建构平行的线索在建筑的气候适应发展中早就有迹可循。现代建筑时期既有随着现代技术发展而着重于内部调控的环境隔离型建筑，也有具批判性的以太阳能利用和气候设计为主的环境开放型建筑。当代气候建筑借鉴了热力学科学的理论和方法，重构了气候、能量和建筑的关系，以崭新的认识论和方法从系统思维中建立了热力学建筑的学科思潮。

最后，本章从物理和哲学层面阐释了气候建筑能量交换的作用机制。将建筑视为热力学开放系统的能量观，奠定了本书的理论基础，开放非平衡的耗散结构决定了建筑系统始终处于对抗熵增的过程。建筑的各个部分作为子系统，需要与建筑整体这个母系统实现良性协作；建筑系统处在外部气候环境系统中，又需要时刻获得能量以保持自身能量平衡。气候所拥有的太阳辐射、光、气流等资源成为建筑的体外能量，建筑需要借助合理的流通结构设计以获得能量、存储能量和转化能量。这个过程中气候应当成为有力的设计词语，通过有效的能级匹配转译出建筑的界面、空间组织、材料构造。

根据以上理论构建，本章提出了研究气候建筑作出的视角转换，包括认识转换、组织转换和策略转换，这些转换方向构成了本书理论基础的研究假说。自此，“能量”一词不再是气候建筑研究中的指标准则，也不再成为形式的制约，而成为建筑的本源、灵感和命题，具有更强的科学性和艺术性。

第三章

气候建筑热力学原型的方法构建

第一节　作为分析工具的能量系统语言

能量系统语言（Energy Systems Language，又名 Energese，Energy Circuit Language，或 Generic System Symbols），由美国生态学家霍华德·奥德姆在 20 世纪 50 年代提出。它是一种抽象的语言工具，用于描述能量在不同尺度的系统中流动的方式。奥德姆因在生态系统生态学中的开拓性工作而闻名，他将热力学原理的应用范围从 19 世纪用于提高机器能效，延伸到了当代生态系统的弹性自组织问题。奥德姆继承了生物学家艾尔佛雷德·拉特卡的观点，提出能量流动的概念，成为能量系统语言建立的基础。

能量系统语言是系统生态学的基本概念之一，以特定的符号来指代系统中的生产者、能源、消耗者、存储者等角色，并以能值（emergy）统一量纲，用于描述生态系统的结构与机制的一种语言。这种图解型的语言清晰地展示了复杂生态系统的内在结构，将组织逻辑可视化。奥德姆在 20 世纪 70 年代的著作 *Environment，Power，and Society for the Twenty-First Century：The Hierarchy of Energy* 中，将对能量的研究拓展到了更宽广的领域，使热力学成为一个服务并解释社会环境的科学工具。能量系统语言的发展在奥德姆 1983 年的著

作 *Systems Ecology* 中得到了完善，书中称能量系统语言为“一种描述自组织系统中能量转换和交互控制回路反馈特征的网络”。

一　气候、环境与建筑语境

奥德姆在系统生态学中对自组织的思考，与建筑学中一些关于气候环境的观点不谋而合。如今有太多模拟工具和度量标准，建筑师需要建立一个可以评价它们的语境，将自然、技术和社会价值置于同等重要的立足点上。本书将奥德姆的能量系统语言引申至建筑学中，成为研究气候建筑热力学特征的工具。能量系统语言为评价建筑中的各项性能——从能源利用到材料选择，甚至是建筑风格的确定提供了完整的语境。它也为当下普遍采用的建筑性能模拟提供了一种气候和文化层级的背景（见图 3 – 1）。

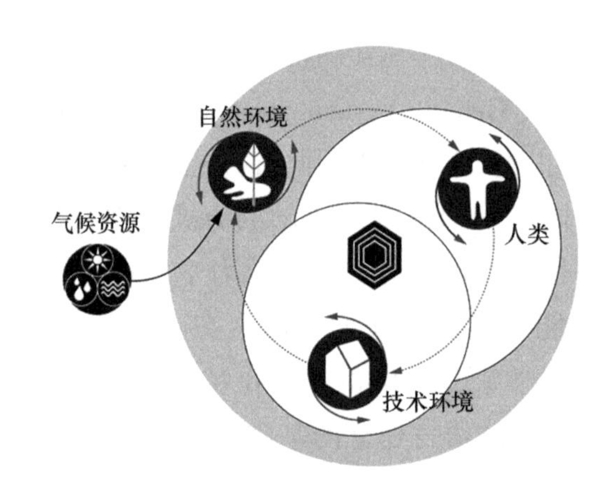

图 3 – 1　自然环境、技术环境和人类之间的共同进化关系

资料来源：Willam W. Braham, *Architecture and Systems Ecology*, New York: Routledge, 2016。

建筑是典型的耗散系统，它需要不断地和外界环境交换能量、物质和熵才能维持平衡。能量系统语言的构架中除了体现出热力学第一定律（能量与不同形式功之间的守恒）和热力学第二定律（实际可用的有用功有一定的损耗量）的内在规律，在建成环境的语境下，它还体现了衍生自生态学的另外三项热力学原理（可称之为热力学第四、第五、第六定律)：对能量最大化的竞逐、能量转换层级的发展以及能量转换路径中材料的多重循环。这些热力学原理解释了自然环境和建成环境中出现的自组织现象。一套全面的环境语境需要对自组织机制做出阐述，正是这种自组织机制推动着自然进化、建筑形制以至人类文明的发展。

二　组成单元

一个整体的热力学系统中有各式各样的小范围能量转化行为。前文论述了建筑作为热力学系统，其能量流通结构由多个处理能量的子系统组成。这些子系统构成了能量系统语言的组成单元（见图 3－2)。

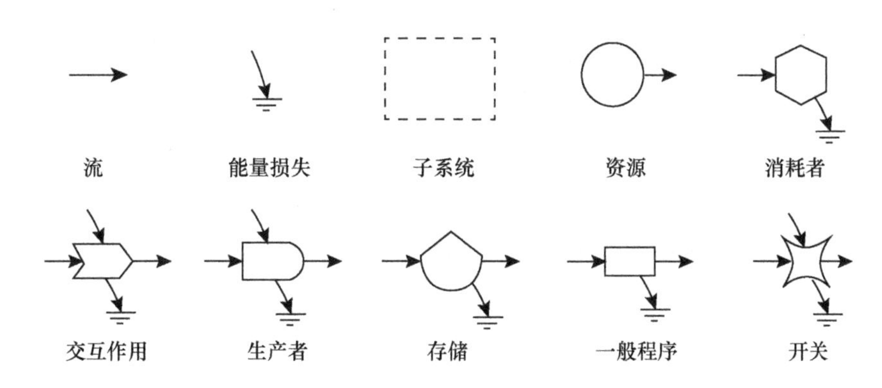

图 3－2　能量系统语言的组成单元

资料来源：笔者自制。

流（energy circuit/generic Flow)："流"构成了能量系统图解的基础。在所指定的系统中，任何流动都由一条带箭头的线来表示流动方向，包括能量、物质的流动和信息、服务、货币的流动等。在本书的气候建筑语境下，"流"则主要指代能量流（energy flow）与物质流（material flow)。每个箭头代表由某种机制驱动传递的能量流或物质流，比如由太阳辐射、热流等带来的能量流，以及物圈中可循环的物质流（包括水、气流等)。前端分叉的线代表了一条

“流”被分为两种或多种相同类型的“流”，而两种不同类别或以不同单位计量的“流”是不能汇入同一条线的。

能量损失（energy loss/heat sink）：这个符号代表了从系统中损失的无法再进一步利用的低品质能量。根据热力学第二定律，所有能量和交换与流动都会涉及能量的损失，包括摩擦与熵，这部分的损失无法再做有用功。“能量损失”的符号一般位于图解中系统框架的下方，物质和可用能量无法流入，只有降级后的能量（degraded energy）才可以汇入“能量损失”。

子系统（sub-system frame）：这种虚线的矩形框表示了图解中“子系统”的范围，这个范围通常是根据研究目的而定义的三维边界。例如，对一个建筑物的环境性能分析可能包括其横向的场地边界、地面以下的平面和建筑上方的平面，对建筑中某个房间的能量流动研究可能包括这个房间的内外界面、所包含的管道设施和房间内所容纳的活动。

资源（source）：将系统外各个种类的复杂生产链简化成“资源”符号，这样能更为清晰地用能量系统图解分析对象系统。任何进入系统边界的输入端都是“资源”，无论是能量流、物质还是信息，例如太阳或者电厂，作为明确的能量来源，它们提供了有潜力的能量流流入系统。系统边界左侧的“资源”通常是可再生资源（太阳、风、雨等），系统边界上方右侧的“资源”从左到右根据它们的能量转换次序排列。

消耗者（consumer）：在将能量流返回系统之前，这个单元负责存储与转换能量，并且自发地提供反馈以改善能量流入。“消耗者”单元符号通常位于能量系统图解的右侧，表示接受由左侧传入的能量物质并予以反馈，暗示了一种自身催化的交互与存储作用。“消耗者”可以指代许多类似的单元体，例如人类就是最常见的“消耗者”，但若将语境扩大到更广的城市与社会系统中，建筑也可以视为“消耗者”。“消耗者”单元内部所发生的各种作用一般不作细述，除非将“消耗者”作为分析重点，在图解中绘制出能量转换的细节。

交互作用（interaction）：这个符号表示能量流相互作用，并输出一条或多条能量流。“交互作用”由多个因素共同决定，通常是提高能量品质的过程，因此流向“交互作用”的能量流通常是由左向右绘制，输入端为有缺口的一侧。

生产者（producer）：“生产者”收集并转换低品质的能量，并以可用能量输出给系统。绿化植物是典型的“生产者”，太阳能集热器和风力涡轮机也可以在一定的语境下成为“生产者”。“生产者”能够接受不同种类的输入“流”，这个符号表示其内部存在存储和交互作用。

存储（storage tank）：这个符号代表了系统中能够捕捉和储存流入能量，并且能按照既定的规则释放能量的单元。除了表示集中存储能量的单元，它还能表示物质的物理存储器。作为系统中的储能区，它平衡了流入与流出的量，同时出入的“流”必须是同一个种类（能量或者物质），也必须是同一个计量单位。

一般程序（general process/miscellaneous box）：这个符号通常代表了一个复杂的子系统，将其简化成“一般程序”的几何形状，能使整个图解更易于理解。它可以是一个炉子、一个空调，或者是一个空间单元，比如厨房等，内部有能量或物质的转化与存储作用。这个符号表示的“一般程序”可以在其进一步的详细图解中加以说明。

开关（switch）：“开关”是表示一个或多个开关动作的符号，发生在自然过程和人类控制中，在建筑中则包括可选择的人类活动、可变构件的智能控制等。控制开关的“流”从符号的上方进入。

三　三个尺度

建筑系统对其所处的外部环境系统有依赖性，同时它也为内部空间系统以及人体系统提供保护并给予能量。因此本书借鉴了威廉·布雷厄姆的观点，把气候建筑在能量系统语言中分为三个尺度（见图3-3）：场地环境（site）、建筑空间（building）和行为空间

(space)。每个尺度都代表了一个层级的子系统，代表了气候建筑设计的不同环境性能标准：场地环境是各个气候因子构建的第一能量系统，建筑界面所围合的空间是第二能量系统，人类所活动的行为空间为第三能量系统。每个尺度系统之间存在持续的互动和耦合联系。建筑界面的可开启要素与人类作为有机体的双向输入、输出能力，成为开放系统的构成基础。较大尺度系统的环境性能会对较小尺度上的环境性能标准形成限制。厘清这三种尺度各自的系统机制和它们之间的互动机制，有助于区分建筑产生的不同效用，比如调节气候、储存能量或调整舒适度。

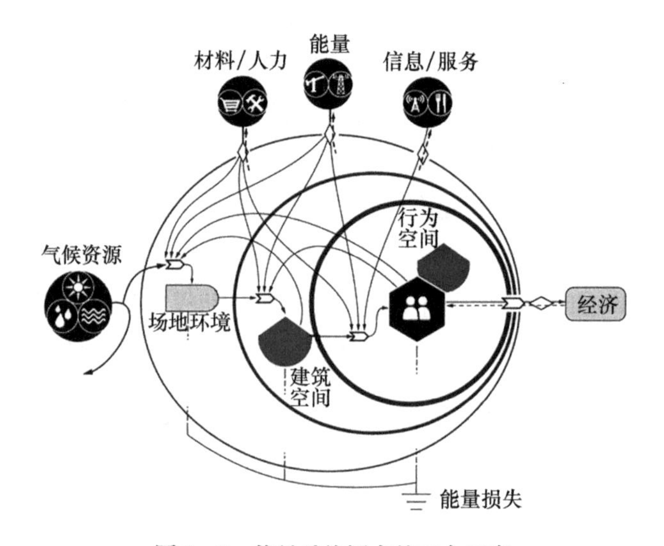

图3－3　能量系统语言的三个尺度

资料来源：Willam W. Braham, *Architecture and Systems Ecology*, New York: Routledge, 2016。

四　图解逻辑

德国物理学家哈肯（Hermann Haken）在1976年提出了协同理论，他认为客观世界中存在着各式各样的系统。无论这些系统是有生命的还是无生命的，在它们之中都存在大大小小的子系统。子系统在相互合作为母系统服务时，受到相同的原理支配。因而研究引导形成系统组织的力量，是创立新系统的时候需要做的准备。能量系统语言就是研究这种力量和机理的一种有效工具。

建筑是介于个体生命系统（人）和所属环境系统（气候、社会）之间的中介系统，气候是生态系统的“选择”行为的最大动因，是热力学视角下气候建筑最大的体外能量。雷纳·班汉姆在《环境调控的建筑学》中提出了建筑中的传统结构元素，比如墙体、窗户、屋顶等，在现当代逐步转变为可控环境中的能量控制要素；本书对气候建筑的原型方法研究，也将涉及对这些建筑本体中的能量控制要素进行图解分析。

建筑中热力学现象的性能图解可以视作一种影响形式和组织的力场，在工具上替代、在意识上挑战了原本依赖于建构意识的建筑传统。它也是一种准确并且灵活的评估手段，在图解的基础上建立了形式的相关性。三个尺度的能量系统语言暗示了建筑作为热力学系统的层次性：场地、界面、结构、构造、室内和附加设施。比如，由于外部气候条件的变化无常，建筑围护结构的功能基本上是动态的，用于控制和稳定可用能量流，能量系统语言则能以图解来模拟建筑围护结构作为气候过滤器的动态特性。本书将在具体的案例研究中应用能量系统语言来分析研究对象的系统组成，提炼出它们面对外部气候的能量应答方式。

第二节　作为抽象本质的建筑热力学原型

奥德姆曾言：“‘适者生存’的内在含义，是那些能使系统保持最大功率输出的形态会长时间地留存下来。”[①] 在生态系统中，个体的“选择”（choose）和环境的“筛选”（select）行为是同时进行

① H. T. Odum, R. C. Pinkerton, “Time's Speed Regulator: The Optimum Efficiency for Maximum Power Output in Physical and Biological Systems”, *American Scientist*, No. 2, 1955.

的。若气候作为环境，建筑作为个体，在历史长河中不断地对人类创造和建成的建筑形态进行筛选，最终留下的是人类应对气候环境的宝贵经验与经受考验的形式原型。“原型”与初始的、根本的形态相关，是对复杂系统原初状态的追溯，对原型的研究涉及抽象思维、内在的法则，以及挖掘形式和意象表层之下的结构。[①]

一 “燃烧”或是“建造”

班汉姆曾以一则寓言来隐喻人类对能量的抉择：一支原始部落（tribe）计划于夜晚时分在一片空地上露营，空地上有一堆树枝和一堆木头。这支部落有一个两难的困境（dilemma）：是将木头作为点燃篝火（camp fire）的柴火（见图 3 –4a），还是用木头筑起一个帐篷（tent）（见图 3 –4b）。[②] 建筑中所有的热力学问题都包含在这个简单的选择中，“燃烧”生火或是“建造”抵御风雨的遮蔽所，分别意指了能源导向的策略和建构导向的策略。

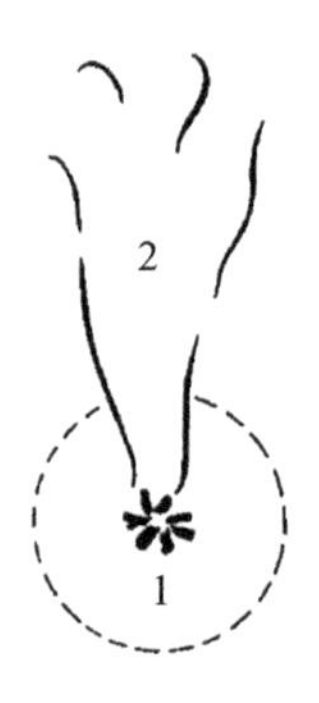

图 3 –4 a. 选择“燃烧”的环境调控

注：1 –从中心向外辐射的光和热；2 –向四周发散的热空气。

资料来源：Reyner Banham，*The Architecutre of the Well-tempered Environment*，Chicago：The University of Chicago Press，1969。

---

① 李麟学：《热力学建筑原型》，同济大学出版社 2019 年版。

② Luis Fernandez Galiano，*Fire and Memory*：*On Architecture and Energy*，Cambridge：The MIT Press，2000.

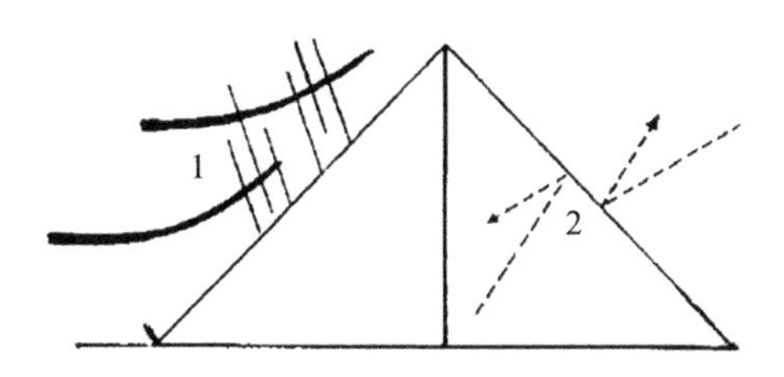

图 3 - 4　b. 选择“建造”的环境调控

注：1 - 帐篷表皮能阻挡风和雨水；2 - 反射外部辐射并保持内部热量。

资料来源：Reyner Banham, *The Architecutre of the Well-tempered Environment*, Chicago: The University of Chicago Press, 1969。

木头是可用于燃烧和建造的材料，它满足了能量和物质的潜在条件，并代表了它们之间的密切关系。部落对待木材的态度类似于建造者，将木材视为一种自然能量资源，并考虑了环境干预的两个基本策略：利用可燃物（篝火）中积聚的能量，或通过建造物质结构（帐篷）来调节自然能量的流动；通过燃烧产生的累积能量，或利用气候通过建筑产生的自由能量。

从“上帝视角”来看，应当根据当下的温湿度环境、木材的数量和建造者的工艺做综合判断，再决定这堆木头的处理方式。诚然，在现实中这支部落很可能不会进行这样的评估，一般是遵循先人的习惯行事。能量的问题就这样演化成既有经验代代流传下来，并体现在建筑的形式上。“燃烧”或是“建造”，这两种相反的操作方式使“劳吉埃的原始棚屋”进一步升级，发展为在不同气候文化环境中的两种最初始的原型——“暖房”与“遮阳棚”，也可以比喻为“富勒的穹顶”与“阴影下的海滩酒吧”。前一种操作方式在盎格鲁—萨克逊文化圈中备受推崇，即技术化、参数控制和创造人工调控舒适程度；后一种操作方则基于热带与亚热带圈，与太阳有关，采用更基本、更感官化的控制方式。① 它们根植于各自的文化，准确

① ［西］伊纳吉·阿巴罗斯等：《建筑热力学与美》，周渐佳译，同济大学出版社 2015 年版。

地回应了两种气候下对于建筑和环境之间关系的理解。

二　热源与热库

这个部落的案例中的“篝火”和“庇护所”基于物质之间的热力学关系，实现了室内外辩证的不同方法，并代表了两种最基本的热力学原型。在北方寒冷的气候下，尤其是那些蓄热能力低的房屋（如木结构）中，建筑的中心通常是火炉或壁炉。此时室外的边界是阳光的收集器，室内是紧凑的，核心是热增量。建筑通过不同的策略补偿周围房间的热损失，比如将热源靠近楼梯并通过对流来传递上方楼层所需的热量。而在温暖乃至炎热的气候下，建筑常常带有各种尺度（Scale）的开放庭院，有些庭院中还设置有水体。质量较轻的热空气因此产生双向通风和上升对流，并将热量散向外部环境。此时建筑室外边界用于遮挡太阳直接照射而产生的眩光，室内是空敞的，不再被某种实体占据。

在这两个热力学原型中，前者以火炉为中心，所展开的空间类似向外扩张的同心圆，后者是从系统边界出发向内部聚拢的空间体。阿巴罗斯将前者视为被供热机器占据的“热源”（heat source），将后者视为开敞通透的“热库”（heat sink）。热源与热库是建筑中能量生产与能量消耗的两种基本模式，热源对应能量生产和输出，热库对应能量存储和消耗。多样的气候类型下，建筑也有着多样的能量需求；但它们最终都是气候、能量与建筑的对话，只是以不同形式的热源和热库来表达。热源和热库有着截然不同的建构方法与形式特征。

热源是向心、紧实、整体性的。这种原型体型系数较低，减小了暴露在外部的散热面积。北欧拉普兰地区属于极度寒冷的苔原气候，生活在此地的游牧民族拉普兰人的传统住屋是一个集聚的卵圆形帐篷（见图 3 –5a），由弯曲的白桦树枝支撑。平面为圆形，炉火位于帐篷中央，人们围绕炉火而坐。封闭的帐篷表面阻止了冷风渗入室内，曲线的体型能引导风平滑地从帐篷表面流过，减小风压。

热库是向外、离散、层级化的。它的目的是最大程度地开敞以快速散热，并利用相互交错的体量来产生遮挡阳光的阴影。印尼苏门答腊岛属于典型的热带雨林气候，岛上巴塔克民族的船形住屋采用底层架空的木结构干阑式做法（见图 3 -5b），在剖面上属于三段

图 3 -5　a.“热源”原型：拉普兰地区的卵圆形帐篷

资料来源：王鹏：《建筑适应气候——兼论乡土建筑及其气候策略》，博士学位论文，清华大学，2001 年。

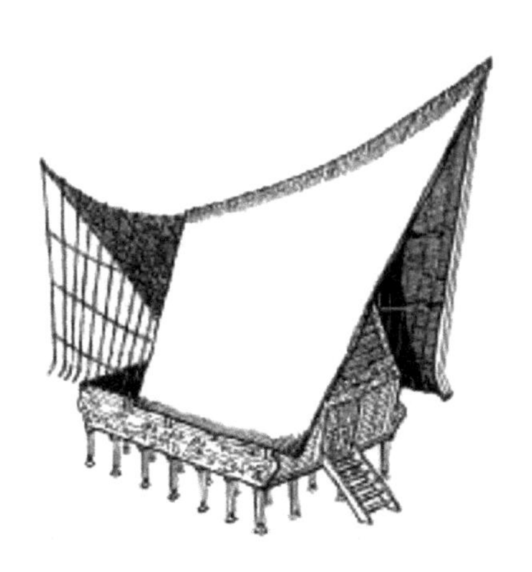

图 3 -5　b.“热库”原型：印尼苏门答腊岛的船屋

资料来源：王鹏：《建筑适应气候——兼论乡土建筑及其气候策略》，博士学位论文，清华大学，2001 年。

式构造。底层架空促进对流通风，中间层为主要生活平面，上层是出挑尺度极大的高耸屋顶，不仅起到良好的遮阳作用，也提高了热压通风的效果。平面较薄，有中部敞开的大窗，与前后廊连通，可形成良好的室内穿堂风，利于降温。

三 原型内含的核心经验

“热源”和“热库”的观点与班纳姆在《环境调控的建筑学中》所提出的建筑环境调控模式不谋而合。他提出了三种基本模式：“保守型”（conservative）、“选择型”（selective）和“再生型”（regenerative）。“保守型”模式与“热源”原型类似，以封闭的外部与极少的开口来创造出保温隔热的内部环境，能源从内部中央向周边辐射。班纳姆认为，这种类型在大量使用石材的干燥地区较为常见。“选择型”模式致力于借助外部条件来达到内部理想环境，类似于“热库”。他认为这种模式多出现于热带和潮湿地区，例如玻璃窗既有助于自然光进入室内，又能够遮风避雨；悬挑的屋顶既有遮阳的作用，又不至于把自然光全部遮蔽；百叶窗既保证空气流通，又可以避免视线干扰。[①] 这两种模式之间不存在冲突，可以在不同气候环境和物资条件下相互交叉补充，结合建筑环境的技术性调控和非技术性创造，从而在不同尺度和层次中获得新的建筑原型。

热力学原型代表了不同地区人们利用气候和资源获得最大热舒适的能量构造，它是建筑适应气候的长期智慧，象征了人类利用能量的核心经验和基本形制，镌刻在代代相传的集体记忆中。尤其是那些极端气候地区中，更容易出现具有标志性的能量原型。在中东一带的干热地区常见一种高效的能量构造“捕风塔”（malqaf），它一般出现于密度较高的城市或聚落中，用于引导空气流动来实现室

① 王骏阳：《环境调控——建筑史教学与研究的一个技术维度》，世界建筑史教学与研究国际研讨会论文集，2015 年。

内热舒适。巴基斯坦的海德拉巴地区（Hyderabad）就存在这种独特的屋顶景观。由于建筑群肌理稠密，近地面的空气流速很低，为了将高处的冷空气向下引入房间并避免风沙的误入，几乎每个房屋都在屋顶设置了捕风塔。捕风塔形似烟囱，截面为较小的方形，高高地伸出屋面，开口朝向主导风向，顶部一个向上仰起的挡板将气流导向下方的起居空间。为了进一步提高降温效果，有些房屋在捕风塔中安放了盛水的陶罐作为空气过滤器。经过加湿和蒸发散热的空气进入室内，室内更加湿润凉爽。还有部分房屋为了提升风速而改变了屋顶的形式，使屋顶成为平屋顶和穹顶的组合形式。平屋顶用于均匀受热，受热后屋顶处的空气升温并从穹顶的天窗中流出，成为捕风塔结构的另一个出风口（见图3－6）。

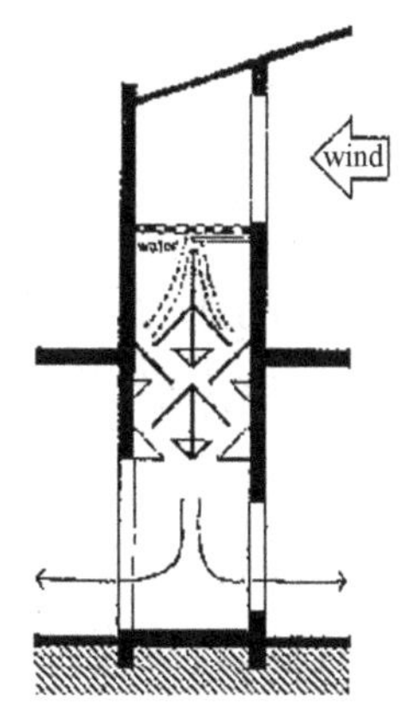

图3－6　一种典型的热力学原型——巴基斯坦海德拉巴的捕风塔

资料来源：Abdel-moniem El-Shorbagy，"Design with Nature：Windcatcher as a Paradigm of Natural Ventilation Device in Buildings"，*International Journal of Civil & Environmental Engineering*，Vol 10，No. 3，2010。

四　原型发展的形式潜力

由于缺少空调和管线设备，前现代时期建筑适应气候的策略演进基本是在原型的基础上，逐步优化能量流动的路径。建筑的形式构造和功能组织也随之优化调整。原型定型后组合成为模式，模式再大量应用于某个地区的适宜条件中，并以地区各自的材料文化加以诠释，最终勾画出地域性的建筑热力学图景。以原型去思考建筑形式实际上是一种系统思维：原型的抽象是对系统原理的结构化解析，是对建筑中能量流动和系统特征的精练；原型的取舍是对建筑能量组织的评判，具有转化成形式的潜力。对原型的研究并不受尺度的限制，它可以在各个范围上拥有自由性。这种自由度来自系统科学和热力学组织的能量特性。

从热力学原型到热力学建筑的过程不同于一般由功能排布或空间流线开启的建筑设计过程。它基于对当地气候的深入解读，以气候环境模拟软件甚至模型实验检验为支撑工具，根据所具有的物质化条件，围绕能量流动方式，将原型逐渐优化上升为形式语言。在这个过程中，原型渐渐地具象化为建筑，重新回到建筑学科的语境并自然地获得了在地特征，与当地的通风、日照、材料、文化、人体感受和能量需求紧密关联。

以前文所提及的中东捕风塔为例。同济大学建筑与城市规划学院所开展的热力学建筑原型课题中，曾围绕它展开了从原型到形式的设计研究。设计者首先列出了捕风塔原型在开口方向和开口大小上的多个变体，再将相应的原型实体模型置入风洞实验，研究入风角度和导风性能的关系。经过多组原型的交叉比对后，将最终确定的原型作为方案基础，进行尺度还原后的扭转、拉伸和调节，再植入目标场地。根据场地风环境数据，再采用一系列风环境模拟软件来推敲原型在三维肌理、包络曲线、体量分割、高度和深度上的持续优化。最终获得的方案是一个捕风塔的群组，是原型生成的结晶，展现了捕风塔在不同角度、不同剖面形式和不同的数量组合上相互结合的结果。它具有改善场地热力学环境的潜力，提供了一个全新范式的能量形式化载体（见图3－7）。

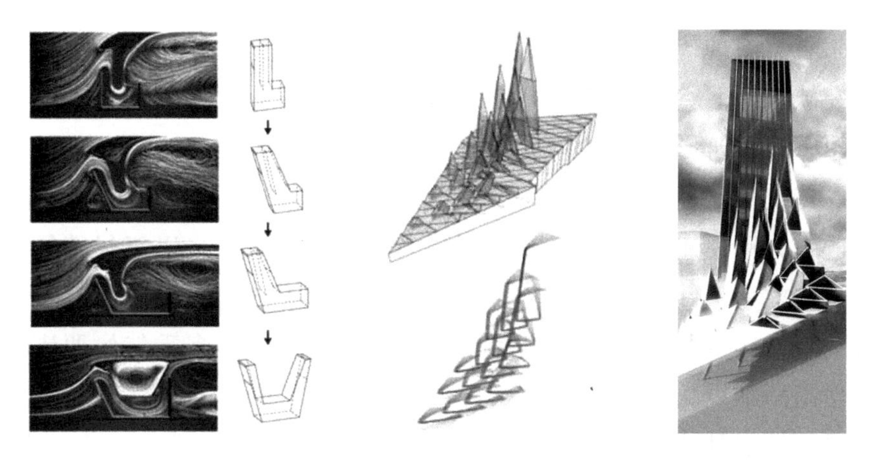

图3-7　“塔风之下”——捕风塔从热力学原型到形式的转化

资料来源：同济大学《热力学建筑原型》课程成果，设计者：张润泽，指导教师：李麟学、周渐佳。

第三节　作为研究基础的传统气候建筑热力学原型提取

一　气候应对的能量反馈

基于气候特征的建筑原型提取是本书的方法论基础。原型提取的对象是经过历史验证并带有经验性共识的“典型原型”，是基于地域气候文化所提炼出的对象。现代建筑以来的建造系统往往不能有效处理气候问题，为了室内环境的统一舒适，建筑不可避免地走向设备化的调控道路。而原始和前工业化的建造者在设计房屋时的技术水平还远达不到忽视气候的程度，为了生存和生活，他们必须在变化多端的气候条件下，利用有限的材料和技术造出相适应的建筑。拉普卜特曾说：“从对抗自然和争取资源的角度看，爱斯基摩人面对的问题甚至与设计太空舱需要解决的问题并无二致。”① 以当下的标

① ［美］阿摩斯·拉普卜特：《宅形与文化》，常青等译，中国建筑工业出版社2007年版。

准来看，前现代时期的气候建筑在舒适度、安全性和尺度等方面都存在缺陷，但它们在建造和使用时的气候应对方式中所隐含的能量策略，对建筑形式产生了深刻的影响。

传统气候建筑——尤其是传统民居建筑——在设计和建造中，普遍较为重视建筑形制与自然气候之间的应对关系。以气候特征和能量需求为条件，各个地区的建筑原型产生了分化，生成了各自独特的能量构造。应对自然能量并生成建筑原型，是多重气候要素综合作用的结果。这些气候要素对于建筑形式的影响，有些独立地体现在建筑部件中，有些彼此关联起来综合地体现在同一套体系内。对建筑影响最显著的气候要素在前文有提到，即空气温度、风、太阳辐射、空气湿度和降水等，由此引起的建筑对外界环境的能量需求也不尽相同（见表3－1）。

表3－1　建筑应对气候的能量反馈方式

能量反馈方式	主导季节	能量传递方式		
		热传导	热对流	热辐射
延缓周期热流	冬季与夏季	√		√
减少传导热流	冬季与夏季	√		
减少热量渗透	冬季与夏季		√	
利用太阳辐射	冬季			√
阻挡太阳辐射	夏季			√
蓄热体	冬季与夏季	√	√	√
减少外部气流	冬季		√	
促进通风	夏季		√	
促进辐射降温	夏季			√

资料来源：笔者整理。

二　调节热舒适的能量策略

建筑热环境与人体热量消耗密切相关，良好的建筑热环境通过平衡室内人体热量得失水平，提高了人体的热舒适度。一个地区的气候条件决定了人体热舒适度上限值和下限值基础。传统气候建筑利用构造方式，采用不同的能量应对策略能够调控室内微气候，从而使人体热舒适范围发生改变。

焓湿图 3－8 是气象数据分析的重要依据。其中横坐标表示干球温度（℃），纵坐标代表绝对湿度（g/kg），与下方夹角约 30°的斜线代表空气容重（m^3/kg），与下方夹角约 60°的斜线代表湿球温度（℃），弧线代表相对湿度（%）。点状区域代表逐日空气状态。焓湿图可以反映某地区在某个时间段的外部气候环境状况。室内的空气温度、湿度、气流速度、环境辐射温度构成了室内物理热湿环境，这些参数共同决定了焓湿图中的舒适区。根据不同的大气状态对应的人体热舒适感受对气候状态进行分类，可分为干冷、干热、湿热、温暖干燥、温暖潮湿等几类。从焓湿图中可以看到一个地区在不同时间段的平均舒适度分布，通常大多数时间处于舒适区外（见图 3－8 左）。但借助场地条件、建筑形式、围护结构、空间组织、材料构造及其他控制措施等有关建筑的控制要素，可以使室内环境条件逐步接近舒适的范围，舒适区的边界从而移动和扩大。

通过气候分析软件或环境性能分析软件，我们可以很容易地在焓湿图中看出不同的环境调控策略对人体舒适范围的扩大和移动影响，不同的气候条件、不同的季节也适应于不同的调控策略（见图 3－8 右）。经过策略之间的相互比较和叠加，我们可以得出其中一种或几种策略的组合在某地区不同季节下的应用效率。传统气候建筑形式中所蕴含的能量应对策略代表了提高人体热舒适范围的历史经验，热力学原型的提取则代表了多项策略中的相对优解。

三　热力学原型的要素层级

为了使室内环境尽可能处于所要求的舒适区，可以按照气候影响，针对不同层面研究相应的对策。根据 G. Z. 布朗和马克·德凯在《太阳辐射·风·自然光：建筑设计策略》中的观点，应对气候的能量策略十分复杂、多种多样，研究和设计者们一般不会以一种有秩

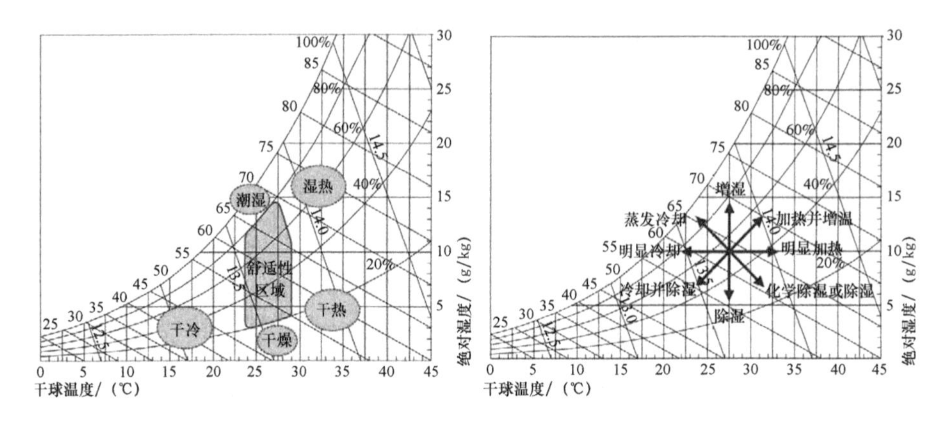

图3－8 焓湿图中的舒适区域（左）与能量策略导向的舒适区扩大方向（右）

资料来源：闵天怡：《生物气候地方主义建筑设计理论与方法研究》，《生态城市与绿色建筑》2017年第2期。

序的方式去思考那些看似孤立不相关的问题，而是从建筑自身的要素来进行组织。因而建筑的气候应对方式通常是从宏观、中观和微观三个尺度来考虑的。宏观主要指的是建筑组团尺度的气候适应性策略，包括聚落的选址、朝向、街道和广场布置；中观主要指的是建筑单体尺度的气候适应性策略，包括建筑界面之外的微环境空间、建筑界面自身和室内空间的微气候控制；微观指的是建筑构件尺度的气候适应性策略，包括对材料和建造方式的选择。

尽管在这几个尺度范围内，绝大多数潜藏在能量现象背后的原理不会有太大变化，但其表现方式会有很大差异。例如，虽然太阳的运动在所有尺度范围内都是一致的，但在每个尺度上，设计者对太阳运动的想法可能会十分不同：在建筑群组尺度，我们关注的可能是如何安排房屋和街道以利用太阳能；在建筑单体尺度，我们关注的是如何安排主要的生活区域来接受阳光；在建筑构件尺度，我们关注的是如何安排窗户以便阳光能射入房间深处。①

对建筑热力学原型的提取涉及气候特征和能量需求的关系，原

① ［美］G. Z. 布朗、［美］马克·德凯：《太阳辐射·风·自然光：建筑设计策略》（原著第二版），常志刚等译，中国建筑工业出版社2008年版。

型的要素关乎于尺度和能量流动过程中的能级匹配。在宏观、中观和微观三个尺度下，根据外部自然能量在建筑和环境中的流转层级，可以将气候建筑的热力学原型要素分为整体布局、平面层次、竖向层次、界面孔隙度、构造补偿这五个层级（见表3－2）。这五个层级能够将能量、物质、形式和身体联系为一个系统，分层次地提取出建筑能量策略的基本经验和初始原型。

表3－2　　气候建筑的尺度和原型层次划分

<table>
<tr><th>尺度</th><th>原型层次</th><th>具体能量策略</th></tr>
<tr><td>建筑组团
（宏观）</td><td>整体布局</td><td>群体选址与朝向
街道广场设置</td></tr>
<tr><td rowspan="2">建筑单体
（中观）</td><td>平面层次</td><td>建筑体型
平面功能布局
平面空间形态</td></tr>
<tr><td>竖向层次</td><td>竖向功能组织
场地竖向关系
缓冲间层</td></tr>
<tr><td rowspan="2">建筑构件
（微观）</td><td>界面孔隙度</td><td>围护结构材料
开口位置与大小
围护结构的构造方式</td></tr>
<tr><td>构造补偿</td><td>植被与水体
热源设置
……</td></tr>
</table>

资料来源：笔者整理。

（一）宏观层面——整体布局

在场地环境内太阳辐射、风环境、地表状况、土壤植被等因素的共同作用下，每个地域都会形成各自不同的微气候环境。人们建造适应气候的建筑群体时通常充分考虑了地形、地貌和地物的特点，利用当地现有的山坡、树木和河流等资源，创造出环境和谐并富有地域特色的聚落或街区形态。整体布局是建筑与外部气候产生能量交换的第一个层次，它的形式和组织决定了建筑物获得能量的方式。

从选址来看，建筑所处的地形地貌（比如位于山顶或山谷、林中或滨水）将直接影响到建筑室内外热环境和采暖制冷能耗大小。考虑到太阳辐射的问题，寒冷地区与温和地区的建筑群体都应选择能充分获得日照的开阔场地，炎热地区可利用地形或建筑自身来遮挡低角度的夏季阳光；考虑自然通风时，需要避免围合的谷地和封闭场地，并和遮挡物隔开一定距离；若对夜间通风有进一步要求，坡地底部附近的场地则有利于捕获夜间下沉的冷空气。

从朝向来看，建筑群体需要在夏季利用自然通风并防止过量太阳辐射，在冬季获得充足日照并避开主导风向。当获得太阳光的理想朝向和风朝向互相矛盾时，可以根据气候条件和建筑布局来决定优先级别，并通过群体组织和建筑形态来进行补偿调整。

从布局来看，需要综合日照和通风两大因素，再结合植被景观来进一步调整。对于干热地区来说，首先要考虑遮阳，因此布局需要紧凑以使相邻建筑相互产生阴影，利用植物来给屋顶、墙壁和窗户提供遮阴，并利用植物的蒸腾作用为建筑制冷；对于湿热地区来说，首先要考虑较宽的街道，以利于建筑之间的通风；寒冷地区要考虑太阳能利用和保温防风，建筑之间需要保证前后足够的日照间距，使冬季阳光可以到达窗户，同时避免在冬季主导风向上形成风道。

（二）中观层面——平面层次与竖向层次

平面布局的原型层级，主要是建筑单体在平面层次上的形态、朝向和平面空间组织方式。平面形态和建筑体形密切相关，建筑体形决定了一定围合体积下接触室外阳光和空气的外表面积，以及室内通风的流线长度。理想的建筑体形由气候条件和建筑功能决定，且对建筑的能量需求和能量损耗有着重要影响。例如，湿热气候区的建筑平面布局较为分散，形态狭长开敞，使得室内空间尽量接近外墙，便于自然通风和自然采光；平面形态通常设计为伸出并展开的“翼”，翼的间距较大以避免遮挡，在尽力满足通风需求的同时减少占地面积。而严寒地区的建筑平面通常比较紧凑向心，目的是减少外露的表面积以减少能量损失，封闭的平面外部也具有防风的作用。

竖向布局的原型层级，主要是建筑单体在竖向层次中同场地的关系，以及剖面关系上的功能组织。与竖向布局有重要关系的能量控制重点为通风。湿热地区的建筑典型竖向布局为倒三角式，底层空隙最大，密度最低，常为架空以最大限度地获得凉爽通风，中间层为构造最复杂的生活层，顶层为有夹层的屋面用于快速散热。寒冷地区的竖向布局则比较集聚封闭，有时外部以曲线来减少风压影响，或将建筑部分功能置入地下，利用土壤的热稳定性保持室内热量。庭院或烟囱组成的热压通风构造也是竖向布局的重点。

（三）微观层面——界面孔隙度与构造补偿

界面孔隙度的原型层级涉及建筑围护界面的材料、开口和构造。建筑物的能量转化在建筑界面上主要体现为界面传导、对流、渗透、透射、辐射、通风、反射、蒸发等。建筑界面的能量路径优化在于控制通过建筑围护结构的热流，因此界面的开口大小、开口位置和构造做法都对建筑能耗有很大影响。在材料的选择上，针对不同气候选择合适热阻、热惰性和蓄热性能等热工性能的材料，并采用不同遮阳构件或不同气密性构造的措施，对于优化建筑能流路径也有着至关重要的影响。构造补偿的原型层级是在建筑本体之外所附加的能量应对方法，本书主要讨论的范围限于依靠本土材料或适宜技术的方式，包括照明设备、采暖制冷设备、加湿除湿装置、增强通风构造等。这些技术以较小的代价促进了能量的高效流转和积极利用。

第四节　作为研究目标的当代气候建筑热力学原型转译

一　能量流通结构的形式化

热力学视角的气候建筑原型转译，本质上是一种形式推导的方法论。它试图将气候、能量和物质融合为推动形式生产的要素，以热工与环境数据为基础，通过建筑师的判断筛选和优化，将数据和功能进行整合，将原型转化为新的空间和新的建构，拓宽设计思维的边界，系统化、结构化地推导能量流动的形式化过程。前文从米勒的生命系统理论出发，将建筑的能量流通结构分为两种职责：一是位于系统边界的“捕获行为”，它是结构的起点；二是位于系统内部的“递转行为”，它是结构的内核。其中“捕获行为”由建筑的能量捕获结构（energy capture）承担，“递转行为”由建筑的能量协同结构（energy programming）和能量调控结构（energy regulation）承担（见图3－9）。

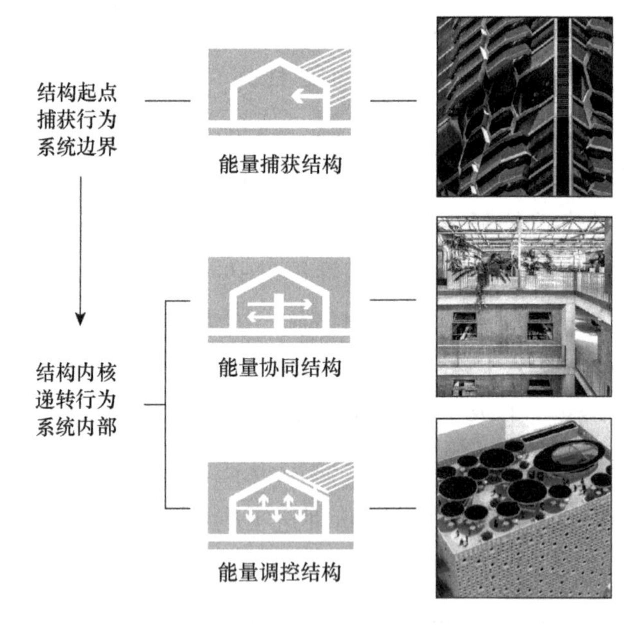

图3－9　三种能量流通结构的形式化

资料来源：笔者自制。

（一）界面与材料——气候要素和捕获结构

建筑通常利用界面来捕获外部气候的能量资源。界面就是建筑系统的边界，是能量流通行为的开始。它不只是一片墙体或是一个屋顶、一块地面，它可以是一个空间，通过材料的建构成为一个完整的系统，也就是建筑的能量捕获结构。通过建筑界面进行能量捕获的主要途径为辐射、渗透、透射、通风：辐射和被动太阳能获取息息相关，因此界面的材料、角度、朝向和面积是能量捕获的参数重点；渗透是冷空气通过界面渗入室内产生的能量损耗，可以通过设置挡板或减小孔隙度等降低界面能耗；透射是外部热量通过界面向内部空间传递，包括墙体、门窗的热传导和热辐射等，它和界面的材料热工性能有很大关系；通风指热空气通过建筑界面向外界环境流出，通风情况与界面的开口和形状有关，合理的外部形态可以形成有效的导风墙形式。

（二）空间与组织——内部调节和协同结构

外部气候作用下的建筑界面和材料建构更注重对外界的适应，而从内部热需出发的空间设计则更侧重于对内部的控制。在同一个建筑中，不同的功能空间对于能量的需求不同。从能量平衡的角度来进行建筑功能配比和排布，有助于将空间使用流程和能量递转次序相呼应，塑造出在水平或垂直尺度上、以优化能量协同结构为目标的空间组织。

（三）构造与设备——低技高性能的调控结构

环境调控的目标不仅指对环境的隔离和控制，或是维持适当的室内舒适度，它还包括建筑所负担的内外部能量协调。当仅依靠建筑基本要素和空间体系无法满足环境调控的目的时，就会产生基于建筑本体之上的技术补充。它是在主动技术和被动技术这两种调控方式之间的平衡。基于当地本土营造资源，通过建筑构造和部件设计调节室内热环境，有望产生具有特殊的形态特征又能提高舒适度和减少能耗的能量调控构造。

二　能量策略的形式变量

达西·汤普森在其著作《生长和形态》中表示，“包括形状或形态在内的每一种物质的状况都是许多力的作用产物，这些力又反映和标志着不同的能量现象”。热力学视角下的建筑气候适应，实际上是气候环境的引发变量和建筑形式的反馈变量这两类信息变量之间相互作用的结果。这种关系不是对于某个特定季节或气候区的针对性研究，而是将变量之中的能量要素提取出来，分离成多种能以不同方式调节和处理的参数。气候环境的引发变量包括太阳辐射、温度、湿度、空气流速、日照等，这些变量彼此独立又互有关联，比如太阳辐射可以引起温度升高，湿度大会增进传热，温度差会引起气流，等等。

对于每个引发变量的控制则来自建筑形式的反馈变量，这些变量则是建筑在气候应对时采取的能量策略（见图 3－10）。通过能量的获取、使用、转化、存储和再利用等方法，对热量、空气、水和阳光等要素进行处理，形成了能量策略。这些策略的拆分和重组对于建筑形式来说是一种塑造力，每种反馈变量都连接着一种或者多

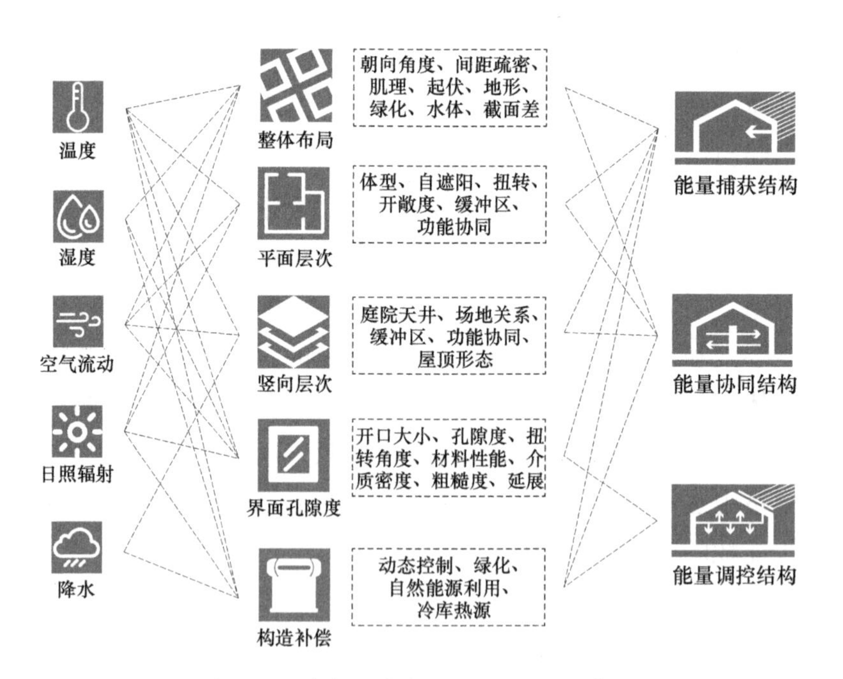

图 3－10　气候引发变量 vs. 原型形式变量

资料来源：笔者自制。

种控制方法，落实到建筑不同层次的原型中来，并最终成为形式。也就是说，同一种能量策略可以解决一种或多种能量问题。我们需要考虑每种策略目的的权重，将各个气候要素、各个能量策略和各个构件形态协同考虑成热力学原型的转化方向，再将它们放进同一个系统中进行合作。

三　热力学原型的尺度再现

热力学原型包含了一对辩证的概念：一方面是经过历史验证并带有经验性共识的“典型原型”，另一方面是经过科学验证并带有实验性潜能的“形式原型”。前者是经过热力学考古的、基于地域气候文化所提炼出的对象，后者是经过研究、验证和设计后得到的成果。原型研究是将一个复杂系统还原到其最初始的状态，它的有效性则需要通过不断优化和检验而得以成立。确立后的原型需要进行尺度上的还原，转译为建筑语言中的形式，这个步骤完成的是从研究到设计的跨越。经过多个阶段的分析，热力学原型可以用于美学形式上的操作以生成崭新的范式，也可以成为一个参照系统用于重新评估反思已有建筑中的方法和技术。

热力学原型的抽象性决定了它的生成不会受制于研究范围和尺度对象。通过气候数据的模拟、环境信息的分析甚至实体模型的验证，可以将原型还原到具体的气候和场地环境中。建筑的界面、功能和空间则围绕着能量捕获、能量协同和能量调控结构展开。在这个过程中，伴随着场地环境和在地文化的介入，需要对原型在整体布局、平面层次、竖向层次、界面孔隙度和构造补偿这五个层次中进行持续优化，将其与地域气候、通风采光、能量需求、材料文化和热力学体验紧密联系在一起。经过尺度再现和建构转变而具象成为建筑本体，热力学原型又逐渐回到了建筑学科的语境中去（见图3－11）。

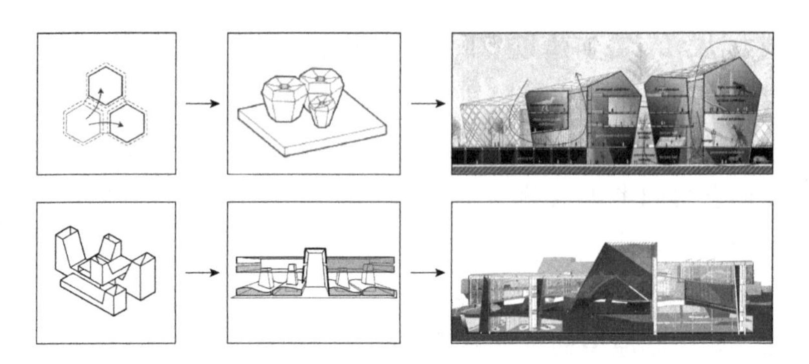

图3－11 热力学原型的尺度再现

资料来源：同济大学《热力学建筑原型》课程成果，上图设计者：梁芊荟 、林静之、王劲凯，下图设计者：郑馨、郑思尧、吕欣欣，指导教师：李麟学、周渐佳。

第五节 本章小结

本章是建立热力学视角下气候建筑原型方法的分析基础。从阐释能量系统语言这个图解分析工具的分析方法入手，分析了热力学原型的内在含义和应用潜力，再提出将基于气候特征的建筑原型提取作为研究基础，将基于能量流动的建筑原型转译作为研究目标的方法体系（见图3－12）。

本章首先从来源于系统生态学的能量系统语言出发，描述了它在气候—环境—建筑语境下的应用发展，阐释了能量系统语言的组成单元，以及它们在建筑系统中的对应关系。并将研究对象分级为场地环境、建筑空间和行为空间三个相互嵌套的尺度，使其能够成为表征气候建筑中能量流动路径的逻辑图解。

而后以班纳姆的部落寓言开启了热力学视角下对于建筑原型的讨论，并将“燃烧”或“建造”的辩证关系转化为“热源”和“热库”两个最基本的热力学原型，探讨建筑面对能量问题时采取的截然不同的两种建造取向。这两种原型能够在不同气候环境和物资条件下相互交叉补充，生产出新的建筑原型。原型之中内含的核心经

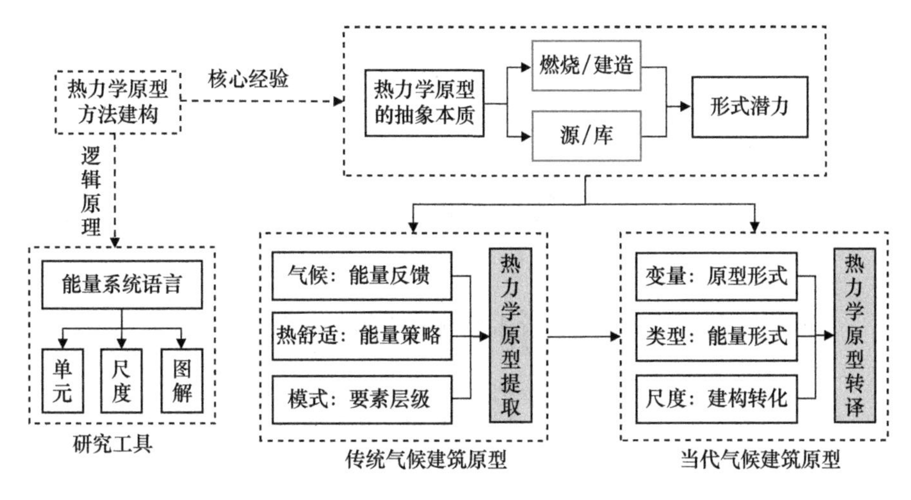

图3－12　第三章研究框架

资料来源：笔者自制。

验和基本形制，有潜力进一步发展而获得新的气候建筑形式。

最后架构了热力学视角下气候建筑原型研究的方法逻辑。方法的基础是基于气候特征的传统气候建筑原型提取，它是以不同气候要素的能量反馈路径来研究气候和能量需求的应对关系，根据人体热舒适对能量应对策略进行取舍，并从不同的层次中提取出典型的热力学原型。方法的目标是基于能量流动的建筑原型转译，通过原型的尺度再现和建构转换，它可以用于美学形式上的操作并生成崭新的范式，也可以成为一个参照系统，用于重新评估反思已有建筑中的方法和技术。

第四章

基于气候特征的传统气候建筑热力学原型提取

第一节　气候分类方法

建筑是场所、气候和生活三者的联结体。从一定意义上来说，气候条件引导了文化及其表达方式的生成，其中包括建筑形式与建筑中的一系列人类活动方式。如弗兰普顿所说，“在印度和墨西哥文化中，开敞空间的玄学属性是伴随着它们所依赖的炎热气候。正如英格玛·伯格曼的电影，如果没有垂暮黯然的瑞典的冬天，就很难以理解一样”①。气候的各个要素（如温湿度、太阳辐射、风等）可以直接影响到建筑的外部形态和内部功能。开阔或紧凑的平面，轻质或厚重的围护材料，通透或封闭的外部形态，甚至窗子大小，屋顶坡度，庭院尺度……在传统气候建筑（尤其是传统民居）中，这些至关重要的特征都和气候密不可分。气候决定了当地建造的生态资源条件，决定了建筑获取与利用环境能量的途径，也决定了人类依托建筑与外部进行热交换的生存方式。

---

① 参见彭一刚《地域风格在印度》，《建筑学报》2005 年第 5 期。

一　依据气候要素和动因

人类认识气候的过程，伴随着对气候进行分类研究的过程。影响气候的因素很多，但气候在全球的分布有着显著的地理规律性。造成这种气候地带性的主要动因是太阳辐射，地表太阳辐射的规律是根据地理纬度分布的。除了太阳辐射，气候特征还受到大气环流和下垫面等因素影响。把具有相同或相似气候特征的地区归类，可以看出全球气候类型沿着纬度呈明显带状分布，这就是气候带。气候型是比气候带次一级的气候单位，主要由自然地理环境的差异引起，不再呈现带状分布。同一个气候带内可以划分出几个气候型，同一个气候型也可以存在于不同的气候带中，如温带大陆性气候与温带海洋性气候，热带沙漠气候与副热带沙漠气候，等等。

气候带和气候型的分类方法有许多种，主要依据形成气候的太阳辐射因素、大气环流因素和下垫面因素来划分。一般是先根据太阳辐射与大气环流划分气候带，再从地形、海陆影响等因素与环流相结合来进一步判定气候型。气候学家柯本（W. P. Köppen）提出的柯本气候分类法，是目前最被广泛使用的气候分类方法。他系统地研究了海洋、天气与全球的气候，以气温和降水为指标，参考自然植被分布，于1918年首次发布了柯本气候分类的完整版本。之后柯本气候分类进行了多次修改与补充，于1953年发表的修改文本明确了全球各类气候的特征。后来有2018年由贝克（Hylke E. Beck）和齐默尔曼（Niklaus E. Zimmermann）等在期刊 *Scientfic Data* 上发表的新版柯本气候分类世界地图。

柯本气候分类把全球气候分为赤道潮湿带（A，equatorial）、干旱/半干旱带（B，arid）、温和带（C，warm temperate）、降雪带（D，snow）与极地带（E，polar）五个主气候带，A、C、D、E为湿润气候，B为干旱气候，另将复杂的山地气候（H）单独归为一类。在各个气候带中，依据降雨量的变化与干旱程度进行二级划分，有些再进一步根据温度年较差和湿度进行三级划分，即每个主气候带下有2—4个二级子类，其中B、C、E之下还包含三级子类（见表4－1）。柯本气候分类系统简单明了，指标严格，每个气候型有确定的气温与降雨量界限，并且能够反映自然植被的分布状况，直观清晰，因而大量应用于多个学科领域。

表4－1　　　　柯本气候分类总则

主气候带	降水	气温
赤道带 干旱带 温和带 降雪带 极地带	W－沙漠型 S－草原型 f－湿地型 s－夏天旱季型 w－冬天旱季型 m－季风型	h－炎热干燥 k－寒冷干燥 a－夏季炎热 b－夏季温暖 c－夏季凉爽 d－显著大陆型 F－极地冰霜 T－极地苔原

资料来源：笔者整理。

二　依据建筑和气候关系

气候区划是针对特定研究目的的气候分类，参照相关学科产业的有关指标，对全球或某地区的气候进行逐级划分。建筑研究和建筑设计中所涉及的建筑选材、规划、布局、形态、空间、通风采光等要点，与所在地区的温度、湿度、太阳辐射等气候特征有着紧密联系。

1. 斯欧克莱气候分区

斯欧克莱（Steven V. Szokolay）在1980年出版的著作《建筑环境科学手册》中，根据空气温度、湿度、太阳辐射等因素，将全球各地划分为四种主要气候类型：湿热气候区、干热气候区、温和气候区和寒冷气候区。这是研究建筑与气候关系时最常用的一种简明分类法。斯欧克莱为每个气候区的划分明确了指标和界限，总结了气候特征并提出该地区相应的建筑设计指导建议（见表4－2）。

表 4－2　　　　斯欧克莱气候分区及相应的乡土建筑特征

气候类型	气候特征	调控策略	典型乡土建筑
干热气候区	太阳辐射强烈 温度高 温度年、日较差大 雨量小，湿度低 多风沙	隔热、防风、蒸发降温 地毯式布局与窄小巷道 高热容的重质围护 最大程度的遮阳 封闭内向院落型格局 窗口少而小	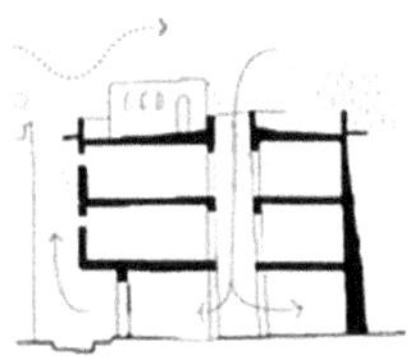
湿热气候区	太阳辐射较强烈 温度高 温度年较差、日较差小 雨量大，湿度高	遮阳、自然通风、防雨 稀疏自由的布局 低热容的轻质围护 屋面陡、深檐 门窗大而多	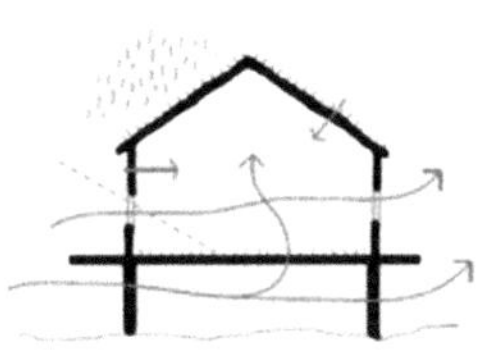
温和气候区	年温度变化大	夏季遮阳通风 冬季保温防风 联排或庭院式布局 高热容的围护结构 随气候变化的门窗	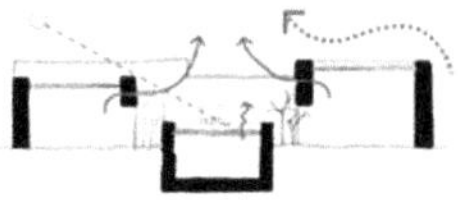
寒冷气候区	冬季漫长寒冷 夏季短暂温暖 干燥 年温度变化大 暴风雪	最大程度保温、防风 减少冷风渗透 墙体厚重 陡坡屋面防积雪 较小的门窗洞口	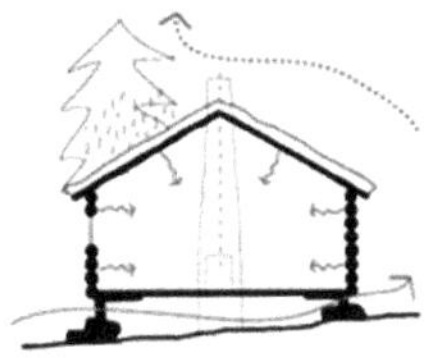

资料来源：笔者整理。

干热气候区：大部分分布于赤道两侧，南北纬 15°—30°，以沙特阿拉伯等中东地区和非洲的撒哈拉沙漠地区最为典型。主要气候特征是太阳辐射强烈，有眩光，气温年较差、日较差很大，夏季白天气温常在 40℃以上，最热可以达到 58℃。降水量很少甚至大部分月份不下雨，空气干燥，风速大并且常有沙尘暴。该地区建筑首先需要解决隔热与降温的问题，因此外部形态相对厚重封闭。相应的气候策略是最大限度的遮阳，热稳定性强的厚重蓄热墙体，以及内向型的平面格局。

湿热气候区：位于赤道和赤道附近，以东南亚部分地区和南美洲热带雨林地区为典型。全年气温炎热，湿度很高，最高温在40℃左右，温度年较差和日较差都比较小，太阳辐射强烈。年降水量大于750毫米，平均相对湿度大于80%，潮湿闷热。湿热气候区的生存环境比干热气候区更加严苛，人体舒适度更差。该地区建筑的外部形态通常比较轻盈开敞，相应的气候策略是遮阳、通风降温、低热容的围护结构、防雨防潮。

温和气候区：该地区有明显的季节性温度变化，较寒冷的冬季和较炎热的夏季，春、秋季温和，月平均气温波动范围大。建筑设计中相应的气候策略是夏季加强遮阳通风，冬季加强保温。

寒冷气候区：大多分布于北纬45°以上的地区，以北欧、北美、部分中国东北地区和北极圈周边为典型，全年严寒，夏季日照时间很长而冬季短，风速高。相应的建筑设计气候策略重点是冬季防寒保温，减少热量损失，还要兼顾考虑雪荷载对建筑的破坏。

2. 中国的建筑热工设计区划

中国幅员辽阔，南北跨越纬度将近50°，东西跨越经度60°以上，地势与地理条件不同，因此各个省份地区的气候差异十分明显。为了明确建筑与气候之间的内在联系，使建筑设计充分做到气候适应与因地制宜，住房和城乡建设部发布了《民用建筑热工设计规范》，将我国建筑热工设计区划分为两级，其中一级区划包括5个分区，即严寒地区（1）、寒冷地区（2）、夏热冬冷地区、夏热冬暖地区和温和地区，二级区划包括这5个分区下的11个分区，即严寒A/B/C区、寒冷A/B区、夏热冬冷A/B区、夏热冬暖A/B区、温和A/B区。同时《民用建筑热工设计规范》中也提出了热工分区相应的设计要求，其目的在于使民用建筑的热工设计和地区气候相适应，保证室内基本热环境要求，符合国家节能方针。我国建筑气候区划和建筑热工分区的划分主要标准是一致的，两者的区划是互相兼容的。

第二节　原型提取方法

Louis I. Kahn 曾说："我看到了很多土著小屋。它们大同小异，而且都很实用。那里并没有建筑师。我回来以后，印象最深的就是人类在解决日照、风、雨的问题上，是多么巧妙呀！"[①] 对地域与气候的尊重并不是对建筑形式的制约，而是建筑多样化的来源。气候对建筑的影响可以在不同类型、不同尺度的建筑中发生，但通常来说，建筑的气候适应性更直观地表现在当地的传统建筑中。气候越严苛的地区，其传统气候建筑——尤其是传统民居建筑的外部特征越显著。气候和地域性造就了地方特色和生活习俗，这种特色和习俗也同样反映在传统民居中，包括建造工艺、建筑材料、空间使用方式等。对于传统气候建筑来说，由于能利用的当地材料与建造技术都很有限，因此建筑必须是简单且高效的，而适应气候、利用气候就是建立一个简单高效的建筑体系的重要途径，人、建筑与环境三者的关系串联出一个朴素却有效的能量流转系统。通过研究不同气候条件下的传统气候建筑，提取它们的形式要素和能量利用方式，有助于理解该地区人们通过建筑适应气候的长期生存智慧与经验，即"热力学原型"。

一　以环境性能软件为工具

要研究建筑的气候适应性，首先要对该地区的主要气象参数进行分析，进而总结出气候特征。本书从美国能源部网站 EnergyPlus 和 OneBuilding 气候数据网站等公开数据库资源中获取全球不同地区的地面气象数据 . epw 文件，并用基于 Rhino 的 Ladybug Tools 的参数

① "A Statement by Louis I. Kahn", Art and Architecture, 1961.

化工具对 . epw 文件进行可视化分析。. epw 文件是由美国能源署（DOE）开发的用于能耗模拟的气象数据，通过对某一地区有气象记录以来每小时数据进行收集，得出这一地区常年气象记录数据资料，其数据包中包括具体地点全年逐时的干球温度、湿球温度、相对湿度、风向风速、太阳辐射等重要气候资料。此外，. epw 数据中未包含的降雨量与降雨率等数据则从美国气象数据网站 WeatherSpark 中获取。

环境性能分析软件可以对基础气候数据进行可视化分析，更直观地图形化表达出一个地区的气候特征，有助于对建筑的能量需求和气候适应作出科学分析。本书所选用的 Ladybug Tools 工具可以改变模拟结果的可视化方式，自定义需要分析的时间段（前文有关于 Ladybug Tools 的概述）。Ladybug Tools 包括 4 个模块——Ladybug、Honeybee、Butterfly 和 Dragonfly，其中本书所使用到的模块主要为 Ladybug 和 Honeybee（见表 4 – 3）。Ladybug 是基于 Python 计算内核的开源 Grasshopper 插件，用于处理庞大的气候数据，对目标场地进行环境系统分析，生成温度、湿度、风玫瑰图、太阳轨迹、太阳辐射、阴影遮挡、日照时长等可视化图解，更可以生成焓湿图来分析被动式策略的有效性，实现对节能设计方法的量化评价；Honeybee 是基于 Energy Plus、Radiance、Daysim 等多种计算内核的开源 Grasshopper 插件，用于光环境模拟、能耗模拟和热舒适计算等环境性能模拟分析（见图 4 – 1）。

表 4 – 3　　Ladybug Tools 软件的环境性能分析功能

模块名称	计算内核	模块功能	分析目标
Ladybug	Python	气候数据可视化 环境分析 生物气候图分析	温湿度、风与太阳辐射 阴影遮挡、日照时长 太阳轨迹、太阳遮罩 基于焓湿图的被动式策略分析 ……

续表

模块名称	计算内核	模块功能	分析目标
Honeybee	Python Daysim Radiance EnergyPlus OpenStudio	光环境模拟 能耗模拟 舒适度计算	眩光、日照分析 能耗模拟 冷热负荷计算 热舒适计算 可持续能源计算 ……

资料来源：笔者整理。

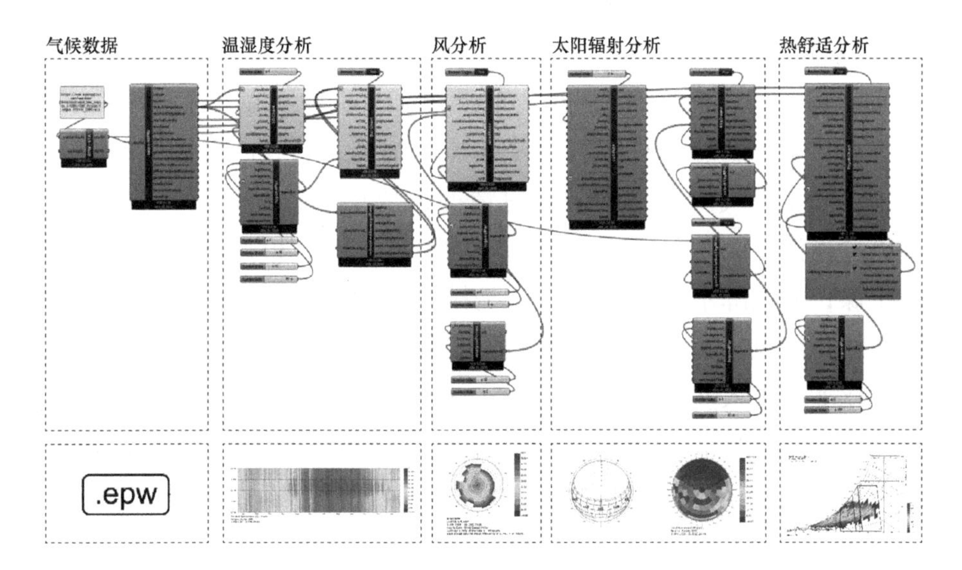

图4－1　Ladybug的气候数据分析模块

资料来源：笔者自制。

二　以气候特征分析能量需求

可视化的气候数据可以直观地展现当地的气候特征，无论是全年的还是季节性的，是偶发的还是通常的。分析气候特征下的建筑能量需求是进一步研究乡土建筑热力学原型的一个重要前提。寒冷气候下的采暖，炎热气候下的降温，日间自然采光，夜间通风散热，这些建筑对环境能量的利用方式展示出对当地乡土建筑的强大影响力，形成了传统建筑的地域特色。以太阳辐射为例，它对寒冷地区的建筑来说是重要的热量来源，但对无论是干热还是湿热地区，太阳辐射都对室内热舒适有严重的负面影响，需要隔离或进一步转化，如何应对太阳辐射就成了提取相应乡土建筑案例原型时需要关注的重点。

建筑通过围护结构的传导方式、空气对流方式和表面辐射换热三种方式，与室外热环境进行热量的传入或传出的交换过程。与建筑有密切关系的外部气候要素包括空气温度（temperature，简称 T）、气温日较差（daily temperature range，简称 D）、湿度（humid，简称 H）、降水（precipitation，简称 P）、风（wind，简称 W）、太阳辐射（solar radiation，简称 R）、自然光照（natural lighting，简称 L）。将基本的热量控制途径对应气候要素加以细分，可导向多种类的能量需求：根据空气温度和太阳辐射情况需要增加得热还是减少得热；根据昼夜温差大小是否需要控制室内温度波动；根据湿度需要加湿或干燥；根据降水量需要蓄水还是排水防潮；根据风速和风向需要通风还是防风。影响能量需求的除了外部气候要素，还包括内部要素，比如已进入室内或已在室内产生的热量（indoor heat，简称 I）是需要蓄积还是散出；关于室内热源（heat source，简称 S）的设置是需要增加产热还是减少产热（见表 4 -4）。

表 4 -4　　气候要素与相应的能量需求因子

气候要素		能量需求因子	
外部	空气温度（T）	增加得热（+）	减少得热（-）
	太阳辐射（R）		
	湿度（H）	加湿（+）	除湿（-）
	降水（P）	蓄水（+）	排雨防潮（-）
	风（W）	促进通风（+）	加强防风（-）
	昼夜温差（D）	需要控制（+）	无需控制（-）
	自然光照（L）	增加采光（+）	减少采光（-）

续表

气候要素		能量需求因子	
内部	室内热量（I）	蓄热（+）	散热（-）
	室内热源（S）	需要产热（+）	降低产热（-）

资料来源：笔者整理。

三　以能量策略提取原型

以分析能量需求为基础，可以对传统气候建筑的能量策略作出有针对性的研究和总结。依据气候对建筑的影响范围与气候响应的尺度，能量策略可以从以下几个方面来分析：一是如何尽可能充分利用场地气候资源，合理选址和整体布局能使单体的气候适应策略事半功倍；二是考虑场地因素，因形就势并且积极利用当地现有的建造材料，减少建造期间的植入能量；三是用合理的建筑构造来实现以天然热源采暖、以天然冷源降温；四是处理能量需求的矛盾，吸取气候有利因素的同时隔离不利的因素；五是规划平面功能布局以实现室内各个空间的能量协同；六是由于传统建筑的建造工艺和技术限制，其室内热舒适主要还是相对的，在那些无法仅仅依靠被动方式获得热舒适的严苛时段，如何以一定的低技手段创造出高效的设备，获得更好的室内热环境条件。

针对不同气候下的能量需求，能量策略通过形式化组合后反映于建筑本体中（见图4-2）。本书将根据多个传统民居聚落的分析总结，把它们所采取的能量策略反馈到环境性能分析中进行热舒适模拟。Ladybug Tools 中内置的“Adaptive Comfort”热适应模型假定空间是自然通风的，使用者可以开关窗户，还可以根据气候调节衣着量。它有更宽广的舒适范围，但这个模型没有涉及除了自然通风以外的其他建筑设计策略如何影响热舒适。因此本书选择以 Ladybug Tools 内置的 PMV 模型为舒适度评价标准，它由温度、服装热阻、活动量、湿度、平均辐射温度等组成，在图解中呈现的结果为焓湿图，热舒适性反映在焓湿图表上就是舒适区域。舒适区域左侧适用于冬季，右侧适用于夏季。

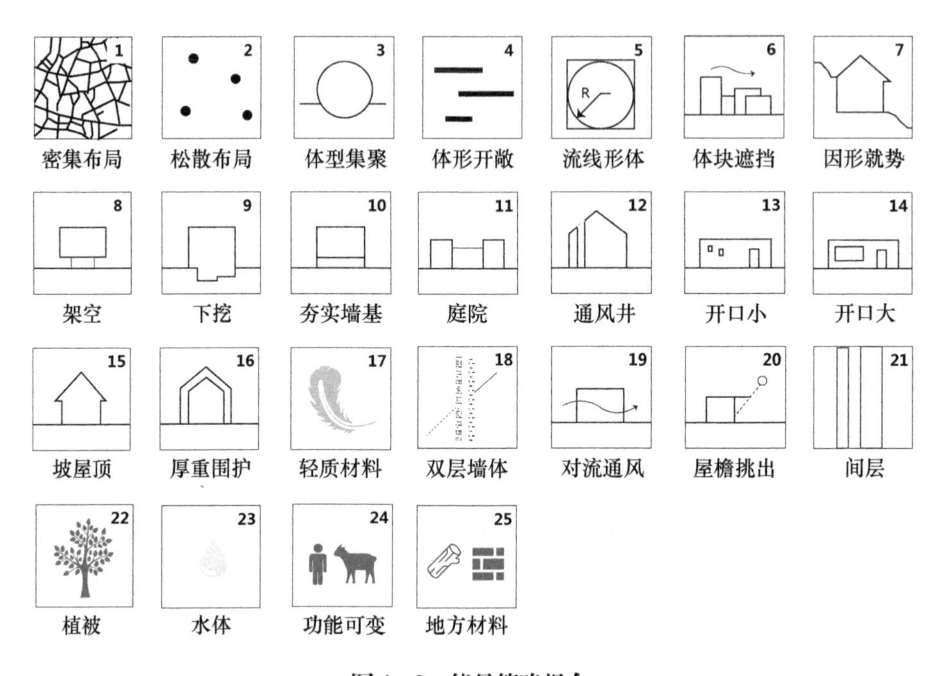

图 4－2　能量策略组合

资料来源：笔者自制。

选取能量策略的最佳组合并分析所生成的焓湿图，可以验证哪些策略更适合当地气候条件、更具有效性，哪些构造成为建筑热力学系统中关键的环节，以最少的措施组合获得最大化的舒适时间，扩大舒适区域。再将这些关键环节返回能量系统语言进行图解分析，还原出系统内部的能量与物质流动转化路径（见图 4－3），最终获得的热力学原型可以同当地的气候特征相联系，有助于解析它们之间存在的内在逻辑，并应用于研究现当代建筑中的热力学原型转译。

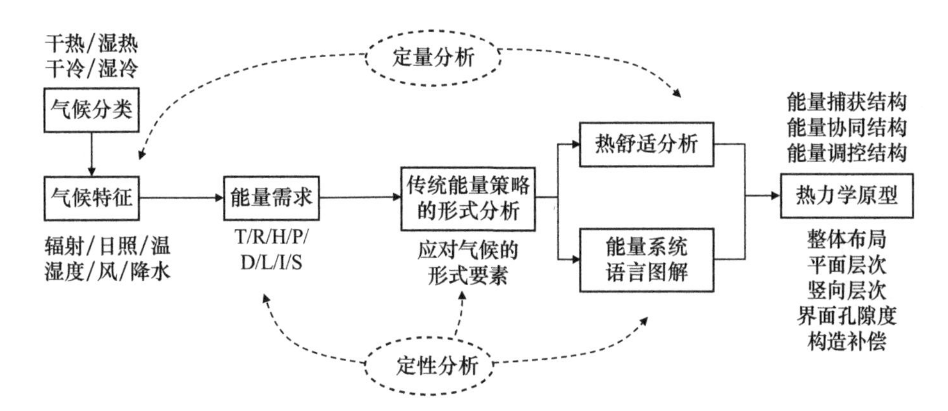

图4-3　基于气候特征的传统气候建筑热力学原型提取研究方法

资料来源：笔者自制。

第三节　案例研究：典型气候环境下的传统气候建筑热力学原型

在形形色色的传统气候建筑中，传统民居是人类长期适应气候环境的最主要的造物成果。传统民居虽然没有先进的技术与完善的理论为支撑，却是千百年来人们在一定历史背景下，依靠经济的技术材料获得最大舒适环境的智慧结晶。世界各地的传统民居由于所处的气候条件不同、所获得的材料资源不同、所身处的文化背景不同，它们的形式也就折射出了与环境相符的特征。若要研究传统气候建筑的原型，研究它们利用能量的方式，首先要根据气候特征对气候进行分类，再从中选取具有代表性的典型案例进行深入研究。

一　选型依据

1. 12个乡土民居聚落案例

由于研究的重点是建筑和气候的关系，因此本书在斯欧克莱气候分区的基础上，以柯本气候分类为参考，对全球范围内干热气候、湿热气候、温和气候与寒冷气候的8个典型传统气候建筑案例作出详细分析。

Ⅰ. 干热气候区：Ⅰ-1 埃及达赫莱绿洲的 Balat 泥屋（柯本分类 BWh），Ⅰ-2 约旦亚喀巴省 Wadi Rum 的贝都因黑帐篷（柯本分类 Bsh）。

Ⅱ. 湿热气候区：Ⅱ-1 马来西亚柔佛州 Kukup 村的马来屋（柯本分类 Af），Ⅱ-2 日本鹿儿岛县南九州市知览町武家屋敷（柯本分类 Cfa）。

Ⅲ. 温和气候区：Ⅲ-1 希腊圣托里尼岛 Oía 镇岩屋（柯本分类 Csb），Ⅲ-2 西班牙卡斯蒂利亚拉曼恰自治区 Cuenca 古城的石屋（柯本分类 Csa）。

Ⅳ. 寒冷气候区：Ⅳ-1 瑞典延雪平省 Eksjö 市的木屋（柯本分类 Dfc），Ⅳ-2 加拿大拉布拉多地区 Nachvak 村的因纽特冬屋（柯本分类 ET）。

此外，中国传统乡土民居在形成和发展的过程中，因形就势、因地制宜、因材致用，总结出了无数应对气候的宝贵经验。中国建筑热工设计分区分为 5 个一级区和 11 个二级区，本书选择了其中分属不同分区且具有代表性的 4 个现存乡土民居聚落为案例，分别研究它们的气候适应与能量策略。

Ⅴ-1 夏热冬暖：福建省泉州市，岵山镇闽南大厝（柯本分类 Cfa）；Ⅴ-2 夏热冬冷：浙江省义乌市，赤岸镇神坛古民居（柯本分类 Bwk）；Ⅴ-3 寒冷：陕西省三原县，柏社村地坑窑（柯本分类 Dwa）；Ⅴ-4 严寒：辽宁省抚顺市，腰站村满族民居（柯本分类 Dwa）。

2. 案例选择的依据

每个气候分类都对应着多种类型的传统建筑形态，形态相似的传统建筑也不仅仅存在于同一个气候类型中。想要将每种气候分类下的传统建筑一一列举出来是很难做到的，因此本书选取了上述具有代表性的 12 个案例进行重点分析。选型的原则包括三点：

首先是选址方面，在干热、湿热、温和与寒冷四个大气候区中分别选择气候条件较有代表性的地点。例如位于北极圈内的加拿大

Nachvak 峡谷周边地区，全年平均温度仅为零下 5℃，最低温达零下 40℃，属于典型的极地气候，对于当地建筑的气候适应来说是一个严苛的挑战。这类气候对于建筑形态的影响较为明显，除气候外其他因素的影响就比较弱，类似的案例更具有研究价值。

其次是建筑本体方面，本书侧重于选择形态特征、建造材料和构造方式更具典型性的案例，能体现出不同气候下由于能量需求不同而产生的材料、构造、空间、形态的多样性。

最后是具体对象方面，本书所研究的传统气候建筑案例不是泛类型总结，而是现今仍留存的、有历史的传统民居聚落。选择民居是由于它作为人的主要生活行为空间，与气候和舒适度的关系更加紧密，也不像“官式”建筑那样容易受宗教礼制与政治制度等其他因素的影响。对于研究气候适应中的能量流转方式来说，它们更能反映出建筑中最本质的东西。此外所选全球案例中的 Kukup 村马来屋、知览町武家屋敷和 Cuenca 石屋，以及中国案例中的岵山镇闽南大厝和神坛村浙中民居均为笔者曾调研或实测过的聚落，因此对其气候特征和建造策略有着更为明确的认知。

二　干热气候：通风与隔热协同的原型（Ⅰ）

干热气候区常年酷热干燥，日间温度通常为 20℃—40℃，部分地区夏天正午最高温可达 50℃以上，昼夜温差很大。天空晴朗少云，太阳辐射强烈，有严重的眩光。降水极少，夏季几乎不下雨，相对湿度很低，空气干燥。此外，干热气候区通常伴随着较高的室外风速，部分季节多有风沙。

（一）Ⅰ-1 型：埃及达赫莱绿洲，Balat 泥屋

埃及地处亚、非、欧三洲的要冲地带，北临地中海，东临红海并与巴勒斯坦相接。北部沿海地区和尼罗河三角洲地区属于热带地中海地区，气候相对较为温和，其余大多属热带沙漠气候。达赫莱（Dakhla Oasis）是埃及中西部沙漠中的绿洲，东西长约 80 千米，南北长约 25 千米。Balat 是达赫莱绿洲东部的一个小镇，曾被哈桑·法

赛称为“沙漠的新娘”（the bride of the desert），建成于公元14世纪前后，是撒哈拉沙漠商队贸易的重要补给站，如今这里仍完整保留着一个中等规模的传统沙漠型聚落，具有重要的历史、文化和类型学研究价值。

1. 气候特征分析

达赫莱绿洲属于柯本气候分类的BWh，典型的热带沙漠气候，炎热干旱少雨，最高温可达40℃以上，年降水量多不足100毫米。由于晴朗少云，沙漠地区白天气温升高很快，夜间降温也很快，因此昼夜温差很大。距Balat最近的气象测试点位于20千米外的达赫莱绿洲内，将气候数据.epw文件导入Ladybug模块中，可对相关的气候要素包括全年室外干球温度、相对湿度、日平均温差、风玫瑰图、太阳轨迹、太阳辐射等数据进行可视化分析（见表4－5）。根据可视化分析和数值分析的结果，Balat地区重要气候数据如下（见表4－6）：

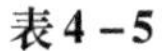

表4－5 Balat地区气候数据可视化分析

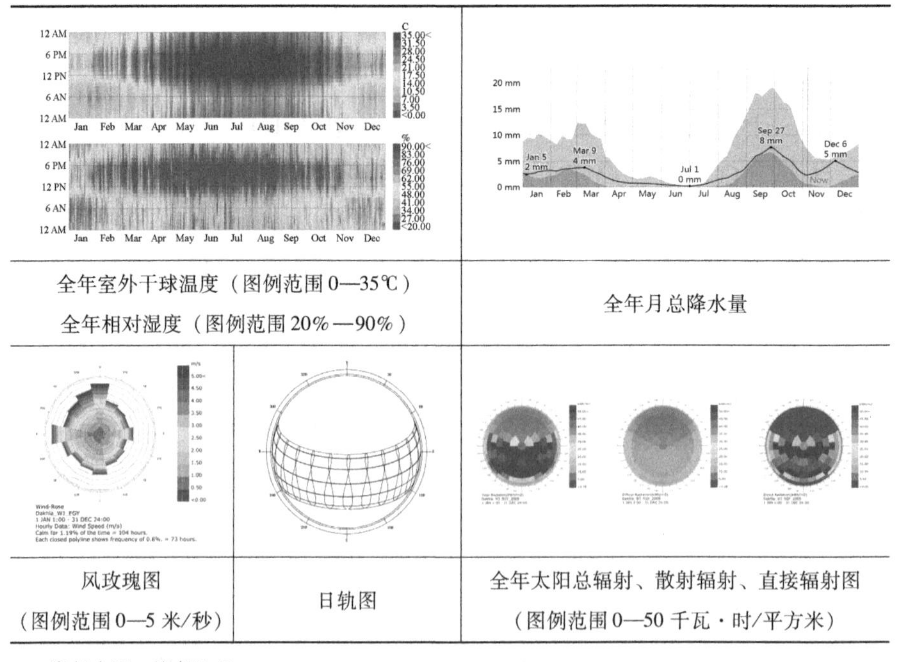

全年室外干球温度（图例范围0—35℃） 全年相对湿度（图例范围20%—90%）		全年月总降水量
风玫瑰图 （图例范围0—5米/秒）	日轨图	全年太阳总辐射、散射辐射、直接辐射图 （图例范围0—50千瓦·时/平方米）

资料来源：笔者整理。

表4－6 Balat地区主要气候数据

年平均气温（℃）	月平均最低气温（℃）	月平均最高气温（℃）	全年最低气温（℃）	全年最高气温（℃）	平均相对湿度（%）	冬至日太阳高度角（°）	夏至日太阳高度角（°）	最高月总降水量（mm）	最低月总降水量（mm）	平均日太阳辐射总量（Wh/m^2）
24.2	14.5	32.9	3.8	46.3	37.9	41.1	87.5	5	0	6400

资料来源：笔者整理。

·温度：年平均温度为24.2℃，其中月最高平均气温出现在6—8月，月最低平均气温出现在12月至次年2月，全年有高达14%的小时数气温超过35℃。昼夜温度变化剧烈，最高温差达20℃，夜晚无云而散热快，较为凉爽。

·相对湿度：全年平均相对湿度为37.9%，尤其是6—8月的夏季平均相对湿度只有27.2%，空气十分干燥。

·太阳辐射：年平均日照时数为3943小时，太阳总辐射量充足，由于云量稀少而直接辐射强烈，其中5—8月太阳辐射量最大。

·降雨量：全年受热带大陆气团控制，总降雨日不超过10天，尤其是3—9月几乎不下雨，年平均降水量在80毫米以下，极度干旱，易出现沙尘暴。

·风向与风速：位于东北信风带，由于地形等其他因素影响，瞬时风速和风向变化较大。日间风速较高，年平均室外风速为1.8米/秒左右。

2. 能量需求分析

酷热的气温和强烈的太阳辐射使当地建筑的首要任务就是防暑蔽日。因此建筑之间相互遮挡形成阴影，建筑自身外部封闭、内部开敞就成为行之有效的空间形态策略。过大的昼夜温差需要以高蓄热能力与热稳定性强的建造材料来缓解，围护结构在日间吸收过高的辐射热，再在夜间通过通风将热量散入室内，控制室内温度波动。由于降水量稀少，相对湿度很低，还应对水资源进行有效管理应用，在一定的条件下加湿室内空气。总结下来，Balat 地区乡土民居的能量需求主要包括遮阳隔热（T－R－）、稳定室内温度（D＋）、防风沙（W－）、自然通风降温（W＋I－）和加湿（H＋）等。

3. 能量应对策略

Balat 的民居形制是长期适应当地恶劣沙漠气候的结果，是当地泥瓦匠的经验技艺，它所采取的被动降温措施更是凝结了多代人的智慧。Balat 民居应对气候的能量策略如下：

（1）整体布局

· 地毯式规划布局与层级分明的巷道（R－W＋I－）

从总平面可以看出，Balat 聚落密集的房屋间隙中有着大小不同尺度的广场。大广场开敞无顶棚，受到太阳辐射而气温上升，空气密度降低；小广场和小街道通过木架和房屋体块遮阳，气温较低而空气密度升高。房屋间的街道层级分明，从公共道路到半公共小路，再到住宅范围内的私人胡同，这样的组织肌理引导着气流从四面八方的街道向着大广场流动，有助于自然通风、散失热量。Balat 的民居密集排布于狭窄街道的两边，房屋入口面对窄小的胡同，两侧和背面同隔壁的房屋相连，形成“地毯式”的紧密布局。胡同上方还有木架支于两边房屋之间作为遮阳格栅。狭小的街道和相互遮挡的建筑，使得太阳无论在冬至还是夏至的高度角时都无法完全直接照射在外墙上，大大减少了辐射受热（见图 4－4）。

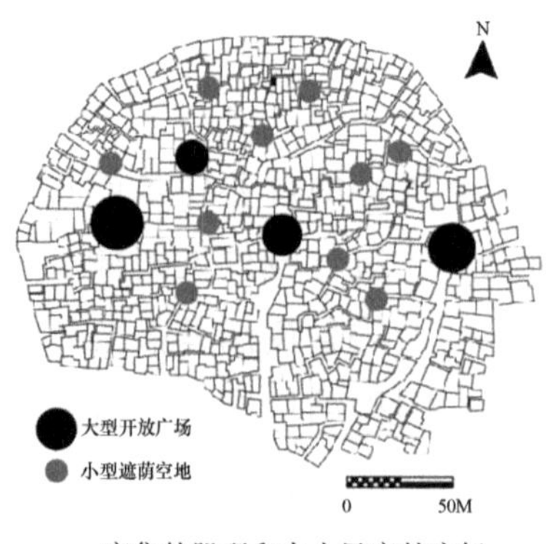

a. 密集的肌理和大小尺度的广场

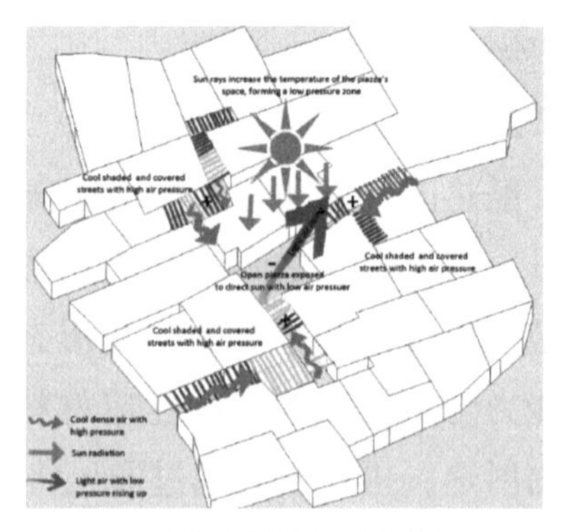

b. 聚落布局促进自然通风

c. 地毯式密集布局

图 4－4　Balat 聚落的整体布局特征

资料来源：Marwa Dabaieh, "A Future for the Past of Desert Vernacular Architecture", Lund University, 2011。

（2）平面层次

· 灵活可变的平面功能与地下空间（D + T －）

Balat 泥屋的平面功能紧凑，外部极为封闭。由于用作梁架的树干长度限制，房间很小，平面总宽度仅为 5—6 米（见图 4－5）。卧

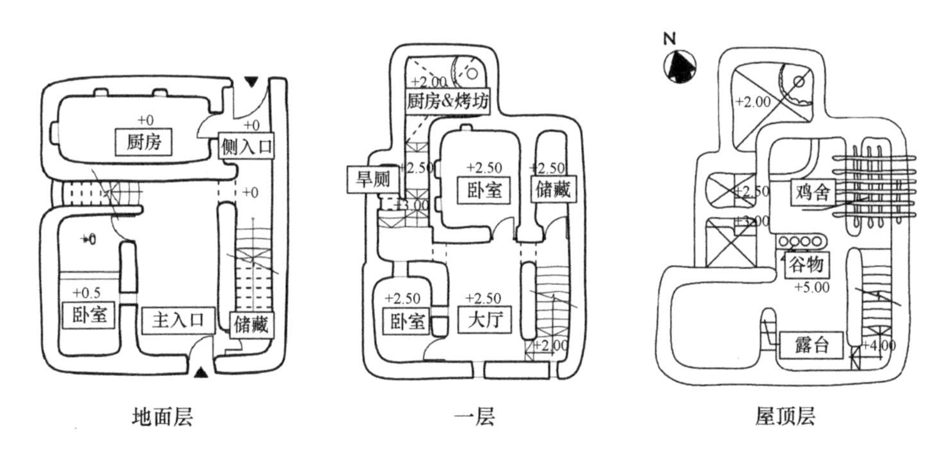

图 4－5　典型 Balat 泥屋的住宅平面

资料来源：Marwa Dabaieh, "A Future for the Past of Desert Vernacular Architecture", Lund University, 2011。

室有2间到12间不等，通常是地上2—3层与砌有女儿墙的屋顶露台，层高约2.5米，有时会有入地一米左右的半地下空间，利用地表之下的凉爽创造一个温度较低的舒适空间。平面功能灵活，易于在气温变化时改变身处其中的活动方式。例如多功能的入口大厅，可以是平日用餐的场所，也可以在冬季寒冷的夜晚用作卧室；屋顶平台除了作为晒台、存储谷物和鸡舍，也能在夏夜乘凉睡觉。

（3）竖向层次：

·捕风结构与室内庭院（W+I-L+）

捕风结构是北非与西亚地区盛行的一种特色建筑构造。它出现的原因主要是该地区的聚落多呈现密集的形态，街道尺度狭小，建筑密度很高，加上外墙上的窗洞开口很小，因此普通的自然通风已经无法满足室内舒适度的要求。在Balat聚落中，风井可以是单纯的通风管道，也可以兼作其他用途，如作为楼梯间等。捕风口面对主导风向用于捕捉盛行风，通过狭窄的风井而下行流出出风口，出风口常通向主要生活空间以降低室温，比如房屋中央的庭院。较大型的家庭住宅中通常设有窄而高的庭院，夜晚凉爽的空气因密度大而沉积在庭院底部，温度降低。白天时太阳照射在建筑表面，表皮周围的房间温度升高，由温差产生的压力差使冷空气由庭院向房间流动，促进了自然通风降温。

·平屋顶与隔热屋面（R-）

Balat地区年降水量不到100毫米，无须坡屋顶排水，因此平屋顶成为民居常态。平屋顶的优势有很多，施工上省时省料，上人屋顶可以兼具其他功能，如晾晒露台，更重要的是减少了日光直接辐射面积。屋面内有树干与棕榈肋骨架，有良好的隔热作用，防止直射屋顶的太阳辐射热过快进入室内。

（4）界面孔隙度

·高热容、厚实的围护结构（T-D+W-）

Balat民居的墙体均用当地取材夯实的泥土或晒干的泥砖砌筑（见图4-4a）而成，主体则以当地生长的金合欢木树干和棕榈肋骨为梁架。便于取材的围护材料减少了建造过程中的植入能量消耗，也降低了环境压力。干旱少雨的沙漠气候下白天酷热、夜晚凉爽，因此泥屋的墙体与屋面十分厚实，外墙厚度为350—500毫米，屋面厚度为500毫米左右。厚重的土墙作为高热容的材料而具有良好的热惰性，使白天墙体吸收的热量不会过于迅速进入室内，显著降低昼夜温差。有研究实测表明在7月底最炎热的几天中，当地正午室外温度达46℃的情况下，以传统夯土墙为围护结构的房间室温为37℃左右，与新建的混凝土围护房间的室温（58℃左右）相差超过20℃。

·弧形曲线的构件边缘（W－I－）

当地聚落的建筑外墙呈现流线型（见图4－6a），包括街巷的转角、建筑的门窗洞、屋顶女儿墙甚至房屋里的楼梯与家具。这不仅是撒哈拉地区文化和美学上的外部表征，也是使气流流经建筑物的边缘时能够更为顺畅地通过这些转角。

·小且少的窗洞开口（T－R－L－）

泥屋在外部形态上的一个最显著的特点就是小而少的窗洞口。小窗阻挡了大量热量直接进入室内的渠道，减小昼夜温度变化的幅度，减少了人视线范围内的眩光，使白天的室内也尽量保持夜间的凉爽。底层的窗上方有时会留一个更小的洞口，以便热空气流出（见图4－6b）。

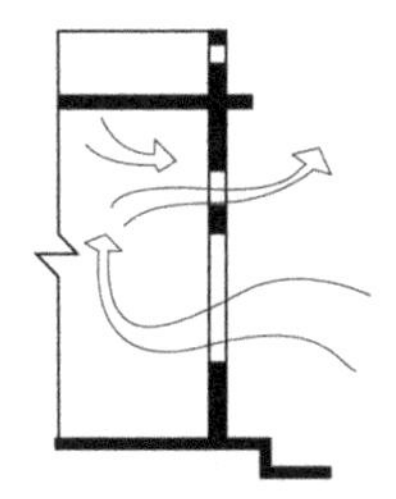

a. 流线型墙体　　b. 双层窗通风原理

图4－6　Balat泥屋的外部特征

资料来源：Marwa Dabaieh，“A Future for the Past of Desert Vernacular Architecture”，Lund University，2011。

（5）构造补偿

· 爬藤植物覆盖外立面（R－H＋）

房屋周围和庭院内种植了沙漠地区易生长的某些爬藤植物，植物的遮阴作用使建筑物外部避免阳光直射，减少围护结构受到的直接辐射，可以创造一种有层次的微气候环境，有助于降低室温，获得良好的热舒适。

· “壶洞”作为特殊装置（W＋I－P＋）

撒哈拉地区的民居中有一个独特的装置“壶洞”。壶洞是泥瓦匠在砌筑时有意留于墙体中的陶罐，风干后和围护结构连为一体，用于存储谷物、存储干旱气候下少见的降雨。底部打通的陶罐也能作为通风口。

表 4－7　　Balat 泥屋的热力学原型要素层级

整体布局	平面层次	竖向层次	界面孔隙度	构造补偿

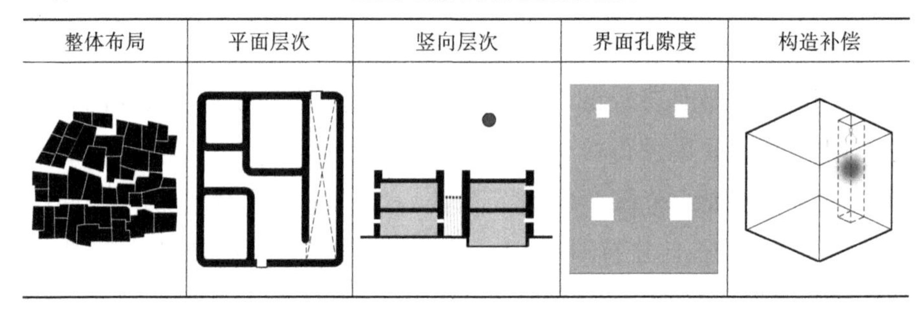

资料来源：笔者自制。

4. 适应气候的热力学原型

读取 Balat 地区的气象数据并生成焓湿图，其中黑框内属于落在舒适区的时间段，可以看出当地全年仅有 15.8% 的时间（约 1384 小时）处于舒适区，大部分的色块位于舒适区的右侧，说明大部分时间的空气温度都位于舒适温度以上，也意味着该地区属于炎热地区。选取软件中被动式能量策略的最佳组合。在不采用机械采暖或制冷系统的前提下，这些策略通过具体的措施组合获得了最大化的舒适时间，舒适度的区间可以上升到 89.9%（约 7875 小时）。其中蒸发降温占45.5%（约3986小时），围护结构加夜间通风的有效时间为9.5%（约832小时），自然通风有效时间为13.6%（约1191小时），内部得热的有效时间为26.1%（2286小时），被动太阳能的有效时间为2.6%（约228小时）。

如图4-7所示，Balat地区在夏季和冬季需要采取策略应对不同的气候状况。夏季需要应对干旱和炎热的环境，冬季需要应对较为寒冷的环境，同时还应解决昼夜温差过大的问题。遮阳措施和高热容外围护结构对于改善夏季舒适度有比较理想的效果，自然通风也有辅助作用，此外部分民居采用的蓄水陶壶蒸发降温以及外墙爬藤植物的蒸腾作用也具有调节温湿度的作用。但当地民居还需通过生火等室内热源来获得热量以改善冬季夜间的室内热环境。将前面所研究的Balat泥屋所采取的多项能量应对策略以能量系统语言的图解来呈现（见图4-8），可以提取出基于能量需求的基本策略组合。

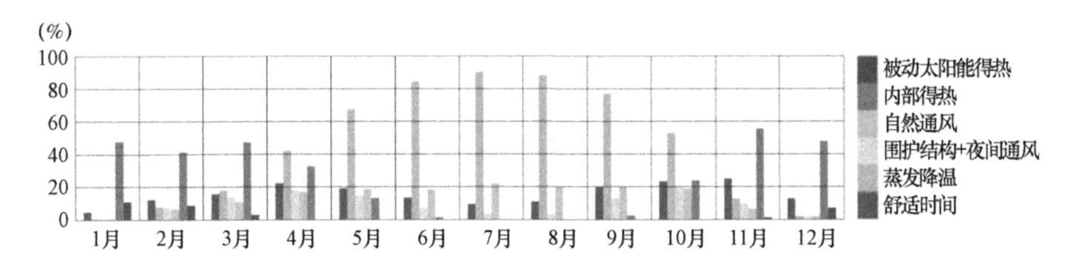

图4-7　Balat泥屋采取能量策略的可视化分析

资料来源：笔者自制。

［1-6-13］遮阳、减少辐射（R-）；［1-5-13］防风（W-）；［24］能量协同；［11-12］自然通风、散热降温（W+T-I-）；［3-13-16］减小昼夜温差（D+）；［22］蒸发降温、减少辐射（H+T-R-）；［25］减少植入能量、降低环境影响。

（二）Ⅰ-2型：约旦亚喀巴，Wadi Rum贝都因黑帐篷

约旦位于阿拉伯半岛的西北部，大部分地区是高原，海拔

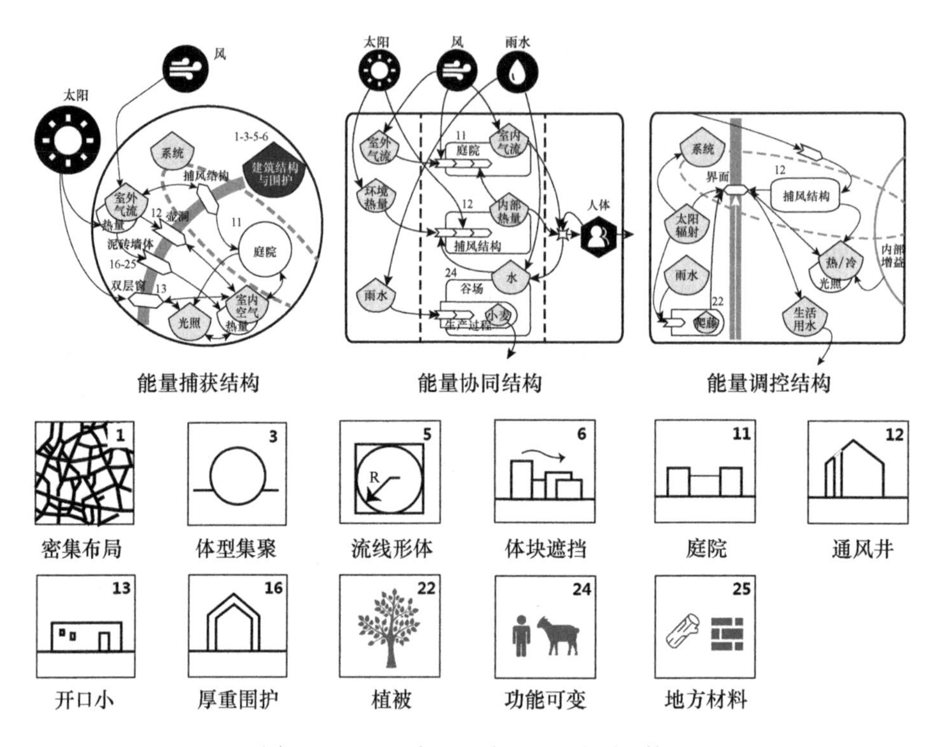

图 4－8　Balat 泥屋的能量系统语言图解

资料来源：笔者自制。

600—1000 米，西部有约旦河谷，东部为沙漠。亚喀巴省位于约旦南部的亚喀巴湾最北端，与以色列相邻，它拥有约旦最壮美的沙漠景观 Wadi Rum（又译“月亮谷”），海拔为 1600 米，茫茫沙海中绵延着广阔的峡谷、岩层和悬崖，考古遗迹证明这里已有将近 1.2 万年的人类文明历史。长久以来，Wadi Rum 是阿拉伯游牧民族贝都因人（Bedouin）的家园，他们至今仍然遵循着祖先的生活方式，以黑帐篷为居所，以骆驼为交通工具，游牧在这片一望无际的沙漠中。

1. 气候特征分析

亚喀巴省属于柯本气候分类的 Bsh，日夜温差大，气候炎热干旱，根据可视化分析和数值分析的结果（见表 4－8），得出 Wadi Rum 的重要气候数据如下（见表 4－9）。

· 温度：高温出现在 6—9 月，低温出现在 12 月至次年 3 月，温度随季节变化较明显，年最高温度高达 44.7℃，夏季非常炎热，全年有 10.5% 的时间气温超过 35℃。昼夜温度变化剧烈，温差在 15℃左右，夜间较为凉爽。

· 相对湿度：全年平均相对湿度为 45.8%，5—7 月的夏季平均相对湿度只有 32%，空气较为干燥。

· 太阳辐射：日照时数较长，太阳总辐射量充足，由于云量稀少而直接辐射强烈，其中 5—8 月太阳总辐射量最大。

· 降水量：全年干旱，6—8 月几乎无降雨，年平均降水量仅约为 30mm，极度干旱。

· 风向与风速：风速较高，年平均室外风速为 4.3 米/秒左右，全年盛行北风。

表 4-8　　Wadi Rum 气候数据可视化分析

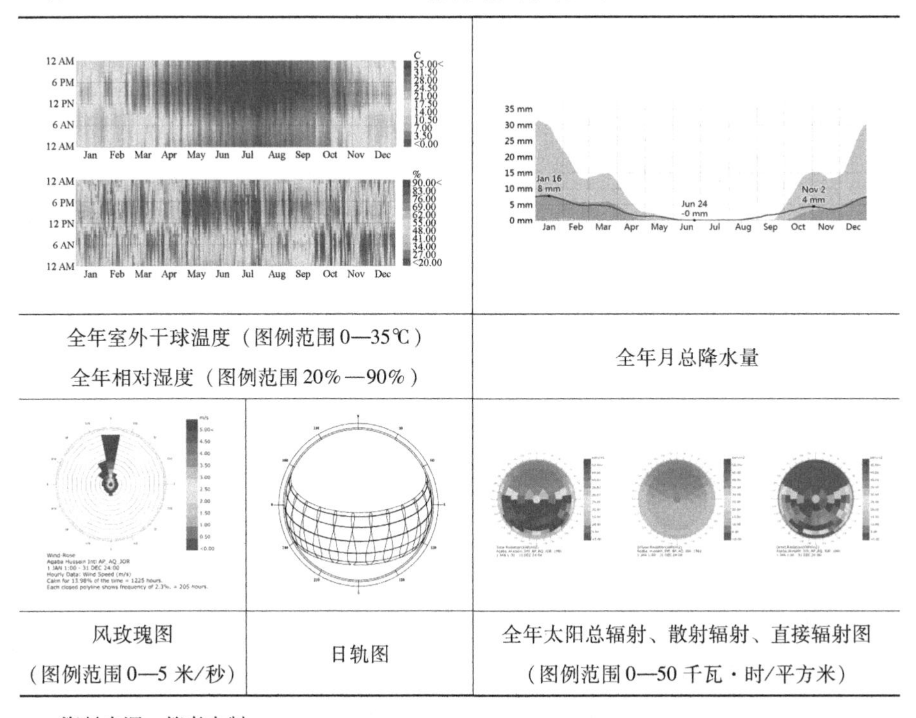

全年室外干球温度（图例范围 0—35℃）
全年相对湿度（图例范围 20%—90%）

全年月总降水量

风玫瑰图（图例范围 0—5 米/秒）

日轨图

全年太阳总辐射、散射辐射、直接辐射图（图例范围 0—50 千瓦·时/平方米）

资料来源：笔者自制。

表 4-9 **Wadi Rum 的主要气候数据**

年平均气温（℃）	月平均最低气温（℃）	月平均最高气温（℃）	全年最低气温（℃）	全年最高气温（℃）	平均相对湿度（%）	冬夏至日太阳高度角（°）	春秋分日太阳高度角（°）	最高月总降水量（mm）	最低月总降水量（mm）	平均日太阳辐射总量（Wh/m^2）
24.4	14.8	33.5	5.9	44.7	45.8	36.7	82.6	8	0	5900

资料来源：笔者整理。

2. 能量需求分析

约旦 Wadi Rum 的气候条件和埃及 Balat 地区接近，同样面临着干燥酷热与风沙的气候威胁，并且当地的室外风速要高得多，达到平均 4.3 米/秒。但考虑到居住于此地的游牧民族生活习性需要能够随时随地迁徙的居所，像 Balat 泥屋那样厚重密集的聚落形态就不适用于他们。因此在便于携带的轻型结构限制之下，建筑还需要克服高温（T-I-）、眩光（L-）、太阳辐射（R-）和强烈风沙（W-）的环境问题。

3. 能量应对策略

最早的黑帐篷遗迹存在于公元前 4000—前 3000 年前的美索不达米亚，其后它的踪迹遍布北非与西亚，从最西端的毛里塔尼亚大西洋海岸到最东端的西藏，分布很广。这是由于游牧民族普遍蓄养的山羊、绵羊和骆驼皮毛给黑帐篷提供了天然的建造材料，而骆驼的负重能力又使帐篷能够随着游牧队伍迁徙。黑帐篷可以分为东部的波斯型和西部的阿拉伯型两类。约旦的贝都因人使用的是阿拉伯型的黑帐篷，他们称其为“beyt es-shaar”，意为“毛发的房子”。Wadi Rum 现今仍留存有许多贝都因人居住着的黑帐篷聚落。它们在形态、朝向、结构、材料、遮阳和通风等方面有效地应对了当地严苛的气候条件。

（1）整体布局

·根据环境条件自由变换的选址和朝向（R-W+I-）

贝都因帐篷的选址以当下的环境条件而定，应时而迁。根据季节变化，帐篷可以立于树下以获得遮阴，也可以立于山背面以阻挡强风（见图4－9a）。帐篷长边一般朝向主导风向，有利于白天通风。

（2）平面层次

·黑色篷布围护下的轻盈空间（R－I－W－L－）

贝都因黑帐篷的篷布以山羊毛制成，由族群里的妇女使用手摇织布机纺织成宽为60—80厘米的长布条，再缝制拼接成一个巨大的长方形屋盖，布条可以根据帐篷的大小而加长。这样的编织方式使篷顶可以沿着拼缝增减，将不够牢固的旧布条推移到帐篷的背面，使构件不断更新。黑色的篷布也能比白色过滤更多的直射阳光。实验测得，贝都因黑帐篷的室内温度能比室外凉爽20℃左右；篷布编织的纹理空隙可以在晴朗无云的午间将刺目的眩光打散成光束（见图4－9b），在室外照度为97000lux的情况下，室内只有500lux（见图4－9c）。用作内部墙体的帷帐将室内空间分隔为男、女两部分，左边的空间是妇女生活区与她们做家务的地方，比较私密，右边的空间是男人社交的场所，朝向东边圣地麦加（见图4－10a）。

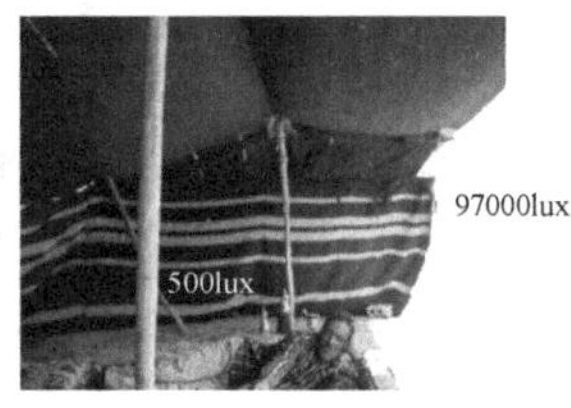

a. 选址立于山背　　b. 编织肌理通风与透光　　c. 帐篷内外的照度

图4－9　贝都因黑帐篷的外部特征

资料来源：Shady Attia，"Assessing the Thermal Performance of Bedouin Tents in Hot Climates"，1st International Conference on Energy and Indoor Environment for Hot Climates，2014。

（3）竖向层次

·轻质天然的骨架结构（W－）

Wadi Rum的标准黑帐篷尺寸约为15米长，由3跨杆件为主要结构，杆件跨度约为3米，宽度约为3.5米，由木制支架撑起约为2米的室内高度。中央的木支架比两侧高15厘米左右，它们是整座帐篷的主要承重结构（见图4-10b）。木条与羊毛篷布缝在一起，以防木支架将篷布扯破，同时也使帐篷结构易于分解搬运。帐篷内侧沿着羊毛篷布缝有弹力带，将麻绳一端系于弹力带另一端系于地面上的固定端才能将帐顶拉起。弹力带、木支架和长长的拉索构成了一个独立的系统，使帐篷成为具有空气动力形态的张力结构。这种流线形态减轻了沙漠中常年刮风的冲击，便于调整帐篷高低和斜度以抵抗偶然强风的来袭，拉索又进一步抵抗了风荷载。

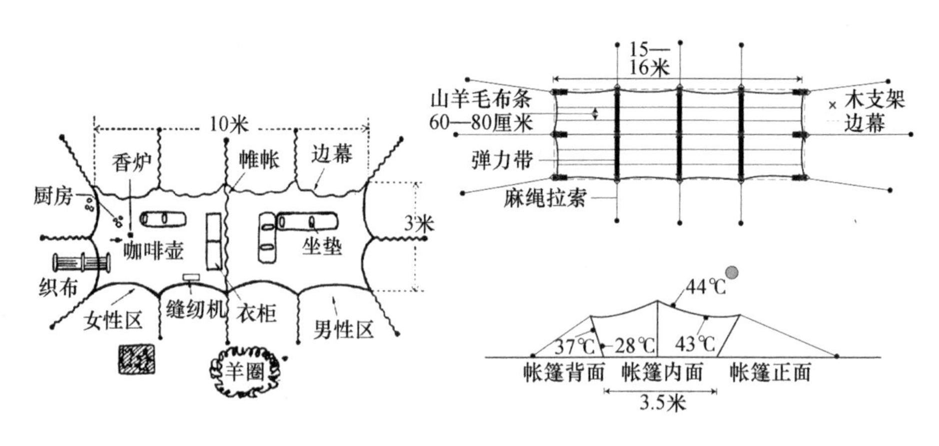

a. 贝都因黑帐篷典型平面功能　　b. 黑帐篷的结构系统

图4-10　贝都因黑帐篷的功能与结构图解

资料来源：笔者自制。

（4）界面孔隙度

·羊毛编织的建造材料（T-P-I-）

以山羊毛织成的黑帐篷顶有良好的强度、韧性和延展性，在受潮时会收缩得更加紧实，山羊毛中的油脂还能阻隔雨水进入室内。边幕的编织过程中加入了绵羊毛，增加弹性以适应帐篷的张力，也增强了帐篷防寒的能力。羊毛制成的外围护结构有着良好的隔热能力，编织纹理的孔隙又有着良好的散热能力。

·可开合的边幕（W+I-）

夏季时宽大的篷顶是有效的遮阳构件，四周的边幕则高高卷起以获得最大程度的自然通风。边幕可以根据所需要的通风环境，在不同方向收起或放下。有研究显示，在外部风速为5.3米/秒的情况下，帐篷内的风速只有1.8米/秒。热对流作用带走了身体周围的热量，降低了人的感觉温度。冬季的沙漠地区温度较低，因此日间获得太阳辐射热也是需要考虑的被动式策略。此外，帐篷北部也可以通过加厚的边幕来抵挡冬季寒冷的北风，在夜间维持良好的微环境（见图4-11）。

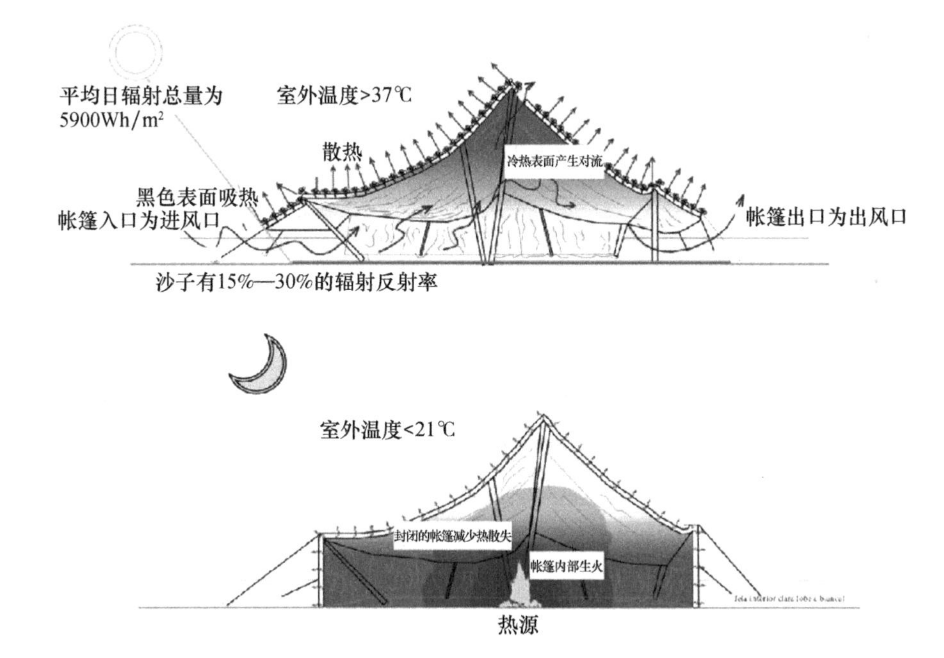

图4-11　贝都因黑帐篷日间（上）与夜间（下）不同的能量策略

资料来源：Carlos Moya Torres, *Las Pieles Que Habito: Herramientas Proyectuales Bioclimáticas, Tipologías Norte Africano*, Madrid: E. T. S. Arquitectura (UPM), 2018。

（5）构造补偿

·羊毛毯与火炉（S+I+）

Wadi Rum的冬季月平均气温为14.8℃，最低气温只有5.9℃。而贝都因帐篷的室内外空间没有严格的分隔，而羊毛制成的帐篷布还不能提供足够的冬季舒适度。因此贝都因人以加厚的羊毛毯子覆盖于生活空间的帷帐内部，或在睡眠区生火取暖，烟雾则从羊毛篷布的缝隙中散出。这也是 Wadi Rum 的贝都因人成为半游牧人（semi-nomads）的原因，冬季时他们多选择迁徙至附近的村庄内定居。

4. 适应气候的热力学原型

从 Wadi Rum 地区的焓湿图中可以看出，当地室内全年仅有 14.6% 的时间（约 1279 小时）处于舒适区，而大多数的色块位于舒适区的右侧，说明大部分时间的空气温度都位于舒适温度以上。选取软件中被动式策略的最佳组合，在不采用机械采暖或制冷系统的前提下，这些策略通过具体的措施组合获得了最大化的舒适时间，舒适度的区间可以上升到 92.2%（约 8077 小时）。其中蒸发降温占 45.8%（约 4012 小时），围护结构加夜间通风的有效时间为 7.0%（约 613 小时），自然通风有效时间为 15.2%（约 1132 小时），内部得热的有效时间为 29.5%（2584 小时），被动太阳能得热的有效时间为 2.3%（约 201 小时）。

表 4－10　Wadi Rum 黑帐篷的热力学原型要素层级

整体布局	平面层次	竖向层次	界面孔隙度	构造补偿
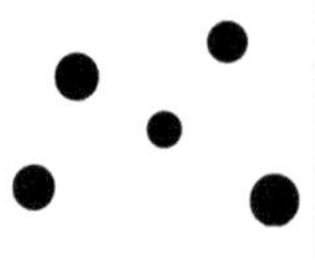	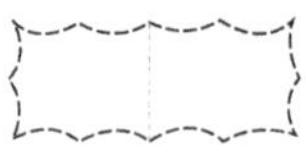	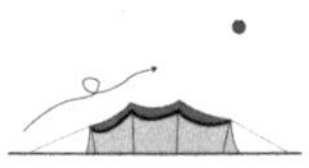		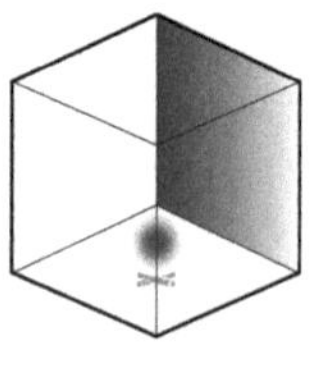

资料来源：笔者自制。

Wadi Rum 地区同样需要在夏季和冬季应对不同的气候状况，需要解决夏季应对干旱炎热与冬季应对寒冷的能量需求矛盾，以及昼夜温差过大的需求矛盾（见图 4－12）。与 Balat 地区不同的是，由于贝都因人的游牧文化，他们需要一个轻便而易于迁徙的居所。他们不能建立一座坚固厚重的泥屋来隔离外界气候的影响，而需要顺应气候条件并积极利用已有资源来搭建一个临时性的庇护所，这就导向了近似气候下的另一种热力学原型。可自由开合的帐篷有利于自然通风降温，羊毛篷布的孔隙过滤了刺目的眩光，室内虽然没有专用的加湿设备，但贝都因人素有一年四季煮食咖啡的习惯，这一习俗不仅为室内空气增加了含湿量，煮咖啡的火炉产生的热量进一步填补了夜间或冬季中的舒适度缺失。将前面所研究的贝都因黑帐篷所采取的多项能量应对策略以能量系统语言的图解来呈现（见图4－13），可以提取出基于能量需求的基本策略组合。

[4－17] 促进散热（I－）；[4－19] 自然通风降温（W＋I－）；[17] 遮阳、防眩光（R－）；[15] 防风（W－）；[24] 能量协同；[25] 减少植入能量、降低环境影响。

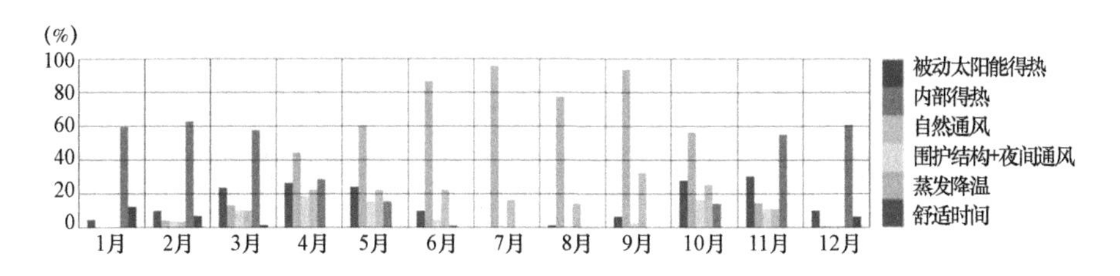

图4－12　Wadi Rum黑帐篷采取能量策略的可视化分析

资料来源：笔者自制。

三　湿热气候：通风与遮阳协同的原型（Ⅱ）

许多学者认为，湿热气候是地球上最难应对的气候条件。它最明显的特征是终年潮湿闷热，降水频繁。典型湿热气候地区的气温年较差、日较差都很小，室外风速很低，乡土建筑一般布局形式较松散，底层有防潮的架空层，空间开敞、墙体轻薄，重视通风遮阳、避雨避湿的处理。

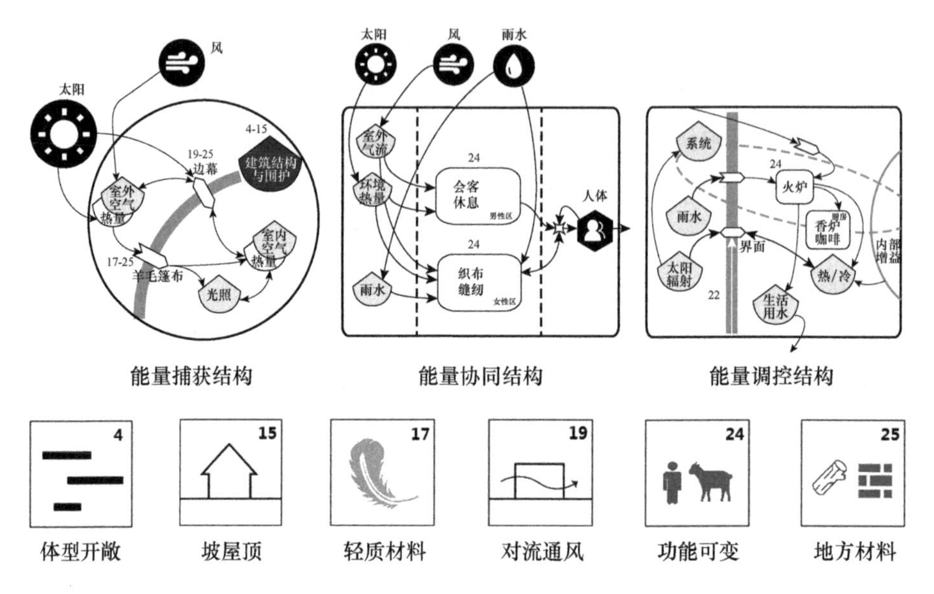

图4-13　贝都因黑帐篷的能量系统语言图解

资料来源：笔者自制。

（一）Ⅱ-1型：马来西亚柔佛州，Kukup马来屋

马来西亚气候终年炎热潮湿，马来屋是在这种气候条件下产生的当地传统民居。由马来屋组成的聚落在马来语中被称为“甘榜”(kampung)，分为三种类型——陆地型（darat）、滨水型（air）与混合型（gabungan）。Kukup是马来西亚柔佛州笨珍县的一个渔村，接近亚洲大陆最南端，19世纪始由柔佛州政府着手建设，以水产和海岸风光闻名于世。Kukup村现存有数量众多、年代久远的传统马来屋，其聚落兼具滨水型和混合型的特征。

1. 气候特征分析

柔佛州平均温度在25℃以上，相对湿度时常超过90%，属于热带雨林与海洋性气候，处于柯本气候的Af类型区。根据可视化分析和数值分析的结果（见表4-11），得出当地重要的气候数据如下(见表4-12)：

·温度：年平均温度为26.6℃，年温度变化很小；最高温度为33.8℃，最低温度为20.3℃，昼夜温差在7℃以内，夜晚较凉爽。

· 相对湿度：全年相对湿度都很高，平均相对湿度达到85.2%，其中有4002个小时超过90%，接近一半的时数。

· 太阳辐射：日照时数很长，太阳总辐射量充足，有严重的眩光，但由于厚重的云层覆盖而产生了很强的漫射辐射，辐射量随月份变化不大；因地处赤道附近而无明显四季。

· 降水量：全年伴随着时断时续的雨季，持续湿润，年平均降水量在2300毫米以上，季风时节雨量加剧。高湿度和高降水量使植被资源丰饶。

· 风向与风速：4—9月主导风向为正南偏西，10月至次年3月主导风向为正北偏东。室外风速年变化不大，平均在1.7m米/秒左右。

表4－11　　Kukup的气候数据可视化分析

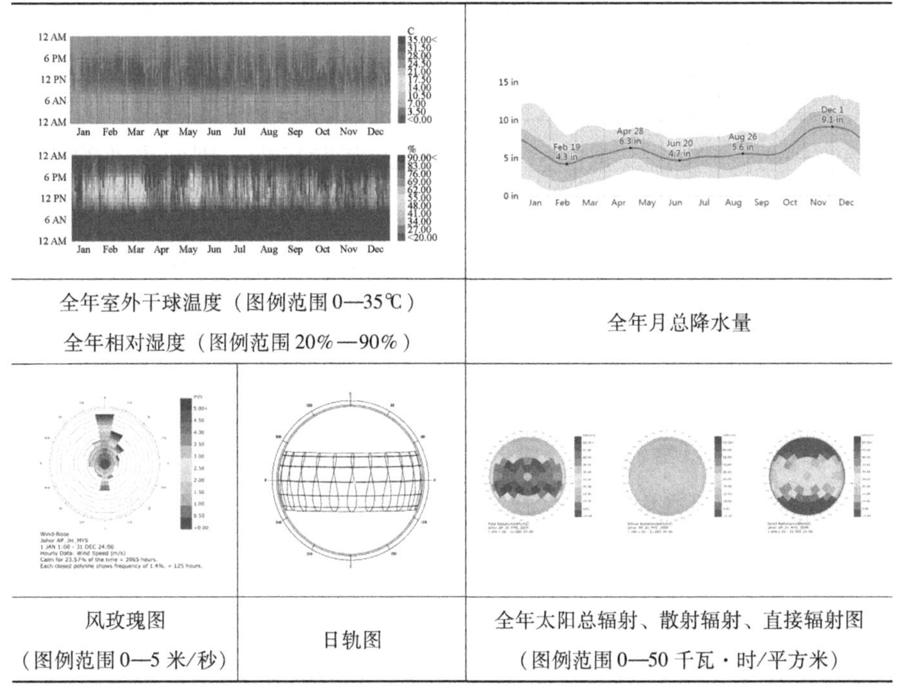

全年室外干球温度（图例范围0—35℃） 全年相对湿度（图例范围20%—90%）		全年月总降水量
风玫瑰图 （图例范围0—5米/秒）	日轨图	全年太阳总辐射、散射辐射、直接辐射图 （图例范围0—50千瓦·时/平方米）

资料来源：笔者自制。

表4-12　Kukup主要气候数据

年平均气温（℃）	月平均最低气温（℃）	月平均最高气温（℃）	全年最低气温（℃）	全年最高气温（℃）	平均相对湿度（%）	冬夏至日太阳高度角（°）	春秋分日太阳高度角（°）	最高月总降水量（mm）	最低月总降水量（mm）	平均日太阳辐射总量（Wh/m^2）
26.6	25.5	27.8	20.3	33.8	85.2	64.9	86.5	231.1	109.2	5800

资料来源：笔者整理。

2. 能量需求分析

当地气候对人体产生的气候压力主要包括高温、高湿度、高降雨量、强烈的太阳辐射以及眩光。为了达到一定的热舒适度，人体新陈代谢产生的热量必须耗散到周围环境中，使身体持续保持在37℃左右的平衡温度中。但在这样的气候特征下，由于周围平均环境温度始终和人体皮肤温度接近甚至更高，人体热辐射和热对流产生的热量散失几乎可以忽略不计。蒸发散热作用也很小，是因为处于极高湿度的环境中，从人体蒸发的水分会迅速在身体表面形成高饱和的一层“罩子”，阻止了更进一步的蒸发行为。因此当地的民居形式为了减缓热环境压力，需要达到六个目标：促进足够的自然通风以冷却空气与降低湿度（W+H-I-）；使用低热容的建筑材料，减少向室内传递的热量（T-I-D-）；控制直接太阳辐射（R-）；控制来自天空和周围环境的眩光（L-）；防雨防潮（P-H-）；保证房屋周围有足够的自然植被以创造凉爽的微环境（T-R-）。

3. 能量应对策略

Kukup村的马来屋是湿热地区应对气候的范例，在形制上的特征反映了它对这些目标要素的考量，相应能量策略包括以下几项。

（1）整体布局

·滨水选址、交错的布局与东西朝向（W+T-）

Kukup村位于马六甲海峡的柔佛西南海岸边，其马来屋的聚落突出了滨水的优势（见图4-14上），沿海岸线边缘将房屋一字排开建于水边的斜坡上，以架空的木板路相连。由于宗教因素，房屋的开口一致朝西，即朝着圣地麦加的方向。交错的布局使得建筑之间不致相互遮挡，连同东西向的开口一起，充分利用了从柔佛海岸吹来的自然风。狭长的平面和东西短边也最大限度地减少了接受强烈太阳辐射的外表面积（见图4－15）。

图4－14　滨水而建的Kukup村（上）；住屋周围的棕榈植物（下）

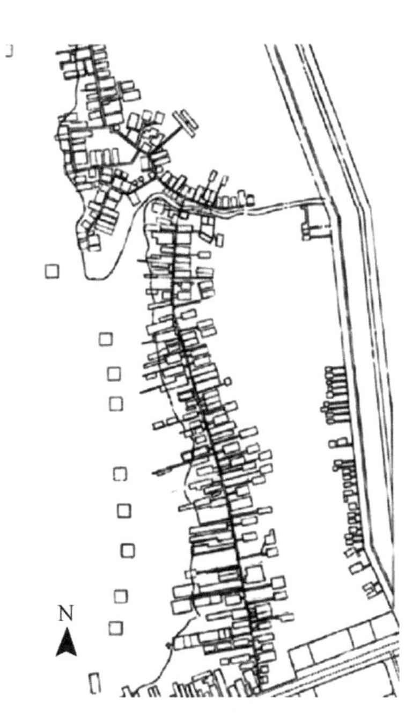

图4－15　东西向的房屋沿海岸线交错排列

·种植棕榈科植物以提供遮蔽（R－T－）

热带雨林气候下的Kukup村植被生长茂密。植物可以降低流经的风温，但也一定程度上阻挡了风的通道。因此聚落周边保留了棕榈树、椰子树等树冠较高的植物，在为建筑物提供遮蔽的同时也不致影响自然通风（见图4－14下）。它们也是建筑材料、燃料和食物的来源。

（2）平面层次

·无分隔的开敞室内（W＋I－L＋）

马来屋采用竹木梁柱框架体系，室内几乎没有隔墙，以高差来分隔使用空间，前屋是生活主要空间，后屋是厨房等辅助空间（见图4-16）。拾级走上架空的房屋平面，首先是入口门廊，它是室内外空间的过渡，用于接待临时过客；而后走入一个悬挑凉廊，是招待宾客的主要场所；通过凉廊则进入核心的主厅，这是面积最大也是标高最高的空间；主厅和后厨之间的连接过道将房屋分为两段，也辅助了屋内空间的通风和采光；后厨的标高最低，不仅是备餐和用餐空间，也是居民的洗涤空间。马来屋内各个房间的功能是灵活可变的，以主厅为中心高效流转。没有封闭隔墙的室内开敞通透，最大限度地增加了自然通风和采光效率。

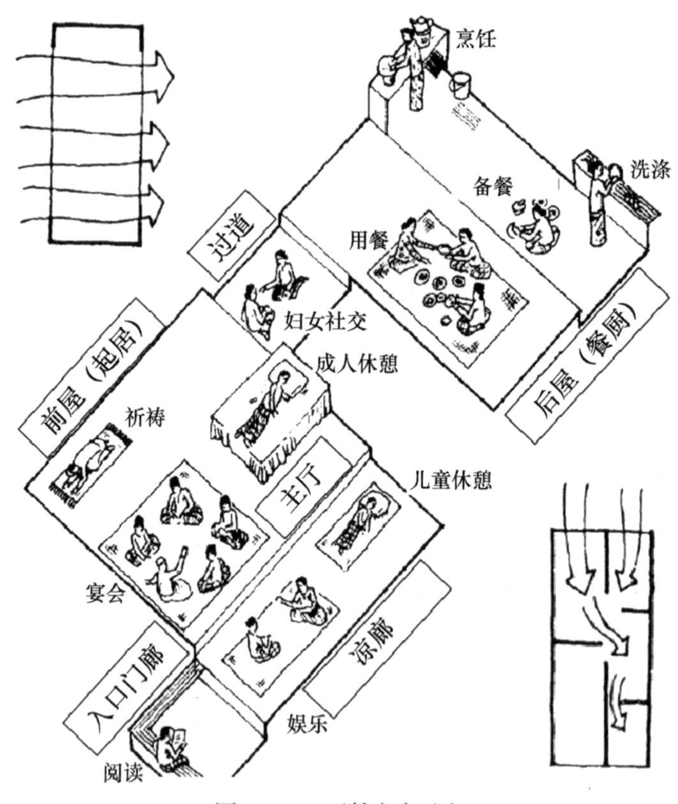

图4-16 开敞室内示意

资料来源：Kamarul Syahril Kamal，Lilawati Abdul Wahab and Asmalia Che Ahmad，"Climatic design of the traditional Malay house to meet the requirements of modern living"，The 38th International Conference of Architectural Science Association ANZAScA "Contexts of architecture"，Launceston，Tasmania，2004。

（3）竖向层次

·底层架空（W＋H－）

Kukup村的马来屋建于海岸边的斜坡上，部分延伸入水中。房屋建在木支柱之上，以底石为基脚，将生活平面抬高脱离潮湿的室外地面（见图4－17）。外露的架空层不仅能作为存储杂物的空间，避免昆虫和野生动物的侵袭，更引导了气流从此通过，带走室内地面的热量。

图4－17　底层架空，支柱立于底石

·陡峭出挑的重檐屋顶、矮墙与矮窗（R－L－W＋P－）

强烈持久的太阳直射在柔佛州并不是有利于采光的正面要素，而是严重影响室内热舒适的负面要素。因此陡峭的重檐屋顶和长长的出挑是马来屋最显著的形态特征（见图4－18），屋顶下的外墙较矮，大面积的窗洞也开在极低的位置。高耸的屋架起到了很好的隔热作用，使热空气可以聚集在屋顶附近，减少对生活平面的影响，还能使雨水迅速流走；大挑檐遮挡了耀眼的阳光（见图4－19），也把雨水引向远离外墙的室外，以免破坏本就易腐的墙体；矮墙和矮窗不仅降低了受辐射面积，更是将自然通风的气流维持在人生活的平面高度，最大限度地增加舒适度。

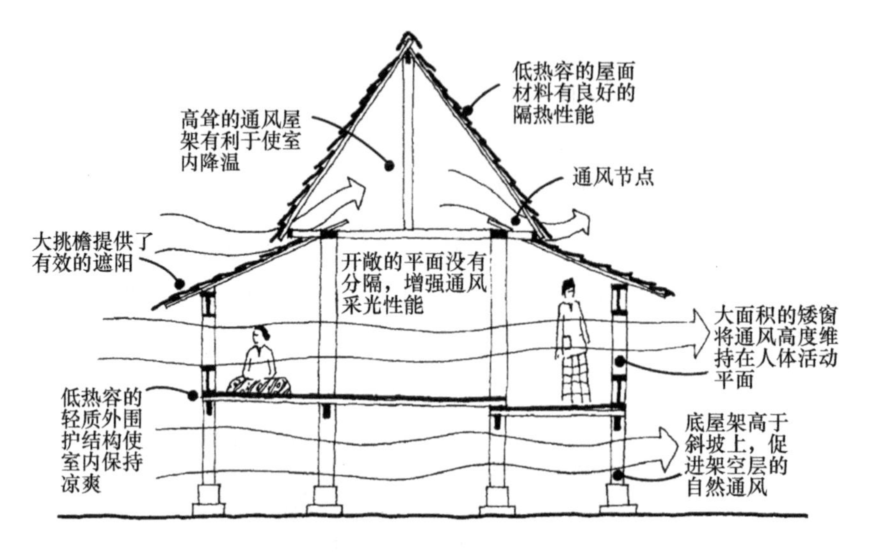

图 4－18 马来屋剖面示意

资料来源：笔者自制。

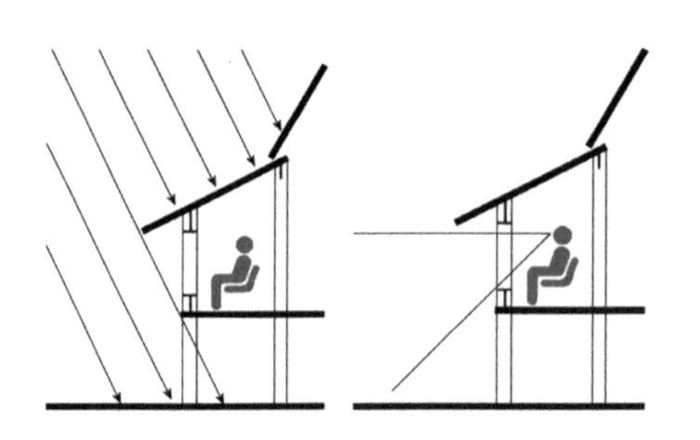

图 4－19 大挑檐遮挡辐射，减少眩光

资料来源：笔者自制。

（4）界面孔隙度

·低热容的围护材料（W＋I－）

马来屋通常使用当地一种称为亚答子的棕榈科植物叶片覆盖屋面，因为它具有良好的隔热功能，外墙则以木、竹或棕榈叶脉编织成的墙片构成。Kukup 村位于海边，屋面则多改用木板等其他轻质且易于固定的材料，不仅易于获得也便于建造，减少了植入能量的消耗。竹木外墙也是轻质的低热容材料，有利于在夜间迅速散失热量使室内降温。

·大开窗与格栅（W+I-L-）

房屋的开窗面积很大，外墙木板上的雕花格栅与坡屋顶山墙处的镂空装饰增加了外表面的密度与孔隙度。窗户、洞口和外墙片之间的空隙是捕捉气流的甬道，大大促进了建筑内的自然通风。同时，格栅也将刺眼的直射阳光打散成细碎的光束，减少了人们视线内的眩光。

·屋顶通风节点（W+I-）

高耸的屋顶和大挑檐之间有一个构造上的通风节点。山墙上的镂空捕捉了从外部流入的风，再经过这个节点的引导流出屋外，使屋顶下部空间形成一个良好的通风间层，快速地将辐射得热散失出去。

表4-13　　Kukup马来屋的热力学原型要素层级

整体布局	平面层次	竖向层次	界面孔隙度	构造补偿

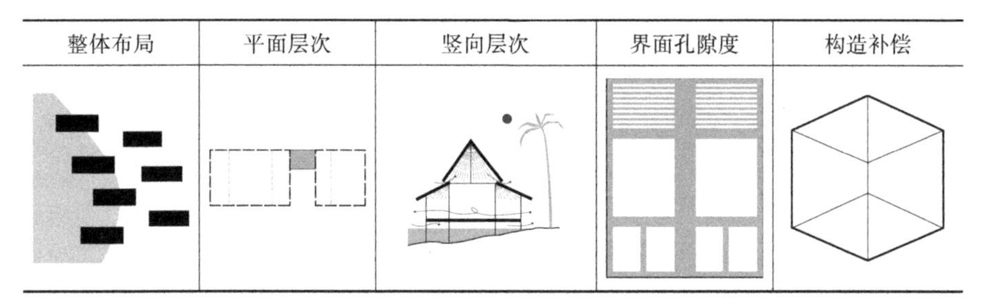

资料来源：笔者自制。

4. 适应气候的热力学原型

根据焓湿图（见图4-20a），以Kukup村的气候条件，自然情况下全年仅有10.5%的时间（约920小时）处于舒适区，而绝大部分方块都位于舒适区右侧，这说明当地建筑最迫切的环境能量需求就是散热降温以及除湿。若采用具有提高舒适度效果的被动式气候策略，舒适度的区间可上升到34.5%（约3022小时）。其中蒸发降温占17.9%（约1568小时），围护结构加夜间通风的有效时间为1.7%（约149小时），自然通风有效时间为22.2%（约1945小时）。通过这些基本的被动策略无法提高舒适度太多，原因也是当地相对较低的风速和与人体皮肤温度接近的环境温度，使得自然通风的散热降温作用打了折扣，蒸发降温的作用也不理想。因而遮阳和防潮是提高热舒适度的重要措施，自然通风则是必要条件，施以辅助作用（见图4－20b）。

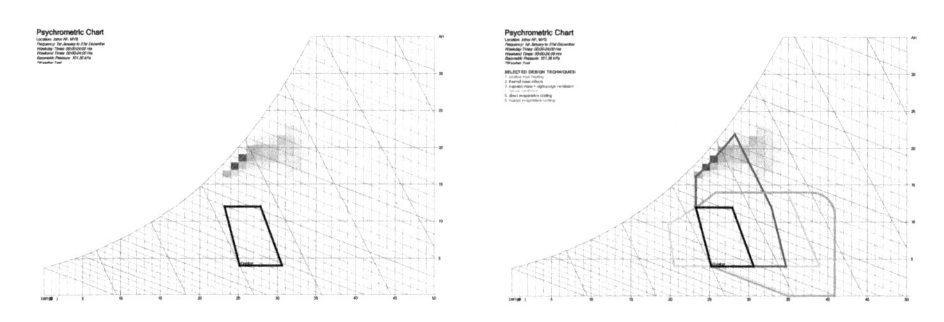

a. 采取各项被动式能量应对策略前后的舒适区时长对比

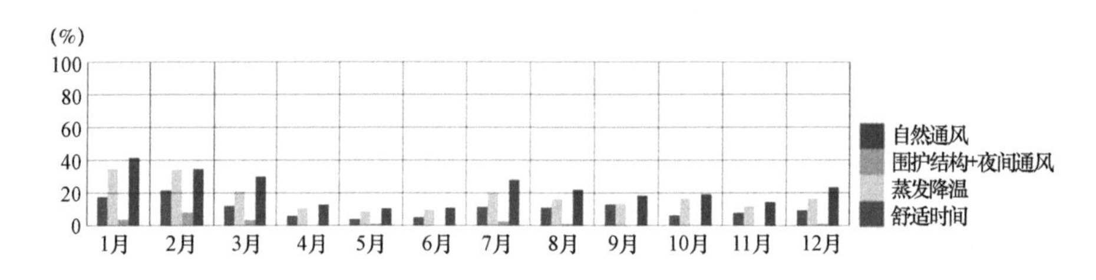

b. 各项被动式能量策略的有效时长比较

图4－20　Kukup马来屋采取能量策略的可视化分析

资料来源：笔者自制。

从焓湿图中可以看出，Kukup村所需要应对的气候问题集中于炎热和潮湿两点，因而当地滨水聚落所采用的形式特征也集中于散热、降温、防潮和除湿这几点能量需求。陡峭的屋顶成为有效的隔热层，出挑深远的屋檐和雕花窗遮挡了刺目的眩光，架高的生活空间避开了潮湿的地面，开敞的室内空间和轻质墙体促进了自然通风和室内热量的快速散失，滨水的选址促进了蒸发降温也提高了自然通风的效率。将Kukup村马来屋聚落所采取的多项能量应对策略以能量系统语言的图解来呈现（见图4－21），提取出基于能量需求的基本策略组合。

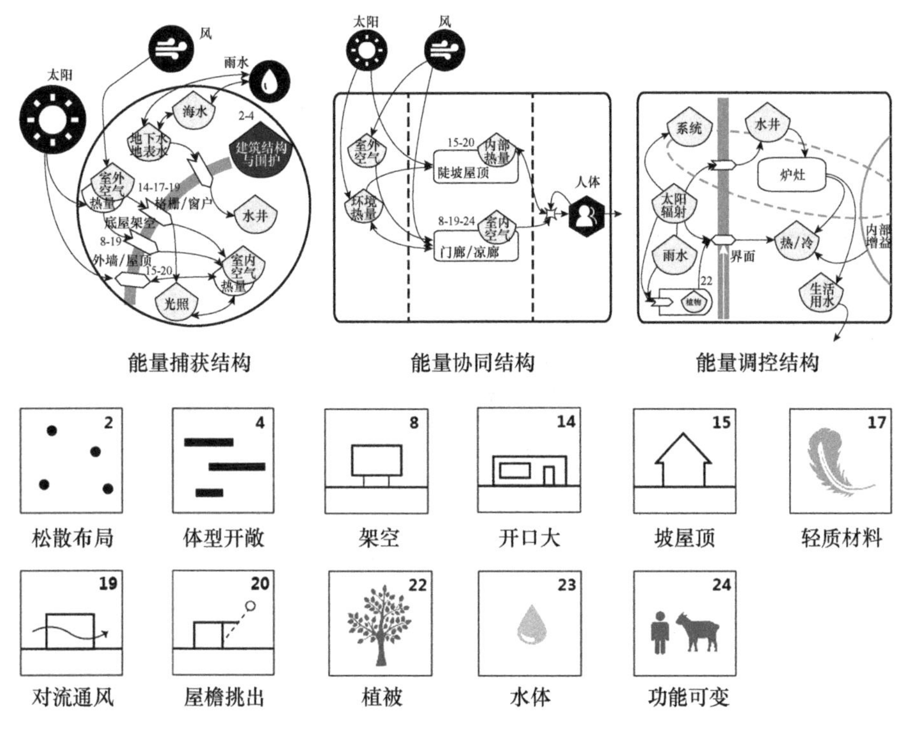

图4－21　Kukup村马来屋的能量系统语言图解

资料来源：笔者自制。

［2－4－14－19］自然通风散热（W＋T－I－）；［15－20］防雨（P－）；［4－14－17］促进散热（I－）；［20－22］遮阳（R－）；［8］防潮（H－）；［23］蒸发降温、促进通风（W＋T－）。

（二）Ⅱ－2型：日本鹿儿岛县，知览町武家屋敷

在日本江户时期，家臣、武士和足轻等武将阶层所居住的住宅统称为“武家屋敷”，是一种传统的木结构住宅。位于日本鹿儿岛县南九州市的知览町武士住宅群是武家屋敷村落的典型代表，距今有260多年历史。江户时代的知览町是萨摩藩的领地，被称为“萨摩小京都”。萨摩藩是明治维新中占有重要地位的一个藩属地，当年

“最后的武士”西乡隆盛兵退鹿儿岛，殊死抵抗后悲壮地命殒此地，结束了日本历史上最后一次内战。知览町武家屋敷群曾经是萨摩藩主岛津家重臣的住宅区，江户后期居住过500多户武士，宅邸和庭院沿着长700米的、砌筑工整的石墙整齐地延伸排列，石墙间一条东西走向的主要街道蜿蜒曲折，有着可通过一辆马车的宽度（见图4－22）。

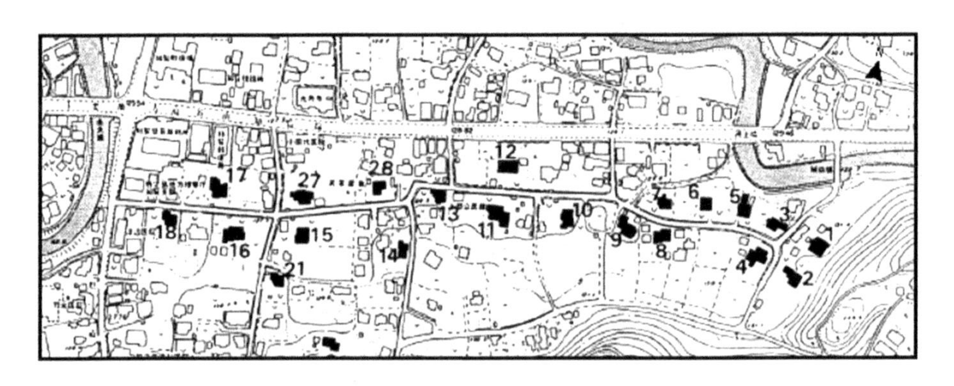

图4－22　知览町武家屋敷总体布局

资料来源：鹿儿岛大学工学部研究报告。

1. 气候特征分析

鹿儿岛是日本九州最南端的县，中央贯穿了南北走向的雾岛火山带，有着茂密的森林和丰富的温泉资源，气候温暖湿润，年降水量达2200毫米左右。知览町所在的南九州市位于鹿儿岛县萨摩半岛南部，属于柯本气候中的Cfa分类，典型的亚热带季风气候区，海陆热力性质的显著差异导致了热带海洋气团与极地大陆气团相互交替控制，因此气候较为复杂，产生了夏热冬温、降水充沛、四季分配均匀的气候特征。夏季时太阳高度角较大，受热带海洋气团影响而高温多雨；冬季时受极地大陆气团影响而温度不高，最冷达0℃左右，降水较少。根据可视化分析结果（见表4－14），得出知览町的重要气候数据如下（见表4－15）。

表4-14　　南九州市气候数据可视化分析

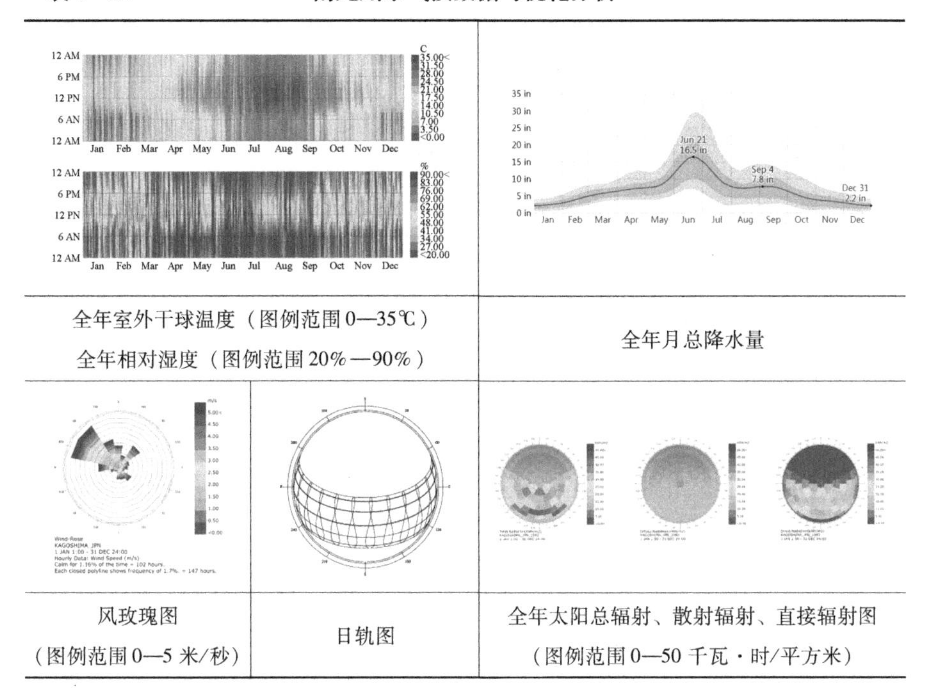

全年室外干球温度（图例范围0—35℃）
全年相对湿度（图例范围20%—90%）

全年月总降水量

风玫瑰图
（图例范围0—5米/秒）

日轨图

全年太阳总辐射、散射辐射、直接辐射图
（图例范围0—50千瓦·时/平方米）

资料来源：笔者自制。

表4-15　　南九州市主要气候数据

年平均气温（℃）	月平均最低气温（℃）	月平均最高气温（℃）	全年最低气温（℃）	全年最高气温（℃）	平均相对湿度（%）	夏至日太阳高度角（°）	冬至日太阳高度角（°）	最高月总降水量（mm）	最低月总降水量（mm）	平均日太阳辐射总量（Wh/m^2）
18.1	8.1	28.6	-0.5	35.4	70.8	80.8	34.9	419.1	55.9	3800

资料来源：笔者整理。

·温度：年平均温度为18.1℃，年温度变化较大，有明显的四季；夏季最高温度为35.4℃，冬季最低温度达-0.5℃，昼夜温差和缓。

·相对湿度：每月平均相对湿度基本都在65%—80%。

·太阳辐射：年日照时数较长，太阳总辐射量充足，其中漫射辐射较强，全年平均日太阳辐射总量为3800Wh/m^2，7—8月平均值最高，在5000Wh/m^{2}左右。

·降水量：降水量随季节差异较大，月总降水量最高为6月的419.1毫米，最低为12月的55.9毫米，形成了干湿较为分明的两季。

·风向与风速：全年主导风向为西北偏北向，室外风速平均为2—3m/s。

2. 能量需求分析

严格来说，南九州市所处的纬度相对高，季节较为分明，夏热冬暖，和典型湿热气候的马来西亚有着较大差别。但因其年降水量超过1000毫米，相对湿度较高，当地乡土建筑形态轻盈通透，因而本书依旧将其划分为湿热气候区内。遮阳（T－）和通风降温（W＋I－）还是最重要的建筑目标；使用低热容的围护材料以减少向室内传递的热量（T－D－I－）；重视防雨防潮和防涝（P－）；控制太阳辐射（R－），控制眩光（L－）。除此之外，与马来西亚地区不同的是，南九州市的建筑还需要以有效的措施应对冬季短暂的寒冷时期（I＋S＋）。

3. 能量应对策略

在这种湿热多雨的气候条件下，知览町武家屋敷具有当地常见的民居形制。针对南九州市的气候特征，知览武家屋敷的能量应对策略包括以下几个方面。

（1）平面层次

·一室性、空间可变和模数制（W＋）

日本南部传统住宅在形式建制上的一个重要特征，是在室内布置席草做的“榻榻米”铺地床，并以它为基础组合成“间”的模数单元。这种灵活自由的空间划分方式，在室内外空间导向与流动的意味上占据了主导性。武家屋敷作为南部传统住宅的代表，它的结构也同样朴实简单，基本上由屋顶、地板和柱子三个部分组成。房间之间的分隔均采用活动式的格栅，自然而然形成了一体化的、开放式的建筑物（见图4－23），使得居住在此的人们为了适应气候而有了行为模式的自主性，例如炎热的夏季将起居室设在远离太阳辐射的里间，较冷的冬季则可以迁至南边靠近户外以尽量接受外部热量。

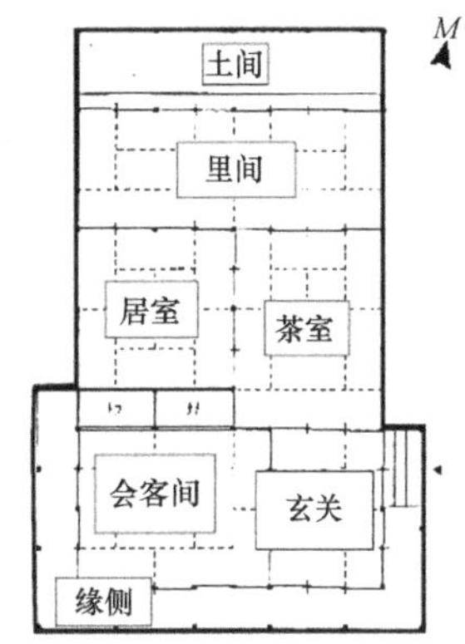

图4－23　肝付家住宅平面

图4－24　临近庭园的缘侧空间

·缘侧空间（D＋）

基于内部空间的可变，武家屋敷存在一种中介性的"接合空间"，作为内外空间的有机调和。"接合空间"包括内庭院、玄关和后文所述的"缘侧空间"等，功能比较含糊，空间上具有过渡性。"缘侧空间"是知览町武家屋敷最具代表性的"接合空间"。类似中国传统建筑中的檐廊，它是指住宅主要空间外部围绕的走道空间，多为南向，宽度一般在0.5米以内，上有屋顶覆盖，下为架空的木地板，通常用于由屋内通向屋外庭院的那部分暧昧空间，人们常常坐于此处欣赏庭院内的景色，夏天纳凉，冬日取暖（见图4－24）。"缘侧空间"在应对气候的层面上属于典型的热力学缓冲区，阻隔气候的不利因素并吸收气候的有利因素以控制环境能量的输入，"防""用"兼并。在炎热多雨的季节，这部分空间阻隔了外部环境对室内生活空间的直接影响；在冬日微寒的季节，它又成为热量的储蓄所。

（2）竖向层次

·架空抬高的底层平面（W+P-H-）

底层架空是知览町武家屋敷的另一个重要构造特点。除了土间（厨房等附属功能所在的房间）与玄关入口外，整座宅邸的居住空间地面抬高形成底层架空，令建筑与地面脱离开来。架空层成为自然通风的又一条通道，能带走夏季地板层内储存的多余热量，也能起到防潮作用。

·陡峭出挑的坡屋顶（P-R-L-W+I-）

知览町武家屋敷均采用双坡悬山屋顶，从剖面上可以看出，其坡度较为陡峭（见图4-25）。陡峭的坡度顶有着多重作用：多雨时节易于排水，防止墙体受到雨水冲刷腐蚀；长长的檐口出挑能调节进入建筑物日光的深远，既遮挡了夏季较高太阳高度角射来的灼热日照，又引入了冬季较低太阳高度角射入的温暖阳光；茅草屋顶和屋架内形成的空气层，在夏季白天能良好地隔热、减少热导，夜晚的自然通风使之散热也快。

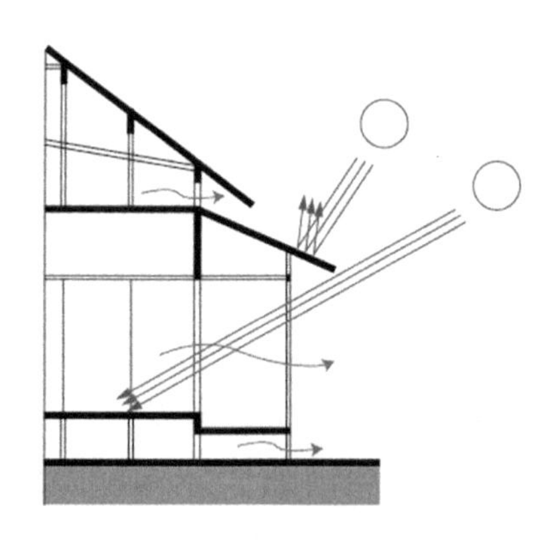

图4-25　双坡悬山屋顶的通风遮阳作用

资料来源：笔者自制。

（3）界面孔隙度

·宽大开敞的门窗隔扇与轻质围护（W+I-L-）

为了保证居住环境能更好地通风散热，包括知览町武家屋敷在内的日本南部传统住宅以木质的房屋骨架为主体、用茅草搭屋顶、以数寄为外墙或室内的分隔组成了低热容的建筑围护结构。所谓“数寄”就是在木格窗外糊有半透明的日式宣纸的推拉门窗，宽大而开敞的数寄既是房间之间的隔扇，也是建筑与室外气候之间的轻质围护。数寄使室内的空间朦胧地延伸至室外，相互穿透的空间伴随着良好的自然通风和采光。自然通风在夏季带走了多余的热量，强烈的太阳光穿过数寄上的宣纸又以更加柔和的方式进入室内。

（4）构造补偿

·地炉与被炉（S+）

地板层与室外地面的架空空间不仅用作通风和除湿，也可作为设置地炉的夹层使用。地炉通常位于茶室或起居室中央的地板下，在榻榻米上挖一个边长为90—180厘米的四方形坑洞并放上柴火（见图4-26），天气冷时用于烧水或围桌吃饭。被炉则是一种常见的生活家具，将炭火固定在桌子之下，桌上铺一条厚被褥以不让热量外流，人们坐在被炉内可以吃饭、喝茶甚至小憩。地炉与被炉作为室内热源，有助于武家屋敷在冬季较为寒冷时段获得热量。

表4-16　　知览町武家屋敷的热力学原型要素层级

整体布局	平面层次	竖向层次	界面孔隙度	构造补偿
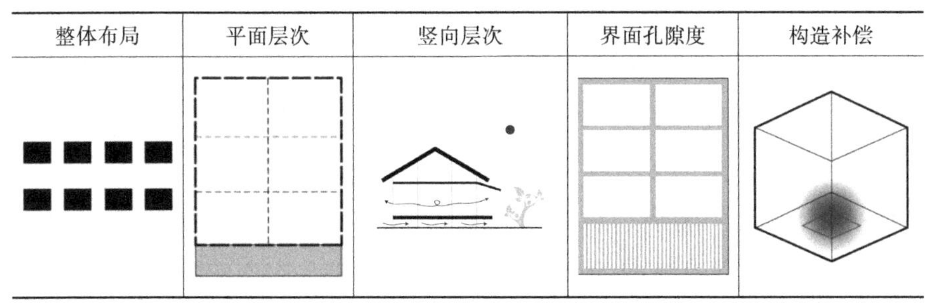				

资料来源：笔者自制。

4. 适应气候的热力学原型

根据生成的焓湿图（见图4-26a），当地全年仅有14.3%（约

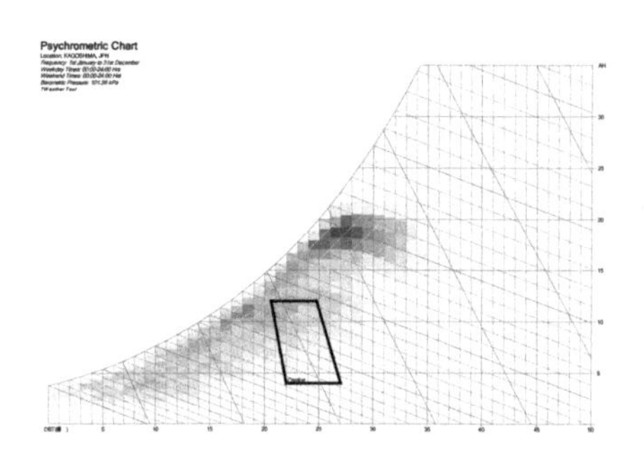

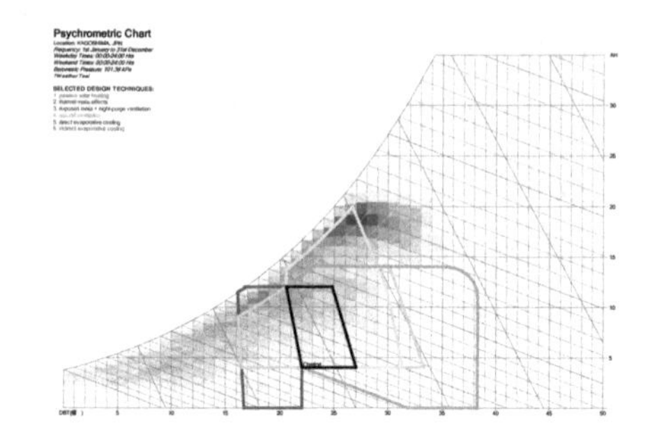

a. 采取各项被动式能量应对策略前后的舒适区时长对比

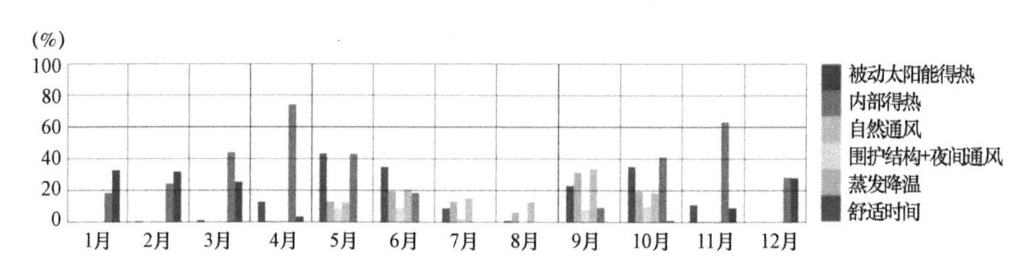

b. 各项被动式能量策略的有效时长比较

图 4－26　武家屋敷采取能量策略的可视化分析

资料来源：笔者自制。

1252 小时）的时间处于舒适区。从舒适区的色块分布来看，夏季防热是当地需要应对的重点，但和 Kukup 村不同的是冬季防寒也是必须考虑的问题。加上可采用的各项被动式气候策略，舒适度的区间可上升到 65.5%（约 5737 小时）。其中蒸发降温占 8.6%（约 753 小时），围护结构加夜间通风的有效时间为 3.2%（约 280 小时），自然通风有效时间为 9.5%（约 832 小时），内部得热的有效时间为 30.2%（2645 小时），被动太阳能得热的有效时间为 10.8%（约 946 小时）。遮阳隔热、自然通风和防潮措施对于夏季舒适度有比较理想的效果，室内热源与被动太阳能得热对于冬季的室内热环境有显著改善（见图 4－26b）。

根据对于气候环境和能量应对策略的分析，可通过能量系统语言以图解知览町武家屋敷的形式原型特征（见图 4－27）。武家屋敷的围护结构，包括数寄、屋架、架空的底层和缘侧空间，作为整体热力学系统下的一个子系统，是行为空间与建筑空间、建筑空间与场地环境这三个尺度之间最关键的联系，具有相当的重要性和复杂性。外部环境的资源和能量都通过这个系统传递，它担任了能量捕获和能量分配的作用，最终与人体进行交换。在南九州市较为湿热的气候与较强烈的太阳辐射之下，知览町武家屋敷建筑群的朝向均顺应主导风向；出挑深远的屋顶阻挡了热辐射进入室内；为了加强通风，建筑的围护结构需要采用像“数寄”这样轻薄且蓄热性低的材料，使得白天获得的热量在夜间更快地散发出去；底层的架空和开敞的平面又实现了热对流的引导，充分营造舒适的热环境；各式各样的“接合空间”成为有效的热缓冲间层；地炉、被炉等传统取

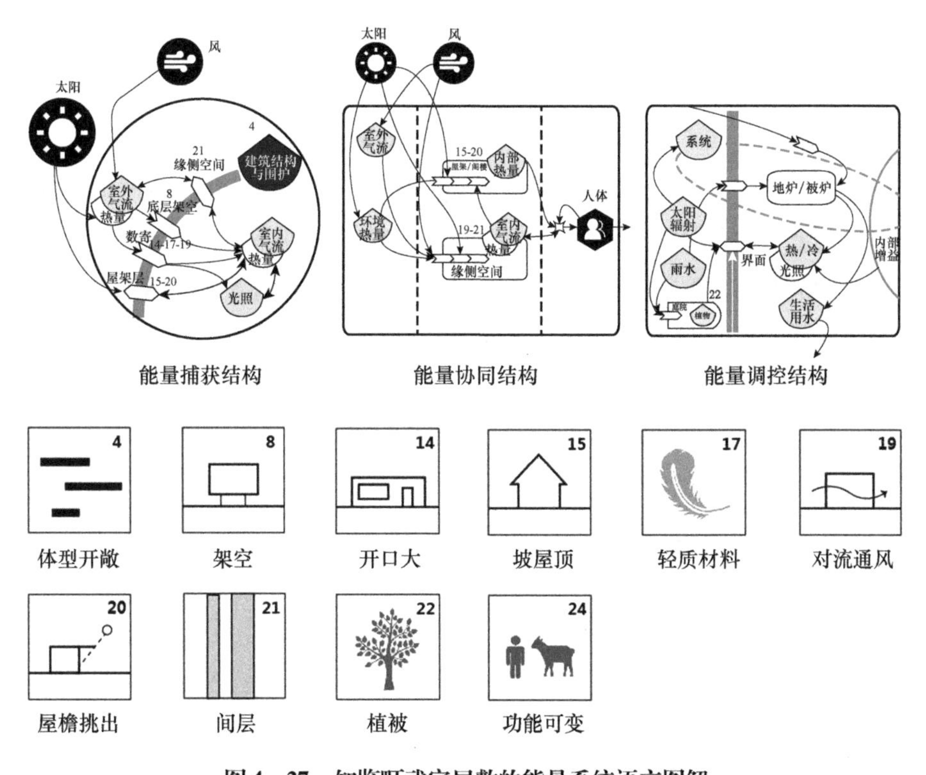

图4-27　知览町武家屋敷的能量系统语言图解

资料来源：笔者自制。

暖技术又补充了短暂寒冬中的舒适区空白。将所采取的多项能量应对策略以能量系统语言的图解来呈现，可提取出基于能量需求的基本策略组合。

［4－14－17－19］自然通风、散热降温（W＋I－）；［24］能量协同；［8］防潮（H－）；［21］缓冲间层（D＋）；［22］遮阳、蒸发降温（R－T－）；［15－20］防雨排水、遮阳防晒（R－P－）。

四　温和气候：防寒与隔热协同的原型（Ⅲ）

温和气候区的气候有明显的季节变化，四季比较平均，夏季较热，冬季较冷，月平均气温的波动范围比较大，全年最低温和最高温的跨度甚至可以达到50℃以上。因此，温和气候区的乡土建筑一方面要重视炎热夏季的隔热与通风降温，另一方面要考虑寒冷冬季的保暖防寒。

（一）Ⅲ－1型：希腊圣托里尼，Oía岩屋

圣托里尼（Santorini）是希腊大陆东南部200千米处爱琴海上的一座月牙形状的火山岛，岛屿北边的小镇Oía被称为日落之镇，建于约300米高的陡崖之上，白色的聚落沿着山崖的等高线密集排布，俯瞰大海，街道蜿蜒其中。

1. 气候特征分析

圣托里尼岛上四季温和宜人，阳光明媚，夏季干热而冬季湿暖，属于柯本气候分类中的Csb，典型的地中海型气候。根据可视化分析和数值分析的结果（见表4－17），得出主要的气候特征如下（见表4－18）：

· 温度：月最高平均气温为8月的24.5℃，月最低平均气温为1月的10.2℃，夏季较炎热，冬季温暖；昼夜温差较小，一般不超过10℃。

· 相对湿度：气候温和湿润，夏季6—8月的相对湿度在65%左右，冬季11月至次年1月的相对湿度为80%左右。

· 太阳辐射：日照充足，太阳总辐射量较高，7—8月平均值为

7400Wh/m² 左右，但 12 月只有 2000Wh/m²；因天空晴朗而直接辐射占比较大。

·降水量：降水量随季节差异呈明显的夏干冬湿，6—8 月几乎不下雨，而 12 月总降雨量为 67 毫米。

·风向与风速：风向随季节变化，室外风速很高。

表 4－17　　　　Oía 镇气候数据可视化分析

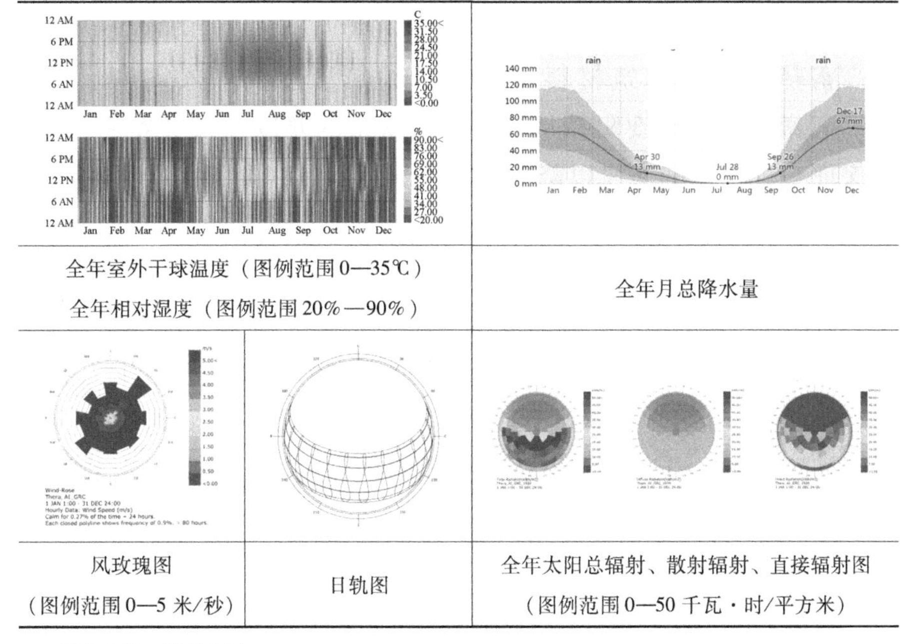

全年室外干球温度（图例范围 0—35℃） 全年相对湿度（图例范围 20%—90%）		全年月总降水量
风玫瑰图 （图例范围 0—5 米/秒）	日轨图	全年太阳总辐射、散射辐射、直接辐射图 （图例范围 0—50 千瓦·时/平方米）

资料来源：笔者自制。

表 4－18　　　　Oía 主要气候数据

年平均气温（℃）	月平均最低气温（℃）	月平均最高气温（℃）	全年最低气温（℃）	全年最高气温（℃）	平均相对湿度（%）	夏至日太阳高度角（°）	冬至日太阳高度角（°）	最高月总降水量（mm）	最低月总降水量（mm）	平均日太阳辐射总量（Wh/m²）
16.8	10.2	24.5	1.8	31.3	74.3	76.3	30.0	67	0	4900

资料来源：笔者整理。

2. 能量需求分析

从气候数据来看，当地日照强烈，年降雨量不高并且降雨时间集中在冬季，夏季干燥炎热，冬季温暖潮湿，夏季防热是该地乡土建筑考虑的重点。除此之外，位于爱琴海中央的 Oía 镇全年伴有持续的强风，尤其是在冬季气温不到 10℃ 的情况下室外风速平均有 9 米/秒，因此冬季保暖与防风也是必须解决的重要问题。为了达到室内热舒适，缓解热环境压力，当地建筑需要达到的目标包括：干热的夏季阻挡强烈的直接辐射（R－），收集雨水（P＋），以高蓄热性能的建筑材料防止多余的热量过快进入室内（D＋T－）；潮湿的冬季要阻挡从各个方向吹来的寒冷强风（W－），但要保证一定程度的通风以降低湿度（W＋I－），全年最冷的时期需增设室内热源（S＋）。

3. 能量应对策略

Oía 镇的乡土建筑聚落有着很强的外部形态特征，远看像梯田，一群群沿着地形相互搭接的白墙蓝顶房子嵌入悬崖的岩石中，被称为岩屋（iposcafo），有着拱形或平直的屋顶和面向大海敞开的前院。岩屋是圣托里尼沿海民居中适应气候的良好范例，它所采用的能量应对策略包括以下几点。

（1）整体布局

· 密集的整体布局和蜿蜒而上的狭窄街道（R－W－）

Oía 的岩屋依山而建，呈阶梯状，在陡峭的崖壁上面向大海错落分布。建筑之间紧密地搭接在一起，肌理复杂（见图 4－28a），以卵石铺就的狭小街道和台阶沿着房屋之间的缝隙穿梭形成网格。建筑和景观相互交织，道路和建筑相互交织，建筑的庭院也相互交织。高密度的聚落形式减少了阳光对围护结构的辐射面积，减少了强风对建筑的直接作用，也节省了土地资源和建造材料。

· 嵌于崖壁的建筑主体（D＋R－W－）

Oía 建于陡峭的海边悬崖之上，历史上这里曾经有频繁的火山活动。倾斜的崖壁和松软的火山灰底层为发展岩穴式建筑提供了有利

a. Oía 镇密集的岩屋聚落　　　　b. 依山而建的遮阳模式

图 4－28　Oía 镇岩屋聚落的总体布局

资料来源：E. Tsianaka，“Evaluating the Sophistication of Vernacular Architecture to Adjust to the Climate”，Wit Trans Built Env，2006。

条件。为了节约建造材料和土地资源，当地岩屋大多由向岩壁开挖而建，部分埋入地下作为储藏室。厚实的崖壁和土壤有着很好的热稳定性，减缓了室内的温度波动；埋入山崖的建筑主体减小了接触外部环境的表面（见图 4－28b），也就是减少了受到夏季强烈直接辐射的面积，进一步抵挡了来自四面八方的强风。

（2）平面层次

·简洁的长方形平面：通风、采光（W＋L＋）

岩屋的规模较小，体型狭长，平面长方简洁，主入口和前院朝向南边大海的方向。屋前是带着蓄水池的露天庭院，地面是以进深串联的厨房和居室，地下室是储藏食物和豢养家禽的辅助空间。由于岩屋伸入岩壁，越往内部，室内的采光和通风效果越差，简单有效的空间平面和功能流线能争取到最多的光线和通风条件，节省了额外的能量消耗。

·露天前院（D＋T－）

Oía 岩屋另一个显著的空间特征是房屋主体前的露天庭院。位于下层的岩屋平屋顶通常是上层岩屋的前院，同时它也能成为陡峭台阶的休息平台，充分利用了空间。前院在建筑热力学上的意义则是一个有效的缓冲区，对外部气候有缓冲的作用，吸收有利气候因素并阻隔不利因素以调节环境能量的输入。强烈的日照利于前院中衣

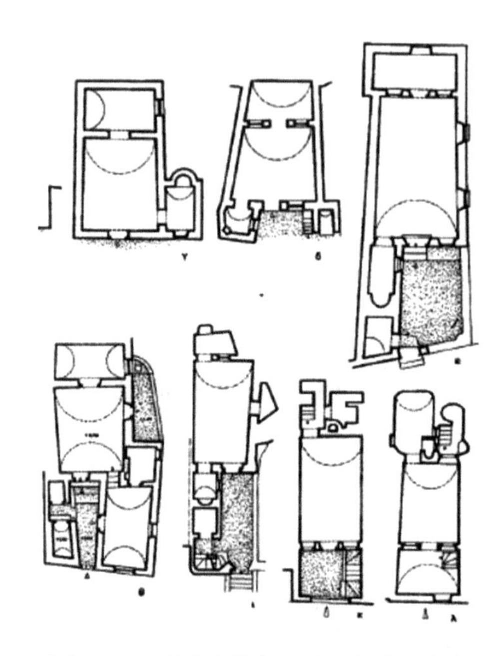

图4－29 紧凑的长方形平面和露天前院

资料来源：Pınar Kısa Ovalı，Gildis Tachir，“Underground Settlements and Their Bioclimatic Conditions；Santorini/Greece”，14th International Conference in“Standardization，Protypes and Quality：A Means of Balkan Countries’Collaboration”，2018。

物和食物的晾晒，也间接过滤了炎热夏季进入室内的热量；冬日寒冷的日子里，前院又能接收太阳辐射成为热量储蓄处。前院的顶部有时设有种植爬藤的棚架，前门的檐口向院子内伸出，共同起到了遮阳作用。

（3）竖向层次

·拱顶、平顶与蓄水池（T－P＋）

岩屋屋顶分为拱顶和平顶两类。拱顶住宅的形态主要源于旧时岩穴式房屋，需要以拱形抵抗岩壁的侧推力，也能将受太阳辐射后的多余热量聚集在拱顶空间内。平顶住宅的屋顶可以作为上层岩屋的露天前院，也可以用于休憩和晾晒。另外，由于圣托里尼的年降水量少，夏季几乎无雨，缺乏淡水供应，岛上居民一般会利用屋顶收集雨水，沿着屋顶的凹槽和层叠的平台流入各自前院的蓄水池。

（4）界面孔隙度

·以火山岩为建造材料（D+）

圣托里尼由火山群岛组成，至今仍存有火山口，岛屿上四处可见红黑色的火山岩。岩屋除了嵌入山体的部分，其他围护结构均由这些随处可得的火山岩为主体，以黏结强度高、富含高岭土和火山灰的砂浆砌筑而成，材料在地性降低了建造过程中的植入能量消耗。厚实的火山岩和砂浆有着良好的蓄热性能和热稳定性，能在夏季日间吸收过量的辐射热，也能在冬季寒冷的夜间将白天存储的热能缓慢地释放出来，减少室内热环境的波动。

·白色的外墙：反射太阳辐射（R－）

Oía 的岩屋聚落最显著的外部特征就是鳞次栉比的白色外墙。整个小镇的建筑墙体几乎都以白色石灰粉刷，窗檐、屋顶或栏杆扶手等细节辅以彩色点缀。白色不仅是一种视觉符号，更能最大限度地反射强烈的太阳辐射，使室内在炎热的夏季依然保持凉爽。

（5）构造补偿

·小尺度的门窗洞口与顶部天窗通风（R－I－W＋L＋）

岩屋外墙上的门窗开口较小，数量也少，有利于减少辐射热直接进入室内。但岩屋的缺点是进深太大，内部房间的采光和通风情况都比较差。因此前门上方一般设有一个通气孔，捕捉射入的阳光，使之尽量照亮内部的房间，加强室内热空气与外部环境的快速流通。有些房子在屋顶增设采光天窗（见图4－30），将自然光带入房间深处，也提供了让屋内热量逸出的途径，改善那些无法采光通风房间的室内环境。但这样的自然采光条件还是无法满足人类正常生活的需要，因此人工照明是无法避免的，油灯等照明设备也是室内热源的一种类型。

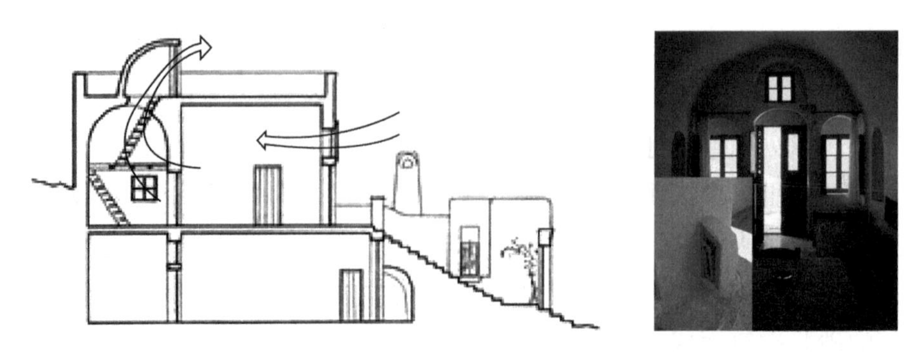

图4-30　小尺度的门窗洞口与顶部天窗通风

资料来源：Thanos N. Stasinopoulos，“The Four Elements of Santorini Architecture”，2006。

表4-19　Oía岩屋的热力学原型要素层级

整体布局	平面层次	竖向层次	界面孔隙度	构造补偿

资料来源：笔者自制。

4. 适应气候的热力学原型

根据焓湿图（见图4-31a），当地全年有18.1%的时间（约1585小时）处于舒适区。选取可选择的各项被动式气候策略，舒适度的区间可上升到82.6%（约7235小时）。其中蒸发降温占10.3%（约902小时），围护结构加夜间通风的有效时间为5.4%（约473小时），自然通风有效时间为8.6%（约753小时），内部得热的有效时间为42.2%（3696小时），被动太阳能得热的有效时间为13.2%（约1156小时）。内部得热与被动太阳能得热，辅以高蓄热围护材料的使用对于冬季的室内热环境有显著改善，遮阳措施对于夏季阻挡强烈日照则十分必要（见图4-31b）。

从舒适区的色块分布可以看出，Oía镇的气候相对较为温和，需

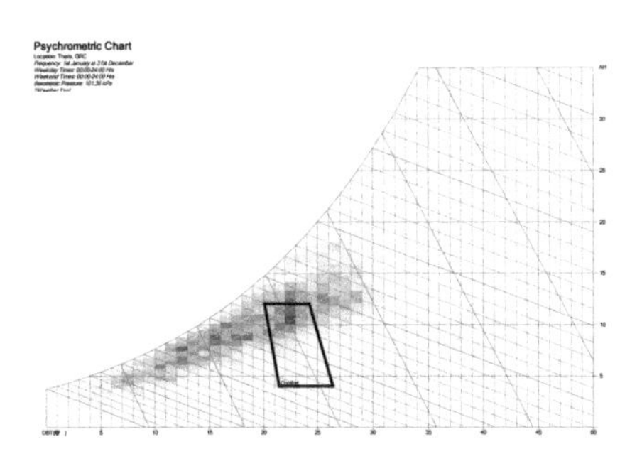

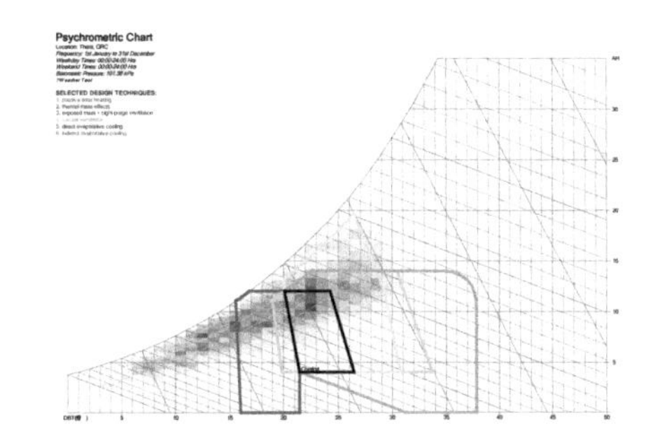

a. 采取各项被动式能量应对策略前后的舒适区范围对比

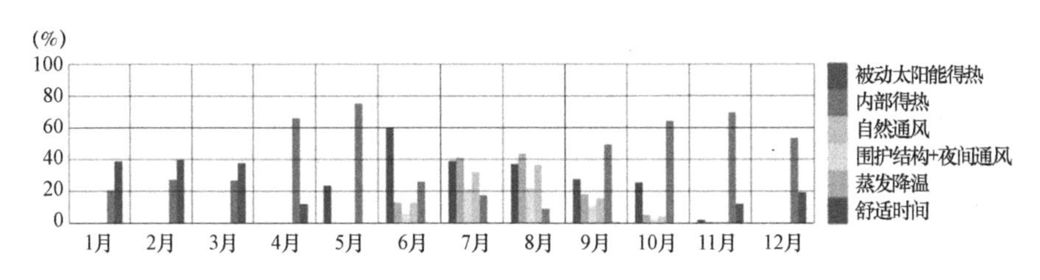

b. 各项被动式能量策略的有效时长比较

图 4－31　Oía 岩屋采取能量策略的可视化分析

资料来源：笔者自制。

要考虑的应对重点为冬季保暖和夏季的适当防热，加上集聚的群体布局和嵌入崖壁的狭长形态，建筑还需要考虑到内部空间的通风换气问题。以火山岩为材料的厚重白色墙体是良好的蓄热体，稳定了室内空间的温度波动。错落有致的前院露台成为有效的热缓冲空间，同时也成了蓄积雨水的路径。小尺度的门窗洞口阻挡了夏季过量的光线和辐射，也减少了冬季室内的热量散失。门窗上方的通气口与通向地面的管道促进了大进深空间内的通风作用。将所采取的多项能量应对策略以能量系统语言的图解来呈现（见图 4－32），可提取出基于能量需求的基本策略组合。

［1－6－13］遮阳、减少辐射（R－）；［7－9－16－21］减缓室内温度波动（D＋）；［7］蓄水（P＋）；［12］通风（W＋）；［13－16］防止冬季室内热量散失（I＋）；［7－25］减少植入能量、降低环境影响。

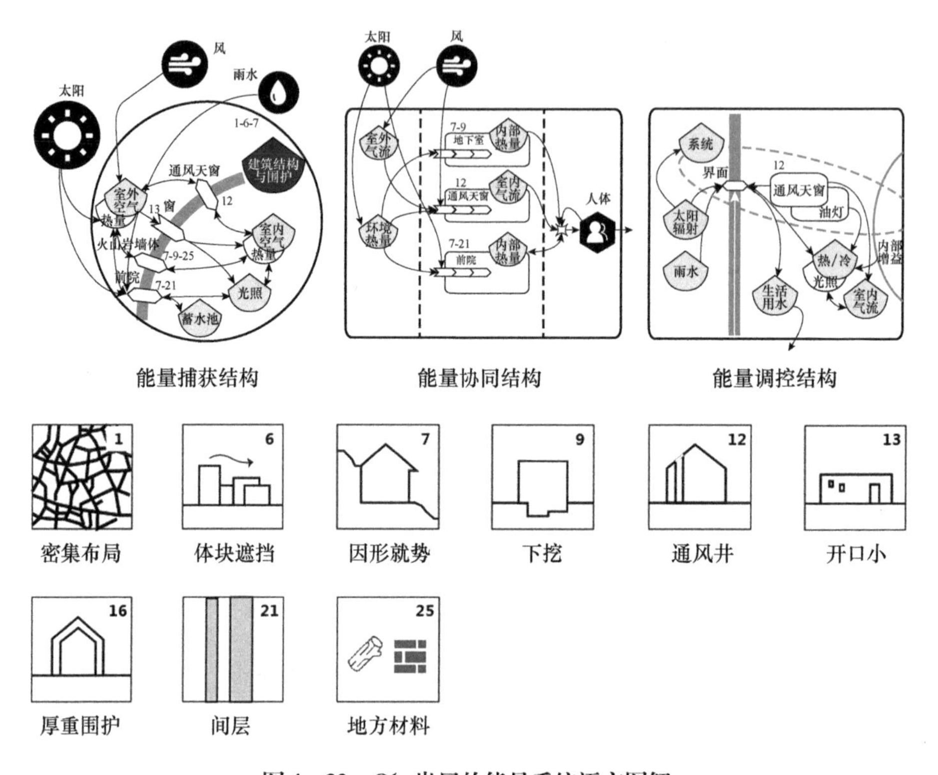

图4－32　Oía岩屋的能量系统语言图解

资料来源：笔者自制。

（二）Ⅲ－2型：西班牙卡斯蒂利亚—拉曼恰Cuenca石屋

西班牙的大部分国土位于伊比利亚半岛之上，位处欧洲与非洲交界，地形多山，气候复杂，包括东部与南部的温带地中海型气候、内陆的温带大陆性气候、北部大西洋沿海的温带海洋性气候、加纳利与巴利阿里群岛的地中海型气候。卡斯蒂利亚—拉曼恰（Castilla-La Mancha）是首都马德里东南边的自治区；Cuenca则是该自治区内Cuenca省的省会，位于西班牙中部内陆胡卡尔河与韦卡尔河交界处的狭窄高地上。Cuenca古城被联合国教科文组织列入世界遗产目录，河川常年冲刷成险峻的断崖地貌，现存大量的历史遗迹和传统砖石建筑矗立于山崖之上，连同丰富的森林资源一起形成了十分独特的城市肌理。

1. 气候特征分析

Cuenca 市属于温带大陆性气候，柯本分类为 Csa，将 Cuenca 市的气候数据 . epw 文件导入 Ladybug 软件进行可视化分析和数值分析（见表 4－20），得出当地重要气候特征如下（见表 4－21）。

表 4－20　　Cuenca 古城的气候数据可视化分析

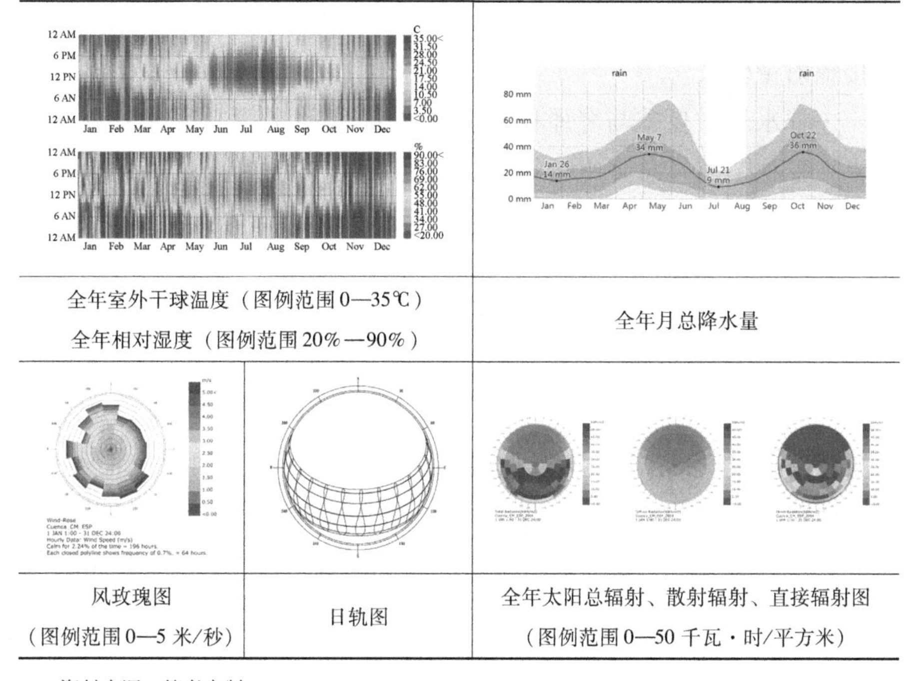

全年室外干球温度（图例范围 0—35℃） 全年相对湿度（图例范围 20%—90%）		全年月总降水量
风玫瑰图 （图例范围 0—5 米/秒）	日轨图	全年太阳总辐射、散射辐射、直接辐射图 （图例范围 0—50 千瓦·时/平方米）

资料来源：笔者自制。

表 4－21　　Cuenca 古城主要气候数据

年平均气温（℃）	月平均最低气温（℃）	月平均最高气温（℃）	全年最低气温（℃）	全年最高气温（℃）	平均相对湿度（%）	夏至日太阳高度角（°）	冬至日太阳高度角（°）	最高月总降水量（mm）	最低月总降水量（mm）	平均日太阳辐射总量（Wh/m^2）
12.4	2.2	22.8	－7.4	36.1	62.2	67.7	24.6	35	9	5100

资料来源：笔者整理。

·温度：月最高平均气温为7月的22.8℃，月最低平均气温为2月的2.2℃，夏季短暂炎热，冬季漫长寒冷；昼夜温差较大，时常在15—20℃。

·相对湿度：气候温和，夏季6—8月的相对湿度在45%左右，冬季11月至次年1月的相对湿度为80%左右，有比较明显的干湿两季。

·太阳辐射：日照充足，太阳总辐射量较高，6—8月平均值可达到8100Wh/m^2，但11月至次年1月只有2100Wh/m^2；天空晴朗，直接辐射量较大。

·降水量：夏季与冬季降水量少，最低的7月总降水量仅为9毫米，春秋季节月总降水量较大，约为35毫米。年降水量在500毫米左右。

·风向与风速：室外风速较高，平均为2.2米/秒，无明显主导风向。

2. 能量需求分析

Cuenca市日照资源丰富，降雨量不高，湿度适中，室外风速常年维持在2米/秒左右，气候温和宜居；境内有两条河流交汇通过，用于建造的石材与木材资源也相当充裕。但夏季偶有35℃以上的高温，冬季也有-7℃以下的低温时期，昼夜温差基本在10℃以上，气温的日较差和年较差都比较大，因此当地需要面对的热环境压力主要是短暂夏季期间的防热（R-T-），漫长冬季的防寒保温（T+I+），缓解昼夜的显著温差（D+），以及解决太阳直射所带来的眩光（L-）。以室内热舒适与节约能源为目标，建筑需要充分利用在地的材料资源，夏季需要遮阳措施防止眩光并阻止过多热量进入室内，冬季要防止室内热量流失并增设室内热源，围护结构尽量用高蓄热性能的材料以稳定室内温度。

3. 能量应对策略

Cuenca古城坐落于悬崖边缘的险地，面朝峡谷，被称为“鹰巢”。与大多数西班牙传统民居一样，古城现存的建筑外部形态也是白色或米色石材外墙与红瓦坡屋顶，不同之处在于它们建得陡峭高耸，远看和垂直的崖壁连为一体。它们应对气候所采用的能量应对策略如下。

(1) 整体布局

· 依山而建的密集布局（R－W－）

从总平面来看，Cuenca 古城呈现高度密集的肌理并沿着崖顶地势排布（见图4－33），狭窄的街道随着山地坡度穿梭在高耸的建筑之间（见图4－33），大大小小的庭院和广场通过街道串联在一起。整体布局和环境地貌高度契合，建筑和建筑相互遮挡，既隔离了夏季强烈的太阳直射，又阻挡了偶尔从峡谷吹来的强风。

图4－33　沿着崖顶地势密集排布并与崖壁连为一体的 Cuenca 石屋

图4－34　密集肌理内的狭窄街巷

（2）平面层次

·内部庭院（D+L+W+）

庭院是许多西班牙传统民居的重要元素。这一点在 Cuenca 石屋中也有体现。鸟瞰 Cuenca 古城，可看到大小庭院交织在密集的建筑群中。由于层数较高且布局较拥挤，建筑群内部较低层的房间就需要经由庭院间接采光（见图 4－35 左）。此外，庭院是一个重要的缓冲空间，是室内外环境的过渡区。由热成像仪可测得，冬季白天时庭院的表面温度比室外低，但比室内温度高。作为热量的容器，庭院日间吸收强烈的阳光，夜晚再将热量缓缓释放出去。Cuenca 的建筑庭院尺度比例窄且高，夏天时将建筑底部入口打开，气流从底层的拱廊吹入，庭院又成为了热压通风的通道，带走了室内的热量（见图 4－35 右）。

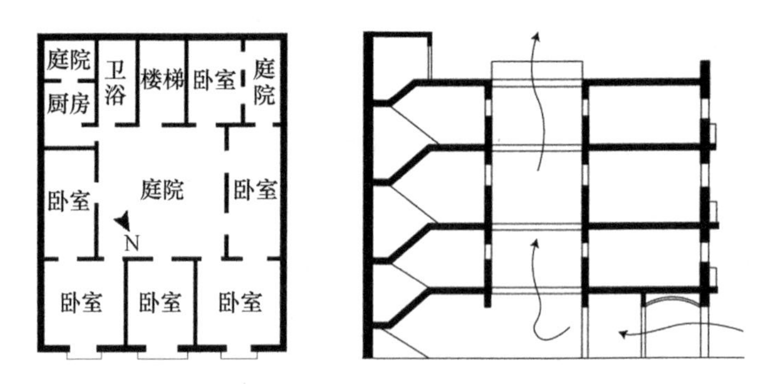

图 4－35　多庭院的内部平面和庭院的通风作用示意

资料来源：笔者自制。

（3）竖向层次

·木架瓦坡屋顶与老虎窗（T－P+L+W+）

依据规模，Cuenca 古城的民居屋顶均为木结构支撑的单坡或双坡屋顶，坡度不大，上覆以红色瓦片。这是一种最典型的西班牙传统民居屋顶形式，有着较好的隔热能力，在干旱季节雨水也能顺着屋顶坡度流入庭院内的蓄水池。坡度顶上常开老虎窗，用于加强顶层或阁楼层的通风和采光。

（4）界面孔隙度

·厚重的围护结构（D+）

Cuenca 悬崖下的峡谷森林茂密，木材丰富，古城内现存的民居多以木梁柱搭接成架构，以厚重的岩石为外围护结构。墙体的厚度和蓄热能力为室内创造了稳定的热环境，有良好的保温隔热效果，冬暖夏凉，相当于一个温度调节器，减少了室外昼夜温差带来的室内温度波动。

·小而少的门窗洞口（L-R-I+）

Cuenca 石屋的层数很高，最多可达到 8 层，外墙门窗洞口却很小（见图 4-36a），数量也少，形状简单方正。这样的门窗形式减少了围护结构的薄弱部位，有利于减少夏季外部热量进入室内和冬季室内热量的流失，满足保温隔热需要。窗口上方均设可调节角度的百叶以遮挡眩光（见图 4-36c）。Cuenca 民居的卧室外一般带有小型阳台，为了节省开窗面积，当地的阳台门通常为门联窗的形式（见图 4-36b），平时可以仅开启半扇作为窗户。

a. 高耸的房屋与窄小的门窗洞口

b. 门联窗构造

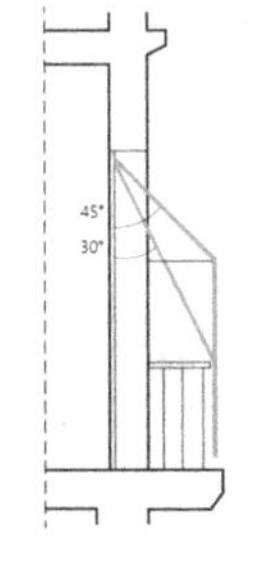

c. 可调节遮阳百叶

图 4-36　Cuenca 石屋的遮阳构造

（5）构造补偿

·火炉与烟囱（S+W+）

Cuenca 的冬天漫长，从 11 月持续到次年 3 月，温度时常在 0℃

以下，仅靠太阳辐射与围护结构保温不足以达到人体工作生活的舒适度，需要增加室内热源。火炉是 Cuenca 传统民居内最常见的取暖设备，几乎每个主要房间内都设有火炉，火炉上方有通高的烟囱，将燃烧木炭生成的烟气排至室外。因此，Cuenca 石屋另一项显著的外部特征就是坡屋顶上密密麻麻的细长烟囱（见图 4 - 37），除了排出烟雾，还有加强室内通风的作用。

图 4 - 37　木架瓦坡屋顶上的烟囱与老虎窗

表 4 - 22　Cuenca 石屋的热力学原型要素层级

整体布局	平面层次	竖向层次	界面孔隙度	构造补偿

资料来源：笔者自制。

4. 适应气候的热力学原型

根据生成的焓湿图（见图 4 - 38a），自然情况下当地全年仅有 8.0% 的时间（约 701 小时）处于舒适区。若加上可采用的各项被动式气候策略，舒适度的区间可上升到66.6%（约5834小时）。其中蒸发降温占8.7%（约762小时），围护结构加夜间通风的有效时间为6.2%（约543小时），自然通风有效时间为4.4%（约385小时），内部得热的有效时间为29.4%（2575小时），被动太阳能的有效时间为21.0%（约1839小时）。室内热源与高蓄热材料对于冬季的室内热环境有显著改善，遮阳措施和外围护结构隔热对于夏季隔热则十分必要（见图4-38b）。

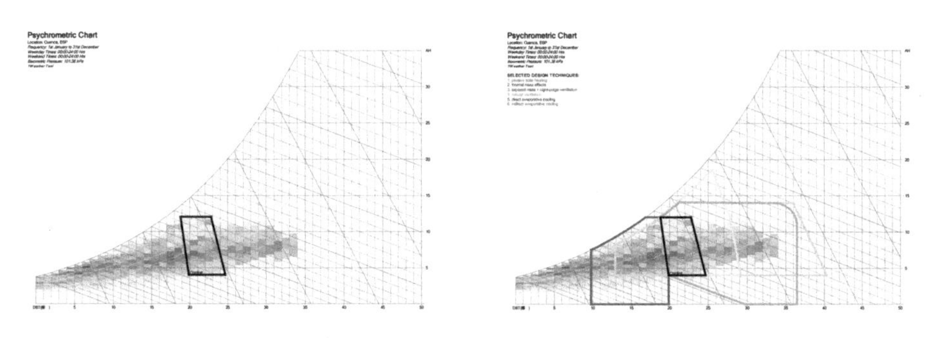

a. 采取各项被动式能量应对策略前后的舒适区时长对比（图例小时数范围0—500小时）

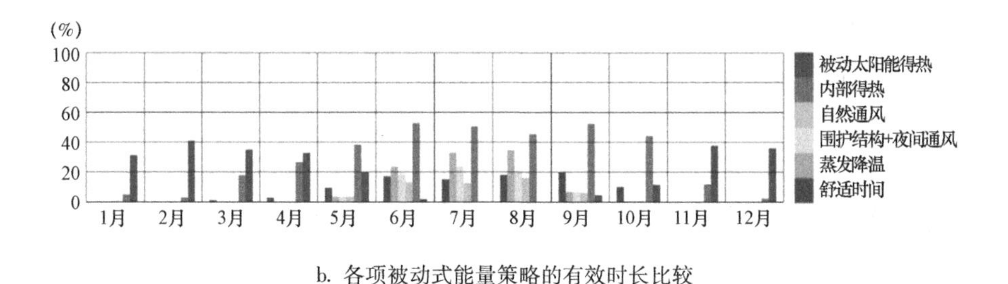

b. 各项被动式能量策略的有效时长比较

图4-38　Cuenca石屋采取能量策略的可视化分析

资料来源：笔者自制。

从焓湿图的舒适度分析来看，舒适区左侧与右侧都有色块分布，多数位于舒适区左侧，说明Cuenca地区需重点应对冬季寒冷时段的防寒保暖，而夏季虽然短暂但较为炎热，因此辅以夏季炎热时段的遮阳防热措施。加上当地昼夜温差较大，稳定室内温度波动也是环境控制的一项重点。依山而建的密集布局与高耸的外墙阻挡了峡谷吹来的强风，也遮挡了夏季强烈的太阳直射，厚重的岩石外墙为室内创造了稳定的热环境，高窄的内部庭院是热压通风降温的通道，高于坡屋顶的老虎窗和烟囱也加强了室内的通风换气。将所采取的多项能量应对策略以能量系统语言的图解来呈现（见图 4－39），可提取出基于能量需求的基本策略组合。

［1－6－13］遮阳、减少辐射（R－）；［7－11－16］减缓室内温度波动（D＋）；［11－12－15］通风、夏季散热降温（W＋I－）；［13－16］防止冬季室内热量散失（I＋）；［7－25］减少植入能量、降低环境影响。

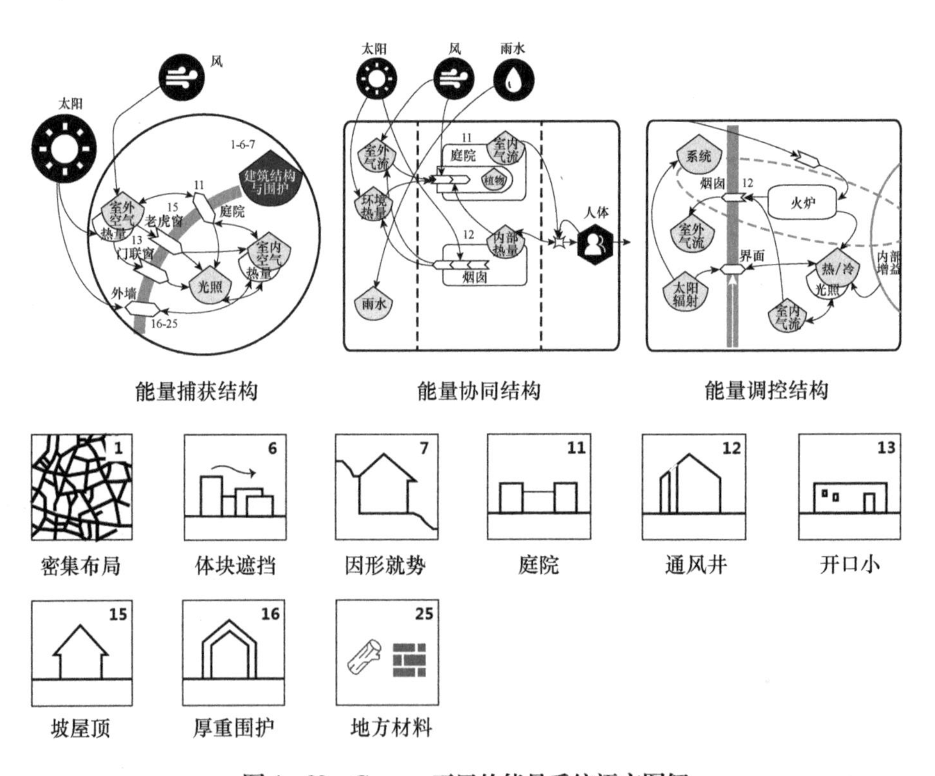

图 4－39　Cuenca 石屋的能量系统语言图解

资料来源：笔者自制。

五　寒冷气候：防风与蓄热协同的原型（Ⅳ）

寒冷气候区大部分的时间平均温度都在15℃以下。终年气候寒冷是对当地居住环境最大的挑战，因而保温取暖是最重要的应对要求。加上严寒地区通常室外风速较高，还有冬季雪荷载的问题，乡土民居则通常外形封闭，形体紧凑，体型系数很小，墙体厚实。

（一）Ⅳ-1型：瑞典延雪平省Eksjö木屋

瑞典东临波罗的海，西南临北海，约15%的土地在北极圈内，地势由西北向东南倾斜。延雪平省位于瑞典南部腹地，森林覆盖率为63%，省内有2000多个大大小小的湖泊。Eksjö是延雪平省（Jönköping County）内一个历史悠久的中等城市，其北部历史街区自1568年建镇起从未遭受过大火等意外灾害，因此至今仍留存当时的聚落肌理与数量众多的传统木屋，当地人称之为“木镇”（见图4-40和图4-41）。

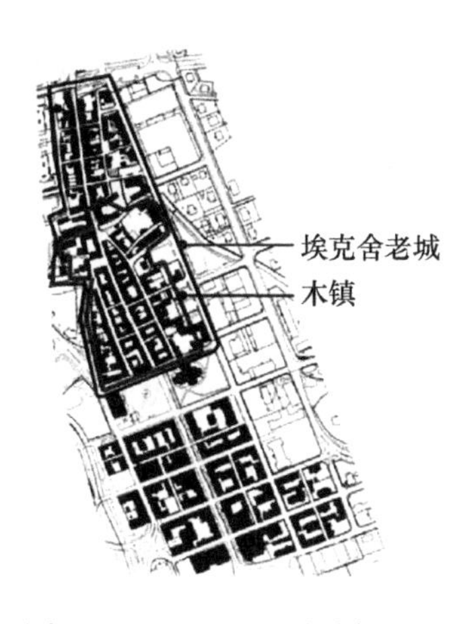

图4-40　Eksjö木镇总体布局

资料来源：Andrey Ivanov，“Revitalization of Historic Wooden Housing Using Local Entrepreneurs' Capacity：Cases of Towns of Gorodets，Russia and Eksjö，Sweden”，Lund University，2005。

1. 气候特征分析

Eksjö位于北纬57.7°、东经14.9°，气候寒冷湿润，降水少而

图4－41　Eksjö 木镇的街道立面

有积雪，属于亚寒带针叶林气候，柯本气候分类为 Dfc。受极地海洋气团和极地大陆气团影响，冬季漫长而严寒，夏季短促而温暖，气温年较差大。冬季 11 月至次年 2 月日照时间极短，夏季的 5—8 月则昼夜皆可见到太阳。将 Eksjö 市的气候数据文件进行可视化分析和数值分析（见表4－23），得出当地重要气候特征如下（见表4－24）。

·温度：月最高平均气温为 7 月的 16.7℃，月最低平均气温为 1 月的－3.5℃，夏季凉爽，冬季寒冷，昼夜温差较大。

·相对湿度：气候潮湿，4—8 月的相对湿度在 70% 左右，11 月至次年 1 月的相对湿度均在 90% 以上。

·太阳辐射：夏季日照时数很长而冬季很短，太阳总辐射量较低，全年平均日太阳辐射总量为 $2800Wh/m^2$。7—8 月平均值最高，在 $6000Wh/m^2$ 左右，但 12 月与次年 1 月只有 $200Wh/m^2$ 甚至更低；太阳高度角很低。

·降水量：降水量随季节差异较大，月总降水量最高为 7 月的 79 毫米，最低为 2 月的 12 毫米，年平均总降水量约 800 毫米，冬季多有降雪。

·风向与风速：全年主导风向为西南向，室外风速很高，平均为 4 米/秒。

表4-23　　Eksjö市气候数据可视化分析

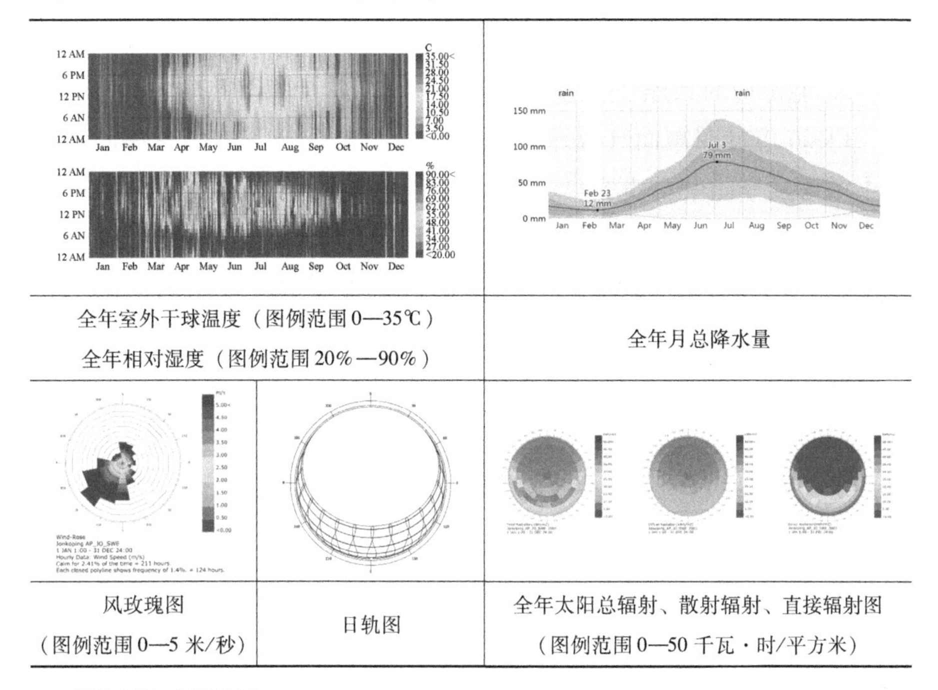

资料来源：笔者自制。

表4-24　　Eksjö主要气候数据

年平均气温（℃）	月平均最低气温（℃）	月平均最高气温（℃）	全年最低气温（℃）	全年最高气温（℃）	平均相对湿度（%）	夏至日太阳高度角（°）	冬至日太阳高度角（°）	最高月总降水量（mm）	最低月总降水量（mm）	平均日太阳辐射总量（Wh/m^2）
6.4	-3.5	16.7	-24.7	28.2	81.2	55.7	8.8	79	12	2800

资料来源：笔者整理。

2. 能量需求分析

Eksjö市属于典型的亚寒带气候，夏季短促温暖，冬季漫长寒冷。该地区的建筑需要尽量增温，例如在房屋中央设置火炉（S+），并保存住室内烹饪及人活动所产生的热量（I+）。在防止热量散失的方面，可以采用最小的对外表面（I+），简洁紧凑的平面，采用绝热性能良好的厚重围护材料并防止漏风（D+W-），还需要采用深色的外部色彩来获得更多的太阳辐射（R+）。

3. 能量应对策略

Eksjö 市日照短而气温寒冷，建筑物需要充分考虑冬季保暖，可以不考虑夏季防热。此外，较高的室外风速使建筑需要最大限度限制自然通风以减少热能损失。延雪平省境内丰富的森林资源多为耐寒的云杉、落叶松等针叶树，树干细长、角质层厚，是重要的用材树种。因此 Eksjö 的传统房屋大多以木材建造，其适应气候的能量应对策略如下。

（1）平面层次

·简洁的长方形体（I+）

当地的木屋一般体积较小，体形系数也较小，采用接近正方形的简单长方形体，外部极少有复杂的凹凸，远处看如同儿童搭成的玩具屋。这样减少了外围护结构的面积，也就减少了热量损失。这是寒冷地区最直观的节能方法。

·缓坡屋顶（P-）

常年低温使 Eksjö 市的冬季充满积雪，雪荷载的负荷长期压迫于屋顶有可能导致坍塌。因此木屋屋面一般为双坡形态，雪积累到一定厚度时会自行滑下屋顶。但为了空间的集聚性与减少散热外表面积，屋顶的坡度一般较为和缓。

（2）竖向层次

·底层地面架空（H-）

虽然延雪平地区的年降水量不到 800 毫米，但常年气温低下而蒸发作用微弱，导致地面始终处于潮湿状态，近地表的相对湿度很高。因此木屋的地面用厚实的木板建成并架空于室外地面，使房屋与潮湿的环境相互隔离，尽量降低室内相对湿度以提高舒适度（见图 4-42）。

·门窗低矮与短出檐（R+L+）

Eksjö 市的太阳高度角很小，即使夏至日的高度角也只有 55°。因

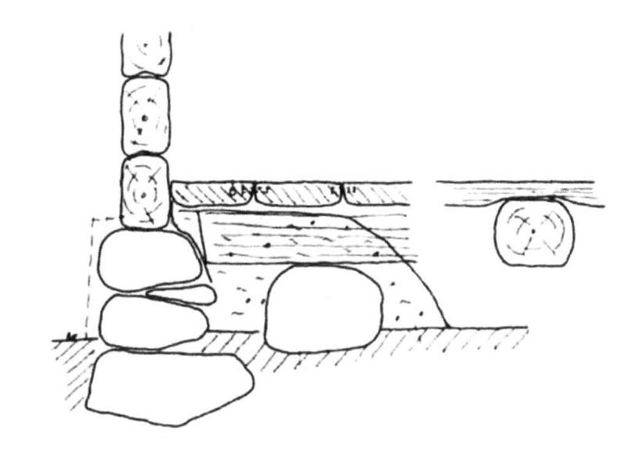

图4－42　抬高于室外地表的底层地面

此木屋门窗较为低矮，出檐很短，尽力争取日间获得的太阳辐射热。

（3）界面孔隙度

·以木材为主要建筑材料（I＋W－D＋）

Eksjö 市传统民居以当地盛产的针叶树木建造，资源丰厚、成本低廉，因此可以无须顾忌用料而增加厚度。建筑以圆木为立柱，再以厚木板搭筑为墙体、屋顶和地面，厚重封闭的围护结构起到良好的隔离作用，能抵御冬季强烈的寒风。松木等针叶树木的导热系数为0.15—0.30W/m·K，有着较好的保温能力，减少室内热量向外传递。同时，当太阳辐射在围护结构表面时，由于它良好的热稳定性能，接收到的辐射热不会迅速散失，产生了稳定的蓄热量。这样一来夜晚室内的温度就不会骤然降低。

·深色的围护结构外表面（R＋）

不同颜色的面层对阳光的吸收系数不同，颜色越深，吸收能力越强。因此木屋的外表面一般采用深色的面层漆，最大限度地吸收太阳辐射，并且在茫茫雪地里显得更有标识性（见图4－41）。

·厚重的墙体和窄小的门窗（I－＋）

建筑物的窗墙比对耗热量有很大影响。根据需要保温、限制自然通风与防室外强风的要求，木屋的墙体通常相当厚重封闭，门窗窄小，仅满足基本的通行尺度与采光功能。门窗开洞是热量传递的薄弱部位，冷风易渗透，从洞口获得的辐射热不足以抵消从洞口散失的内部热量，因此需尽量减少门窗面积以减少热桥。

（4）构造补偿

·壁炉与空间向心性（I+S+）

木屋的生活空间布局紧凑，常围绕着中央厚重的砖砌壁炉而建。壁炉与其上连接的烟囱是整座房子的核心。寒冷气候下的建筑空间形态通常为外部封闭、内部向心，使得热量向房间中央集聚。位于中心的壁炉作为主动热源强调了这一向心性。壁炉是房屋内最重要的供热设备，不仅能为卧室等生活空间提供温暖，也能为厨房烹饪提供火源（见图4－43）。

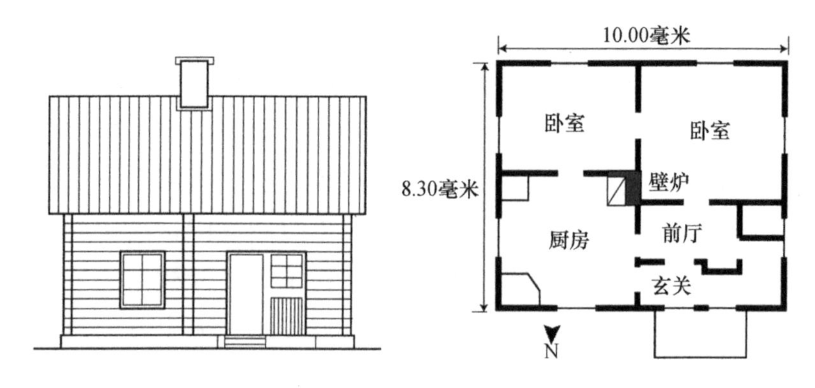

图4－43　以壁炉为核心，紧凑的平面布局

资料来源：笔者自制。

表4－25　Eksjö木屋的热力学原型要素层级

整体布局	平面层次	竖向层次	界面孔隙度	构造补偿
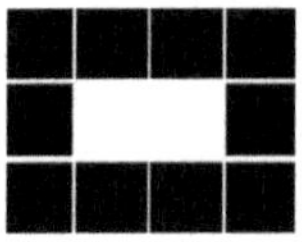	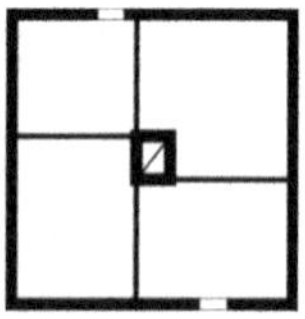			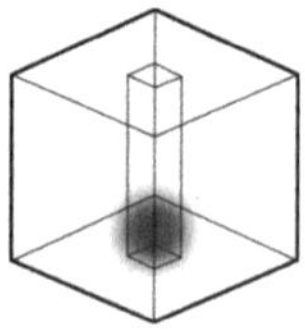

资料来源：笔者自制。

4. 适应气候的热力学原型

根据 Ladybug 所生成的焓湿图（见图 4－44a），基于 PMV 舒适度模型，自然情况下当地全年仅有 1.8% 的时间（约 158 小时）处于舒适区。若加上可采用的各项被动式气候策略，舒适度的区间可上升到 42.3%（约 3705 小时）。其中蒸发降温占 0.5%（约 44 小时），围护结构加夜间通风的有效时间为 1.1%（约 96 小时），自然通风有效时间为 0.5%（约 44 小时），内部得热的有效时间为 21.6%（1892 小时），被动太阳能的有效时间为 18.5%（约 1620 小时）。由于大部分时间处于寒冷状态，蒸发降温、自然通风、围护结构加夜间通风这几项策略的有效时长过短，可以忽略不计，起主要作用的内部得热和被动太阳能得热措施对于冬季的室内热环境有显著改善（见图 4－44b）。

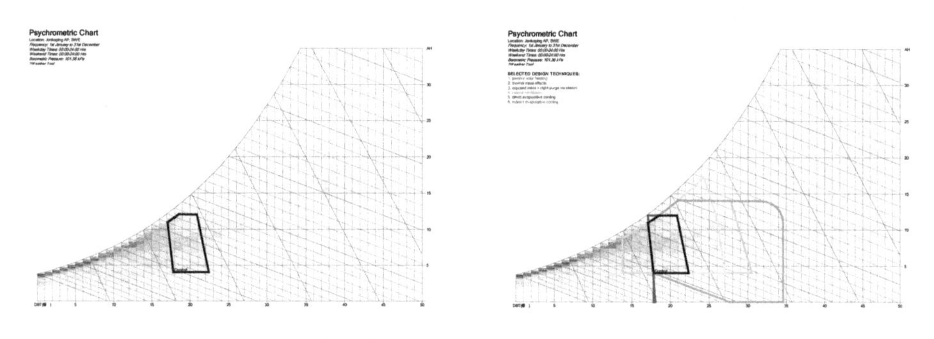

a. 各项被动式能量策略的有效时长比较

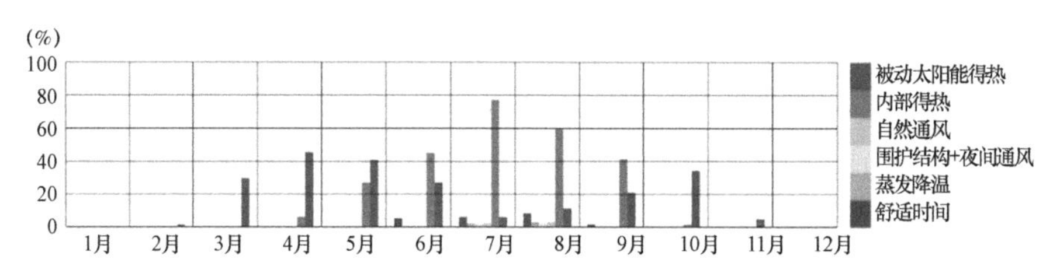

b. 采取各项被动式能量应对策略前后的舒适区时长对比（图例小时数范围 0—500 小时）

图 4－44　Eksjö 木镇采取能量策略的可视化分析

资料来源：笔者自制。

从焓湿图中看出，绝大多数色块位于舒适区左侧，即大部分时间的气温处于舒适温度以下，需要集中应对的气候问题就是漫长冬季的寒冷。而从被动策略的有效时间来看，被动太阳能得热和内部得热的有效时间也基本集中于3—10月，说明11月到次年2月的舒适度无法仅靠被动策略来达到，需要辅以主动技术或设备来获得额外的热量。Eksjö 木屋以简洁向心的紧凑形体减少了热量散失的外表面积，缓坡屋顶防止了雪荷载的长期负荷，低矮的门窗和较短的出檐争取了日间获得的太阳辐射热，房间中央的火炉结合了封闭厚重的外墙使得热量向房间中央集聚，主要房间功能围绕着火炉布置。将所采取的多项能量应对策略以能量系统语言的图解来呈现（见图4－45），可提取出基于能量需求的基本策略组合。

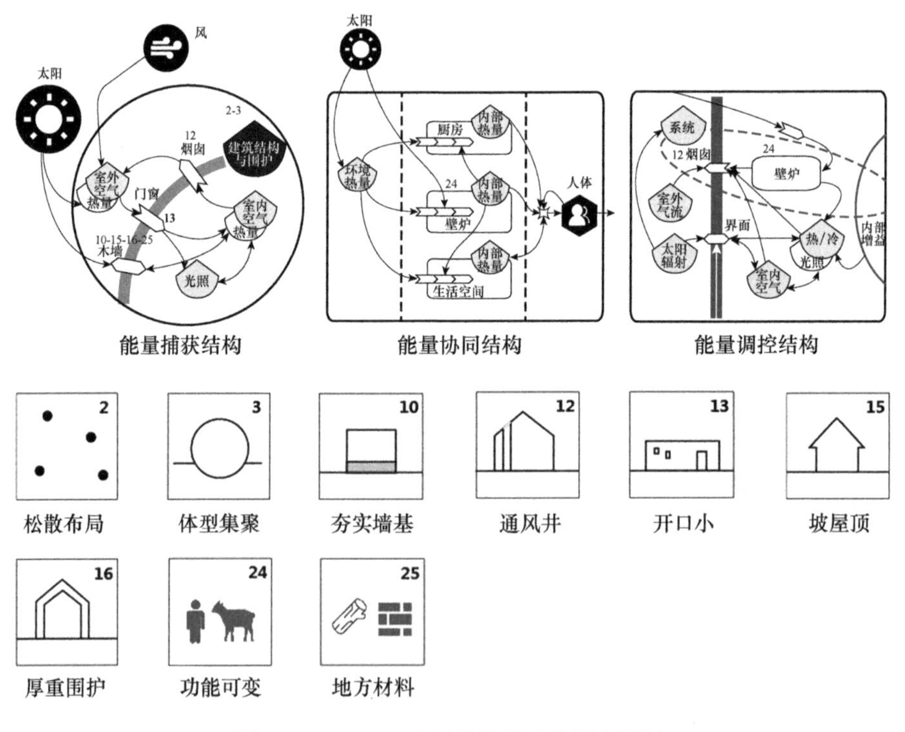

图4－45　Eksjö 木屋的能量系统语言图解

资料来源：笔者自制。

［2］争取有利太阳辐射（R+）；［3-13-16］蓄热、减少热量散失（I+）；［8-10］防潮（H-）；［15］防积雪（P-）；［25］减少植入能量、降低环境影响。

（二）Ⅳ-2 型：加拿大拉布拉多地区 Nachvak 因纽特冬屋

纽芬兰（Newfoundland）与拉布拉多（Labrador）地区位于加拿大东端，拉布拉多地区西邻魁北克省，东临大西洋，其中北拉布拉多属于寒带。距今9000年前就有人类在拉布拉多地区生活，被称为“滨海古文明”（Maritime Archaic Tradition），其后出现的是古爱斯基摩人的多赛特文化（Dorset Culture），最后则是因纽特人（Inuit）居留在此。如今，拉布拉多的人口仍有30%为原住民。Nachvak 是北拉布拉多的一条深峡湾，四周的群山是拉布拉多最高的山脉，周围植被多为苔原。峡湾北边的通戈山国家公园（Torngat Mountains National Park）是北极山脉最南端的国家公园，留存有多座因纽特冬屋的 Nachvak 村就坐落于此。

1. 气候特征分析

Nachvak 村位于北纬59.1°、西经63.5°，属于柯本气候分类的ET，根据可视化分析和数值分析的结果（见表4-26），得出 Nachvak 村重要气候数据如下（见表4-27）。

· 温度：月最高平均气温为7—8月的10.2℃，月最低平均气温为12月至次年2月的-20.5℃。夏季短暂而凉爽，冬季漫长而寒冷；温度日较差很大。

· 相对湿度：全年气候较为湿润，年平均相对湿度为74.0%。

· 太阳辐射：夏季日照时数很长、接近极昼，冬季日照时数很短、接近极夜，太阳总辐射量较低，4—7月平均日辐射量最高，约为5200Wh/m^2，12月至次年1月只有200Wh/m^2；太阳高度角很小。

· 降水量：降水量随季节差异较大，月总降水量最高为7月的79毫米，最低为2—3月的10毫米，年平均总降水量约600毫米，冬季多为降雪。

表 4－26　　Nachvak 气候数据可视化分析

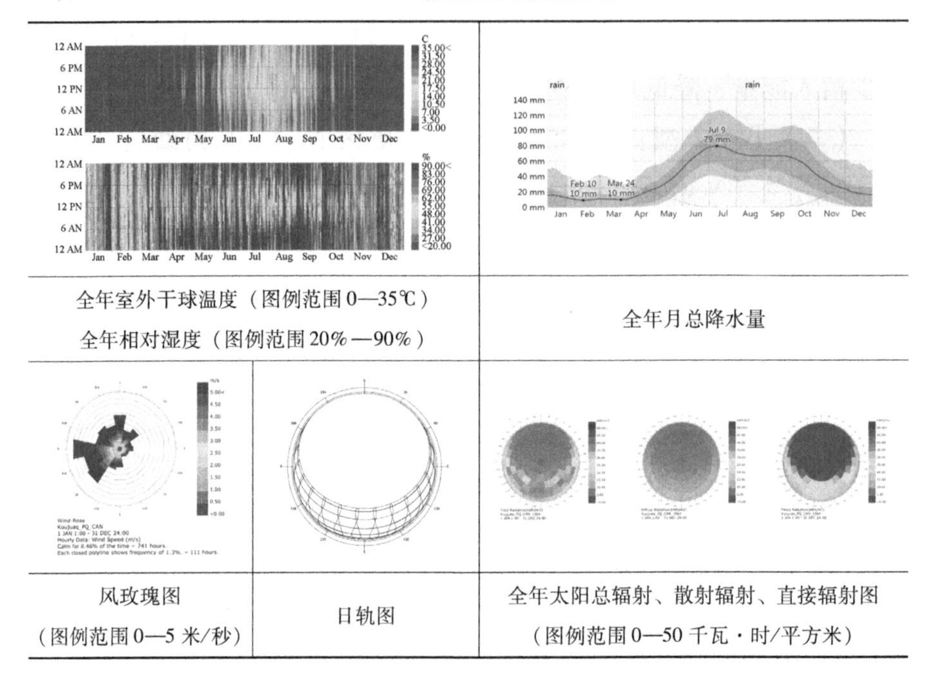

全年室外干球温度（图例范围 0—35℃） 全年相对湿度（图例范围 20%—90%）		全年月总降水量
风玫瑰图 （图例范围 0—5 米/秒）	日轨图	全年太阳总辐射、散射辐射、直接辐射图 （图例范围 0—50 千瓦·时/平方米）

资料来源：笔者自制。

表 4－27　　Eksjö 主要气候数据

年平均气温（℃）	月平均最低气温（℃）	月平均最高气温（℃）	全年最低气温（℃）	全年最高气温（℃）	平均相对湿度（%）	夏至日太阳高度角（°）	冬至日太阳高度角（°）	最高月总降水量（mm）	最低月总降水量（mm）	平均日太阳辐射总量（Wh/m^2）
-5.3	-20.5	10.2	-40.6	25.1	74.0	55.1	8.2	79	10	2800

资料来源：笔者整理。

·风向与风速：盛行风向随季节变化，8 月至次年 2 月多为西至西南风，3—7 月多为北至西北风。室外风强烈持续，平均为 4.5 米/秒，最高可达 20 米/秒以上。

2. 能量需求分析

Nachvak 峡湾周边常年严寒，冰雪漫天，风速极高，群山之间的平地遍布苔原。建筑的气候营造目标十分简单明晰，就是要最大限度地保温，也要考虑抵抗凛冽的强风。建筑的保温隔热是最重要的性能目标，尽力保存内部热量减少向外散失（S+I+）；虽然北拉布拉多地区的日照时间很短，但室外温度日较差比较显著，波幅大约在20℃以上，因此建筑的外围护结构需要有良好的蓄热能力以减少对室温的影响（D+）；室外无尽的寒风若渗透入室内会造成巨大的热损失，所以建筑需要针对风向设置防风措施，并尽量使围护结构达到良好的气密性（W-）；植被单一、建造材料匮乏，只能选择除了木材之外的当地资源（例如石头、泥土与苔藓等）；此外，本地区平均相对湿度较高，因此建筑还需要解决防潮（H-）的问题。

3. 能量应对策略

因纽特人是活跃于北极圈内外的土著民族。他们生活的地区冬季漫长严寒，并常伴有暴风雪，却缺乏像北欧地区盛产的针叶树木等建筑材料。为外界所熟知的因纽特雪屋是生活在北冰洋永冻区的因纽特人的智慧结晶，利用就地取材的雪砖砌成半圆形的球顶小屋以抵御寒冷，无须结构支撑，建造方便快速，适合游牧民族的生活特性。但实际上雪屋在多数情况下只是因纽特人捕猎的临时居所，而大部分因纽特人，比如Nachvak村的因纽特土著，会在冬季聚集在大型的部落营地中，以石与草皮砌成的半地下房屋作为永久性住所。冬屋同样具有良好的热力学性能，使居民在年平均温度只有零下5℃、最低气温达到零下40℃的拉布拉多北部生存并定居下来。因纽特冬屋的能量应对策略包括以下几个方面。

（1）平面层次

·球形的建筑体型（I+W-）

半球形的穹顶是因纽特冬屋最显著的外部特征，流线的球形表面能引导气流，将对室外强风的阻力降到最低。覆盖同等面积室内空间的条件下，穹顶的外表面积最小，相当于体型系数最小。换言之，用于散热的外表面也最小，具有更好的保温性能。球形穹顶覆盖下的空间具有向心性，内部热量易于集聚而不致辐射到围护结构并迅速散发出去（见图4－46）。

图4－46　球形体型

·挡风入口与挡风墙：防风（W－）

冬屋入口一般设于背风面，地下通道也建造得窄小曲折。有些冬屋的入口外设置了半圆的挡风墙，进一步加强防风作用。

（2）竖向层次

·半地下的室内空间（D＋W－）

将冬屋室内空间建于半地下，可利用土层的蓄热性能稳定室内温度的波动，也能一定程度上减少强风的影响。半地下的空间以曲折细窄的下沉式通道通向室外，通道长3—6米，入口以兽皮作为挡帘，进一步减少空气对流与冷风对建筑内部的负面作用。同家族的小屋之间可以用地下通道相连，扩大规模（见图4－47）。

·空间分级：根据能量需求层级的温度分层

因纽特冬屋的规模不大，一般能容纳1—3户家庭使用，平面由一个个圆形小室串并联嵌套而成，依使用人数而尺寸各异，直径为1.2—6米。室内空间以功能分级，不同级别的功能有着不同的能量需求层级，因而最终实现温度的分层。地下通道两侧首先各有一个仓储侧房，存放衣物、猎物和毛皮等；通道的末端连接

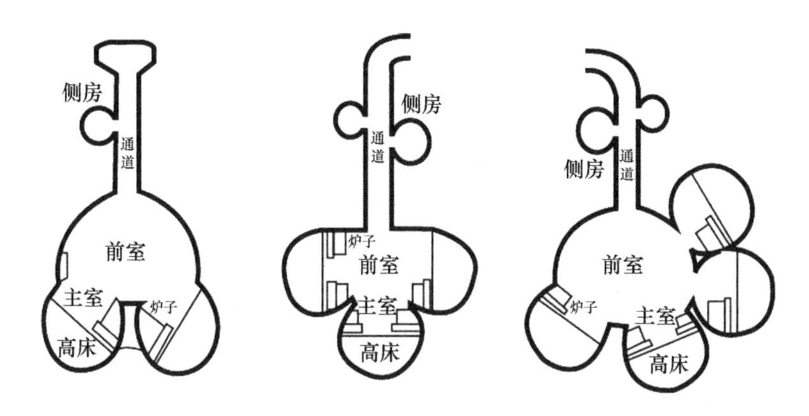

图4-47　因纽特冬屋的三种典型平面

资料来源：笔者自制。

着作为过渡空间的前室；经过前室可以进入主室，主室是冬屋最主要的生活空间，屋顶通常高于地面，外壁有换气孔和采光窗，内部有加高的床，人们在床上进行日常生活。实验表明，由于热量向上集聚，因此冬屋的各个空间有着不同的温度环境，甚至主室顶部、高床表面和室内地面也有将近7℃的温度差，坐在床上的人不会受到沉降在主室底部的冷空气的影响，符合居民空间的使用特征（见图4-48）。

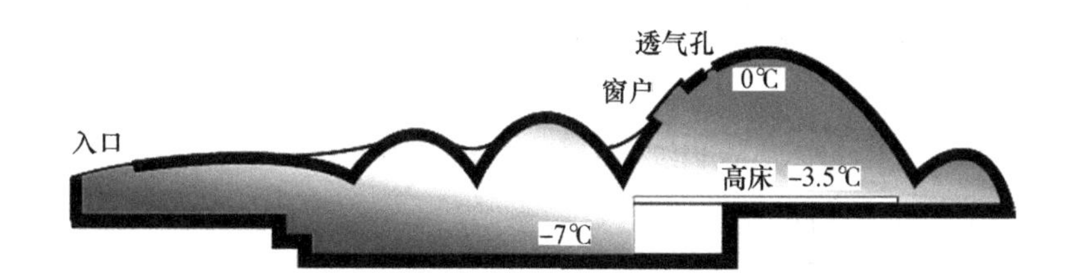

图4-48　因纽特冬屋剖面上的温度分层

资料来源：笔者自制。

（3）界面孔隙度

·以石材与草皮为建造材料（D+）

苔原无法为Nachvak村的建筑提供主要的围护结构材料，但

Nachvak 峡谷周边的岩床有取之不尽的石材，苔原生长的土壤草皮也是一种易于获得的建造资源。石头和草皮的蓄热性能较好，以石块垒起墙体，屋顶表面以覆土填充缝隙，再以鲸骨和海上漂来的浮木为必要支撑，构筑了对外封闭的室内空间，适应于当地的严寒气候。石材也砌筑了房屋基础，并同时充当了室内地面。这种易于施工的构造和随处可得的材料也应和了因纽特人游牧的生活方式。

· 不透风的窗户（L + W - ）

为了尽力减少热量渗透的薄弱处，因纽特冬屋的窗户做得很小。除了用于换气的通气孔，更进一步的措施是将捕猎到的野兽肠子洗净嵌入窗户，在防止气流通过的情况下保证室内采光。

（4）构造补偿

· 动物毛皮内衬与鲸油灯（I + S + ）

石墙的内壁常以海豹等哺乳动物的毛皮为内衬。这不仅是一种装饰，更是为外围护结构增加了一道保温层，减少与室外环境的热交换。但在冬季最冷的时期，光靠冬屋的保温远远达不到人体正常生活的舒适度。因此因纽特人不仅身着保暖性能极佳的动物毛皮衣服，更是以鲸油为燃料制成灯具（现多为煤油灯），照亮了因窗洞窄小而昏暗的室内环境，也获得了额外的热量。

表 4 - 28　　Nachvak 因纽特冬屋的热力学原型要素层级

整体布局	平面层次	竖向层次	界面孔隙度	构造补偿
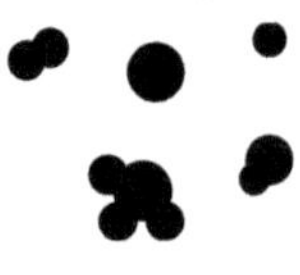	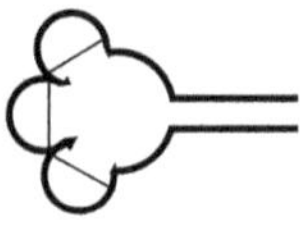			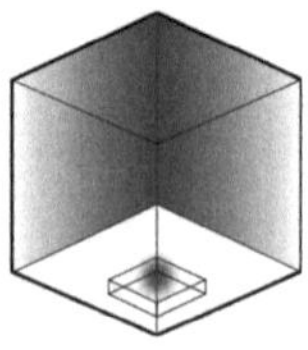

资料来源：笔者自制。

4. 适应气候的热力学原型

根据所生成的焓湿图（见图4－49a），基于PMV舒适度模型，自然情况下当地全年仅有0.6%的时间（约52小时）处于舒适区。若加上可采用的各项被动式气候策略，舒适度的区间可上升到30.7%（约2689小时）。其中内部得热的有效时间为6.7%（587小时），被动太阳能得热的有效时间为24.2%（约2120小时）。Nachvak村几乎所有时间的气温都位于舒适区以下，防寒保暖是最重要的建造目的，所有的形式策略最终都指向这一目标（见图4－49b）。

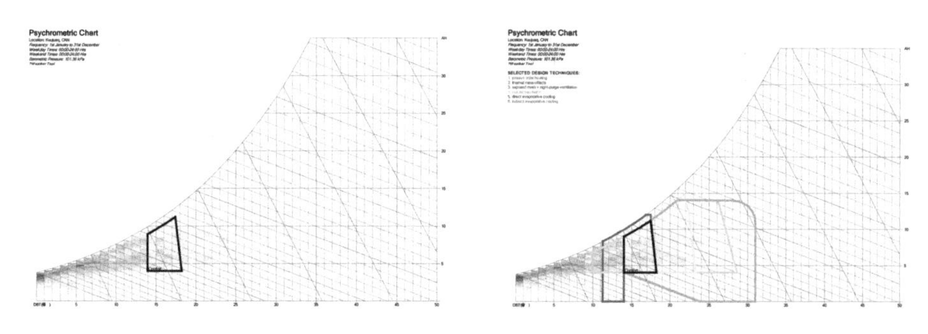

a. 采取各项被动式能量应对策略前后的舒适区时长对比

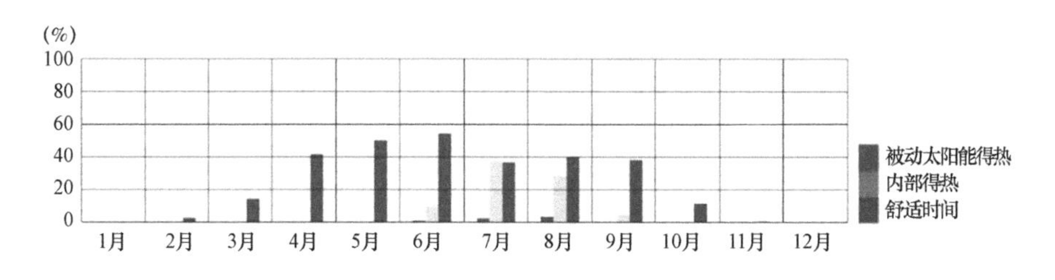

b. 各项被动式能量策略的有效时长比较

图4－49　因纽特冬屋采取能量策略的可视化分析

资料来源：笔者自制。

从图4－49中可以看出，内部得热和被动太阳能得热的有效时间集中于3—10月，并且只能提高舒适度到30.7%的时间，说明在气温过低的Nachvak村，光靠被动式的建筑形式操作无法基本满足居住的热舒适需求，室内主动热源和设备几乎是不可或缺的取暖方式。冬屋是因纽特人在冬季的永久性住所，其内部空间曲折而组织复杂。高蓄热能力的石块与草皮对室内热环境有显著改善，流线型的形体和厚重的外墙成为有效的防风措施。以曲折细窄的下沉式通道进入半地下的空间的建造方式进一步减少了空气对流与冷风对建筑内部的负面作用，根据需求的空间功能竖向分级有效利用了室内空间的温度差。将所采取的多项能量应对策略以能量系统语言的图解来呈现（见图 4 – 50），可提取出基于能量需求的基本策略组合。

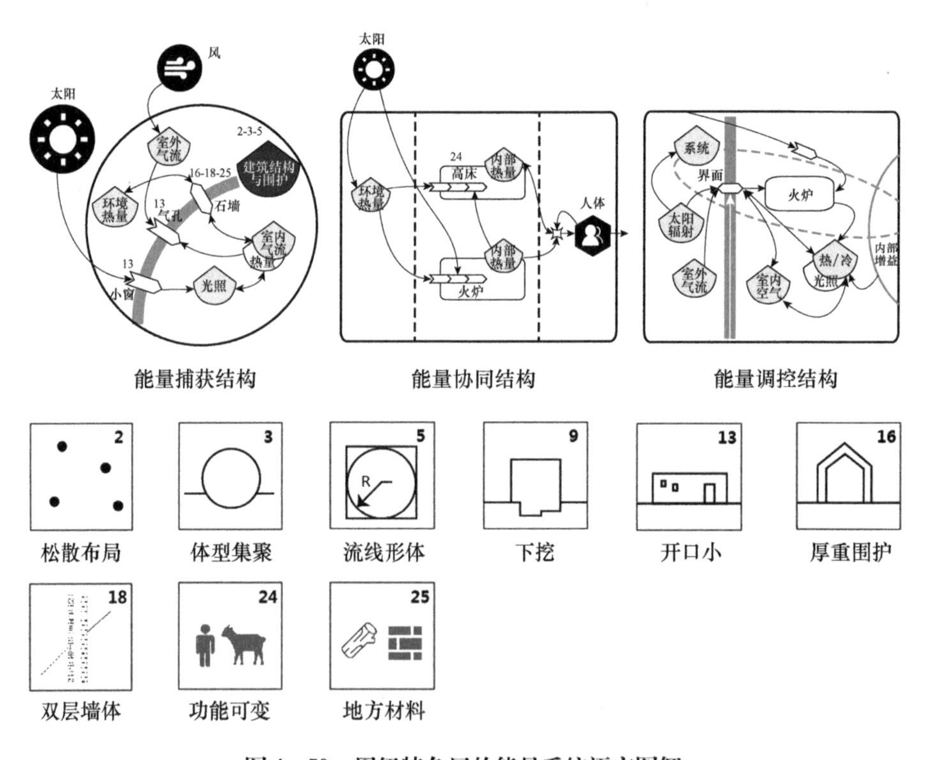

图 4 – 50 因纽特冬屋的能量系统语言图解

资料来源：笔者自制。

［2］争取有利太阳辐射（R +）；［3 – 13 – 16 – 18］蓄热、减少

热量散失（I+）；[5-9] 防风（W-）；[24] 能量协同；[25] 减少植入能量、降低环境影响。

六　中国典型气候环境下的传统热力学原型（V）

中国地处亚欧大陆东部，东临太平洋，西接大陆内部，领土面积辽阔。中国南北向纬度差接近50°，热量带从热带、亚热带逐步跨越到暖温带、中温带和寒温带；东西向经度差60°以上，下垫面由沿海到内陆东低西高，地形多样，高原山地众多。复杂的气候和地理条件催生了多种多样的传统民居类型，千百年来中国人民在有限的资源条件与物质财富之下，依靠当地自然气候环境，采用本土建造材料，结合文化习俗，建造出了高效实用并具有典型地域特征的乡土建筑。

（一）V-1型：泉州市岵山镇闽南大厝——夏热冬暖

福建南部以闽南语系为主要方言的地区称为“闽南”，闽南地区多属于亚热带海洋性季风气候，气温年较差与日较差都比较小，极少出现严寒和酷暑，冬季温和，夏季较热，湿度较高。岵山古镇位于泉州市永春县，由一个山坳和三个相连的盆地组成，镇中有一条金溪河穿过。岵山为泉州红砖文化的典型代表，有丰富的历史文化遗产，古镇内现存1000多棵古树，并保留着完整的闽南传统聚落。

1. 气候特征分析

岵山镇位于北纬25.3°、东经118.3°，根据可视化分析和数值分析的结果（见表4-29），得出岵山镇的重要气候数据如下（见表4-30）。

·温度：月最高平均气温为7—8月的27.8℃，月最低平均气温为12月至次年2月的7.5℃。夏季时间较长而较炎热，冬季较短而较温暖，昼夜温差小。

·相对湿度：气候湿润，全年有29%的时间相对湿度大于90%。其中5—8月的夏季相对湿度在90%左右，12月至次年2月的冬季在70%左右。

·太阳辐射：日照时数较长，但由于云量大且空气湿度大，因而漫射辐射的比例较高。7月平均日辐射总量最高，约为5700Wh/m^2，1—2月最低，为2500Wh/m^{2}左右。

·降水量：潮湿多雨，降水量随季节差异较大，总体呈现夏湿冬干，年平均总降水量约1500毫米。

·风向与风速：全年盛行风向随季节变化，6—8月的夏季盛行西南风，12月至次年1月的冬季盛行东北风。室外风强烈而持续，平均为4.7米/秒，近30年来每个夏季均受台风侵袭，造成不同程度的内涝。

表4-29　岵山镇气候数据可视化分析

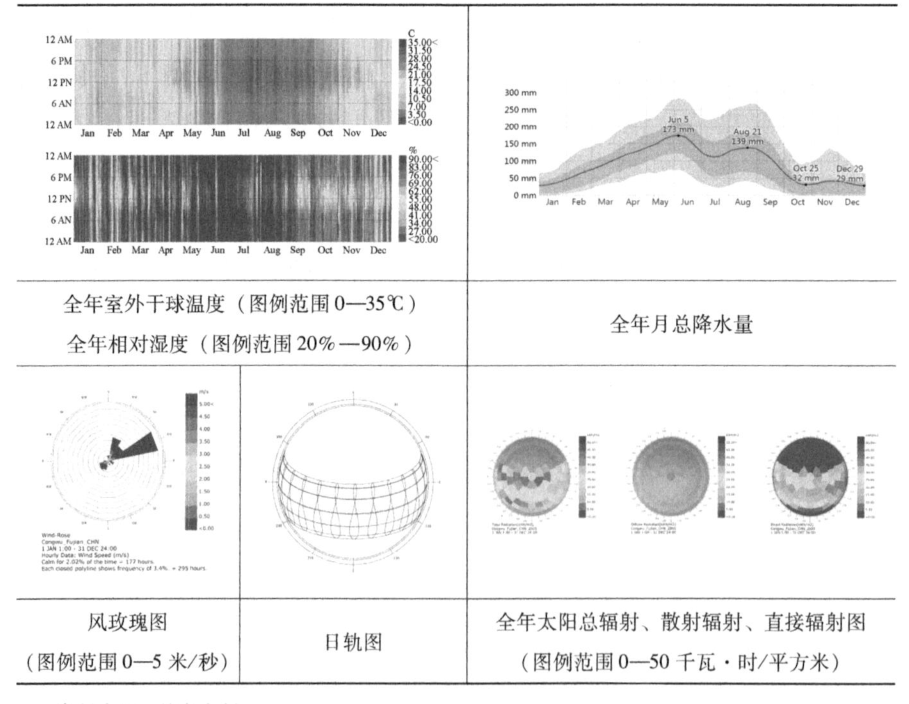

全年室外干球温度（图例范围0—35℃） 全年相对湿度（图例范围20%—90%）		全年月总降水量
风玫瑰图 （图例范围0—5米/秒）	日轨图	全年太阳总辐射、散射辐射、直接辐射图 （图例范围0—50千瓦·时/平方米）

资料来源：笔者自制。

表4-30　岵山镇主要气候数据

年平均气温（℃）	月平均最低气温（℃）	月平均最高气温（℃）	全年最低气温（℃）	全年最高气温（℃）	平均相对湿度（%）	夏至日太阳高度角（°）	冬至日太阳高度角（°）	最高月总降水量（mm）	最低月总降水量（mm）	平均日太阳辐射总量（Wh/m^2）
20.0	7.5	27.8	5.9	34.6	79.6	88.0	41.7	173	29	3900

资料来源：笔者整理。

2. 能量需求分析

泉州地区气候温暖湿润，日照充沛，降雨量大，夏季高发伴着暴雨的台风。植被资源丰富，明隆庆《泉州府志》中记载道："气候由山岚蒸郁，故春温烦燠，夏暑不清，秋鲜凉风，冬无冰雪。田土恒温而禾稻两收，桃李冬华而木叶鲜脱。"因此，当地传统建筑的形态布局主要需要解决暑热与潮湿问题，兼顾防雨排水。为了获得室内的人体热舒适，建筑需要达到的目标包括：平面尽量敞开，以空间排布来组织自然通风（W+）；以轻质围护结构来保证散热（D-I-）；坡屋顶为主，使降水能尽快排出屋面（P-）；注意防止冬季冷风渗透与夏季过多的热量渗入（W-T-）；南北朝向以自然采光（L+）；太阳高度角较大，可以通过出檐与百叶等设置遮阳构造（R-）。

3. 能量应对策略

闽南传统建筑以方言称为"厝"（即房子）。在高温潮湿的气候之下，闽南传统红砖厝色彩浓烈，有着独特的建筑形制和显著的外部特征，屋顶陡峭且出檐深远，平面开敞，多设廊道，横向排布而进深少。闽南大厝针对气候适应的能量应对策略包括以下几点。

（1）整体布局

·密集的街巷布局（R-W+I-）

岵山古镇的典型古厝以祠堂为中心，形成了内向围合的聚落布局，枝状的街巷系统贯穿于密集的建筑之间。厝之外的室外空间有小广场、街巷和埕（闽南聚落中以矮墙围合并以条石铺设地面的小尺度室外空间）。尤其是巷道，宽度基本为1.2—1.5米，而两边的建筑高度为3—6米，这样的高宽比使巷道基本处于墙体和屋檐的阴影下。建筑之间的遮挡减少了太阳对外墙的直接辐射；由小广场、窄巷和埕构成不同尺度的室外空间，由于受太阳辐射量不同导致温度差异，空气密度的不均匀产生了热压通风的效果；室外空间的疏密变化又加强了风压通风的作用，巷道风速增强，将冷空气带到聚落内部深处。

（2）平面层次

·天井与冷巷（W+I-P-L+）

岵山镇的古厝通常是以天井为单元对称展开平面布局，称为“中庭护厝”，天井一般狭窄且四周开敞，保证了基本的日照和除湿功能。天井内种植盆栽景观或留一方小水池，促进了蒸发降温，地面有明沟排水。冷巷是闽南与岭南地区传统民居室外具有遮阳通风效果的高窄通道，由于截面积小，气流经过时会加快风速而降低风压，因此冷巷周围房间内的热空气会被带出，达到风压通风降温的目的，加上冷巷本身受太阳辐射少而温度较低，因此是一个天然的空间“换气扇”。岵山古厝的柱廊和檐廊空间夹在两侧实体之间形成冷巷，通过开敞的门洞，以天井为出风口，利用坡屋顶产生上升浮力，将热空气从室内带出，成为一套有组织的自然通风系统（见图4-51）。

·平面开敞紧凑，门窗洞口较大（W+I-）

闽南官式大厝开间以“间张”为单位，分为三间张或五间张，进深以“落”为单位，间张和落构成了规模大小不一的各式厝形。岵山古镇的传统大厝基本为三间张双落厝，开间较多而进深较少，入口朝南。闽南地区夏季炎热潮湿，降雨量大，昼夜温差很小，只能在有屋顶覆盖但平面开敞的空间内活动与休息。因而闽南传统建筑有着大量的柱廊、檐廊和骑楼空间，廊和厅贯通全屋，四面通透，门窗开口面积很大，使室内空间呈现开放的流动性（见图4-52）。布局的紧凑和厚实的外墙又能防止夏季热量入侵与冬季冷风渗透。

（3）竖向层次

·陡峭、出檐深远的坡屋面（R-T-P-）

岵山闽南大厝的屋面较轻质，木构架之上铺以两层瓦片，瓦片

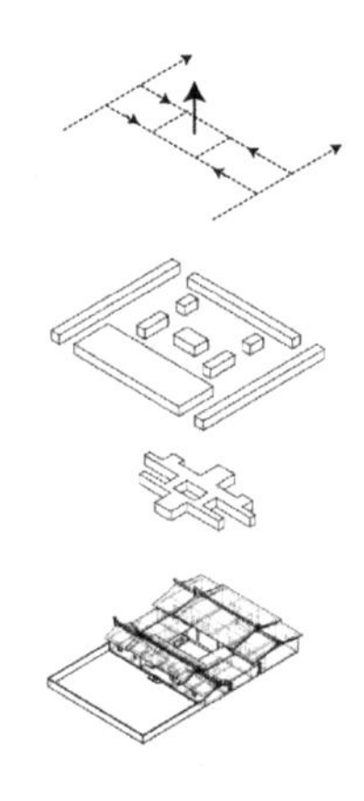

图4-51　天井冷巷通风

资料来源：陈心怡：《气候学视野下的闽南传统建筑空间转译研究》，硕士学位论文，天津大学，2016年。

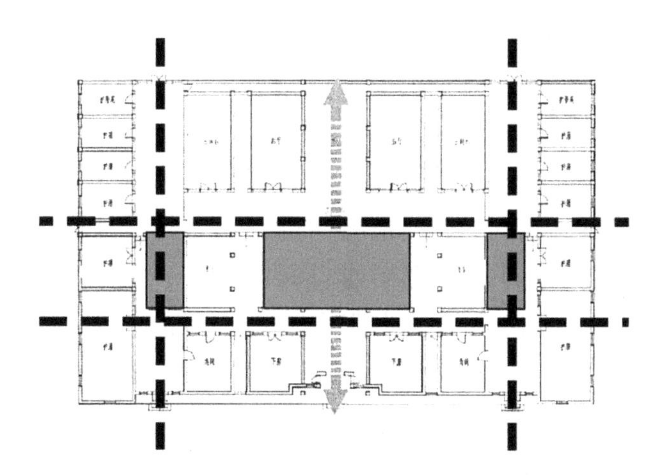

图4-52　岵山镇内李家大院开敞流动的平面格局

资料来源：蔡雁：《泉州岵山镇传统建筑的保护研究》，硕士学位论文，厦门大学，2014年。

层的间隙形成了狭窄的空气层，起到隔热的作用。瓦片之间的交错排布也有利于构件稳定，能抵抗较强的风压。屋顶陡峭，出檐深远，屋脊中间低、两头高，呈现“燕尾”形状，有利于将雨水迅速排到远离墙身的外部，也能同其他湿热气候区的民居（例如前文分析过的马来屋与日本武士住宅）一样，通过控制出檐深度，夏季遮挡阳光而冬季引入阳光。

（4）界面孔隙度

·轻质内墙与厚实的外墙（W+I-H-，W-）

岵山的闽南大厝内外墙采用不同的建造材料筑成。内墙多为轻质木墙，墙上的格栅可以通过开合控制通风。外墙是砖石或夯土墙体，厚实并且热稳定性强，有较好的保温隔热作用。外山墙的砌筑顺序一般为下部石材，上部“出砖入石”（闽南一种独特的砌墙方式，形状各异的石块和红砖相互交叠），有利于结构受力与防潮。有些外墙以“金包银”做法砌成，即红砖的外部包裹着中空墙体，内部填充卵石、碎砖瓦或当地盛产的牡蛎壳等材料。这样做节省了材料，墙体内部的空腔又增强了保温隔热的性能。厚重的外墙有利于抵抗台风，有时墙面转角处会用不同高度砌筑的垂直条石加固，加强对通过转角的强风的抵御作用。

·各式各样的遮阳构造（R-T-W+）

遮阳是闽南地区夏季防热的重要途径。大厝内有各式各样的遮阳构造，包括室内可以开合的活动隔扇门，隔墙上的百叶窗，厚重外墙上的镂花高窗，门窗叠涩飘檐遮阳，等等。空间的处理也考虑了遮阳效应，例如作为交通空间的檐廊，凹入的进门空间成为缓冲遮阳区，二楼挑出的小阳台兼做一楼的遮阳构件，以及骑楼空间等。窗格的花纹不仅有遮阳作用，也有利于通风，例如最常见的石栅窗，每条竖向石栅都向同一个方向倾斜，起到导风的作用（见图4-53）。

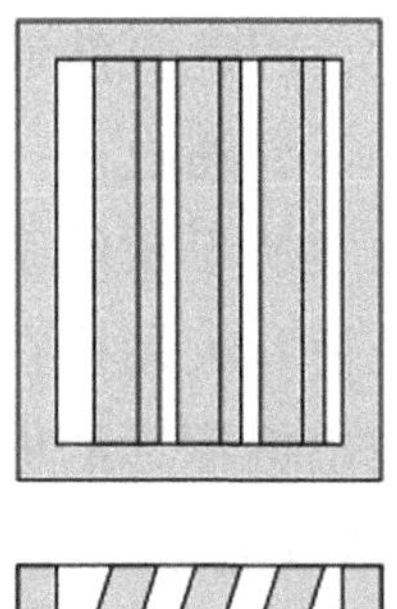

图4－53　石棚窗的导风结构

资料来源：笔者自制。

表4－31　岵山镇闽南大厝的热力学原型要素层级

整体布局	平面层次	竖向层次	界面孔隙度	构造补偿
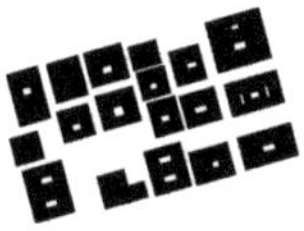	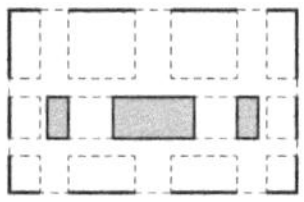			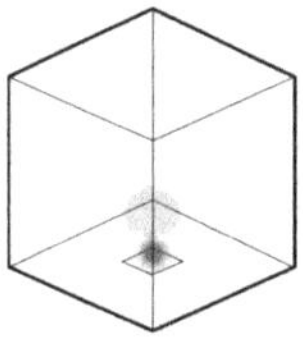

资料来源：笔者自制。

4. 适应气候的热力学原型

根据焓湿图，当地全年有14.2%的时间（约1244小时）处于舒适区，从柱状图中可以看出位于舒适区的时间基本在4—6月、9—11月。若加上可采用的各项被动式气候策略，舒适度的区间可上升到63.8%（约5589小时）。其中蒸发降温占7.0%（约613小时），围护结构加夜间通风的有效时间为1.6%（约140小时），自然通风有效时间为7.2%（约631小时），内部得热的有效时间为33.9%（2969小时），被动太阳能的有效时间为8.1%（约709小时）。

从被动策略有效时间的柱状图和焓湿图中（见图4－54）可以看出，当地四季分明，11月至次年4月通过被动太阳能得热与内部得热的方式提高室内舒适度是十分有效的。而对于7—8月较为炎热的夏季来说，由于湿度过大，因此自然通风和蒸发降温并不能起到太显著的散热降温作用，还需要通过进一步的措施调整来改善室内热环境。多个狭窄天井和冷巷所形成的系统由于文丘里效应而加速了通风效率，各式各样的花窗和大屋檐在保证光照的同时阻挡了夏季过量的太阳辐射，陡峭而出檐深远的坡屋面兼顾遮阳和防雨。将所采取的多项能量应对策略以能量系统语言的图解来呈现（见图4－55），可提取出基于能量需求的基本策略组合。

［4－8－11－19］通风散热（W＋T－I－）；［15－20］防雨（P－）；［20－22］遮阳（R－）；［8－10］防潮（H－）；［21］缓冲间层（D＋）；［22－23］蒸发降温（T－）。

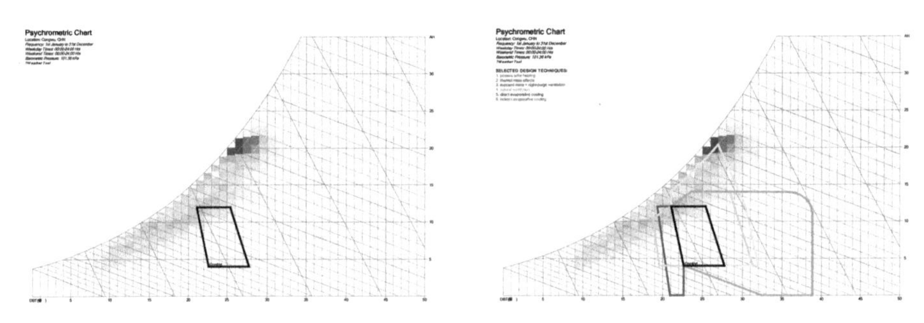

a. 采取各项被动式能量应对策略前后的舒适区时长对比

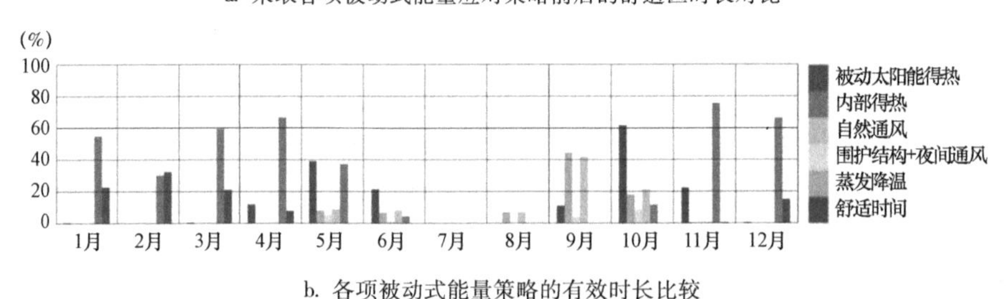

b. 各项被动式能量策略的有效时长比较

图4－54　岵山镇闽南大厝采取能量策略的可视化分析

资料来源：笔者自制。

（二）Ⅴ－2型：义乌市神坛村浙中民居——夏热冬冷

义乌隶属金华市，处浙中地区，属于亚热带湿润季风性气候，我国建筑气候区划的夏热冬冷地区，四季分明，降雨量较大。赤

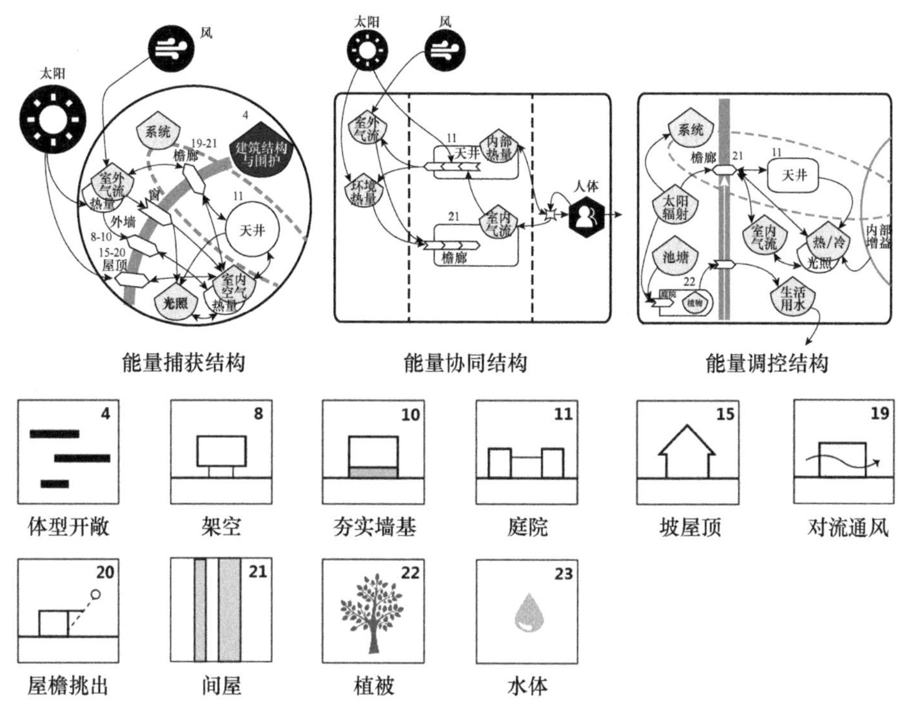

图4－55　岵山镇闽南大厝的能量系统语言图解

资料来源：笔者自制。

岸镇位于义乌南部，其西边的村落处于半山区，三面环山，中央平坦，形似坛子，因而称为神坛村。神坛村东南面有一条河流穿过，西北角有山脉，村内的传统民居建筑群坐落于两者之间的平地。

1. 气候分析

神坛村位于北纬29.1°、东经120.0°，离神坛村最近的气候数据监测点位于距离其30千米的义乌市。将气候数据.epw文件导入Ladybug中（见表4－32），根据可视化分析和数值分析的结果，得出神坛村的重要气候特征如下（见表4－33）。

·温度：月最高平均气温为7月的27.2℃，月最低平均气温为1月的4.5℃，四季分明，夏热冬冷；夏季最高温度为36.2℃，冬季历史最低温达到－14.5℃，昼夜温差夏季小冬季大。

·相对湿度：气候全年湿润，年平均相对湿度为77.6%，有25%的时间（约2217小时）相对湿度大于90%。

·太阳辐射：日照时数较长，全年平均日太阳辐射总量为4900Wh/m^2，但漫射辐射的比例较高。7月平均日辐射总量最高，约为6400Wh/m^2，1月最低，但也有3600Wh/m^{2}左右，太阳能资源丰富。

·降水量：降水量随季节差异较大，总体呈现夏湿冬干，月总降水量最高为6月的202毫米，最低为12月的33毫米，年平均总降水量约1500毫米。

·风向与风速：风向变化复杂，主要以东风和南风为主，全年室外平均风速为3.1米/秒。

表4－32　　　　神坛村气候数据可视化分析

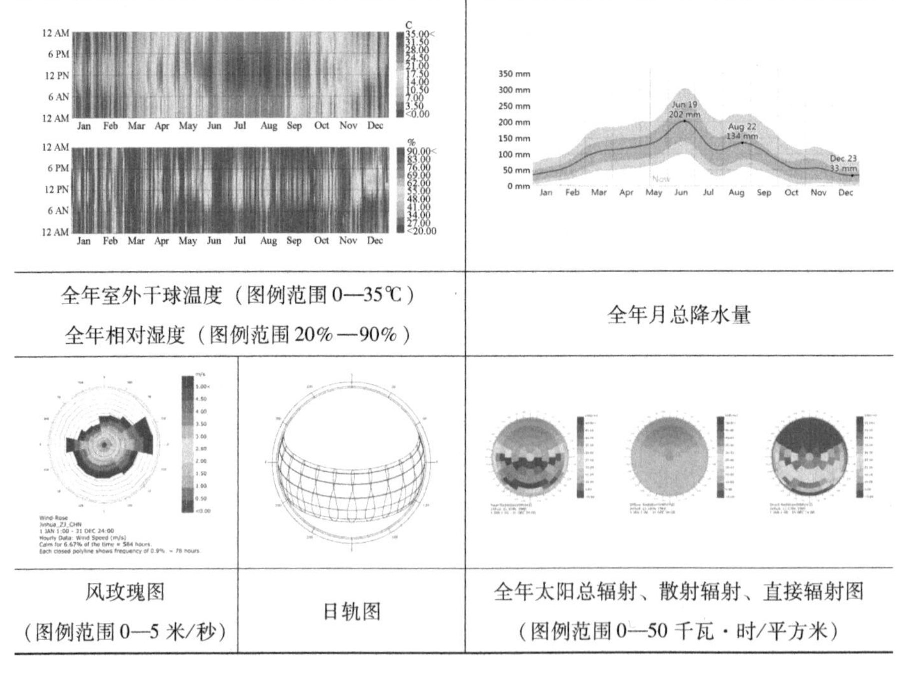

全年室外干球温度（图例范围0—35℃） 全年相对湿度（图例范围20%—90%）		全年月总降水量
风玫瑰图 （图例范围0—5米/秒）	日轨图	全年太阳总辐射、散射辐射、直接辐射图 （图例范围0—50千瓦·时/平方米）

资料来源：笔者自制。

表 4-33　　神坛村主要气候数据

年平均气温（℃）	月平均最低气温（℃）	月平均最高气温（℃）	全年最低气温（℃）	全年最高气温（℃）	平均相对湿度（%）	夏至日太阳高度角（°）	冬至日太阳高度角（°）	最高月总降水量（mm）	最低月总降水量（mm）	平均日太阳辐射总量（Wh/m^2）
16.6	4.5	27.2	-14.5	36.2	77.6	84.2	37.4	202	33	4900

资料来源：笔者整理。

2. 能量需求分析

从气候数据可以看出，神坛村夏热冬冷的特征很明显，温度变化幅度很大（D+），夏季防热（T-）和冬季保暖（I+）都是建造时需要考虑的重点。年总降水量为较高，春夏季降雨多，湿度大，需要在构造与材料上注意防雨防潮（P-H-）。夏季日均日照时间为14小时，冬季为10小时，日照资源丰富，可以充分利用。当地有丰富的木料和石料资源，在选择建造材料上可以优先使用。在能量需求上最大的问题在于，如何同时处理夏季需要散热与冬季需要保温的矛盾。

3. 能量应对策略

浙中地区低山环绕，丘陵较多，受地形影响，民居大多背山面水而建。建筑体块规整，中轴对称，中间是厅堂，两侧设厢房，围合成三合院或四合院。三合院通常是“九间头”或“十三间头”，四合院多为“十八间头”。结构以干阑式为主，屋顶为两坡硬山，马头山墙，门窗主要开在天井一侧，山墙上也有小窗满足通风需求，墙面材料包括石、砖、土和木板等。笔者以神坛村传统民居聚落为调研对象，并以聚落中的典型民居冯雪峰故居为实测对象，根据仪器测试不同测点室内外温度、湿度和风速，以热成像相机呈现外围护结构表面温度，总结出神坛村传统民居应对气候的能量策略包括如下几点。

（1）整体布局

·路网密集的街巷空间（R－W＋I－）

神坛村的西北侧和南侧均有山脉，东南侧河流穿过村前，村西北侧有一池塘，村中民居群围绕着池塘建造，选址是典型的背山面水特征，布局有环心性。村内地形西北高东南低，东南角的村子入口地势最低。聚落路网密集，街巷狭窄，最宽的主路仅 4 米，街道高宽比在 2∶1 以上（见图 4－56）。密集的道路和高窄的街巷形成了大片阴影，减少了夏季建筑外围护结构的受辐射面积，根据 ladybug 的日照时长模拟结果来看，由于相互遮挡，神坛村街巷内部受到的日照远少于外部开阔场地（见图 4－57）。村中的池塘和广场等开阔空间与街巷形成了风压通风的良好条件，引导着风从建筑山墙之间穿过。夏季，街巷中快速的风能带走集聚的热量，冬季时又因山墙封闭而减少寒风对建筑内部的影响。

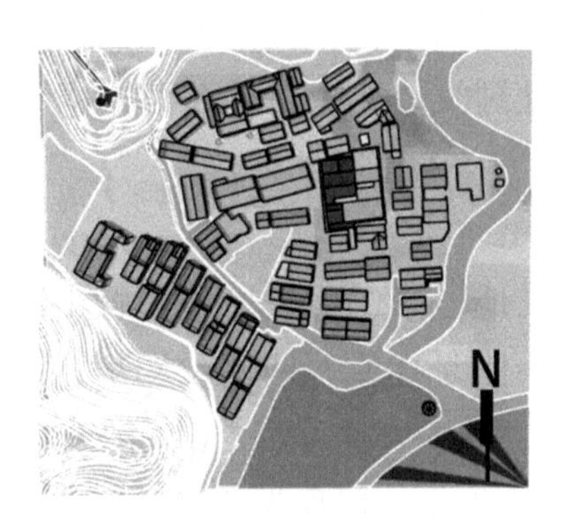

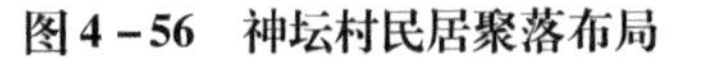
图 4－56　神坛村民居聚落布局

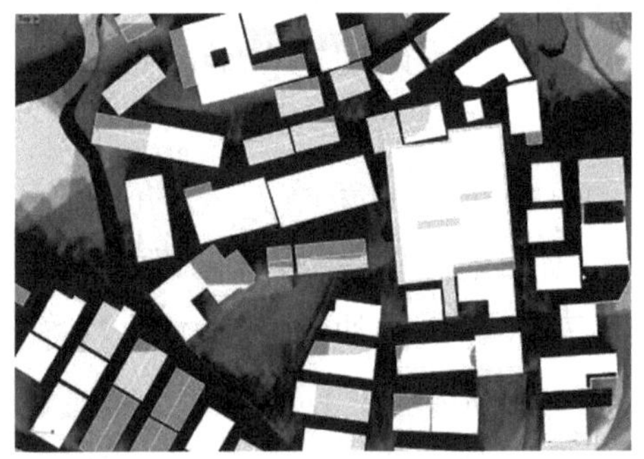

图 4－57　日照时间模拟分析

（2）平面层次

·紧凑向心的平面布局（I＋）

神坛村的传统民居一般为两层，基本朝南，能获得较好的采光条件，在冬季接收到较高的热辐射。冯雪峰故居是神坛村传统民居里最有代表性的一座，建于 1909 年，面阔 13.5 米，进深 18.5 米，两进五开间的四合院。故居中央为方形天井，左右厢房各两间。厨房与储藏室位于一层，二楼的房间围绕着中央天井紧凑布置（见图4－58左）。相对于外部封闭的墙体，建筑内部朝向庭院的房间是开放的，窗户均开在天井内侧。紧凑向心的布局最大限度地阻挡了外界环境波动对内部的影响，有利于夏季防热和冬季保温，减少了暴露在外的散热面积。这样的设置也要求天井成为房间通风采光的主要途径。

·连廊空间（D＋）

冯雪峰故居的二楼房间外部有一条环绕天井的外廊，外廊与天井之间以木板墙相隔，墙上开有大窗。这条连廊不仅是二楼的通道，更是同天井一起成了民居内的气候缓冲空间。连廊的四个围合表面均为木材，实测数据表明，连廊处的空气温度基本处于室外（天井）与房间之间（见图4－58右）。连廊的存在是室内与室外空间的又一道屏障，稳定了室内气温的波幅（见图4－59）。

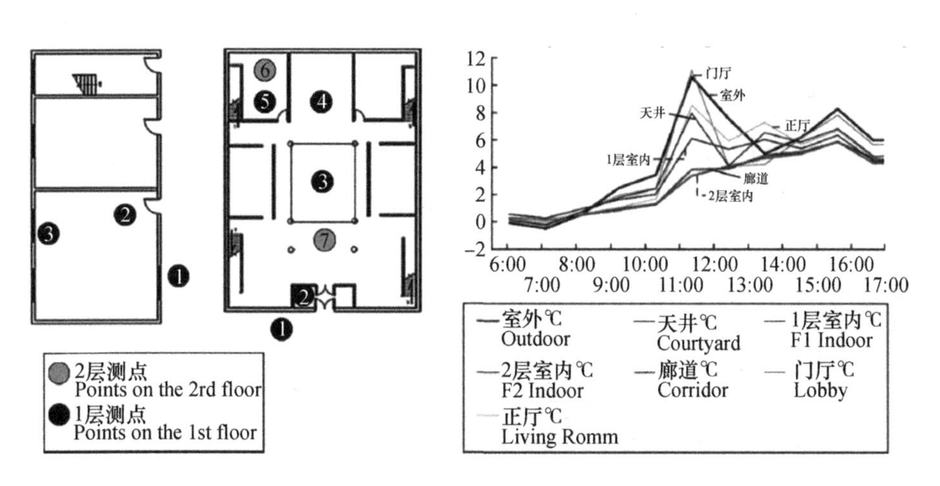

图4－58　冯雪峰故居的实测各测点温度变化图

资料来源：何美婷、李麟学：《基于自然能量的乡土建筑热力学研究》，《建筑节能》2019年第10期。

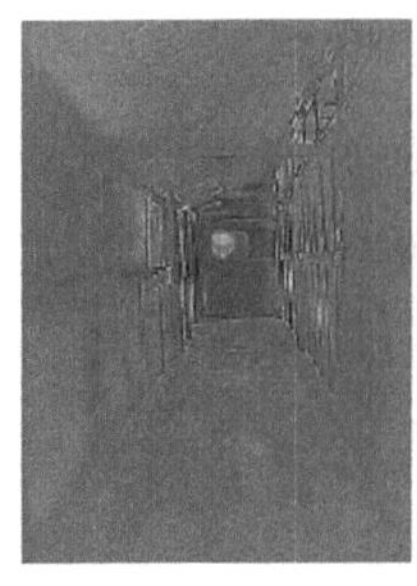

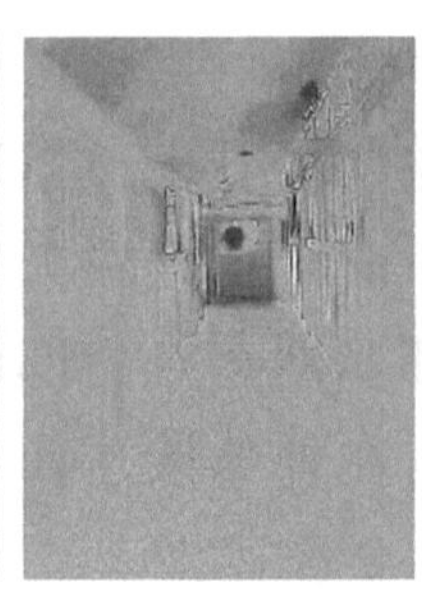

图4－59　二层廊道冬季10点—12点—14点—16点的热成像照片对比

(3) 竖向层次

· 尺度合宜的天井空间（L＋W＋）

天井是浙中民居的一个重要空间特征。神坛村传统民居的天井包括矩形、方形和狭长的线形三种类型。天井将周围的房间功能组织起来，由于民居外部封闭，天井就成了内部房间采光的重要途径（见图4－60a）。由于夏季炎热，阳光直射强烈，加上天井也是建筑内部热压通风的重点，天井的平面尺度不如北方寒冷地区那么大。天井、敞厅和二层的通廊组织成了流动的室内空间。天井内部种植花草，并做有明沟将落于天井中的雨水有组织地排向室外的排水渠，之后再依地势自然流入村内的水塘与河流中。

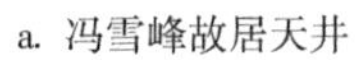

a. 冯雪峰故居天井　　b. 双坡瓦屋顶热成像照片

图4－60　冯雪峰故居的采光天井和热成像测试

· 双坡挂瓦屋顶（D＋P－）

冯雪峰故居为硬山重檐挂瓦屋顶，由热成像图可以看出，瓦屋顶的蓄热能力很强，冬季傍晚时屋顶表面温度可以比立面表面温度高出5℃以上（见图4－60b）。这样的瓦屋顶夏季有较好的隔热能力，冬季更是能吸收白天的太阳辐射热并在夜间缓缓释放至室内提高温度。双重坡屋顶有利于排水，位于天井上方的重檐更是将雨水引导至天井内部的明渠，防止雨水冲刷内外墙面。

（4）界面孔隙度

·界面材料和双层窗（D+W+）

浙中地区盛产木材与石料，民居的建造材料基本上也是就地取材。外墙材料主要有清水砖墙和土墙等高蓄热材料，热稳定性与热惰性良好，适应于多变的当地气候。清水砖墙以青石青瓦砌成，外刷厚黏土和石灰防雨，部分以条石为墙基防潮。黄泥土墙也是神坛村民居最常使用的一种承重墙，开窗较小，由于土墙不防潮，因此墙基同样是以石材筑成。虽然神坛村民居围护结构较封闭（见图4-61），但山墙上方设有高窗。高窗不仅能在夏季带走建筑上部积蓄的热量，更能在冬季太阳高度角较小时保证室内获得更多的辐射热。内墙是室内与天井的界面，一般采用木板墙这样的轻质材料，开窗较大。双层窗是浙中民居开在山墙上的一种特殊窗户构造，通常位于二层，窗洞较小，外层为百叶，内层为窗扇，均可以自由开合（见图4-62）。夏季时内外窗都打开促进通风，冬季内窗关闭，外部加热过后的空气从窗扇的空隙中流入室内，人为控制遮阳通风。

图4-61　封闭的外墙

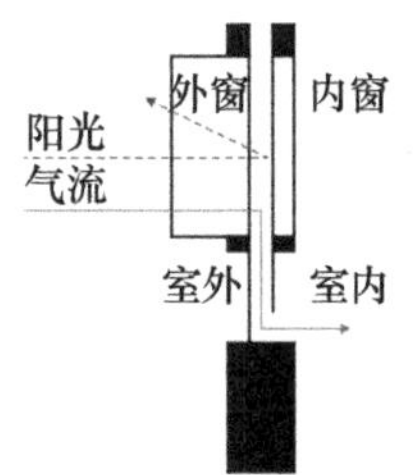

图4-62　位于二层的双层窗通风采光构造

表 4－34　　神坛村浙中民居的热力学原型要素层级

整体布局	平面层次	竖向层次	界面孔隙度	构造补偿

资料来源：笔者自制。

4. 适应气候的热力学原型

通过焓湿图可以看出，当地全年仅有 10.6% 的时间（约 928 小时）处于舒适区。加上可采用的各项被动式气候策略，舒适度的区间可上升到 62.5%（约 5475 小时）。其中蒸发降温占 10.7%（约 937 小时），围护结构加夜间通风的有效时间为 3.8%（约 333 小时），自然通风有效时间为 11.3%（约 990 小时），内部得热的有效时间为 21.7%（1901 小时），被动太阳能的有效时间为 17.2%（约 1507 小时）。遮阳隔热、自然通风对于夏季舒适度有比较理想的效果，室内热源与被动太阳能得热对于冬季的室内热环境有显著改善（见图 4－63）。

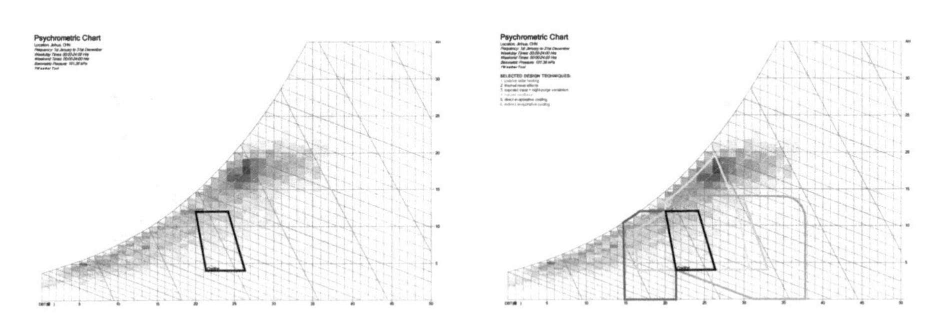

a. 采取各项被动式能量应对策略前后的舒适区时长对比

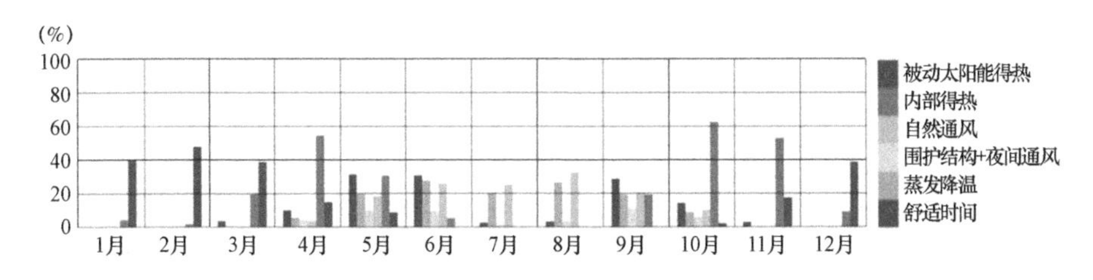

b. 各项被动式能量策略的有效时长比较

图4-63　神坛村浙中民居采取能量策略的可视化分析

资料来源：笔者自制。

从舒适度的色块分布来看，位于舒适区的时间基本在4—6月、9—10月，其他未落于舒适区范围内的时间基本在左侧与右侧均匀分布，这说明夏季防热和冬季取暖是当地建筑均需要应对的问题。而采取了被动策略后的舒适区依然无法包括某些高湿度高温时间，说明夏季还需重视除湿的问题。紧凑向心的布局减少了暴露在外的散热面积，封闭的外墙有利于夏季防热和冬季保暖，室内轻盈开敞的空间组织连同天井一起形成了内部空间的通风渠道，环绕天井的连廊成为天井和房间之间的热缓冲间层。将所采取的多项能量应对策略以能量系统语言的图解来呈现（见图4-64），可提取出基于能量需求的基本策略组合。

[1-6-13] 遮阳、减少辐射（R-）；[11-18] 通风散热（W+T-I-）；[15-20] 遮阳、防雨（P-R-）；[10] 防潮（H-）；[21] 缓冲间层（D+）。

（三）V-3型：咸阳市柏社村地坑窑院——寒冷

陕西地处中国内陆腹地的黄河中游段，地势南北高而中间低，横跨三个气候带，地形地貌复杂，包括山地、平原、高原和盆地等，其中黄土高原占全省总面积的40%以上。柏社村位于陕西关中平原中部，隶属于咸阳市三原县新兴镇，临近铜川市，属于典型的黄土台塬地形，内部基本是平坦的地貌，周围植被茂盛，提供了发展地坑型窑院的良好条件。

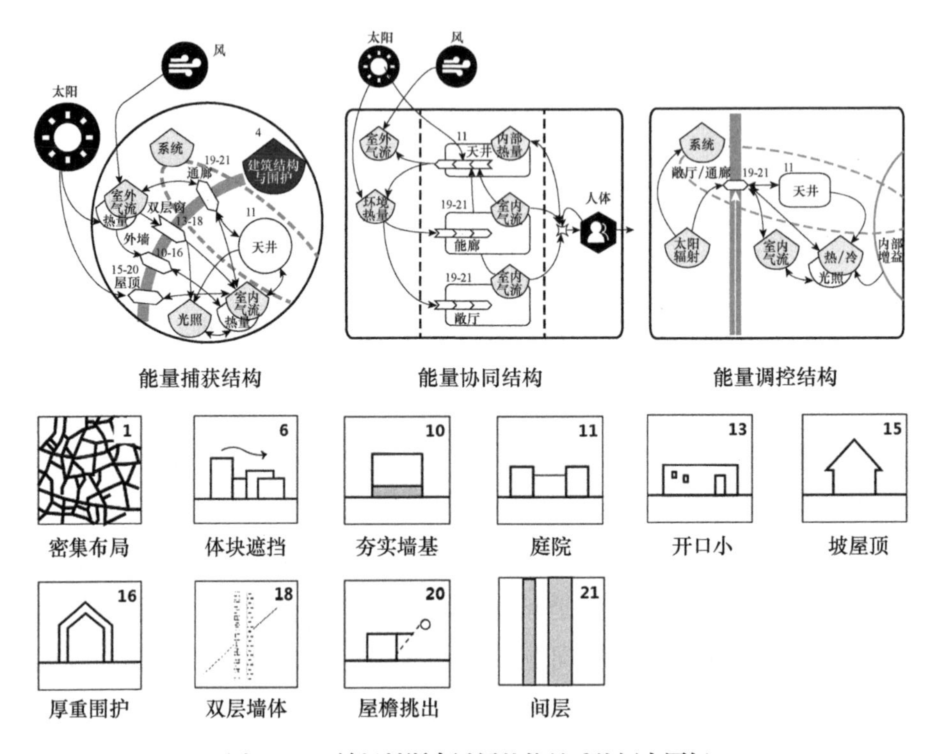

图 4 - 64　神坛村浙中民居的能量系统语言图解

资料来源：笔者自制。

1. 气候分析

柏社村位于北纬 34.8°、东经 108.9°，距离最近的气候数据监测点在距离其 12 千米左右的铜川市。将气候数据 .epw 文件导入 Ladybug 中（见表 4 - 35），根据可视化分析和数值分析的结果，得出柏社村的重要气候特征如下（见表 4 - 36）。

· 温度：月最高平均气温为 7 月的 23.8℃，月最低平均气温为 12 月的 - 3.1℃。夏季较炎热，冬季较寒冷，四季分明；冬季昼夜温差大。

· 相对湿度：年平均相对湿度为 63.9%，其中 7—11 月的相对湿度在 75% 左右，12 月至次年 5 月为 55% 左右，有明显的干湿两季。

表 4 – 35　　　　柏社村气候数据可视化分析

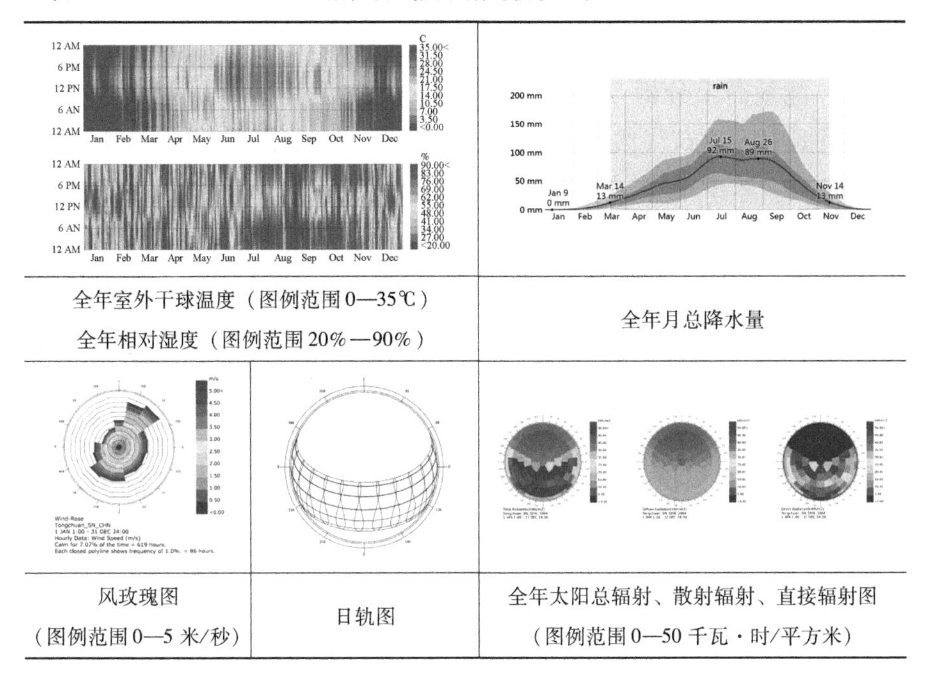

全年室外干球温度（图例范围 0—35℃） 全年相对湿度（图例范围 20%—90%）		全年月总降水量
风玫瑰图 （图例范围 0—5 米/秒）	日轨图	全年太阳总辐射、散射辐射、直接辐射图 （图例范围 0—50 千瓦·时/平方米）

资料来源：笔者自制。

表 4 – 36　　　　柏社村主要气候数据

年平均气温（℃）	月平均最低气温（℃）	月平均最高气温（℃）	全年最低气温（℃）	全年最高气温（℃）	平均相对湿度（%）	夏至日太阳高度角（°）	冬至日太阳高度角（°）	最高月总降水量（mm）	最低月总降水量（mm）	平均日太阳辐射总量（Wh/m^2）
10.8	–3.1	23.8	–11.6	36.5	63.9	74.7	30.6	92	0	5100

资料来源：笔者整理。

· 太阳辐射：日照时数的季节性变化较大，夏季长冬季短，日照资源丰富，全年平均日太阳辐射总量为 5100Wh/m^2。6 月平均日辐射总量最高，约为 7500Wh/m^2，12 月最低，为 2700Wh/m^2 左右。

· 降水量：夏湿冬干，月总降水量最高为 7 月的 92 毫米，最低的 1 月几乎不下雨，年平均总降水量约 600 毫米。

·风向与风速：风向变化复杂，主要盛行东北风与西南风，室外风速年平均2.4米/秒。

2. 能量需求分析

根据中国建筑气候区划，柏社村属于寒冷地区的IIB，温暖半干旱气候带。冬季干燥，平均气温在0℃左右，最低可以达到－10℃左右，降水很少；春季于3月开始升温，降水量增大；夏季炎热多雨，最高温可达到36.5℃；秋季于9月开始降温。可以看出该地四季分配均匀，温度与湿度年较差和日较差都很大，多变的气候条件要求建筑必须有灵活适应的能力，稳定室内热环境的波动（D＋）。另外，此地黄土层厚实，是当地最常见也是最易得的建造资源，对此可以加以利用。日照资源非常丰富，因此有利于发展庭院式建筑，被动接收太阳辐射热以改善冬季的低温环境（R＋T＋）。

3. 能量应对策略

柏社村位于黄河中上游及支流流域，地表覆盖着10—30米深的黄土层。区别于陕北地区的沟壑地貌，这里有着十分开阔的平原台地，给予民居向地下开挖的有利条件，形成了如今的柏社村传统地坑窑聚落。地坑窑是典型的气候建造范例，在没有地势高差的情况下就地开挖方形地坑，再往四周坑壁横向挖出窑洞，形成地下四合院。针对气候适应的能量应对策略包括如下几点。

（1）整体布局

·均质化的散点布局（R＋L＋）

柏社村内地势平坦，建筑多为地坑窑，少数地形高差较大处有靠崖窑。围绕着地坑窑的周围空地上也建有一些地面住宅。核心区的地坑窑呈无序散点分布，以枝状小路相连系，保存质量基本完好，地面植被环绕，窑洞庭院内也多种有树木。地坑窑为方形平面，朝向为南偏东5—15°（见图4－65）。

（2）平面层次

·开阔的庭院（R＋L＋）

通过入口、大门和二门即可以到达庭院。地坑窑的庭院和多数

图4－65　柏社村核心区散点分布的地坑窑

我国北方民居一样，开阔而方整，以最大限度争取日照和冬季获得热量。从空间形式来看，地坑窑以庭院为中心中轴对称围合成四合院（见图4－66）。庭院空间以高差和外部环境相隔离，中央种植杏树、石榴树或核桃树，不仅是一种积极的寓意，更为窑洞内部形成了良好的微环境条件。庭院内可以饲养家禽，种植瓜果，水井立于庭院一侧，供给居民生活用水。

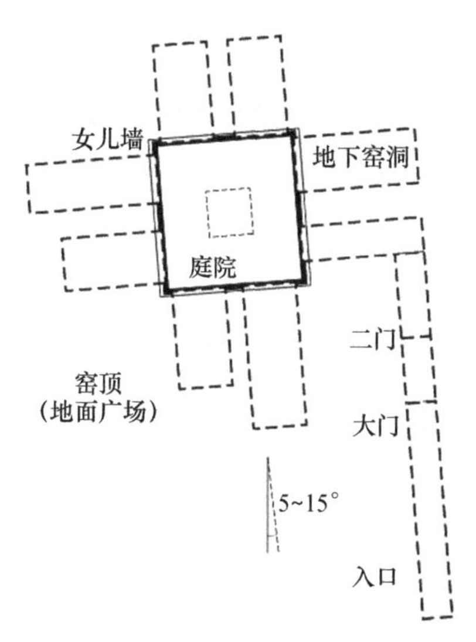

图4－66　柏社村地坑窑典型平面布局

资料来源：笔者自制。

（3）竖向层次

·向地下发展的斗状主体（D+）

地坑窑平面分为入口、大门、二门、中庭、地下窑洞、女儿墙和窑顶（即地面广场）。鸟瞰地坑窑只能看到入口、边长为10米左右的方形中庭、中庭顶部与地面相接处环砌的女儿墙，其他部分均位于地下。入口是进入地坑窑的唯一通道，一般远离窑坑主体并与地面道路相连，有时做成折线形防止夏季雨水过快进入窑内，并因入口难以寻找而常设一门楼为标识。窑坑主体为方形，从地面向下延伸为斗状，上大下小，这样的夹角是为了抵抗窑洞周围黄土的侧推力（见图4-67）。深埋于土层的室内空间利用了黄土的厚度和良好的蓄热能力，创造出和室外气候完全不同的宜居环境，冬暖夏凉。

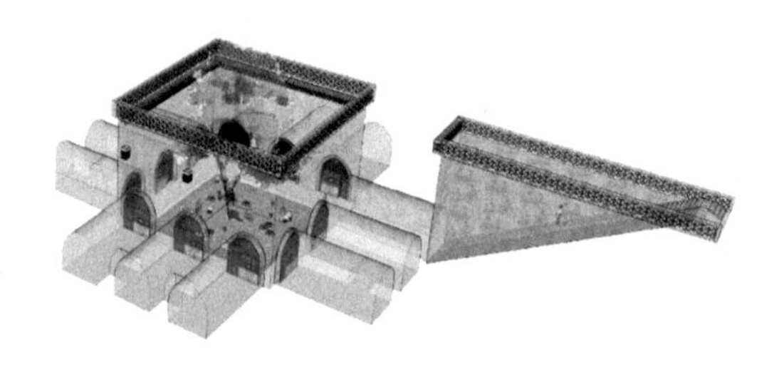

图4-67　向下发展的斗状主体

资料来源：黄瑜潇：《柏社村地坑窑院建筑的现代应用设计及其生态低技术研究》，硕士学位论文，西安建筑科技大学，2017年。

（4）界面孔隙度

·以黄土为建造材料（D+）

地坑窑直接从黄土台塬上下挖而成，其他裸露的外墙多数都是黄土制成的土坯或夯土墙。黄土无须烧制，可以就地取材，节省了建造时的运输成本和加工成本，也就是降低了材料的植入能量。这些建造材料在拆除时还能回归自然并再利用，极大地降低了生态环境压力。黄土作为天然建筑材料，它的热惰性约为砖的13.5倍，热阻约为8倍，适应于柏社村年较差与日较差都很大的室外气温，稳定室内热环境。麦秆是柏社村民常见的农作物，他们将麦秆和黄土制成的混合物用于抹墙。黄土制成的土砖除了砌墙还可以砌筑室内的灶台、火炕等，土瓦可以砌成滴雨檐与其他防水构造。

·开口小的窑脸（I+）

地坑窑庭院周围的地下窑洞是主要的生活房间，它们向土层内开凿，没有用梁架而是由挖凿时形成的土拱为自支撑。每个窑洞有各自的用途，单一功能窑洞包括厨房、储物房、家禽窑等（卫生间一般在地面上另设），多功能的窑洞包括卧室兼做客厅等。窑脸是窑洞的出入门面，由拱形包围着形状简朴的方门窗组成。一般是一个正门、一个门旁的采光方格窗和一个门上方的通风窗，门窗洞口比较小（见图4－68），减少外围护结构的薄弱部分，降低室内外的热交换。

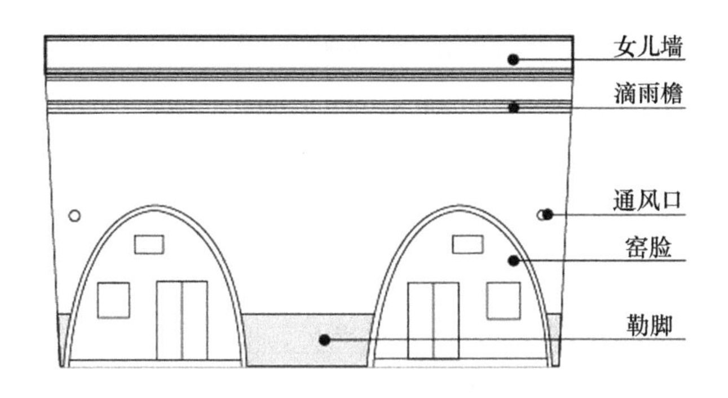

图4－68　窑壁立面细部构造

资料来源：笔者自制。

（5）构造补偿

·火炕与通风竖井（S+W+）

和东北严寒地区的民居一样，柏社村的居民在窑洞内也使用了火炕取暖。火炕的工作原理也相似，将窑内厨房的炉灶和火炕以烟道相连，利用烹饪生火的余热加热炕面，为炕上睡觉或活动的人提供热量。地坑窑有一个很大的缺点是只有单侧门窗洞口，无法光依靠风压形成气流循环，使窑洞内的空气无法长期保持清新。因此居民在火炉的上方设置了通风井，分别通向中庭四周窑壁的上方、下方，以及窑顶的地面。冬季生火取暖时用于排烟，其他时间都可用于通风。室内外的热压和竖井顶部与窑洞入口的风压，它们共同作用之下推动了窑洞内的空气流动，加强通风散热去湿。通向地面的竖井顶部相当于一个“捕风塔”，通过调整顶部风口的大小和方向来控制通风效果（见图4－69）。

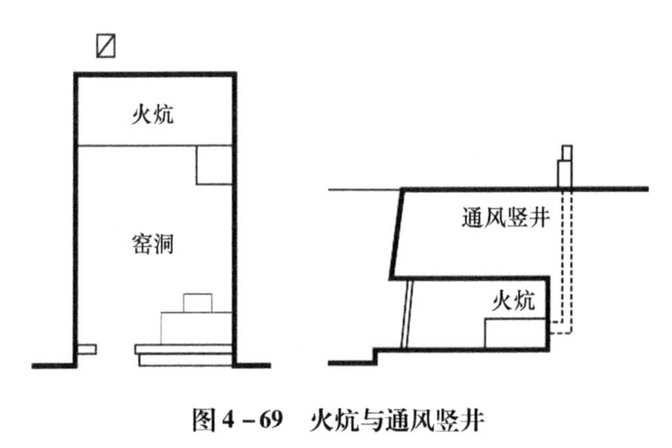

图4－69　火炕与通风竖井

资料来源：笔者自制。

表4－37　柏社村地坑窑院的热力学原型要素层级

整体布局	平面层次	竖向层次	界面孔隙度	构造补偿
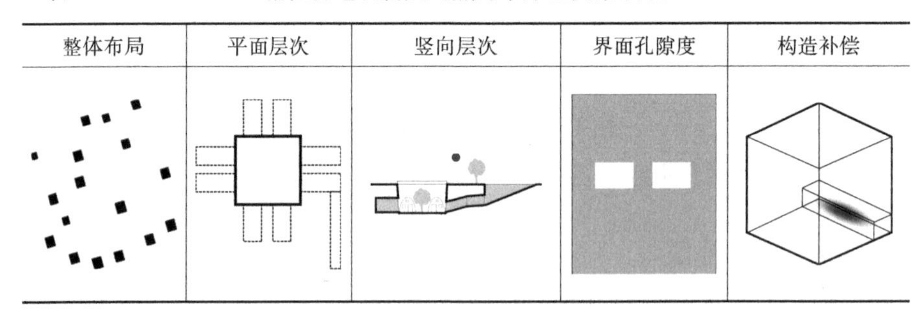				

资料来源：笔者自制。

4. 适应气候的热力学原型

柏社村位于寒冷地区，根据 Ladybug 所生成的焓湿图（见图4－70a），基于 PMV 舒适度模型当地全年仅有 11.7% 的时间（约

1025 小时）处于舒适区，舒适时间基本位于 5—9 月。若勾选可采用的各项被动式气候策略，舒适度的区间可上升到 67.2%（约 5886 小时）。其中蒸发降温占 7.8%（约 683 小时），围护结构加夜间通风的有效时间为 4.4%（约 385 小时），自然通风有效时间为 5.5%（约 482 小时），内部得热的有效时间为 25.2%（2207 小时），被动太阳能的有效时间为 22.6%（约 1980 小时）。夏季防热以遮阳措施为主，冬季防寒则以高蓄热材料和被动式太阳能保温为主，辅以室内热源共同作用（见图 4－70b）。

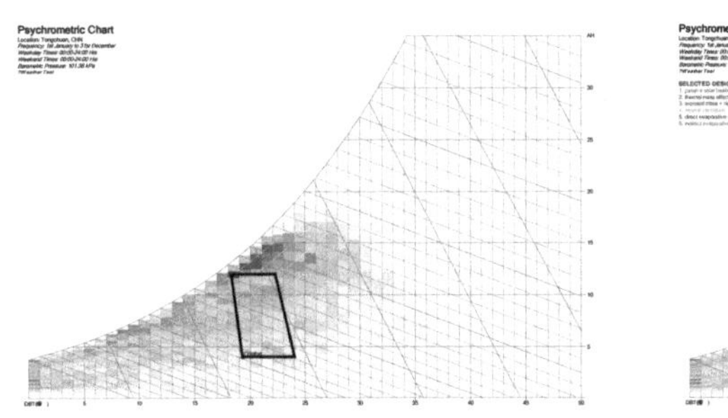

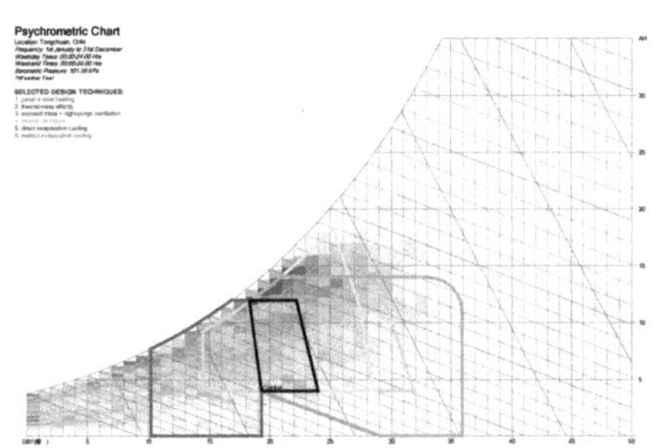

a. 采取各项被动式能量应对策略前后的舒适区时长对比

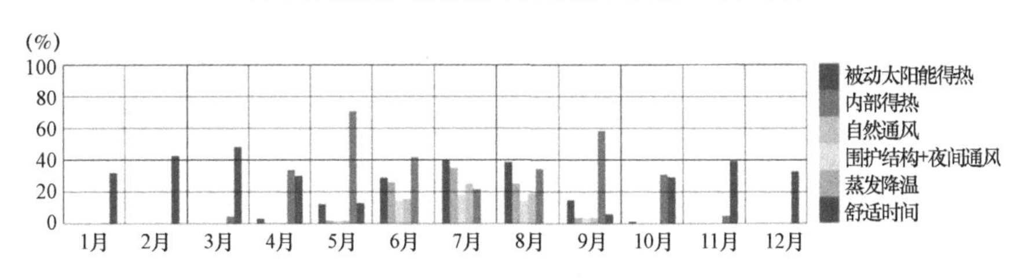

b. 各项被动式能量策略的有效时长比较

图 4－70　柏社村地坑窑采取能量策略的可视化分析

资料来源：笔者自制。

未落于舒适区的色块大多位于左侧，体现了当地位于寒冷地区的首要问题。从图 4－70 中可以看出，加上蒸发降温、自然通风等能量策略，舒适区间基本可以包围了夏季较热的时段，说明这些形式层面上的能量策略可以解决夏季的室内环境控制。而被动太阳能得热和内部得热在 9 月至次年 4 月都显得尤为有效，其余无法解决的更寒冷的时间段就需要主动热源或设备来辅助室内获得额外热量。柏社村的地坑窑是利用当地地形和资源所产生的独特民居形式，直接从黄土台塬上下挖而成的居住空间加上就地取材的黄土墙，节省了建造时的运输成本和加工成本，也利用了黄土作为建筑材料优秀的热稳定性能，减小了室内温度的波动幅度。开阔方整的斗状庭院以最大限度争取日照和冬季获得的热量，火炉和通风竖井的共同作用既增加了内部得热，也加强了通风换气的作用，弥补了地坑窑的房间只有单侧门窗洞口的通风缺陷。将所采取的多项能量应对策略以能量系统语言的图解来呈现（见图4－71），可提取出基于能量需求的基本策略组合。

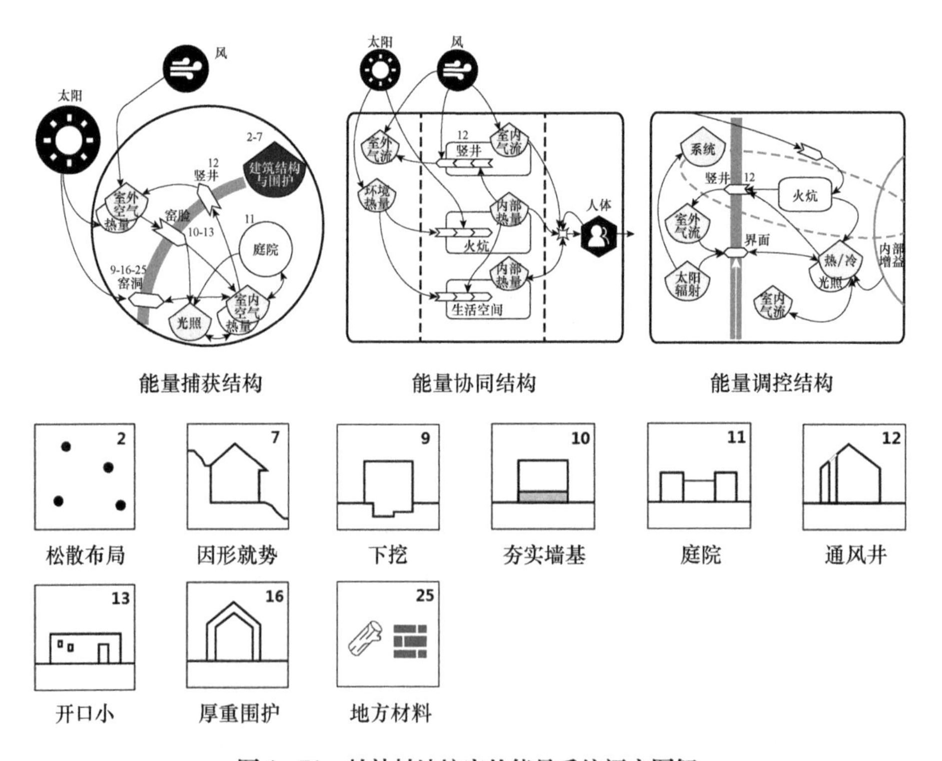

图4－71　柏社村地坑窑的能量系统语言图解

资料来源：笔者自制。

［2－11］争取有利的太阳辐射（R＋）；［7－9－13－16］减缓室内温度波动（D＋）；［9－11］蓄水（P＋）；［10］防潮（H－）；［11－12］通风（W＋）；［13－16］防止冬季室内热量散失（I＋）；［7－9－25］减少植入能量、降低环境影响。

（四）Ⅴ－4型：抚顺市腰站村满族民居——严寒

辽宁省是满族人民的重要聚集地，占全国满族人口的一半以上，其中抚顺市下属的乡镇至今仍有许多小型满族民居聚落。抚顺市属于我国热工分区中的严寒地区，温带季风气候，有夏季较为炎热多雨，冬季寒冷干燥并且漫长，从秋季起就因西伯利亚冷空气南下的影响而出现早霜。抚顺市新宾满族自治县上夹河镇的腰站村就是一个满族聚居的传统村落，也是辽东地区唯一的清皇族后裔聚落，环境优美，群山环绕。腰站村的满族聚落保存完好，布局和建筑都呈现出传统满族民居应对当地严寒气候的形态特征，是一个很好的研究样本。

1. 气候分析

腰站村位于北纬41.9°、东经124.4°，离腰站村最近的气候数据监测点在距离其20千米左右的抚顺市。将气候数据.epw文件导入Ladybug中，根据可视化分析和数值分析的结果（见表4－38），得出腰站村的重要气候特征如下（见表4－39）。

表4－38　腰站村气候数据可视化分析

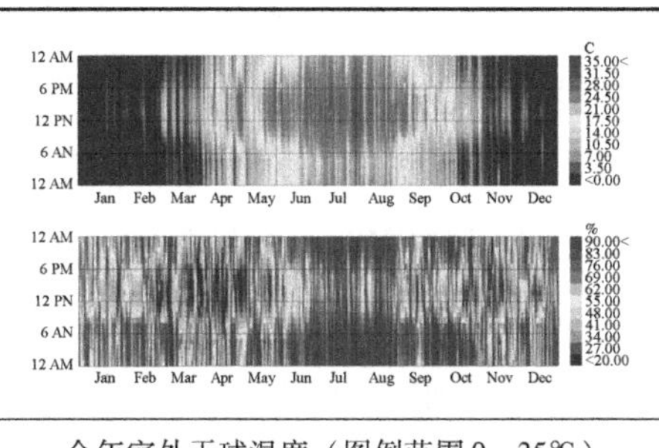	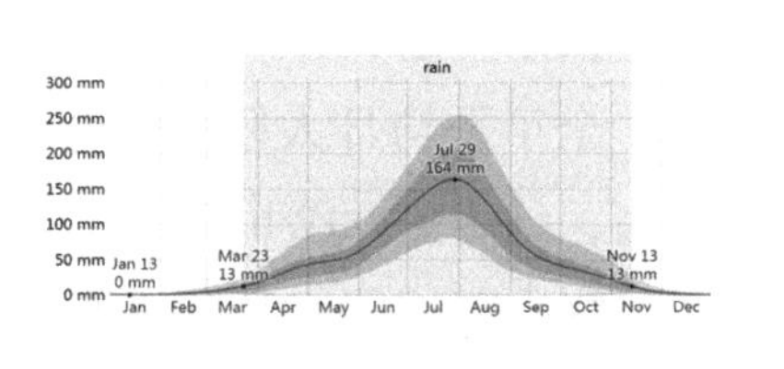
全年室外干球温度（图例范围0—35℃） 全年相对湿度（图例范围20%—90%）	全年月总降水量

续表

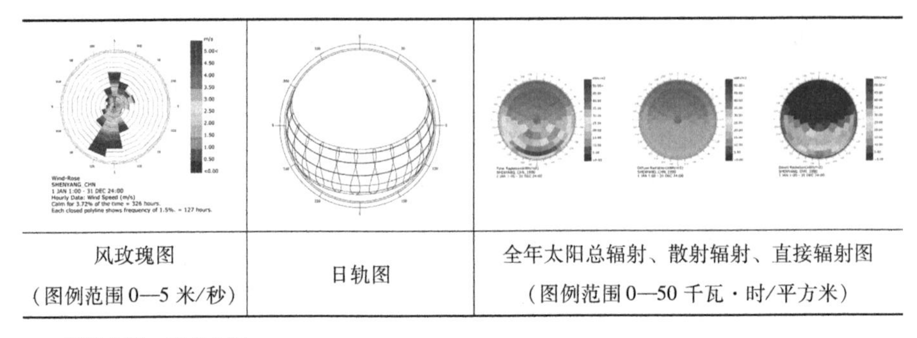

风玫瑰图（图例范围 0—5 米/秒）	日轨图	全年太阳总辐射、散射辐射、直接辐射图（图例范围 0—50 千瓦·时/平方米）

资料来源：笔者自制。

表 4－39　　　　腰站村主要气候数据

年平均气温（℃）	月平均最低气温（℃）	月平均最高气温（℃）	全年最低气温（℃）	全年最高气温（℃）	平均相对湿度（%）	夏至日太阳高度角（°）	冬至日太阳高度角（°）	最高月总降水量（mm）	最低月总降水量（mm）	平均日太阳辐射总量（Wh/m^2）
8. 6	－10. 6	24. 8	－28. 4	31. 1	62. 4	71. 5	24. 7	164	0	3500

资料来源：笔者整理。

·温度：月最高平均气温为 7 月的 24. 8℃，月最低平均气温为 1 月的－10. 6℃。夏季温暖，冬季长而寒冷，四季分明；冬季昼夜温差较大。

·相对湿度：年平均相对湿度为 62. 4%，其中 6—8 月的相对湿度在 80% 左右，11 月至次年 4 月为 55% 左右，有明显的干湿两季。

·太阳辐射：日照时数的季节性变化较大，夏季日照长而冬季很短，全年平均日太阳辐射总量为 3500Wh/m^2。6 月平均日辐射总量最高，约为 5100Wh/m^2；12 月最低，为 1500Wh/m^2 左右。

·降水量：降水量季节性变化很大，夏湿冬干，月总降水量最高为 7 月的 164 毫米，最低的 1 月基本不下雨，年平均总降水量约 750 毫米。

·风向与风速：6—8 月盛行南风，12 月至次年 2 月盛行北风与西北风。室外年平均风速为2.9米/秒。

2. 能量需求分析

抚顺市所在的东北地区位于中国的高纬度段，但夏季受海洋湿热气流影响，气温高于同纬度的其他地区，又因其北临东西伯利亚，受干燥的强冷空气南下影响，冬季十分漫长，气温又比同纬度的其他地区低10℃以上，最低可达到－50℃，降雪量大，因此气温的年较差很大。但日照时间比较长，和同纬度其他地区相比，可利用的太阳能相对丰富。在这样的气候条件下，当地建筑在能量应对上首要须满足保暖、防寒甚至防冻的需求（I＋S＋），并且充分利用太阳辐射资源（R＋T＋），夏季防热可暂不考虑，具体包括布局与单体布置有利于冬季日照，采用高蓄热材料作为围护（D＋），结构上注意抵御寒风的负面影响（W－）以及雪荷载（P－），体型上以密闭简洁为主，减少热量流失的途径（I＋）等。

3. 能量应对策略

满族民居在适寒设计上有着重要的可借鉴价值，尤其是日照、采暖和保温这三方面，积累了历代满族人民应对气候的经验智慧。抚顺市腰站村的满族民居以三合院或四合院为主，大门朝南，有一至二进院落，正房三或五间，东、西厢房各两三间。民居基于气候适应的能量应对策略如下。

（1）整体布局

·疏朗的整体布局（L＋R＋W－）

气候寒冷的东北，空气流速不利于建筑防寒，防风比通风更重要，因此满族人称之为“屯”的聚落，尤其是山区聚落通常会选址在背风处的山腰，避开冬季主导风向，依靠山体阻挡寒风。聚落周围的开阔空地多植树木，也是抵挡寒风的一个方法。腰站村的聚落形态显得较为松散，建筑之间的距离较大并且一律向阳以争取更多日照，这是冬季被动式取暖最主要的途径。因此聚落内的民居主要是东西走向，主要街巷也是东西走向，这形成了横向狭长的聚落肌理（见图4－72）。

图 4－72　腰站村东西走向的松散布局

资料来源：吴秋丽：《辽宁省传统满族村落空间形态研究》，硕士学位论文，沈阳农业大学，2018 年。

（2）平面层次

·院落组织开阔（L＋T＋R＋）

与中国其他地区的传统民居一样，满族民居也是以院落为中轴线上的单元展开组织平面，不同点在于它的院子尺度大，平面很开阔。开阔的院落得以为合院内的房间争取最多的日照，充分利用阳光辐射资源（见图 4－73）。

合院由大门入口、外院、内院和后院三个部分组成，正房居中为外屋地，即厨房，厨房内的火灶通向左右室内的火炕。两侧堂屋内有里屋套间，西边是长辈居住，东边为小辈居住。堂屋后半部分设暖阁，阁内有小火炕用于暖衣暖鞋。院墙环砌并且较矮，比屋脊低，目的是减少对院内建筑的阳光遮挡，为室内得热创造条件。房屋长边朝南，门窗朝南，布局松散，这些都是为了最大程度地被动利用太阳能采暖的空间营造方式。

·外部形态简洁规整（I＋）

腰站满族聚落的房屋外部形态都比较矮小规整。考虑到建筑的体型系数和耗热量成线性正比，形态要尽可能简洁，外围护表面积要尽可能小，再综合南向立面面积要足够大以获得太阳辐射热，最终就形成了如今简单紧凑的矩形平面模式。在这样的形态之下，满族民居的功能流线也相应较短，布置紧凑，内部空间低矮，高效组织的平面格局也有利减小体型系数。

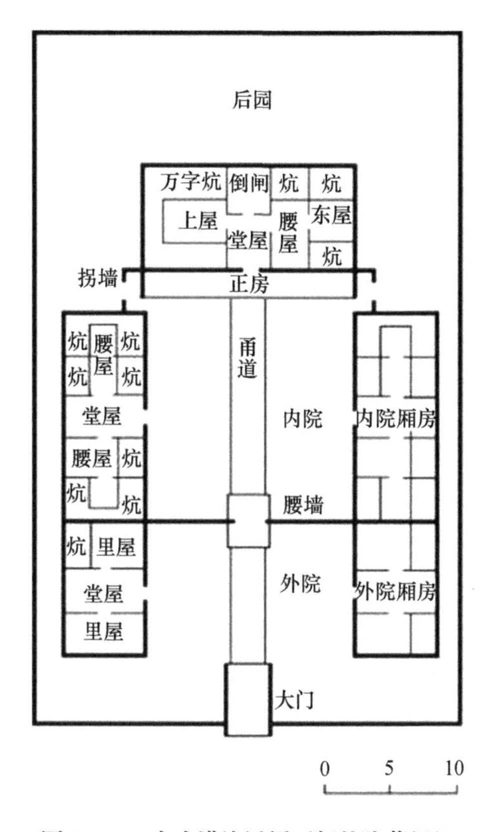

图4－73　大户满族民居开阔的院落组织

资料来源：笔者自制。

（3）界面孔隙度：

·厚重的围护结构（D＋I＋）

满族民居是以木料承重的梁柱结构，外围护结构的材料包括石材、砖、土坯和草复合而成。石材是东北山区最常见的建筑材料，因为耐压和防潮性能优越，通常用于墙基或柱脚；以黏土制成的青砖用来砌外墙，做法为内外两侧砌砖、中填碎砖并灌以灰浆黏结，墙体足够厚，保温性能很好，热阻与热惰性高；黄土制作的土坯也是砌筑外墙的材料，由于取材方便和隔热性能好，它也是砖墙的一种替代方案；草和泥土混合用于墙体或屋顶抹面，加强外围护结构的保温和防冻能力。为了抵挡冬季主导的北风与西北风，腰站村的满族民居外墙一般是北墙最厚，南墙其次，再是山墙。厚重的围护结构对于减少室内外热交换而达到蓄热保温作用有良好的效果。木柱一般包在墙体之内，减少冷桥，也避免冻害或受潮腐烂。南向墙体为了冬季采光和取暖通常是大面积开窗，北向墙体开很小的窗或不开窗以防止冬季寒风吹入室内。

· 双层屋面做法（I + P – ）

满族民居多数是硬山屋顶，屋顶坡度比华北地区的民居更陡峭。这是由于东北地区冬季严寒漫长多降雪，雪荷载会对屋顶产生很大的压力，加大屋顶坡度有利于积雪靠自重滑落，在雪融化后也便于雪水沿着屋面边沟流出。瓦顶以青瓦仰砌成规整的坡面，草顶是在檩上铺椽子，椽子上敷设秫秸、柳条等填充垫物，再往上铺 10 厘米厚左右的望泥，最上部平铺一层深色的稗草，这样的屋顶有着相当好的保温能力。有些房子屋架上方有顶棚，顶棚与屋面之间形成了空气夹层，顶棚上铺草木灰，进一步加强了屋面的保温作用。

（4）构造补偿：

· 火炕、火地与火墙（S + ）

腰站村满族民居内最独树一帜的构造发明当数火炕、火地与火墙，它们是饱含智慧的传统“热力学机器”，将生活用火、采暖与防冻这严寒地区的三大能量需求用房屋构造方式高效地串联运作在一起。火炕是睡眠和坐卧之处，高 60 厘米左右，以蓄热能力强的土坯或砖石砌筑，最常见的长洞式火炕顺着炕边缘的方向砌炕洞，炕洞数量不等，一端连接厨房的灶台，另一端通往立于山墙外侧的落地烟囱（即“呼兰”）（见图 4 – 74a）。这样的构造形成了回旋式的烟道，当人们使用厨房的灶生火做饭时，烟道内残余的热量可利用于加热火炕（见图 4 – 74b）。

满族民居的火炕多为“万字炕”，即南、北、西三个方向均沿墙布炕，西边为窄炕，下通烟道而不住人，南北炕以草泥抹面后铺上草席和被褥用以住人。“口袋房，万字坑，烟囱立在地面上”就描绘了这样的典型满族民居特征。类似现代的地暖，火地是将烟道设在

a. 落地烟囱“呼兰”

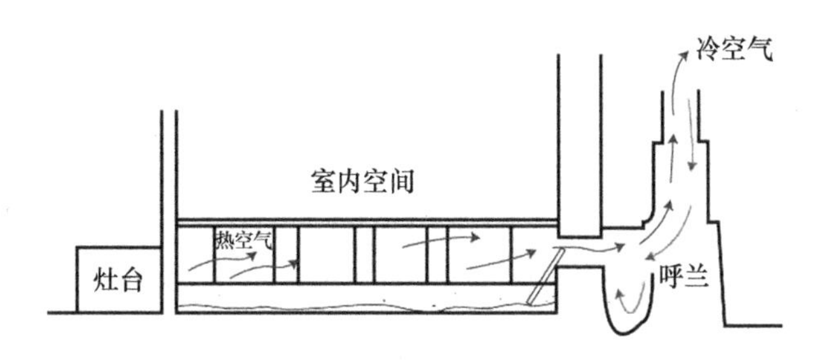

b. 室内采暖构造与原理

图 4－74　腰站村满族民居室内采暖做法

资料来源：a. 杨帆提供；b. 笔者自制。

地面下方的取暖设备，烟道内余热传至青砖铺设的火地，因其良好的蓄热能力而稳定缓慢地再将热量散至室内，使室内长期保持相对舒适的恒温。火墙是一种中空墙体，同样是将烟道与厨房火灶连接，与当代绿色建筑中常见的被动式集热墙原理相近，它同火地一起运作可以创造出稳定均匀的室内热环境。

表 4－40　腰站村满族民居的热力学原型要素层级

整体布局	平面层次	竖向层次	界面孔隙度	构造补偿
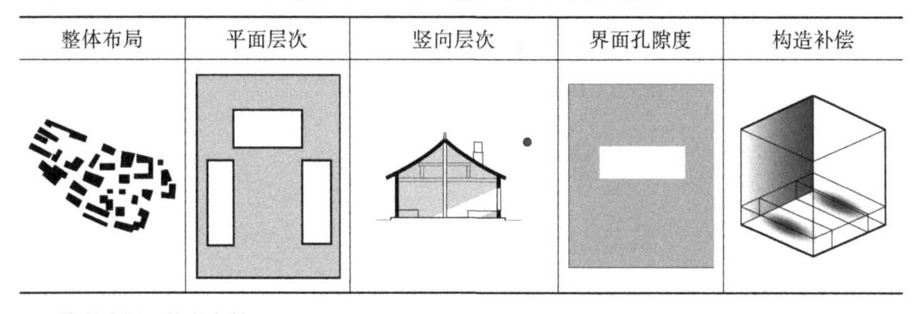				

资料来源：笔者自制。

4. 适应气候的热力学原型

腰站村位于严寒地区，根据 Ladybug 所生成的焓湿图，基于 PMV 舒适度模型，自然情况下当地全年有 13.2% 的时间（约 1156 小时）处于舒适区。若加上可采用的各项被动式气候策略，舒适度的区间可上升到 58.2%（约 5098 小时）。其中蒸发降温占 8.0%

（约 701 小时），围护结构加夜间通风的有效时间为 4.5%（约 394 小时），自然通风有效时间为 7.2%（约 631 小时），内部得热的有效时间为 20.4%（1787 小时），被动太阳能的有效时间为 16.1%（约 1410 小时）。遮阳措施主要在 6—8 月的夏季发挥作用，冬季防寒则以高蓄热材料和被动式太阳能加热为主，白天吸收太阳辐射积蓄于围护结构内，夜晚向室内辐射热能加温，以此提高舒适度，减少昼夜温差。

从焓湿图中看出（见图 4－75），未落于舒适区的色块大多位于左侧，说明防寒是当地民居首要解决的热环境问题。蒸发降温、自然通风等能量策略基本可以将夏季的室内环境维持在热舒适范围内；被动太阳能得热和内部得热在 2—5 月、9—11 月更为有效，而最为寒冷的 12 月至次年 1 月则需要热源和主动设备等措施来辅助室内获得额外热量。腰站村的满族民居宅院多拥有开阔的庭院以最大程度地被动利用太阳能采暖，简洁规整的外部形态和较短的功能流线构成了紧凑的形体，大大减少了散热的外表面积。火炕、火地和火墙以协同的方式创造出稳定均匀的室内热环境。将所采取的多项能量应对策略以能量系统语言的图解来呈现（见图 4－76），可提取出基于能量需求的基本策略组合如下。

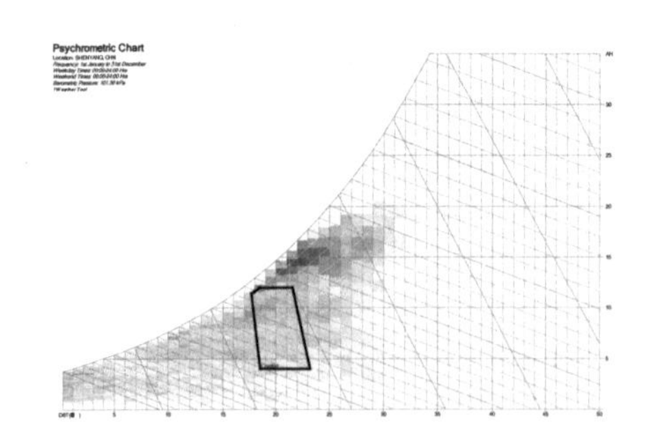

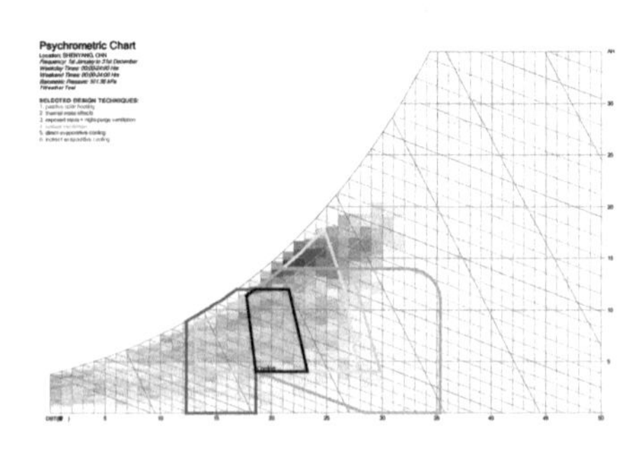

a. 采取各项被动式能量应对策略前后的舒适区时长对比（图例小时数范围 0—500h）

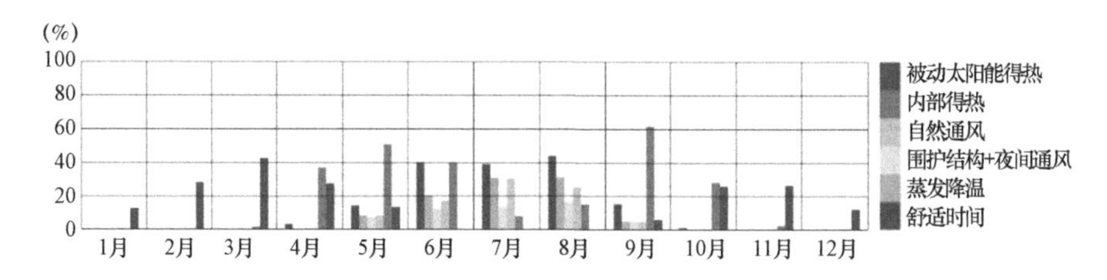

b. 各项被动式能量策略的有效时长比较

图 4-75　腰站村满族民居采取能量策略的可视化分析

资料来源：笔者自制。

［2-11］争取有利的太阳辐射（R+）；［16-18］减缓室内温度波动（D+）；［11-12］通风（W+）；［15］防止积雪（P-）；［3-16］防止冬季室内热量散失（I+）；［24］能量协同。

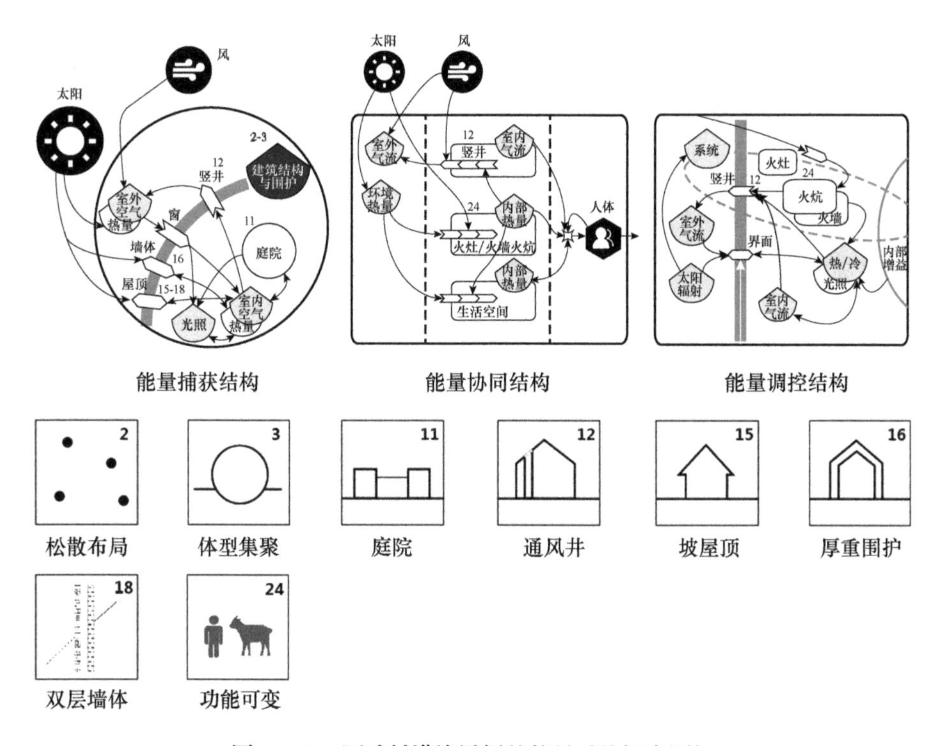

图 4-76　腰站村满族民居的能量系统语言图解

资料来源：笔者自制。

第四节 传统气候建筑的热力学原型提取模式总结

达西·汤普森曾说："物理学家们孜孜以求的不是目的，而是前因，他们认为'原因'是其研究对象的基本特质、不可分割的伴随物或者说是事物和能量的不变法则。"① 同样地，建筑形式产生的动因本质上是人类应对环境的经验，经验所凝结成的产物成为建筑类型。类型代表抽象的深层结构，形式是结构的具象反映。也就是多个形式可以被还原到某种特定类型，而一个类型可以发展出各式各样的形式。不仅是建筑形式，建筑中气候能量的运作方式也是类型研究的重要对象。雷纳·班汉姆在《可调控环境的建筑》中首次将建筑的环境调控功能作为对象纳入类型学研究，填补了类型学中这一领域的缺失。本书从12个具体的传统气候建筑案例中总结经验并推导规律，目的是重建出类型的原型。这个过程需要分析能量流和物质流在场地环境与建筑系统之间的组织方式。

一 能量需求因子类型

影响人体热舒适的气候要素包括空气温度、湿度、太阳辐射以及光、风和降水，这些气候要素所组成的特征影响了建筑不同类型的能量需求。对这些能量需求实施有效控制并建立某种平衡，才能使处于建筑中的人产生舒适感。能量需求决定了建筑应对气候的策略，进而体现在建筑形式上。基本的能量需求类型集合了相同的能量策略目标（见表4－41），在此之外每种需求类型又有着各自的衍生，衍生出的能量策略之间存在形式或功能上的同构关系，比如天

① ［英］达西·汤普森：《生长和形态》，袁丽琴译，上海科学技术出版社2003年版。

井和庭院作为建筑内部的过渡空间存在形式上的同构，厚重的外部墙体和高耸的屋架层在蓄热能力方面存在功能上的同构等。

表4-41　　根据气候分区的能量需求类型

气候类型		太阳辐射要素（R/L）	温度要素（T/I/D/S）	风要素（W）	湿度要素（H）	降水要素（P）
世界案例	干热	遮挡太阳辐射，防止眩光	隔热，减少室内昼夜温差	自然通风	增加湿度	蓄水
	湿热	遮挡太阳辐射	—	自然通风	降低湿度	排水
	温和	夏季遮阳，冬季争取太阳辐射	夏季隔热，冬季蓄热保温	夏季自然通风，冬季防风	—	—
	寒冷	争取太阳辐射	蓄热保温，增加热源	防寒风	—	防积雪
我国案例	夏热冬暖	遮挡太阳辐射	—	自然通风	降低湿度	排水
	夏热冬冷	夏季遮阳，冬季争取太阳辐射	夏季隔热，冬季保温	夏季自然通风，冬季防风	防潮	—
	寒冷地区	冬季争取太阳辐射	蓄热保温	冬季防风	—	—
	严寒地区	争取太阳辐射	蓄热保温，增加热源	防寒风	—	防积雪

资料来源：笔者整理。

太阳辐射要素（R/L）：对于炎热地区的建筑来说，它是夏季热舒适最大的挑战，而对于寒冷地区的建筑而言则是冬季宝贵的自然能量。太阳除了是能量来源，其产生的自然光对人们的身心健康和生产生活都具有不可缺少的作用。自古以来的设计建造行为都致力于平衡光热之间的矛盾，低层建筑（如Kukup村的马来屋）可以通过出挑的大屋顶来遮阳，较高层的建筑（如Cuenca岩屋）则通过单个窗户的百叶或多层构造来实现遮阳。这些遮阳构造或构件能在遮挡局部眩光、回避热量的同时，获得用于生活的自然光照。

温度要素（T/I/D/S）：温度直接关系到人体热舒适范围。一般情况下，极端气候（严寒或酷热）下的建筑外围护结构厚度最大，这是由于它们需要通过“隔离”的方式来维持室内外巨大的温度差异。在干冷或干热气候区，许多时段的外部气候条件非常严苛，但由于空气导热能力比水弱，较容易保持室内外干燥空气之间的温度差异，因此通过热惰性较大的材料和较厚的墙体增加外围护体的隔热性能是最有效的措施，使室内温度稳定在一个较为恒定的范围。温和气候或湿热气候区的建筑材料相对轻薄，目的是借助外界气候条件来达到内部舒适，尽量减少围护体对散热或得热过程的阻挡。

风要素（W）：风影响了建筑的热量损耗。自然通风能带走室内热量并使温度降低，也能加速人体体表水分蒸发而降低体感温度。夜间通风能在夜晚提前冷却室内空间，将建筑内部整体成为一个热质，在白天使温度不至于过快升高。能量需求是防风的建筑开窗面积一般较小，主入口和主要门窗方向会避开冬季主导风向并偏向一边，使室内主要活动空间的热量更为集中，有时还会在室内加设一层挡风帘防止热量泄出。能量需求是导风的建筑部分会以流线型的外部形态使风迅速通过表面，或通过控制出入风口的截面来加快气流速度，迎风口较小而出风口较大，并以巷道、廊道和天井的布局来实现。

湿度要素（H）：干旱地区的乡土建筑会通过种植植物和加湿装置来解决缓解湿度过低的问题，比如Balat泥屋埋于墙体中的陶罐既是储存雨水的工具，也是置于通风口处使空气湿润与蒸发散热的设施。潮湿地区的建筑则需要抬高或架空生活平面来阻隔湿气对人体舒适度的影响。

降水要素（P）：降水量低、雨季短的地区需要蓄水，降水量过高的地区需要通过排水来避免雨水对建筑材料的损毁作用，或通过屋顶出檐来遮蔽外墙，或在墙基加设一道防水材料垫起作为防护，或以坡屋顶引导雨水流出屋面。

二　原型要素层级类型

能量策略通常可以从多个角度分类，比如应对的气候要素（太阳辐射、光照、温湿度、风和降水）、空间层次（以聚落、单体、部件的特征逐层深入）、要解决的具体目标（包括解决采光、采暖、降温、通风等问题）等。能量策略在层次和尺度上也存在类型的细分，这些细分综合在一起构成了热力学原型的五个要素层级：整体布局、平面层次、竖向层次、界面孔隙度和构造补偿（见表4－42）。

表4－42　根据原型要素尺度的能量策略类型分级

要素尺度	一级分类	二级分类
整体布局	建筑朝向	向阳/背阴/顺应风向/防阻风向
	建筑密度	聚居型/散居型
	街巷高宽比	高窄型/矮宽型
平面层次	平面开敞程度	开敞型/封闭型
	形态集聚程度	分散/向心
	缓冲空间	庭院/天井/檐下/廊道/敞厅
竖向层次	与场地竖向关系	架高/平置/下挖
	建筑高度	高耸/低矮
	架空层设置	底层架空/地面层抬高/不架空
	间层设置	阁楼/夹层
	屋顶形态	陡坡屋面/缓坡屋面/平屋面
	底层防潮	架空/柱础/墙基
界面孔隙度	窗墙比	窗墙比大/窗墙比小
	遮阳构件	横向遮阳/竖向遮阳/复合遮阳
	材料物理性质	轻质低热容/重质高热容
构造补偿	室内火源取暖	火盆/火塘
	生活设备得热	炊事设备/照明设备
	加湿或防潮装置	室外水体/室内水源/水渠
	室外植被	遮阳植被/防风植被

资料来源：笔者整理。

整体布局层级涉及选址和朝向、建筑密度、群体的组织形式、广场的设置等；平面层次的层级涉及平面朝向、平面布局的紧凑程度、水平方向的功能组织、平面开敞程度；竖向层次涉及剖面的功能组织、单体和场地的竖向关系；界面孔隙度涉及外围护结构是厚重还是轻质、开窗率、对自然气候能量是接纳还是阻隔的态度；构造补偿是依靠本土材料和低技术在建筑本体之外附加的能量应对方法，包括照明设备、采暖制冷设备、加湿除湿装置等。每个要素尺度细分之下都有衍生的多种具体策略，多种策略的组合为自然气候条件和人体舒适度之间建立了有效联结。

三　能量流通结构类型

存在于气候环境中的建筑，时刻与外界进行着能量交换。自然气候下的风能、阳光、热量和雨水等可再生资源形成的能量流，也在建筑这个开放系统中流动循环，建筑通过空间组织、材料构造和技术设备利用或阻挡外界输入的能量流。根据能量递转的方式，可将建筑的能量流通结构简化分为能量捕获结构（energy capture，Ec)、能量协同结构（energy programming，Ep）与能量调控结构(energy regulation，Er）三个部分，并从形式中去寻求与这些结构相关的子系统，为原型的提取作基础（见表4－43)。

表4－43　根据能量流通结构基本类型的能量应对策略

基本类型	能量递转方式	能量应对策略
能量捕获结构（Ec）	辐射 传导 对流 渗透	门窗洞口自然采光、庭院自然采光、围护构件遮挡眩光 调整朝向获得光照和热量、依靠整体布局密度获取或阻挡热量、 调节建筑外部形态以接收或阻隔热量 围护界面孔隙度和透明度应对光照、得热和自然通风
能量协同结构（Ep）	能量平衡	“热源”和“热库”在功能和位置上的组织关系 高热容材料或构件的蓄热和散热 热压与风压通风结构

续表

基本类型	能量递转方式	能量应对策略
能量调控结构（Er）	内部增益	室内热源设置、可调控蓄热装置
	能量引导	植物或水体的微环境调节
	能量转换	通过构造蓄水或排水

资料来源：笔者整理。

能量捕获结构（Ec）是能量流通结构的起点，它捕获的对象是建筑外部环境存在的自然能量，包括通风、自然采光、太阳能及风能、热能甚至降水等，主要方式包括辐射、传导、对流、渗透等。辐射一般是指太阳辐射，它占捕获到的能量的最大部分。为了达到最佳的捕获作用，建筑形态必须能良好地响应气候，内部与外部分隔的界面是改善能量捕获能力的重点。界面的透明度、孔隙度、厚度，外部构造的角度和朝向，材料的物理性能等都成为了能量捕获的关键控制点。

以能量平衡为基准，建筑内部存在产生热量的“热源”和吸收热量的“热库”。能量协同结构（Ep）存在于建筑内部，建筑各部分要素形成良好的能量协作关系，空间使用流程和能量递转次序相呼应，创造出以优化能量协同为目标的功能组织。不同的建筑部件和空间功能有不同的热力学性能，相互叠合混合产生更高的效率，达到人体舒适度和能耗目标。北方传统民居中利用厨房灶火的余热为卧室取暖的构造，庭院或外廊等作为缓冲空间吸收热量并向室内缓缓释放的过程，都是能量协同结构的典型机制。

具有良好热力学性能的建筑能以较低的代价，为人们的室内舒适度提供保障。除了聚落和建筑自身的形式控制，能量调控结构（Er）是以低技术低成本的附加手段对自然能量加以控制或取得内部增益，并作用于建筑内部的辅助构造。这样的调控结构可以存在于建筑空间、建筑构件和建筑周边。用于热压通风的中庭与烟囱、用于取暖的火墙、用于降温的中东捕风塔、房屋周围的植被甚至最简单的构造，比如寒冷的冬季在外墙内部铺一层毛毯，这些都是乡土建筑中能量调控结构的组成部分，是高效低技术的生态调节手段。

四　以“结构—层级—因子”为形态梯度的原型提取

12 个案例所处的气候类型包括干热、湿热、寒冷与温和气候，但每个案例的气候特征具有各自的复杂性。这是由于各个地区的植被情况、下垫面、地形地貌与大气环流等因素所造成的具体差别，进而影响到当地用于建造的材料资源和由此形成的材料文化。例如，同为寒冷气候区的瑞典 Eksjö 市和加拿大 Nachvak 村虽然纬度接近，但气温峰值有着接近 20℃的差距，相对湿度和风速也有一定程度的差别，因此达到人体舒适度的能量需求也有所不同，加上 Eksjö 市盛产针叶树木，而 Nachvak 为苔原地区，因此传统乡土建筑也自然成为木屋与石屋两个完全不同的建造体系；中国辽宁抚顺腰站村虽然在气候上也属于寒冷地区，由于纬度差异而太阳辐射资源较为丰富，因此虽然建筑形态有着寒冷地区普遍的紧凑集聚，但形制上较前两者多出了庭院这个要素，立面南向开窗也比较大；属干热地区的埃及 Balat 市与约旦 Wadi Rum 地区，最高温度、昼夜温差和降雨量情况接近，但前者的平均相对湿度较后者更低，生存环境更为严苛，加上后者的游牧文明影响，产生了厚重封闭的泥屋与轻便透气的帐篷两种完全不同的传统建筑类型。

20 世纪 80 年代，亚历山大（Christopher Alexander）提出将模式语言作为城市与建筑学科中程式化设计的方式。模式语言是一种网状系统，将语境（context）和形式（form）之间的层级规则用关联—作用力系统—图式的关系以一种理性的方式联结起来，以此指导设计。亚历山大在《建筑模式语言》中所涉及的模式语言主要探讨的是城市环境、交通、功能空间和人的行为方式的关系原型；而本书把模式语言的语境扩展至建筑、环境和自然能量的内在联系，建立起特定形式原型与具体气候的热力学对应关系。通过对传统建筑案例气候应对机制的分析，将能量流通结构与要素层级联合获得“类型”，再将“类型”结合对应能量需求因子，归纳相近的能量应对策略并以一定的模式形成以“结构—层级—因子”为形态梯度的热力学原型。热力学原型提取模式的构成形式如下：

能量流通结构 → 原型要素层级 → 能量需求因子 +

能量应对策略1、2、3……

“结构—层级—因子”是本书提取热力学类型原型的重要机制，也就是将气候建筑和其所在的气候环境视为一个热力学系统，其内部组织以能量流通为结构类型，以原型要素为层级类型，以能量需求为因子类型进行逐级归纳提取的形态梯度（见图4－77）。总结而成的热力学原型提取模式可为之后的当代建筑原型转译提供方法基

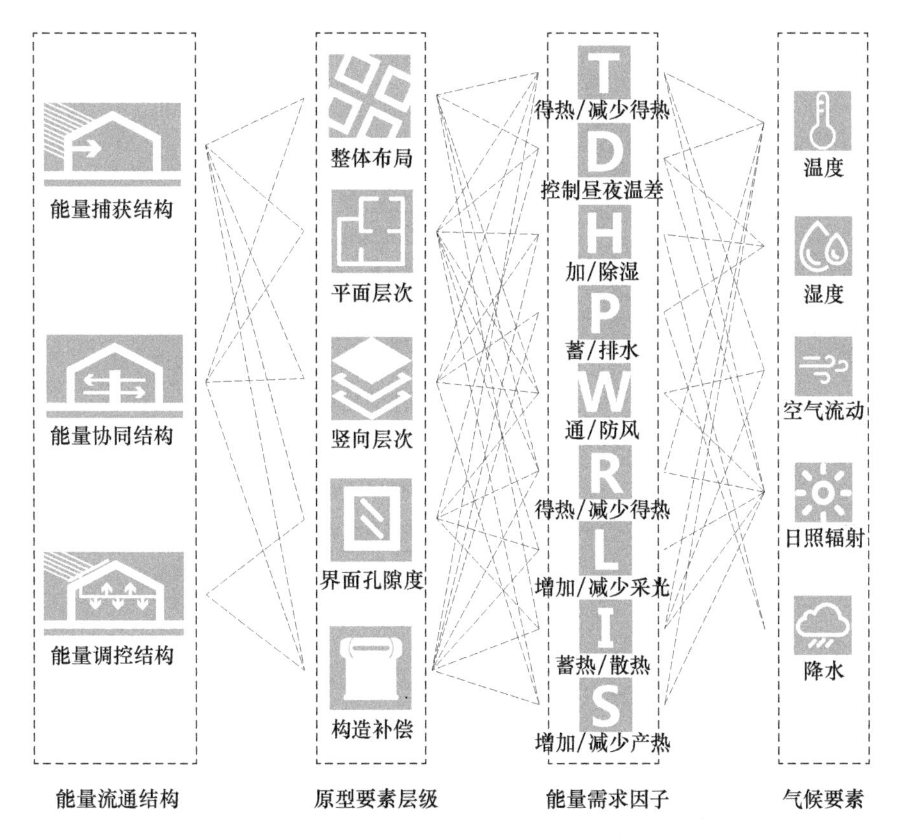

图4－77　能量流通结构—原型要素层级—能量需求因子

资料来源：笔者自制。

础（见表4－44）。该机制下衍生的细分之间有逻辑联系和同构关系，需要结合具体案例来呈现。

表4－44　基于“结构—层级—因子”形态梯度的热力学原型提取模式

能量流通结构	原型要素层级	能量应对策略	图式	能量需求因子
能量捕获（Ec）	整体	向阳型选址［策略7］		1. 地形向阳充分接收太阳辐射（R＋L＋）
		背阴型选址		1. 选择地形背阴面（R－）
				2. 利用植被进一步阻挡太阳辐射（R－）
		聚居型［策略1］		1. 建筑密度高（R－W－）
				2. 街巷高宽比H/W大，建筑物相互遮挡减少外露的受辐射面积，亦可防风（R－W－）
		散居型［策略2］		1. 建筑密度低（R＋W＋）
				2. 街巷高宽比H/W小，增加受辐射面积，或利于通风（R＋W＋）
	平面层次	“院子”型平面［策略3］		1. 平面四周封闭围合（D＋W－）
				2. 内向聚拢的平面形态，减少散热面积（W－）
				3. 厚重的外围护结构减少辐射向室内传递（R－）
				4. 室内空间的分隔明确（W－）
		“亭子”型平面［策略4 19］		1. 平面四周开敞通透（T－D－W＋H－）
				2. 分散错落的平面形态，增加散热面积（T－W＋）
				3. 轻质透空的外围护结构促进通风散热（T－W＋）
				4. 室内空间的分隔灵活可变（T－）
	竖向层次	架空型［策略8］		1. 底层架空或地面层抬高，促进通风散热，利于防潮（T－D－H－W＋）
		下挖型［策略9］		1. 建筑或建筑的一部分埋于地面下或山坡中，减少外露的受太阳辐射面积，并利用土壤的热稳定性减少室内温度波动（T＋D＋W－R－）

续表

能量流通结构	原型要素层级	能量应对策略	图式	能量需求因子
能量捕获（Ec）	界面孔隙度	遮阳型界面［策略 13 20］	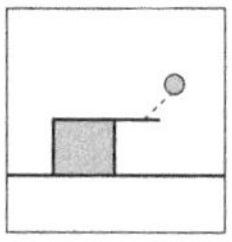	1. 屋顶出檐较深，遮阳防眩光，并将雨水排向远离墙面的外部（R－P－L－）
				2. 存在过量太阳辐射方位的窗洞门洞外有水平或垂直的遮阳挡板（R－）
		裸露型界面［策略 14］	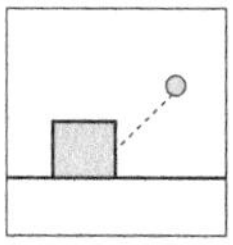	1. 屋顶短出檐或无出檐（R＋）
				2. 较少或无遮阳挡板（R＋L＋）
能量协同（Ep）	群体布局	广场＋冷巷［策略 6］	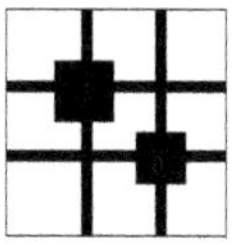	1. 幽深狭窄的街巷成为冷巷，减少内部受到的太阳辐射以降温（T－R－）
				2. 聚落建筑群之间有组织的大小广场受到太阳辐射温度升高（T＋R＋）
				3. 开口朝向平行于盛行风（W＋）
				4. 广场与冷巷之间的温度差形成冷热空气对流，促进热压和风压通风（W＋）
	平面层次	檐下/廊道/敞厅［策略 19 21］	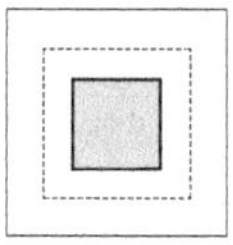	1. 半室外空间的部分围护结构相对轻质（或部分无围护），直接捕捉外部自然能量如太阳辐射和通风（R＋W＋）
				2. 半室外空间是一种缓冲区，形成了一个蓄热层，阻隔室外气候对室内的直接影响（D＋）
	竖向层次	庭院/天井/烟囱［策略 11 12］	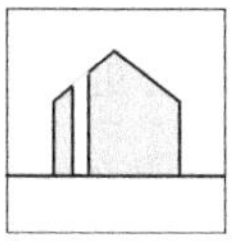	1. 尺度较大的庭院有利于充分接太阳辐射以取暖（R＋）
				2. 尺度较小的天井除了采光外也促进了热压通风（R＋W＋）
		坡屋顶［策略 15］	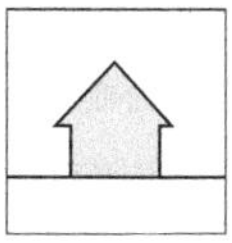	1. 陡坡或缓坡屋面有利于排走落于屋顶上的雨水或者积雪（P－）
				2. 陡坡屋顶形成阁楼隔热层作为顶部热缓冲区（T＋）
				3. 坡屋顶层山墙开窗促进通风（W＋）

续表

能量流通结构	原型要素层级	能量应对策略	图式	能量需求因子
能量协同（Ep）	竖向层次	平屋顶	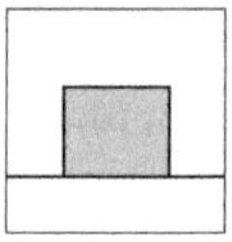	1. 减少受太阳辐射的表面积（R－）
				2. 平屋顶上设置屋顶集水构造（P＋）
		功能竖向组织［策略 24］	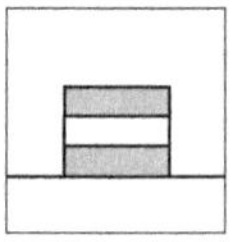	1. 根据室内空间的功能和竖向位置所产生的温度差，安排能量流的组织关系并形成能量协同结构
				2. 根据室内空间的功能和竖向位置所产生的功能递转，安排物质流的组织关系并形成能量协同结构
	界面孔隙度	重质外围护［策略 16 18］		1. 窗墙比小，减少热辐射传递至室内的途径（R－）
				2. 采用石材或夯土等蓄热性能和热稳定性能较好的材料，墙体较厚，控制室内温度波动（D＋）
		轻质外围护［策略 17］	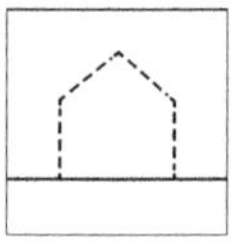	1. 窗墙比大，促进通风散热（W＋T－）
				2. 采用木或竹子等低热容材料促进散热，墙体较薄（D－T－）
	辅助技术	火灶＋火炕［策略 24］	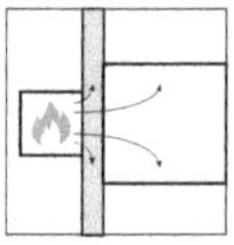	1. 炊事设备产生的热量通过构造传递至火墙蓄热并辐射至室内取暖（S＋T＋）
				2. 部分民居的火墙可引至室内的火炕进一步加热生活起居空间（T＋）
能量调控（Er）	群体布局	滨水选址［策略 23］	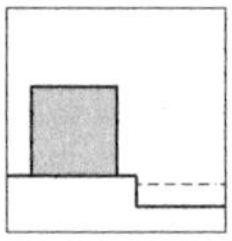	1. 选址位于水岸或伸入水中（T－W＋）
				2. 聚落周边或内部开敞空间开辟小型水体，利用蒸发降温作用散热（T－）
		种植树木［策略 22］	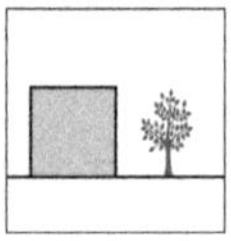	1. 提高开敞空间中绿化的配置，尤其是高大树木的数量，在保证通风和视线的条件下发挥树木遮阴以及蒸腾作用降低环境温度（T－W＋）
	界面孔隙度	种植藤本植物［策略 22］	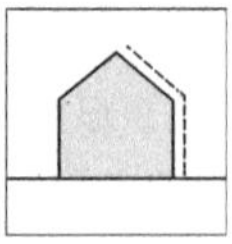	1. 建筑立面或露台顶棚种植爬藤类植物，成为隔离层减少太阳直射外围护结构的面积（R－）
		可调节百叶［策略 20］	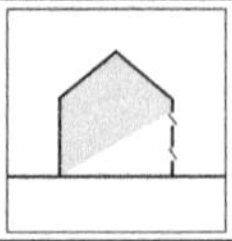	1. 窗户外部或内部设置可以调节角度的百叶，根据太阳高度角的不同控制太阳辐射量进入（R－）

续表

能量流通结构	原型要素层级	能量应对策略	图式	能量需求因子
能量调控（Er）	辅助技术	室内热源		1. 火炉或壁炉等热源，一般设置于需要加热的空间中央位置（S+）
				2. 热源通常连接着烟囱将生火产生的废气通向室外，带动室内通风（W+）
		捕风塔结构［策略12］		1. 高于屋顶的捕风口面对主导风向捕捉盛行风（W+）
				2. 位于建筑内部的狭窄风井是风的甬道，部分捕风塔的风井中有盛水的陶罐，外部流入的热空气经过陶罐冷却下降，使室内空气降温并加大湿度（T-H+）
				3. 出风口于建筑底层的庭院或主要房间处（W+T-）
		地面排水构造		1. 通过坡屋顶流下的雨水流入天井或庭院内明沟（P-）
				2. 明沟将雨水有组织地引至室外排水渠（P-）

资料来源：笔者整理。

第五节　本章小结

气候适应能力突出的乡土建筑在其形式上有着成为热力学原型的潜质，无论是从外部形态还是空间组织来看都简单明确且条理分明，在有限的资源中针对提供舒适度的能量需求采取直接有效的策略。干热环境下集聚的街道肌理，湿热环境下轻盈通透的围护结构，昼夜温差剧烈地区厚重的建筑外墙，寒冷地区紧凑的建筑体量，热力学原型所包含的能量逻辑清晰地体现在形式中，给予其类型化的依据。本章从乡土建筑案例入手研究不同气候特征下的能量应对策略，进而提取出热力学原型并总结方法（见图4-78）。

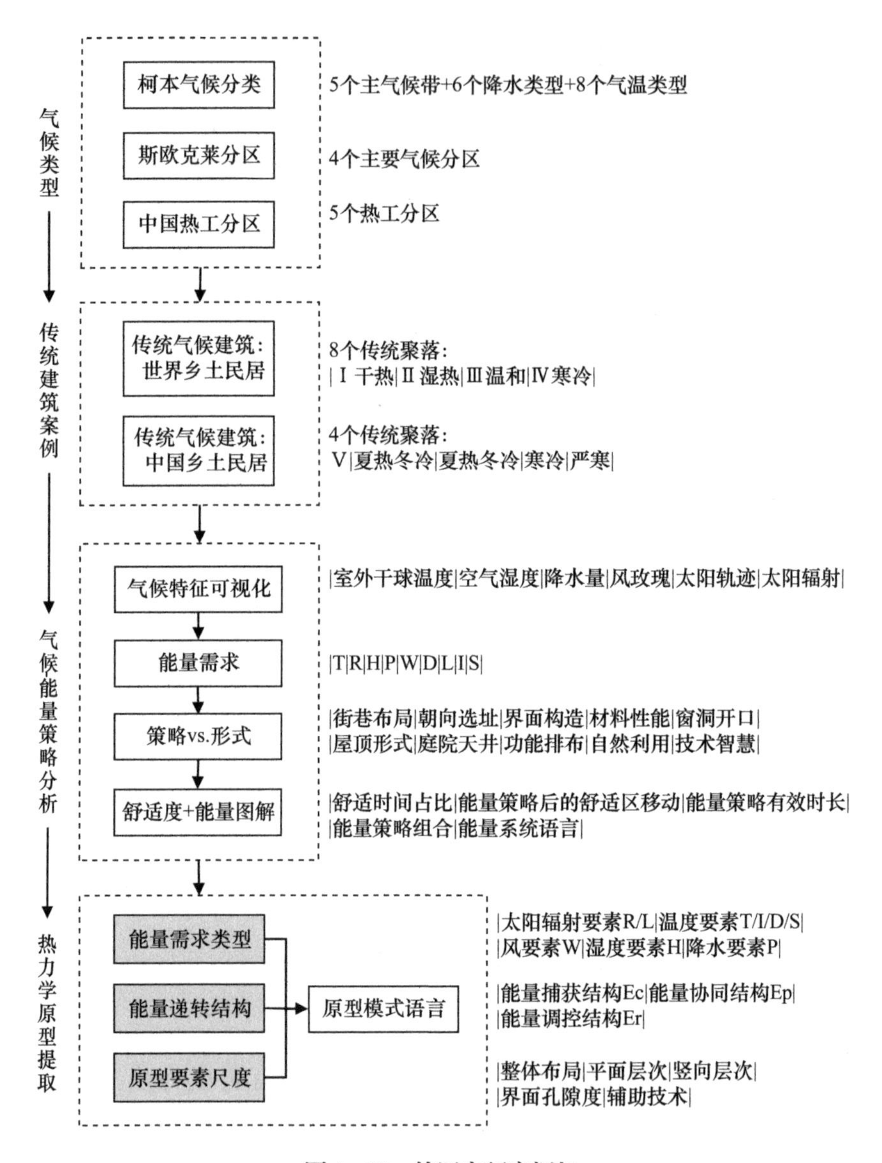

图4－78　第四章研究框架

资料来源：笔者自制。

其一，论述了现今通用的各种气候分类方法并选取了本章案例研究的气候分类方法，确立了以参数化环境性能软件 Ladybug + Honeybee Tools 为工具，导入气候数据可视化分析气候特征和性能表现，而后根据气候特征来分析案例的能量需求，进而研究其能量应对策略的有效性的，也就是气候特征—能量需求—能量策略的案例研究方法。

其二，本章根据全球气候类型分布在干热、湿热、温和、寒冷四个气候区，选择了共 8 个具有典型性的乡土聚落案例，同时根据中国建筑气候区划在夏热冬暖地区、夏热冬冷地区、寒冷地区、严寒地区选择了共 4 个典型乡土聚落案例，通过对这 12 个当地传统民居所在地区的气候特征进行具体分析，对它们在建筑形式、空间组织、材料构造等方面应对自然能量的方式进行总结，研究它们作为一个开放的热力学系统如何适应当地的气候环境。以环境性能软件为工具，以能量系统语言为分析基础，揭示出不同气候区下以传统民居为代表的典型乡土建筑与其所处气候环境的适应原型。

研究成果的重点在于总结基于气候特征的乡土建筑热力学原型提取，先是在建筑热力学系统中的三种基本能量递转方式，即能量捕获、能量协同、能量调控的结构类型中厘清建筑与环境之间的能量流动组织；再是根据空气温度、昼夜温差、湿度、降水、风、太阳辐射六项主要气候特征差异对应具体的能量控制需求，例如根据空气温度需要蓄热还是散热、根据太阳辐射情况需要增加得热还是减少得热等；最后是依据建筑原型要素的尺度整体布局、平面层次、竖向层次、界面孔隙度和构造补偿五个层面分析案例应对能量需求的具体策略。通过具体的案例分析建立了基于能量机制的热力学原型模式语言，包括建筑本体各个尺度层面，将能量策略类型和形式因子相联系，为之后热力学原型在气候建筑的当代转译提供方法依据。

第五章

基于能量形式化的当代气候建筑热力学原型转译

第一节　当代气候建筑的热力学深度

“气候作为建筑语言变得非常必要，它不再是一种目标，而是一种媒介，气候必须整合到建筑项目中，融合到建筑本身的语汇中，它必须具备改变建筑元素、结构、组成方式和审美标准的能力。”① 随着当代建造技术的不断进步，高层、大跨度、大进深建筑等不同于传统单一尺度建筑的类型陆续出现。尺度上的多样性带来的是空间和功能需求的差异，进而挑战了建筑应对气候的经验和建筑系统能量运作的方式。与传统乡土建筑主要的居住功能相比，当代建筑的功能多不胜数，形态五花八门，因而气候建筑的涵盖范围扩宽到包括城市公共建筑在内的多种类型。不同建筑类型的空间布局也导致其能量需求的完全不同，这为当代气候建筑的热力学原型方法研究带来了新的课题。当代气候建筑的热力学设计语境是在对开放系统有着成熟认知的基础上，重新定义气候和建筑的关联方式，强调了对内部属性的思

---

① ［瑞］菲利普·拉姆：《气象建筑学与热力学城市主义》，余中奇译，《时代建筑》2015 年第 2 期。

考，结合了功能的多样性和构造的复杂性来确立更为灵活的能量竞争模式，即“热力学深度”（Thermodynamic Depth）。

一　目标体系

传统气候建筑中的能量意识有着极为深刻的内涵，前人的智慧在今天仍有重要的启迪和借鉴意义，但不能因此将它作为拯救人类当代环境困境的灵丹妙药。随着社会的发展，建筑的功能越来越复杂。工业革命带来的技术进步，也使现代营建体系与以往相比发生了根本性的变化。为了适应当代社会经济生活，建筑体量越来越大，高度越来越高，所涉及的问题也较以前呈几何级数关系增长。因此，简单照搬传统建筑的能量策略与技术就失去了其原本的意义。

一般来说，相较于传统的乡土建筑，当代气候建筑所采取的气候适应方式更加完善。它们不是纯被动式策略，更不是一味以高精尖的主动设备技术为主导，而是将主动模式与被动模式有机结合，应用于建筑使用阶段的综合方式。在当代技术与资源视野下，气候建筑包含了一种交叉学科和综合学科的特性。它们运用气候学、热力学、生态学和建筑科学的知识原理，合理组织建筑形态、空间、构造等各项因素的关系，在规划设计阶段、建造阶段、使用运营阶段包括废弃拆除阶段均可节约能量资源的消耗，使人、建筑与环境达到有机可持续的共生目标。因此当代气候建筑设计之于当代一般建筑的设计过程，其目标体系增加了“气候资源”和“环境能量”这两个重要的设计参数，并主要体现在三个方面。

1. 气候适应和技术整合

当代建筑的气候适应性是在建成环境中合理配置气候能量，减少建筑内外环境的矛盾，将气候对建筑的不利影响降到最低。同时也要注意到建筑建造过程中对气候的影响，避免对外部环境造成更为不利的反作用，比如建筑内大量空调设备加剧周围局部热岛效应等。技术整合不是技术的简单叠加，而是将多层次多结构的设计方案与选用技术综合深化，以气候适应和生态效益为宗旨，最终形成多目标高效率的创新型技术重组。这种方式比传统乡土建筑单一低技术的调节能力要完善得多。

2. 环境与人体热舒适

一年中处于舒适区域的时间通常占比较小，但可以通过一定的设计策略来对舒适区域进行补偿或移动。当代气候建筑的重要目的之一在于创造出符合人体舒适标准的生活环境，它必须是适用的、健康的、生态的，需要从建筑群体、建筑单体、构造、空间的不同尺度逐级构建梯度性的舒适环境，并作为评判标准出现在设计阶段与使用后评估阶段。

3. 高效节能和适宜技术

建筑在取得环境效益的同时，需要兼顾经济原则。人类生产活动方式与自然环境资源的冲突导致了环境危机，解决方案主要在于减少能耗和资源循环再生这两个重要途径。因此气候建筑设计目标是有效利用当地的太阳光、风、水等可再生资源，在现有的气候条件下采用适宜技术手段，合理组织建筑功能和建筑形态，以高效的方式获得舒适环境。在气候特征与建筑类型大相径庭、建筑尺度多种多样的当代，单纯靠传统地域性气候适应策略来解决问题是不现实的。适宜技术的重点在于根据当地气候、所拥有的资源和经济技术条件差异，采用最能适应本地条件的技术并能发挥最大效益的技术组合，它既包括传统技术，也包括由传统技术改良而来的当代先进技术。

二　热力学原型性

从建筑到原型，是挖掘抽象思维、提取内在法则、透过形式分析表层之下的逻辑结构的过程；而从原型到建筑，是一个转译、植入和深化的过程。从热力学视角看，当代气候建筑以能量法则为塑形工具，同传统气候建筑一样存在“原型语言”的潜力。本书第四章所总结的热力学原型提取模式，在当代气候建筑中同样适用；但此时这种原型重构了建筑环境调控技术中的主动式与被动式方法

（重点在于被动式方法），并将其与更为复杂的建筑构造、材料和形式紧密结合在一起，是为“转译”。

气候建筑的原型性并不是对“仿生”概念的重现，它在于对建筑的深度解读、提炼和抽象，以理性分析和模拟验证的方式指向一种结构化的系统原理。这些原理在建筑的不同尺度层面运作，呈现出譬如多孔性、新陈代谢、能量层级、烟囱效应、组织、过滤、通道、温室等关于当代气候建筑的原型关键词。因此，热力学原型性的体现就不是对建筑形态美学或空间排布的评判，而是对建筑中具有转译潜力的系统生态与能量组织的评判。

有一种被称为“mashrabīyas”的伊斯兰木格屏风墙，它作为围护结构，具有适应地域干热气候的一系列作用。通过控制木格的尺寸和空隙大小，它能够精细地调控穿过的光线、空气流速、气流的温度和湿度，还调控了内外视觉的穿透性（内部可以看向外部而外部无法看清内部）。屏风墙因功能的不同而具有竖向层次性：在室内人们坐着的高度上，减小了窗格空隙以减少眩光；在此高度之上，窗格空隙加大以保证室内空气的流通。位于巴塞罗那的TIC媒体大楼（见图5－1）则以新材料和新策略诠释了这种多层次表皮的当代

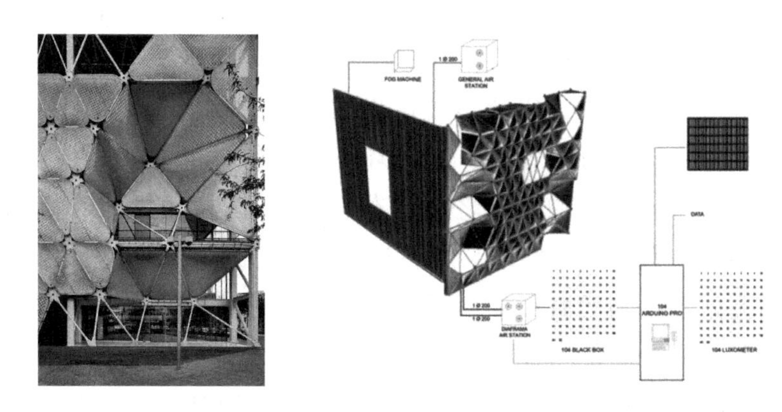

图5－1　巴塞罗那TIC媒体大楼的多层级表皮

资料来源：Michael U. Hensel，*Performance-Oriented Architecture*，New Jersey：John Wiley & Sons，2013。

转译。它以钢结构为建筑主体，以可活动的铰接式充气膜元件组合（ETFE）和金属丝网覆盖楼层的不同部分。充气膜网格之间的空隙大小可以改变，且使用了智能传感器有选择性地过滤光线，最终减少了55%的碳排放。热力学原型在当代建筑复杂尺度和复杂功能的语境下，虽然在形式、材料和构造上都产生了变化，但依然保持了基本的需求目标和能量应对策略。

三　能量形式化

第四章中的传统气候建筑热力学原型提取方法，是对既有的传统气候建筑案例进行调研与分析所得出的结论，在同等情况下这一模式可直接应用其经验参考值。但当面对类型跨度较大的当代气候建筑时，所采用的环境调控方式相较于传统建筑来说，需要更加混合多变。当设计过程中无法按照经验来确定合理值时，则更强调分析方法的重要性，以实现方案初期的选型和方案后期的优化。这就是“能量形式化”的机制。

能量形式化的概念是从能量议题出发，以自然要素与气候参数等语汇渗入建筑设计过程，启发建筑在空间、形态和性能上的新的突破，将建筑外部从内部中解放出来，用更自如的态度适应环境的变化并反映到形式上，即“形式追随能量”。能量形式化以热力学定律的研究分析为依据，以能量流通方式为基础，基于风、光、热等对自然能量要素的分析评估，通过环境性能软件等工具最大化环境与建筑的力量。能量的运作之于形态学，在对建筑的塑形过程中可以激发出建筑在组织、空间、形态与性能上新的可能性。①

研究建筑与当代城市环境所构成的热力学系统中的能量流动模式，其起点同样是能量流通方式的基本结构类型，即能量捕获、能量协同和能量调控。只是这个过程涉及的因素和对象要素更多样化，

① 李麟学、陶思旻：《绿色建筑进化与建筑学能量议程》，《南方建筑》2016年第3期。

机制更为复杂，需要进一步结合案例分析，提取出热力学原型的当代转译方法。

（一）能量捕获：界面形态响应气候要素

现代主义以来的建筑形态致力于用建筑立面将内外环境隔离开来，保护建筑少受外界气候的负面影响，例如眩光、高温和强风作用等。依靠机械设备创造出的封闭环境可以轻易达到舒适标准，代价却是通过大量能耗形成了隔绝于外部环境的孤立系统，在人和外部气候之间树立了一道难以突破的屏障。这是一种短视的能量行为。Kiel Moe 曾说“隔离就是孤立”（to insulate is to isolate），[①] 这种建筑学中长期存在的孤立能量观，在生态学和热力学上都存在问题。

相反，建筑是一个典型的热力学耗散系统，向外界环境开放以交换能量、物质和熵。能量形式化意味着建筑不再与外部气候对立，而是充分利用这些可再生循环的自然能量。能量捕获的对象包括自然光、太阳能及风能、热能等，形式化则是“捕获”这些非视觉的能量来得到视觉上的依据。为了达到最好的捕获作用，建筑外部形态需要成为光和气流进入内部的通道，需要用一个分配能量的连续界面覆盖整个建筑空间，保证捕获到的能量能够在传递后迅速被利用。建筑界面是内外环境之间的桥梁，它不是传统人体隐喻中所谓建筑的一层“皮肤”，也不是对自然系统的“仿生”，而切切实实地成为更为复杂、更多层次的热动力系统。

能量形式化需要解决的问题是改善建筑能量捕获的效率——调整建筑的形态和朝向，调节围护结构与立面上的细部构件角度，优化自然光分布与光伏效率。麟和工作室在上海崇明体育训练中心中的形态设计为能量捕获提供了一个典型的生成范式（见图 5－2），设计过程通过参数化软件工具的介入，将建筑形态的变化建立在城

① Kiel Moe, *Insulating Modernism: Isolated and Non-Isolated Thermodynamics in Architecture*, Boston: Birkhauser, 2014.

市微气候与环境参数之上，比如它的体块沿着风向扭转的角度，表皮窗洞的大小、虚实变化和开启角度，在立体维度上塑造了层层退台。这些形式上的思考都是非标准的、经过反复模拟验算得出的结果，目的是整合微环境中的光环境和辐射要素，引导风通过立面开口进入内部空间，使建筑时刻处于同气候的动态交流中，并获得性能的提升。

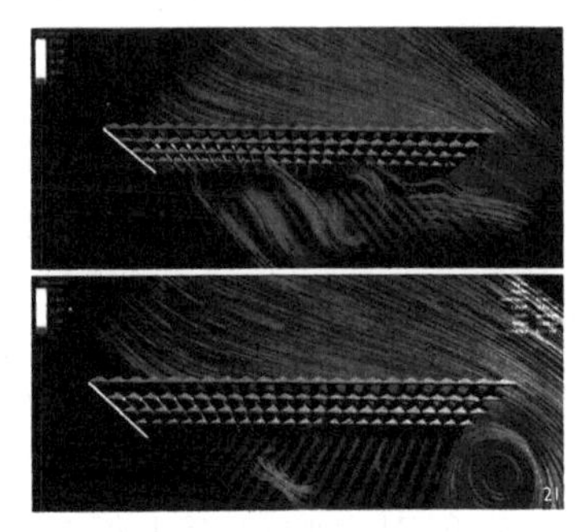

图 5－2 上海崇明体育训练中心通过优化通风效率生成能量捕获界面

资料来源：麟和工作室提供。

（二）能量协同：复合功能空间的能量平衡

高层办公楼与商业建筑等以内部功能使用为主体的建筑，其内部的空调、照明、智能系统、其他机械设备和人的活动都将消耗大量的能量。相较于外部环境，这种类型的建筑自身的功能组成更为复杂，类似一个“共生生态系统”（symbiotic ecosystem）。能量协同的作用就是将建筑各功能部分的能量使用方案通过设计合理地组织起来。随着当下智能化负荷管理以及能量存储策略的发展，它将显著改善建筑的能效。设计阶段以能量平衡概念为基点，分析各部分空间功能的热力学性能，将它们划分为产生热量的“热源”和吸收热量的“热库”。通过平面和立体配置合理混合功能，组织面积分配，建筑内的能量流动则将有望平衡其内部热量，达到人体热舒适指标与低能耗的共同目标。

纽约市中心体育俱乐部（The Downtown Athletic Club in New York）是复合功能空间的典型案例。这座高层建筑包括有大厅、保龄球馆、健身房、游泳池、游戏厅、餐厅以及俱乐部的办公室相互叠加的多种空间。建筑的每个空间根据使用功能的不同也具有不同的热力学性能，例如办公室和健身房在使用的过程中会产生大量热量，同时大厅和公寓会吸收这些热量。若合理组织这些空间的位置分布并采用高性能配给系统，就能够平衡建筑内部的热量使用。另外，这座建筑的功能空间有着各自的能耗时间表，一般来说办公区的峰值负荷集中于上午9点和下午3点，健身房和生活区则刚好相反。因此辅以智能负荷管理与能量存储设备，例如相变材料与集热装置。这样的能耗时间表可以有效提高整座建筑的运转效率（见图5－3）。

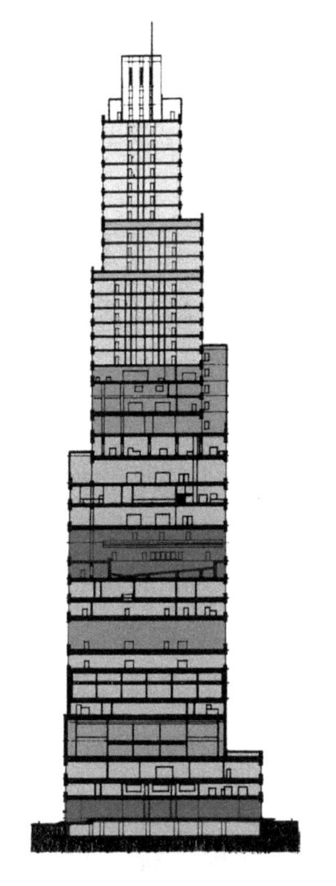

图5－3　纽约体育俱乐部各功能空间的热量分布

资料来源：李麟学、陶思旻：《绿色建筑进化与建筑学能量议程》，《南方建筑》2016年第3期。

（三）能量调控：能量补偿的适宜技术

“高技”通常表现为先进技术导向的设计理念和新材料的运用，往往成本较高且技术复杂，需要一次性的大量投入；“低技”通常表现为尊重自然规则的低成本技术和因地取材的导向，效率不高但在经济性上具有优势。经济学者舒马赫（E. F. Schumacher）于其著作 *Small is Beautiful* 中提出了“中间技术”（intermediate technology）的概念。“中间技术”也叫“适宜技术”（appropriate technology)，建立在对工业技术观批判的基础上，倡导在无须投入大量能量的情况下保护生态系统和可再生资源，在发挥工业文明物质优势的同时尽可能消除技术和文明的负效应，完成对工业技术观的创造性转换，弥补了“高技”和“低技”的中间地带。“适宜技术”对高新技术并非持有排斥的态度，它是在具体国家或地区的经济文化和自然条件之下，取得资源开发和能量转化过程中最佳的综合效益。

能量调控是指将建筑空间组织与适宜技术设备手段相结合，满足能量在空间内充分流通的空间操作手法。而这种技术手段不是在建筑设计完成之后附加的、完全依靠设备本身的机械性能带来的能量补偿，而是将设备与空间完美结合，使空间本身也成为设备的一个组成部分，原本的设备更像是从建筑空间内生长出的“触角”。位于西班牙马德里的生物气候总部大楼呈现了一个形式与气候功能相辅相成的设计。标识性的大悬挑混凝土楼板减少了90%的不必要的阳光射入，此外建筑师还在楼板中嵌入了自主研发的集成地板系统（见图5-4），将暖通系统和空气循环系统整合于镂空楼板之中。加上屋面板集成的太阳能集热器系统，建筑无须额外的空调负荷，也不需要安装遮阳百叶，制冷能耗就能比其他建筑下降40%。

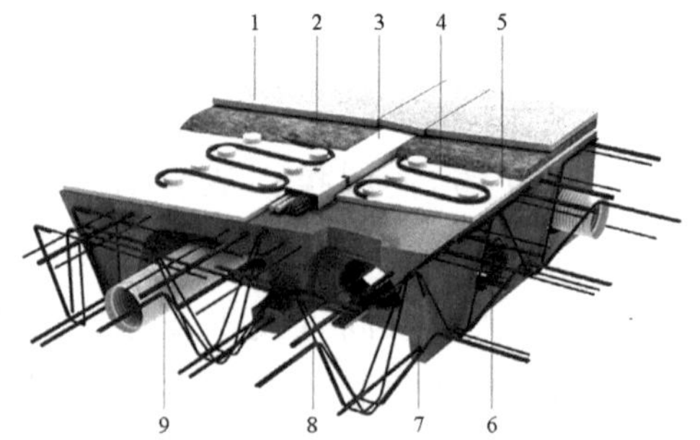

图5-4 马德里生物气候总部的HOLEDECK集成地面系统

资料来源：http：//alarconasociados. virb. com/logytel。

第二节　能量形式化机制下的当代气候建筑形态转译

一　能量捕获的外部形态转译

以能量捕获机制为主的气候建筑类型，界面系统是最为主要的形式控制重点。根据外部气候资源与内部需求的综合判断将界面系统进行重塑，不仅可以实现对日照、通风、温度和视线的控制，更能够调节流转于建筑界面内外的能量，使内部人群获得适宜的光照、流动的空气和舒适的热环境，并相应地降低照明、通风和供热制冷能耗。1980 年后的建筑围护结构多以材质为重点进行设计，通过多孔、保温等高性能材料分别进行通风、温度、光照的控制；2000 年后的当代生态界面已经开始对界面形态进行设计，设计手法从二维转向三维，界面系统的复杂程度大大增加，出现了双层通风系统、智能遮阳百叶、循环液体恒温系统等可以体现在外部形态中的气候设计。因此，当代气候建筑的界面包含环境、空间和结构的三重潜力。

采用传统集中式空调系统的建筑中，夏季时由于墙体受到太阳暴晒而建筑内部空气温度升高，需要额外的自然通风及机械送风系统以散出热量；冬季时建筑内部通过寒冷的墙体散失了大量热量，需要额外的供暖系统不断向室内补充热量，但热量又会进一步通过围护结构向外部散失。当代气候建筑则倾向于形成一种连续性的分布式界面，将建筑内部空间包裹在具有捕获和调节作用的界面内，减少了能量损失和制冷供热能耗。能量捕获的控制要点在于界面系统，因此建筑界面通常会呈现出标识性的外部形态，呼应着当地的气候条件和建筑的能量流动轨迹。建筑界面系统联合形态、布局和内部空间的塑造，积极捕获和利用来自外部的再生能源（包括太阳能、风能、地热能和水资源等），再经过能量递转进入建筑内部供使用。

(一) 能量捕获的外部形态比较

能量捕获机制下的建筑外部形态重点主要在于多层面的、结合建筑体形的界面形态设计：对遮阳的设置以阻挡夏季阳光直射；对界面朝向的合理布置以达到良好的日照；对反射板角度的合理设置以提升建筑内部照度；利于自然通风的开口设计实现建筑内部降温；通过界面间层的设计以平衡辐射热能，使冬季建筑内部气温升高；等等。

本部分选择了4个以能量捕获机制为设计重点，具有代表性的当代气候建筑案例进行比较分析（见表5-1），其中 *Kolon One & Only Tower* 属于外悬式连续遮阳界面，*V on Shenton* 属于组合模块式调控界面，*Cambridge Public Library* 属于双层空间界面，*Torre Solar de Sociopolis* 属于曲面热反射界面。这些案例的外部形态选择性地对日照、

表5-1　以能量捕获机制为主的4个当代气候建筑案例

Kolon One & Only Tower Morphosis Architects 韩国首尔/2018年 办公建筑 76180平方米	*V on Shenton* UNStudio 新加坡/2017年 办公+住宅 85507平方米	*Cambridge Public Library* William Rawn Associates 美国波士顿/2009年 文化类公共建筑 9650平方米	*Torre Solar de Sociopolis* Abalos + Sentkiewicz Arquitectos 西班牙瓦伦西亚/2012年 住宅建筑 10080平方米

资料来源：笔者整理。

通风和温度进行控制，捕获有利自然能量的同时隔离了不利的气候要素，并连同建筑的布局、平剖面和机械设备一同塑造了完整的能量捕获形态。通过柯本气候分类可以得知该地区的大概气候特征，例如 *Torre Solar de Sociopolis* 所在的地中海气候为夏季炎热干燥、冬季温和多雨，*V on Shenton* 所在的热带雨林气候为无明显季节差别的全年高温多雨，等等。能量捕获的对象与外部气候要素密切相关，要得出建筑的基本能量需求，还需要有更为深入细致的气候特征分析和环境评估。

1. 外悬式连续遮阳的外部形态：*Kolon One & Only Tower*

韩国著名纺织公司 Kolon Group 新建的研发机构办公楼位于首尔，在柯本气候分类中属于 Dwa 夏热大陆性气候，四季分明，过渡季节气候温暖适宜，夏季高温多雨（月平均气温为 22—27℃），冬季气温较低（月平均气温为 -5—0℃）。建筑需要重视炎热季节的通风降温和遮阳防热，还需要考虑多雨季节的雨水收集。建筑师与结构师、制造商共同设计了一组以环境性能驱动的垂直界面，挑战了传统遮阳方法：建筑体量向南折叠为低层提供被动遮阳（R-）；建筑外界面的伞状遮阳构件相互连接组成了类似编织物的外表皮，立面以相互连接的一种独立外挂结构“遮阳伞”悬于幕墙之外（R-L+），“遮阳伞”由纤维增强聚合物制成，组成了连续的整体外表皮；高 40 米、长 100 米的中庭是一个垂直的社交中心，半开放通高的中庭促进了热压通风（L+W+），中庭内界面同样为外悬式的结构化遮阳连续表皮，内置人工照明元件（R-L+）；绿色屋顶结合雨水收集系统（P+），屋面光伏太阳能板为中庭内界面的照明提供能源（S+L+）。外悬式的连续遮阳构件平衡了遮阳和视线，有选择性地捕获了有利的自然光线，屋顶所收集的太阳辐射转化为电能为连续分布的内界面提供了能量（见表 5-2）。

表 5－2　　能量捕获机制分析：*Kolon One & Only Tower*

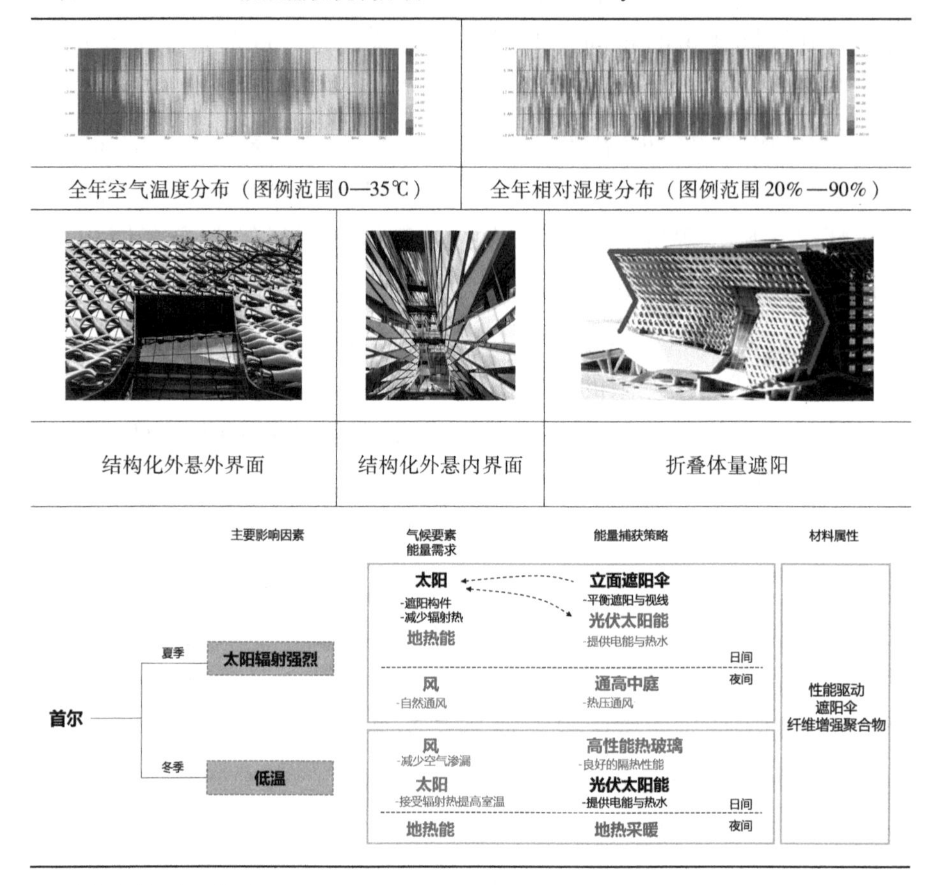

资料来源：笔者整理。

2. 组合模块调控的外部形态：*V on Shenton*

V on Shenton 位于新加坡，在柯本气候分类中属于 Af 热带雨林气候，没有四季之分，气温年较差小，多分布于 23—32℃，受赤道低气压带影响而多对流雨。因此建筑需要应对当地全年的高温高湿问题。建筑外部连续覆盖了组合模块式的调控界面：立面幕墙由多种材料与构造组合，利用板块的角度和遮亮度（R－）来应对当地热带气候；通高的通风槽隐藏于外立面覆层内部，捕捉建筑周围的气流使空气流通（W＋），并在立面上形成了以六角形为单元的标志

性连续图案；基于幕墙模块、面板类型和单元模块，立面图案通过结合阳台、空调壁架、凸窗组合变化而成，能够反射光线、提供遮阳（L－R－）；高性能玻璃幕墙背后结合播种机，创造出垂直绿化屏障进一步过滤进入室内的光线和热量（L－R－）；位于8楼、24楼与34楼的三个开敞式空中花园促进了塔楼内的自然通风（W＋T－H－）（见表5－3）。

表5－3　　能量捕获机制分析：*V on Shenton*

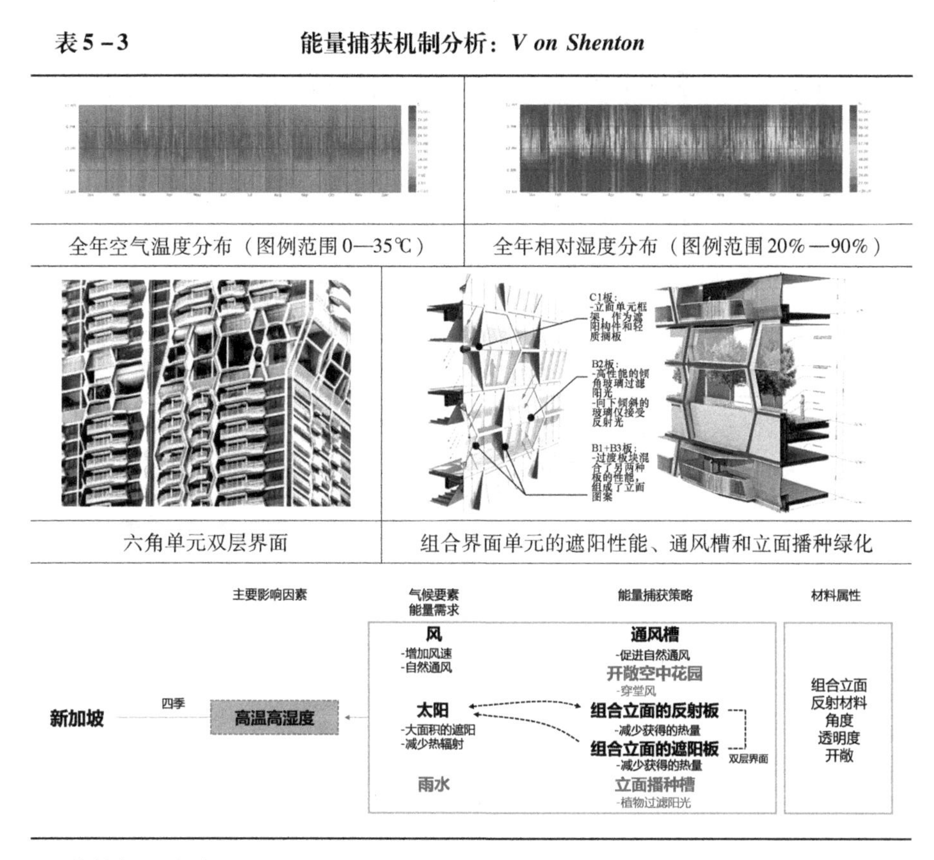

资料来源：笔者整理。

3. 双层空间界面的外部形态：*Cambridge Public Library*

这座公共图书馆位于美国波士顿，属于柯本气候分类中的Dfa夏热大陆性气候，夏季炎热潮湿，而冬季寒冷、多风多雪。建筑需要应对变化迅速的外部气候，以一定的形式策略减少外部环境波动对内部的影响。该建筑外围护结构包裹了一层带有可调节百叶窗的全透明双层界面，创造出一道具有缓冲功能的“热毯”（thermal blanket），比传统幕墙节省了近50%的能耗。外层是带遮阳面板和通风装置的玻璃幕墙，可根据季节不同控制开启。内层带有由使用者控制的可开启窗扇，中间是有一定宽度的空气间层（D+），能够防止热损失、眩光和过量的热增益：冬季将外层通风装置和内层窗扇均封闭，遮阳面板调整角度引入阳光（L+），加热缓冲空腔内的空气（T+）；春秋季底部外层通风装置和内层窗扇均开启，促进自然通风（W+）；夏季内层窗扇关闭，底部外层通风装置开启，界面顶端的遮阳面板调整角度使太阳辐射加热空腔内顶部空气，并同时打开位于屋面的通风口，促进了空腔内的热压通风（W+），带走积蓄于界面内的热量（I-）（见表5-4）。

表5-4　能量捕获机制分析：*Cambridge Public Library*

 双层空间界面	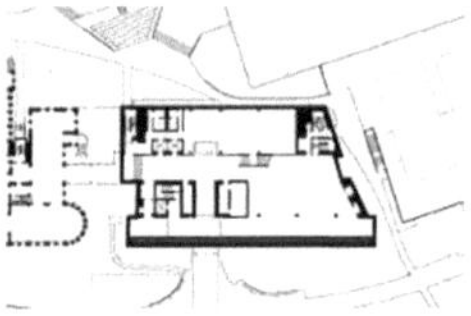 南向双层界面缓冲	 双层界面空腔的季节性捕获机制

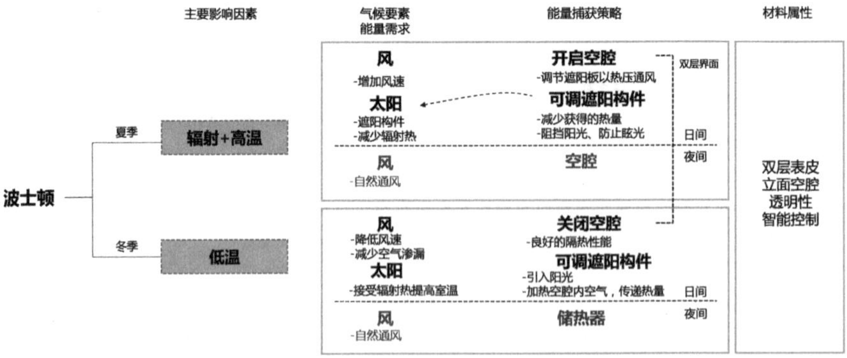

冬季　夏季

主要影响因素　气候要素 能量需求　能量捕获策略　材料属性

波士顿

夏季：辐射+高温
- 风：-增加风速；太阳：-遮阳构件 -减少辐射热 —— 开启空腔：-调节遮阳板以热压通风；可调遮阳构件：-减少获得的热量 -阻挡阳光、防止眩光（双层界面，日间）
- 风：-自然通风 —— 空腔（夜间）

冬季：低温
- 风：-降低风速 -减少空气渗漏；太阳：-接受辐射热提高室温 —— 关闭空腔：-良好的隔热性能；可调遮阳构件：-引入阳光 -加热空腔内空气，传递热量（日间）
- 风：-自然通风 —— 储热器（夜间）

材料属性：双层表皮　立面空腔　透明性　智能控制

资料来源：笔者整理。

4. 曲面热反射的外部形态：*Torre Solar de Sociopolis*

这是一栋位于西班牙瓦伦西亚的高层保障住房，当地属于柯本气候分类中的Csa地中海气候，受西风和北大西洋暖流影响，终年温和湿润。在瓦伦西亚晴朗又潮湿的气候下，建筑以高度促进双向通风的环境手段成为最重要的被动式策略：带有高性能玻璃、能够全部开启的窗加强了双向对流通风，带出了室内的热量和湿气（W+I-H-）；外墙立面采用带有高性能玻璃的反射材料来减少获取的热量（R-）；每层平面的外部轮廓是不断增加顶部曲线阵列的几何形状，结合反射材料以创造反射平面（R-）；平面曲线围合出的半开敞阳台成为缓冲空间（D+）（见表5-5）。

表5-5　能量捕获机制分析：*Torre Solar de Sociopolis*

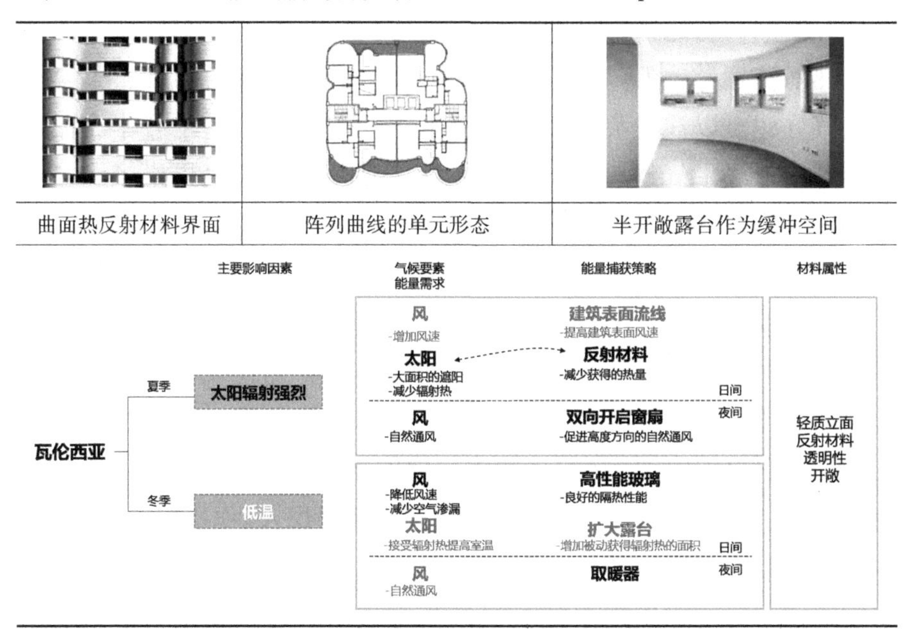

资料来源：笔者整理。

（二）能量捕获的原型转译

在4个案例中，*Kolon One & Only Tower* 和 *V on Shenton* 的界面代

表了结构化的能量捕获界面，*Cambridge Public Library* 代表了空间型界面，*Torre Solar de Sociopolis* 代表了生态高性能材料结合外层缓冲空间的界面类型。*Kolon One & Only Tower* 的界面为传统遮阳百叶原型的全新转译，幕墙外的遮阳伞单元用以平衡遮阳和视线，以具有高抗拉强度的纤维增强聚合物制成，是一种自支撑结构。*V on Shenton* 界面则是更为复杂的遮阳构件转译的以六边形框架构建起双层遮阳面板模块，框架中内置了捕获气流的管道，模块装载了住宅的阳台、凸窗和播种机的功能。这两种结构化的界面增加了外部形式化的生态塑造潜力，也解放了内部空间，将部分空间同界面结合在一起发挥捕获外界气流、光照、热量等能量流的作用。*Cambridge Public Library* 的双层空间界面，则是建筑外侧缓冲空间在界面上的整合和转译，它为内部空间提供了一个气候缓冲层，是室内室外的热存储中介空间，与通风百叶和天井一同协作成为引导外部能量进入室内的热对流通路。*Torre Solar de Sociopolis* 的曲面反射界面，是类似传统气候建筑以浅色界面反射阳光的强化型转译，它结合半开敞的阳台共同形成了气候缓冲的生态界面，其内部本身也提供了大量可利用的空间。

能量系统语言图解可以对案例中的能量捕获机制作出具体解析（见图 5 –5）。图解中分析了建筑通过界面形态捕获场地环境能量，进而分配给室内空间进一步引导协作的过程。当代气候建筑的界面担负了热传导、热对流、热辐射的热交换调控功能，部分复杂界面（例如双层空间界面）还具备热能存储的功能，而这些功能和界面的材料热阻、表面积、粗糙程度以及界面的反射/入射/折射角度有关。这些功能影响到了建筑捕获外界能量并同内部空间和设备进行协作调控的能力。对于以能量捕获机制为重点的气候建筑来说，建筑的界面与外部形态是影响捕获能力的重点，传统建筑中的出檐、遮阳挡板等涉及能量捕获的界面要素在当代已转化为更多方式，而每一种转译后的形式要素都是以相应的能量需求为出发点。以所选案例为例（见图 5 –6），这些原型的基本形式因素转化为 *Kolon One &*

Only Tower 的外悬式遮阳伞（R－T－），*V on Shenton* 的组合遮阳框架（R－T－）与立面导风槽（T－W＋），*Cambridge Public Library* 的双层空腔界面（D＋）与智能百叶（R－T－W＋），以及 *Torre Solar de Sociopolis* 的曲面反射立面（R－W＋）。在其他层次，例如整体布局的分散或集聚，平面层次的缓冲空间等在当代转译中也有更为复杂的表达。

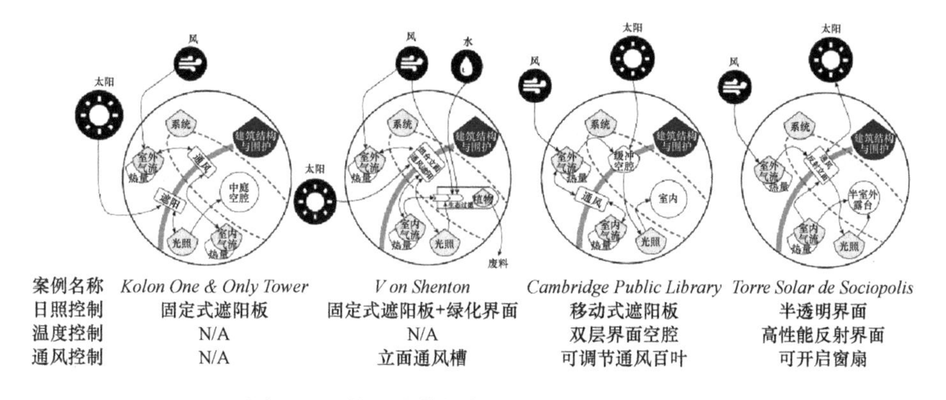

图5－5　能量捕获机制的能量系统语言图解

资料来源：笔者自制。

二　能量协同的空间形态转译

以能量协同机制为主的气候建筑，设计重点主要在于基于能量平衡的内部空间功能配比排布，目的是追求内部能耗的最小化。任意空间内部在同一时段都存在不同形式的能量流，对这些能量流动方式进行重新梳理能够改善室内热舒适。能量协同策略就是根据各个功能空间的使用要求，运用空间操作的方式来规划能量需求，最大化能量流通效率，创造出最佳的空间组合方式并营造出舒适的室内物理环境。

以空间功能为例，两个标准层面积相同的办公空间，单元式办公建筑会在冬季由于过小的房间面积而浪费内部热量，开放式办公建筑则由于中央系统控制而需要耗费更多的照明能耗。再以空间尺

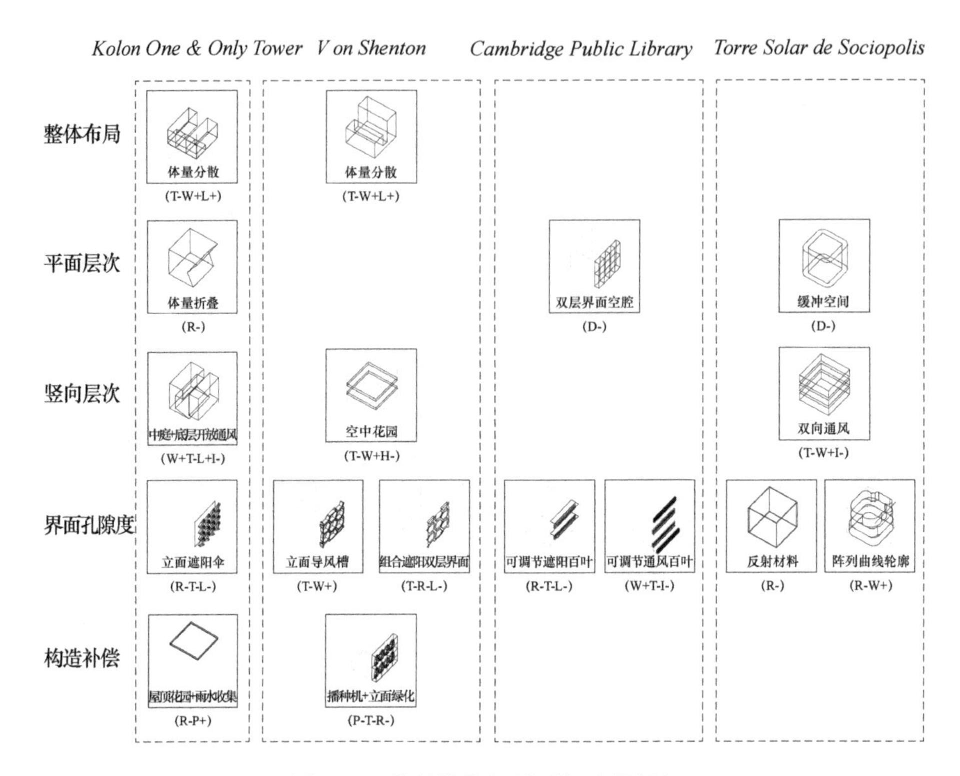

图 5-6 能量捕获机制下的原型转译

资料来源：笔者自制。

度为例，大空间与小空间相邻布置时，由于大空间的热与光处于相对更高势的位置，因此可以将光从外部环境引入并为更多的小房间提供侧向自然采光；若大空间朝南，它还可成为收集热量的日光间，获取并存储外部的热能，将其传递到相邻的小空间中。如何分配各个功能房间，如何通过空间形态促进自然通风，如何在运营过程中合理安排能量使用，是能量协同机制的要点所在。

（一）能量协同的空间形态比较

建筑的能量协同机制建立在能量平衡的原则之上，需要组织“热源”和“热库”在功能和位置上的关系。现代民用建筑在使用过程中的能耗主要包括采暖、制冷、机械通风、人工照明、热水供应和各类电器等，能量协同策略则立足于降低这些设备的依赖性，根据空间使用的特征来平衡热量得失。这种逻辑在办公建筑、实验室建筑等内部得热较大的建筑中体现得更为明显。以能量协同机制为导向来安排空间组织，最主要的操作方式是对空间的层化处理，即用分层的形式将具有相似能量需求或者能量存储能力的空间进行汇集，并以划分后的层化空间为单位进一步深化，使整体空间能量流通效率最大化。空间层化处理包括并置、错层和围合等主要操作类型。①

并置：具有不同功能特性的空间会造成能量需求的不同，并置操作就是指将这种类型的空间相邻放置的组织方式，令空间特性之间彼此综合，进而从整体上获得更高能量利用效率的做法，具体操作又可以分为从剖面或平面两种角度进行空间组织，即竖向并置或水平并置，分别代表垂直方向的能量传递与水平方向的能量传递。

错层：错层操作指的是在建筑中将不同功能的空间交错安置于不同标高的平面上，以此构建穿插错落的空间形态，这样的形态通常会在不同高度的空间交会处产生层高较高的天井空间，有效地增加进风口面积。

围合：以能量源为中心，功能沿四周分布围合，按空间对能量的需求递减而按层次外退，即为围合操作方式，也就是将功能空间的能量需求相应转换为其与能量源间的距离。能量源既可以位于空间中心，也可以位于空间边缘一侧；能量源既可以是以主动设备方式产生并释放的能量流，也可以是以被动策略方式获得的自然光、热量和新风等。

本节选择了4个以能量协同机制为设计重点，具有代表性的当代气候建筑案例（见表5－6），其中 *Eastgate Office Building* 属于竖向并置的方式，*Torrent Pharmaceuticals Research Laboratory* 属于水平并置的方式，*Centre de Recerca ICTA-ICP de la UAB* 属于错层操作的方式，*Library for the Faculty of Philology* 属于围合操作的方式。

---

① 孙真：《基于能量流动的建筑形式生成方法研究》，硕士学位论文，天津大学，2017年。

表 5－6　　以能量协同机制为主的 4 个当代气候建筑案例

Eastgate Office Building Pearce Partnership 津巴布韦哈拉雷/ 1996 年 办公建筑 55000 平方米	*Torrent Pharmaceuticals Research Laboratory* Abhikram Architects 印度艾哈迈达巴德/ 1997 年 办公＋研究 22600 平方米	*Centre de Recerca ICTA-ICP de la UAB* 西班牙巴塞罗那/ 2011 年 研究＋实验 8237 平方米	*Library for the Faculty of Philology* Foster + Partners 德国柏林/2005 年 文化类公共建筑 46200 平方米

资料来源：笔者整理。

1. 竖向并置空间形态：*Eastgate Office Building*

津巴布韦的哈拉雷属于柯本气候分类的 Cwb，海洋亚热带高原气候，全年大致分为三季，4—8 月为凉季，9—11 月为热季，11 月至次年 3 月为雨季，年均气温 22℃左右。这座大型办公建筑放弃了幕墙与空调系统组成的通用办公楼模板，取而代之以蓄热体和自然通风为被动调控原则，为人们提供了舒适的工作环境。建筑以自然界的蚁穴通风作用为原型，用建筑的高度和功能竖向分布强调能量的竖向流动：并置的办公楼南北侧均为办公空间，中央宽阔的走道中 4 个剖面为 V 字形的通高竖井为打开的能量流通点，具有太阳能烟囱的作用，将从建筑底部流入的冷空气通过顶部的加热不断上升，成为天然的散热器（I－）；竖井构成建筑自然通风系统的要素，空气通过窗户下方的格栅流入使用空间，再抽取至巨大的竖井中（W＋），竖井高高地伸出屋顶，形成具有标识性的视觉元素；两个进深均为 15 米的 9 层办公楼沿着长边平行布局，它们中间同样为 15 米进深的空间顶部以玻璃覆盖成为通高的中庭空间，提供了足够的自然光线（L+）；南北向的楼板均往立面外部深远出挑以遮阳，同时沿着出挑的格栅构件种植有爬藤类植物，进一步创造荫蔽（R-）；建筑的坡屋顶创造出顶层热缓冲空间（D+），倾斜的屋面上放置有太阳能光伏板为建筑提供运行能量来源（S+）（见表5-7）。

表5-7　　　　能量协同机制分析：*Eastgate Office Building*

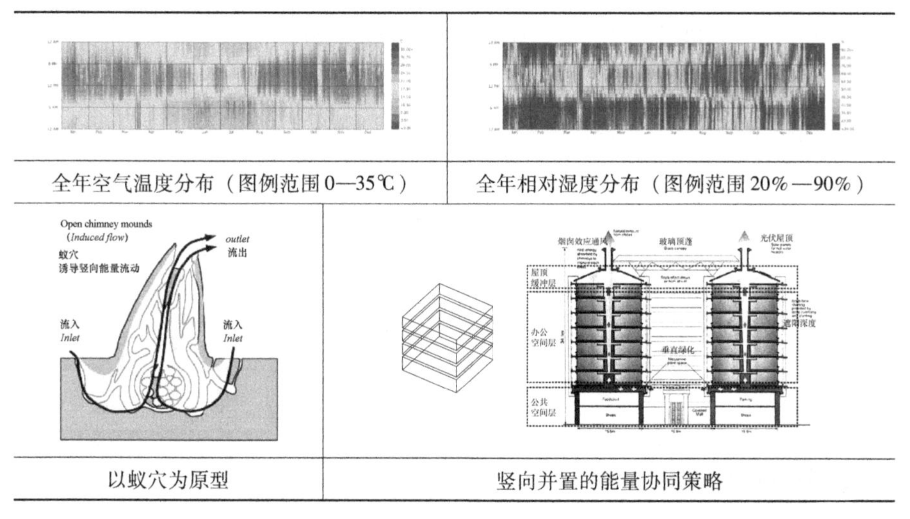

全年空气温度分布（图例范围0—35℃）　全年相对湿度分布（图例范围20%—90%）

以蚁穴为原型　竖向并置的能量协同策略

资料来源：笔者整理。

2. 水平并置空间形态：*Torrent Pharmaceuticals Research Laboratory*

印度艾哈迈达巴德属于柯本气候分类中的Bsh，中纬度草原和沙漠气候，全年日均气温为21—34℃，年降水量在500毫米左右，气候炎热干旱。该建筑根植于当地极端的高温环境，以中东传统乡土建筑的捕风塔为原型和原理，转化为一种“被动捕风蒸发冷却”（PDEC）系统。这种被动式的环境策略以建筑形式中的高塔明确表现出来，通过功能布局的水平并置来实现能量的水平流动：建筑群以5栋3层的实验室建筑组成，环绕着中心大厅辐射布置，分散的体量有利于减少建筑内部的进深，促进自然通风（W+I-）；捕风塔阵列于建筑的立面外，高耸出屋面，流经建筑上方的空气被一系列高塔捕获，通过塔顶部的水体蒸发冷却作用流入建筑的中央开放大厅，再进入大厅周边的实验室和办公室，最终再通过管道排出（W+I-H+）；实验室和办公室的外窗有经过精确尺度计算的遮阳构件，用于遮挡眩光和精确控制自然光射入（R-）。该建筑的使用后评估验证了它能实现与环境条件相关的内部空气温度的显著降低（见表5-8）。

表5-8　能量协同机制分析：*Torrent Pharmaceuticals Research Laboratory*

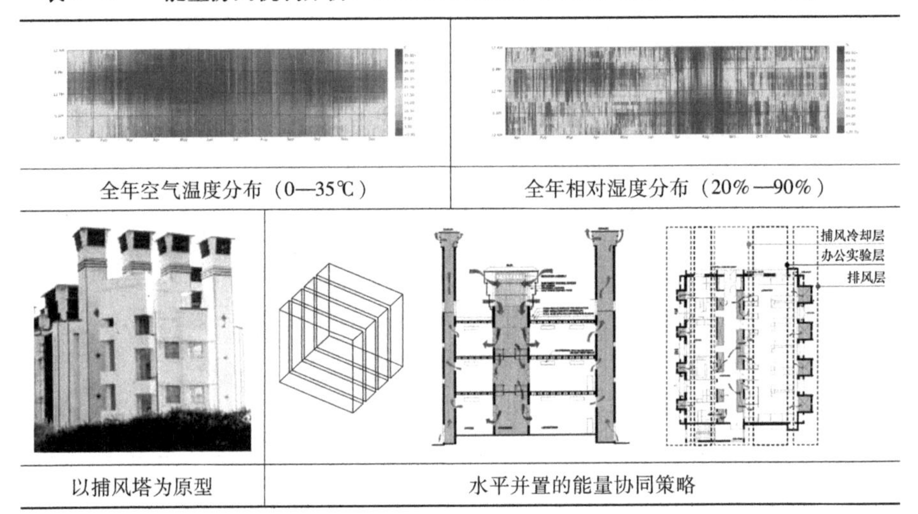

全年空气温度分布（0—35℃）　　全年相对湿度分布（20%—90%）

以捕风塔为原型　　水平并置的能量协同策略

资料来源：笔者整理。

3. 错层操作空间形态：*Centre de Recerca ICTA-ICP de la UAB*

建筑位于西班牙巴塞罗那，属于柯本气候分类中的Csa，地中海气候，夏季炎热干旱，平均气温为24℃，冬季温和多雨，平均气温为10℃。该建筑是巴塞罗那自治大学的环境科学研究中心，一楼为大厅、酒吧和一些教室，二到五层主要为实验室和办公室，地下层是部分实验室和仓库，顶楼有一个带种植园的休息室。错动的形态暗示了高低错层的空间操作方式和不同功能之间的能量协同方式：建筑使用低成本且储热性能良好的混凝土结构；外部为钢框架包裹的生物机制外表皮，自动开关遮阳板部件可以根据外部气候状况，通过计算机控制调节遮阳和通风角度（R－L＋W＋）；工作区采用绝缘性良好的木箱，木箱之间的半开敞空间是休息室，根据热源和热库的分布穿插组织在不同楼层；实验室和办公室的运转能产生热量，通过结构、表皮、天井等组成的系统在夏季收集起来利用于冬季，并由计算机统一控制的三种气候管理机制来综合调控，创造出被动的高效能源利用方式（I＋S＋）；建筑内部有四个均匀布置的大天井，提供了光照和通风的路径（L＋W＋），内部以绿化植物提高了场所的湿度和舒适性（H＋）（见表5－9）。

表5－9　能量协同机制分析：*Centre de Recerca ICTA-ICP de la UAB*

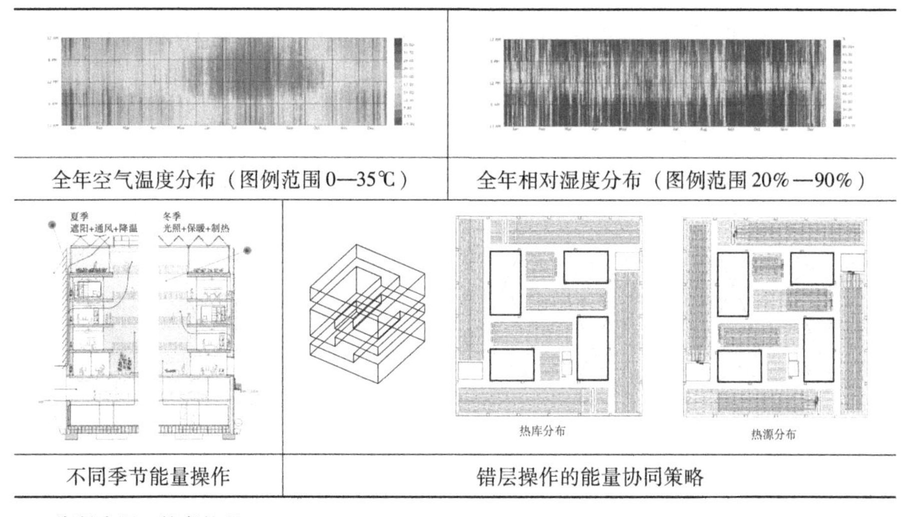

资料来源：笔者整理。

4. 围合操作空间形态：*Library for the Faculty of Philology*

柏林自由大学位于德国柏林，属于柯本气候分类中的Cfb，温带大陆性湿润气候，年平均气温为9.4℃，冬季较冷，夏季凉爽，年降水量580毫米。哲学系图书馆是一个球形的集中体量，主体功能被一个有着环境调控功能的泡泡状结构围合，内部楼板的边缘呈波浪状，自下而上层层退台而产生了多个宽敞且光线充足的工作空间：建筑外部是一个双层管钢框架穹顶结构，面层是带气孔的遮光玻璃、高度绝热的镀银铝板和可调控自然通风的金属百叶（W+），内层是用于过滤光线的半透明玻璃纤维织物内膜，用于散射从外层射入的阳光，创造出柔和的阅读环境（L+）；春秋季节中，建筑通过表皮的通风口维持了自然通风（W+），但来自底部的新鲜空气依然需要中央核心筒的加热和分散，冬季和夏季中，表皮的百叶都是关闭的，加热或冷却空气都由核心排气口提供。除了围护表皮，建筑底部的中空楼板也是空气循环的输送管道（W+）；两个混凝土核心筒内包含了大型空气管道，将新鲜空气分配入建筑的各个空间是外壳通风口的辅助作用，各个楼层的气流都可以通过整体流动的管道系统进行调节（W+）；建于圆柱之上的各层建筑楼板由30厘米厚的混凝土组成，提供了被动储能的体量（I+）。该建筑一年中有60%的时间可以实现自然通风，减少了平均运营成本的35%（见表5-10）。

表5-10　能量协同机制分析：*Library for the Faculty of Philology*

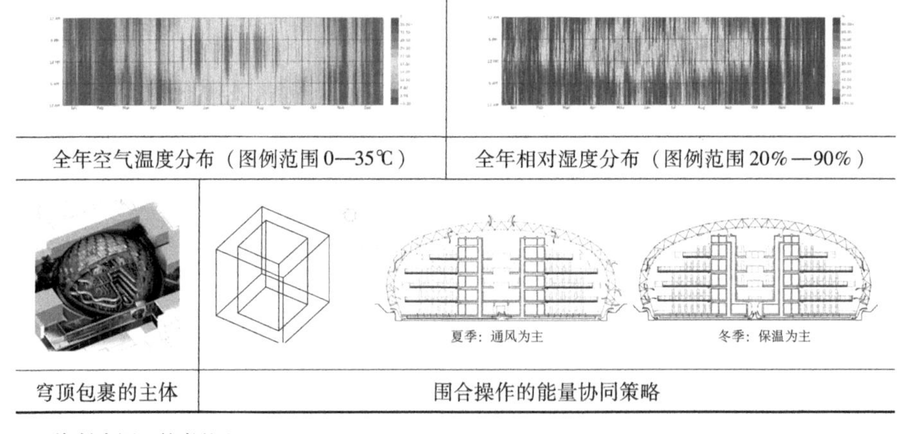

全年空气温度分布（图例范围0—35℃）	全年相对湿度分布（图例范围20%—90%）
穹顶包裹的主体	围合操作的能量协同策略

资料来源：笔者整理。

（二）能量协同的原型转译

从这4个以能量协同机制为重点的当代气候建筑来看，*Eastgate Office Building* 中的8个太阳能烟囱、*Torrent Pharmaceuticals Research Laboratory* 的被动蒸发冷却捕风塔、*Centre de Recerca ICTA-ICP de la*

UAB 的多天井通风采光系统以及 *Library for the Faculty of Philology* 的双层穹顶与核心筒通风管道都是能量协作系统的核心要素。这些推进能量协作的空间要素引导了建筑内部的自然通风采光和温湿度的调控，再结合空间功能的层化处理，进一步与场地气候状况产生联系，平衡了建筑中的能量流动。

因此，能量协作机制的运作要点在于根据建筑功能类型组织出合理的空间类型，通过平面和立体配置的方式合理混合功能空间与辅助空间，恰当地分配面积，从而实现气候策略的多样性协作。从能量系统语言图解中可以看出（见图 5－7），气候建筑能量协同的作用要点在于对不同空间功能的能量需求特性的充分了解，再基于能量平衡的原则，将功能组织和具有核心调控能力的空间（如太阳能烟囱、捕风塔等）要素相互结合，以满足能量在空间内充分流通的空间操作手法。

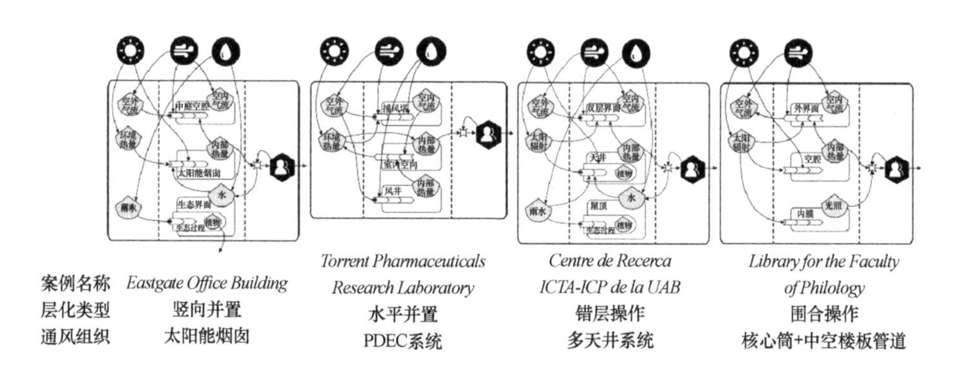

图 5－7　能量协同机制的能量系统语言图解

资料来源：笔者自制。

这些形态生成方式从热力学原型的层次来分析，同样是基于能量需求的当代转译，虽然有着多种多样的外在表现，其内在依旧反映了能量协作的核心逻辑，并具有气候文化的地域特色。例如，*Eastgate Office Building* 中密集排列的太阳能烟囱继承了乡土建筑中天井热压通风的传统智慧，通过冷空气的输入与热空气的排出达到了降低室内温度的作用（T－W＋）；*Torrent Pharmaceuticals Research Laboratory* 以分散的体量并置了多个高塔形成了一个被动捕风蒸发冷却系统，原型来自中东地区的传统捕风塔，可以从任何方向捕捉到风，完全实现了室内环境的被动降温（H＋T－W＋）；*Centre de Recerca ICTA-ICP de la UAB* 以实验室和休息空间的穿插构成了能量流动的平衡，以此形成的开放空间类似于传统民居中的敞厅或通廊（D－T－W＋）；*Library for the Faculty of Philology* 以双层穹顶包裹的集中体量（D＋R－）体现了寒冷气候下为了减少能量散失而呈现的集聚形态，类似因纽特人的冬屋，核心筒结合地板通风层的构造是用于组织能量流动的建筑空腔，它们是提供新鲜空气的能量核心（W＋）（见图5－8）。

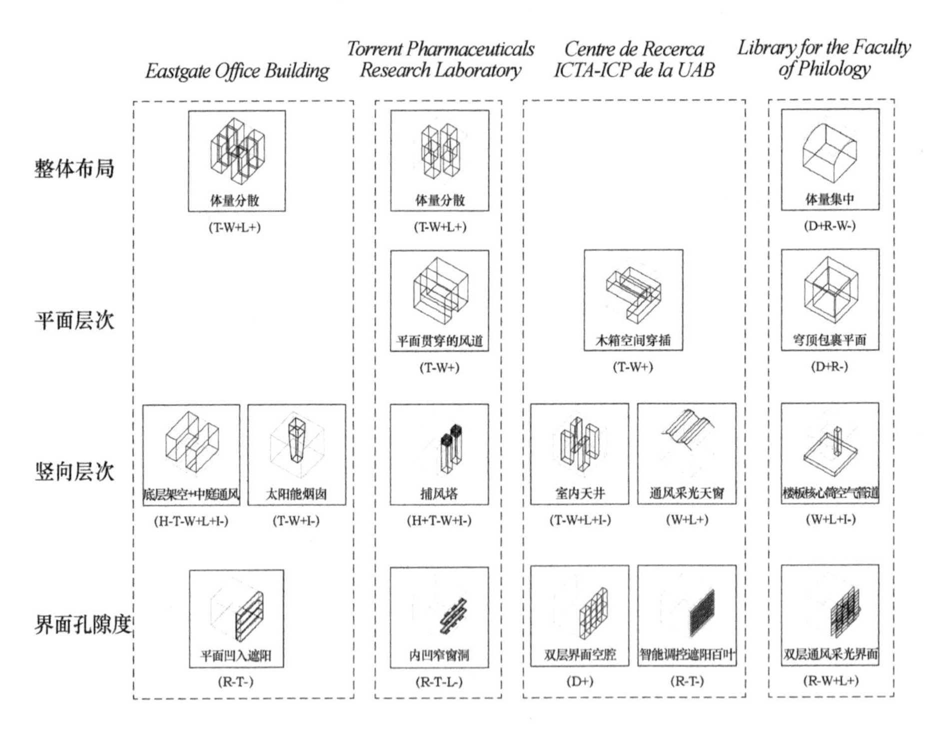

图5－8　能量协同机制下的原型转译

资料来源：笔者自制。

三　能量调控的技术形态转译

随着生物科技、材料科学的发展以及当代建筑对气候和环境的反思，能量技术与形式生成相辅相成的思维和操作达到了新的高度，数字技术和智能系统的协同发展也促进了信息数据采集与环境性能量化分析。工具完善推动方法更新，能量调控不再是单纯指标性的应用，而是升级为建筑形式与空间的概念缘起。当代气候建筑中的能量调控常表现为以缜密的设计实现环境性能的优化，技术同建筑形态进行结合，产生了结合屋顶形态的太阳能板、具有标识性的风帽、结合立面绿化的雨水收集系统等，从而实现了能量调控的形态转译。阿巴罗斯等在《建筑热力学与美》中提出了一种基于将建筑中所采用的能量技术进行要素化分解的二维图解方法，这种方法能够非常清晰地表现出所分析对象的能量调控逻辑。图解将有关调控的建筑要素抽象为不同颜色与宽度的线条，将进行能量转换的机械设备抽象为符号，最终将分析对象的能量调控线索以最直观的方式展现于剖面形式上，使其成为热力学原型转译的分析基础。

（一）能量调控的技术形态比较

本部分选择的4个以能量调控机制为设计重点的当代气候建筑案例（见表5－11），是具有代表性的、将适宜技术与相应构造形态进行整合和转译的新范式。其中*Solaris*代表以垂直绿廊结合智能立面遮阳的调控形式；*Mercado Lideta*代表了以生态伞结合屋面构造设计的调控形式；*Wade Science Center at Germantown Friends School*代表了以雨水花园结合循环系统的调控形式；*HELIOS of French National Solar Energy Institute*代表了以巨型翼状屋面结合智能传感的调控策略。

表 5－11　　以能量调控机制为主的 4 个当代气候建筑案例

Solaris T. R. Hamzah & Yeang Sdn. Bhd. 新加坡/2009 年 办公建筑 50271 平方米	*Mercado Lideta* Vilalta Arquitectura 埃塞俄比亚亚的 斯亚贝巴/2016 年 商业建筑 14200 平方米	*Wade Science Center at Germantown Friends School* SMP Architects 美国费城/2009 年 研究＋教育 16400 平方米	*HELIOS of French National Solar Energy Institute* Michel Rémon 法国尚贝里/2013 年 研究＋办公 7500 平方米

资料来源：笔者整理。

1. “垂直绿廊”——立面遮阳的形态设计：*Solaris*

Solaris 位于新加坡 One-north 科技园内，在柯本气候分类中属于 Af 热带雨林气候，全年炎热高湿。大楼由两栋塔楼与中央的巨大中庭组成，以及超过 8000 平方米的景观绿化，采用了多项结合建筑形态的能量调控策略：首层广场架空形成了穿堂风（W＋I－）；由两栋塔楼围合了中央的巨大通风中庭，顶部可调节的玻璃百叶屋顶可提供一定通风量（W＋I－）；中庭内有一条斜向井道将阳光引入建筑深处，井道周围的照明传感器会在照度达到要求的时候关掉人工照明（L＋）；基于对太阳路径的分析确定了立面遮阳百叶的形状的深度，减少了立面的热量传递（R－）；屋顶花园和大量的垂直绿化起到了热缓冲作用（D－R－）。技术形态转译的重点在于围绕建筑外部长达 1.5 千米的螺旋形景观斜坡。这个垂直绿廊有着密集厚重的绿荫（R－），是立面遮阳的一个重要策略，也是建筑形态生成的一个重要元素；绿廊向上延伸到屋顶花园，向下延伸到建筑东北角

底部成为“生态细胞”，将植物、风和自然光延伸到下方停车楼层，也承载了雨水回收系统（P－）（见表5－12）。

表5－12　　　　能量调控机制分析：*Solaris*

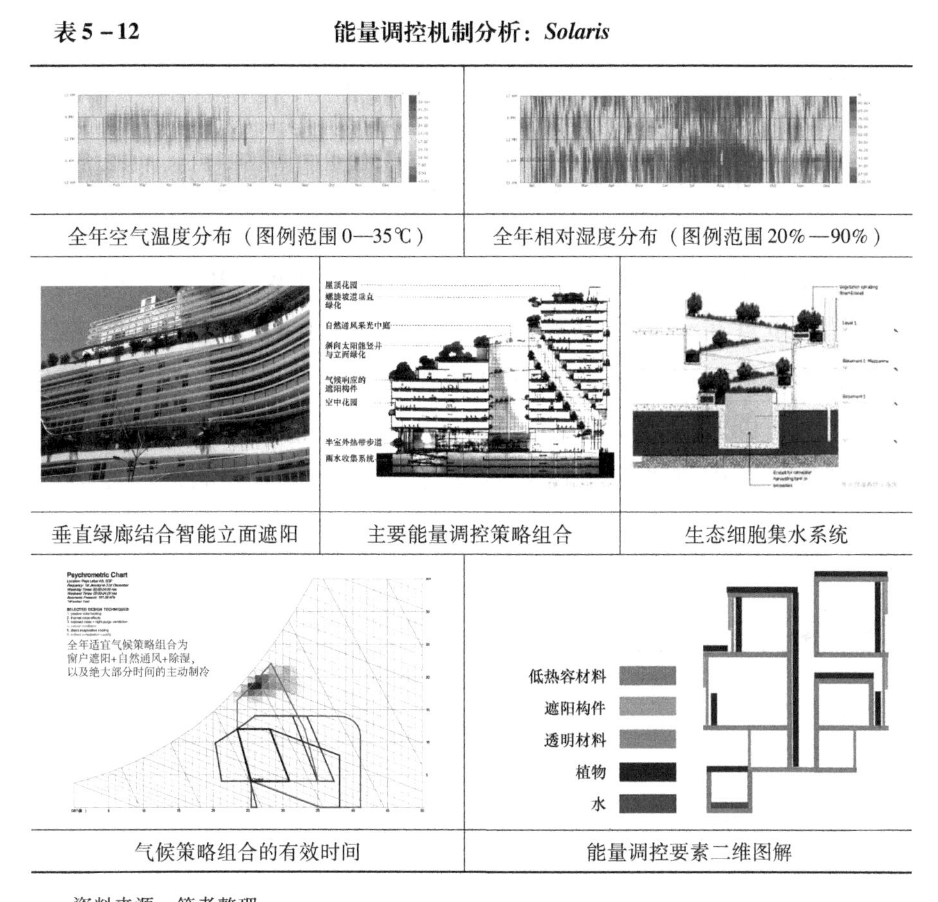

全年空气温度分布（图例范围0—35℃）｜全年相对湿度分布（图例范围20%—90%）

垂直绿廊结合智能立面遮阳｜主要能量调控策略组合｜生态细胞集水系统

气候策略组合的有效时间｜能量调控要素二维图解

资料来源：笔者整理。

2. “生态之伞”——屋面构造的形态设计：*Mercado Lideta*

Lideta 市场位于埃塞俄比亚亚的斯亚贝巴市，属于柯本气候分类中的Cwb，海洋亚热带高原气候，气候温和，年平均温度在15℃左右，太阳辐射较强烈，冬季较旱，春秋及夏季为雨季。建筑需要防止眩光，遮挡过量的太阳辐射，也为雨水收集提供了条件。这座市场摒弃了传统大型集中式购物中心的封闭形态和玻璃

外墙，为了解决室内光照过度和热环境失衡的问题，建筑师通过对当地传统露天市场原型的研究，创造了一个气候型多层现代集市：建筑底层主入口处沿对角线挖去一角，将外部道路与室内巨大的倾斜通高中庭相连，在促进水平对流通风的同时也促进了竖向的自然通风（W+）；源自非洲当地乡土建筑的气候应对策略，这座建筑的表皮立面开有小窗以控制采光，保护室内免受过量阳光照射（L-R-）；建筑表皮原型取自传统埃塞俄比亚纺织品的碎片图案，立面上开有精心计算过的大小不一的小窗，用于控制通风和采光，使室内不受太过强烈的太阳辐射（W+R-）。技术形态转译的重点在于屋顶设置的一系列圆形光电生态伞，一个个倒锥形的伞状构造丰富了上人屋面景观的丰富性，利用光伏产生电能的同时，也为屋顶提供了遮阳（S+R-）；生态伞还结合了雨水收集系统，经过管道运输将雨水储存于地下室集水池，过滤后再应用于厕所冲水等（P+）；（见表5-13）。

表5-13　　能量调控机制分析：*Mercado Lideta*

<table>
<tr><td>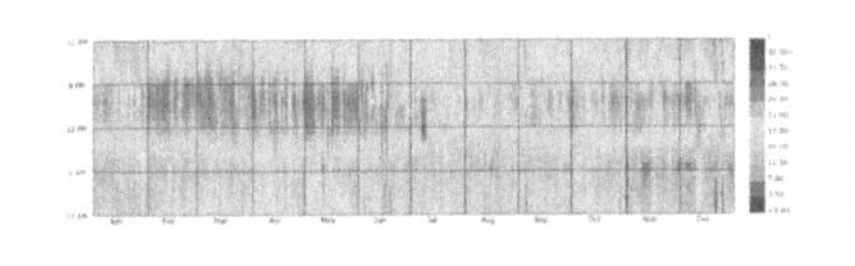</td><td>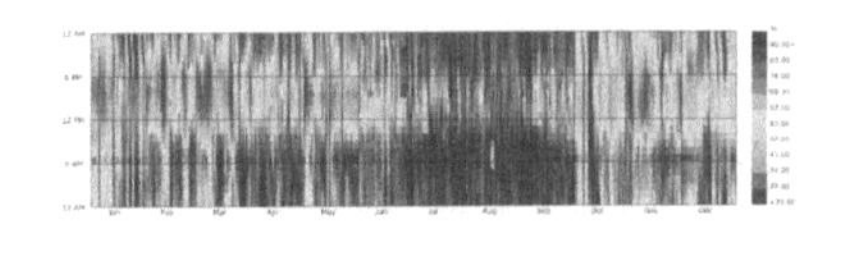</td></tr>
<tr><td>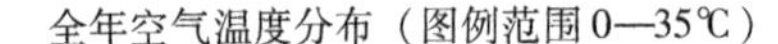全年空气温度分布（图例范围0—35℃）</td><td>全年相对湿度分布（图例范围20%—90%）</td></tr>
<tr><td>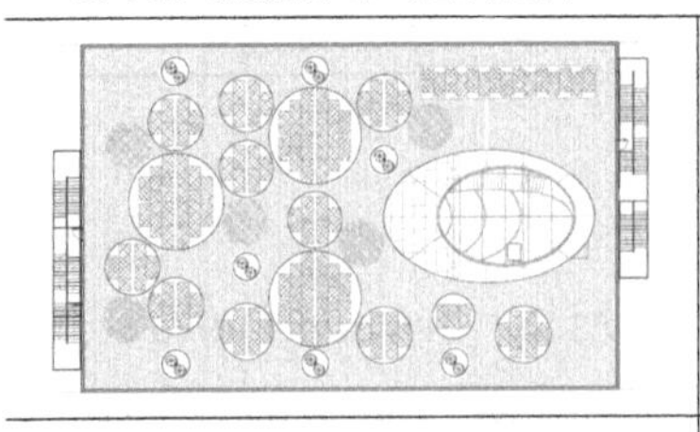</td><td>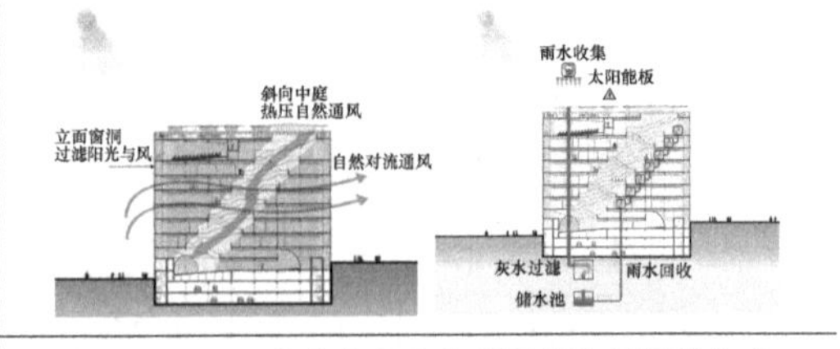</td></tr>
<tr><td>结合屋面构造形态的“生态之伞”</td><td>自然通风、雨水收集和光伏利用的能量调控方式</td></tr>
</table>

续表

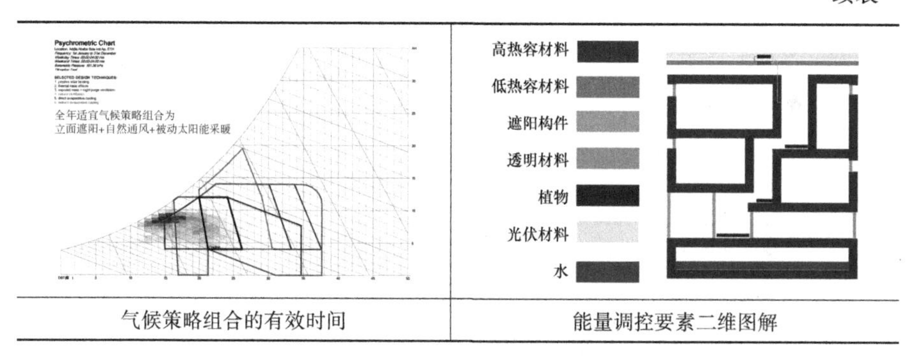

气候策略组合的有效时间	能量调控要素二维图解

资料来源：笔者整理。

3. “雨水花园”——循环系统的形态设计：*Wade Science Center at Germantown Friends School*

该建筑位于美国宾夕法尼亚州费城，是一所中学的科学中心，当地属于柯本气候分类中 Cfa，亚热带湿润气候，四季分明，夏季闷热、冬季寒冷，全年降水分布均匀，因此建筑需要同时考虑夏季防热和冬季防寒。该建筑综合考虑了朝向、自然采光、表皮、能量系统和雨水管理的系统化气候策略设计。作为科学实验室设施，该建筑在类型本质上是能源密集型的，制热和制暖的能耗优化策略是环境设计的重点。建筑外立面构造均由一种可通风的雨幕面板组成，这个雨幕面板系统将表皮与外墙脱离开来，使空气在面板背面的狭窄空间内循环，减少了外墙的热传递（D－R－）；平面布局以一个开敞的公共通廊包围实验室大空间来促进采光和自然通风（D－）；大堂、走廊等公共和交通空间依靠可调控的窗扇与中庭内的排气板、风扇协同工作冷却（W＋）。该建筑技术形态转译的重点在于将屋顶花园和地面雨水花园结合了循环系统设计，它们协同工作减少雨水径流，并利用蓄水池收集过滤雨水供厕所冲洗等使用（P＋）；雨水收集与使用均由智能建筑监控系统来综合调节，提供每小时、每周和每年的监视器定量记录（见表5－14）。

表5-14　　能量调控机制分析：*Wade Science Center at Germantown Friends School*

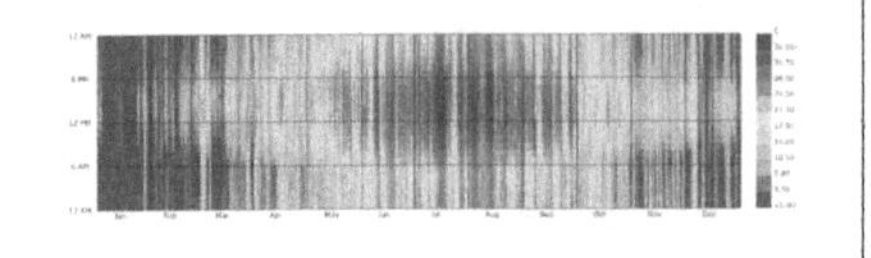	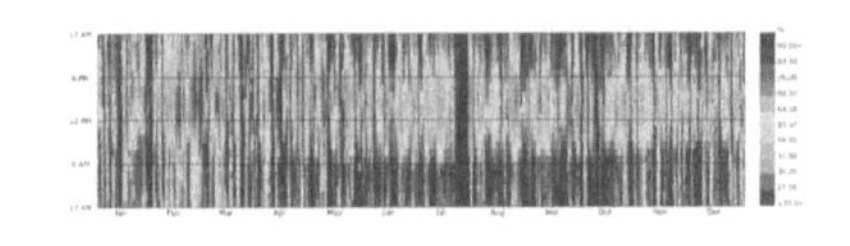
全年空气温度分布（图例范围0—35℃）	全年相对湿度分布（图例范围20%—90%）

雨水花园结合循环系统设计	
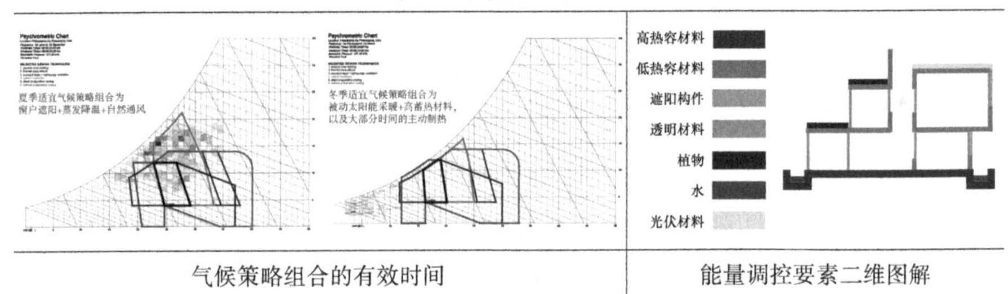	
气候策略组合的有效时间	能量调控要素二维图解

资料来源：笔者整理。

4. “太阳之翼”——智能传感的形态设计：*HELIOS of French National Solar Energy Institute*

该建筑位于法国尚贝里，是法国太阳能研究所的总部所在地，包括研究所、实验室、办公和行政功能，属于柯本气候分类中的Cfb，温带海洋性气候，冬无严寒，夏无酷暑，最冷月平均气温在0℃以上，最热月在22℃以下，气温日较差较小。由于是高技术研究部门，其内部实验室运行时会有较高的热负荷。建筑能耗在满足舒适度要求的情况下，由智能控制系统和动态热模拟来调整季节性策略。平面布局设计成连续环状以减少外部多余的角度，紧凑的体型减少了建筑热损失（I+）；面向海湾的立面凸窗有遮阳构件以减少建筑制冷制热的负荷（R-）；巨大中庭是建筑的核心，中庭上方可控制开合的天窗优化了自然光使用，减少热损失，促进了自然通风（L+W+）。该建筑技术形态转译的重点在于屋顶上倾斜30°角的巨大翼状构造，结合它的倾角和方位布有热传感器与光伏，提供了建筑运行所需要的至少40%的能量（S+）（见表5-15）。

表5-15　　能量调控机制分析：*HELIOS of French National Solar Energy Institute*

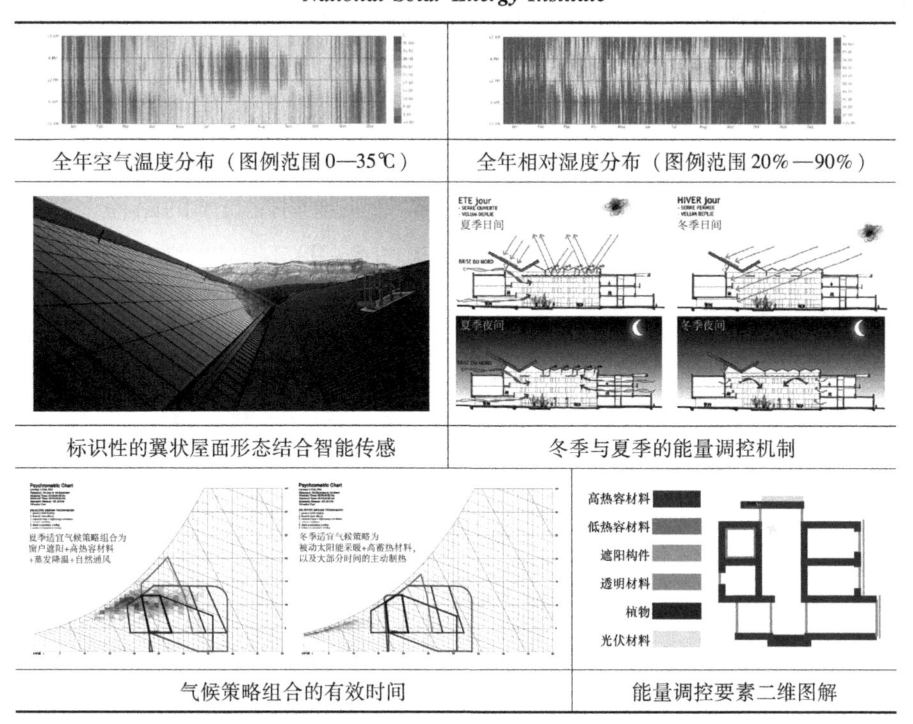

资料来源：笔者整理。

（二）能量调控的原型转译

*Solaris*代表了以界面形态要素结合技术要素的类型，*Mercado Lideta*代表了以构造形态结合技术要素的类型，*Wade Science Center at*

Germantown Friends School 代表以景观形态结合技术要素的类型，*HELIOS of French National Solar Energy Institute* 代表以屋面形态结合技术要素的类型。*Solaris* 利用包裹建筑外围的垂直绿廊将屋顶花园、地下集水细胞和立面遮阳在形式上有机地串联起来，再结合两个巨大的建筑中庭达到自然通风降温的作用；*Mercado Lideta* 以一系列精心排列的光电伞形成了特殊的屋顶形态并达到了屋面遮阳的作用，屋顶的集水系统联合建筑中位于斜向天井内的回收处理装置，同时取得了雨水回收利用和自然通风的双重效果；*Wade Science Center at Germantown Friends School* 将位于屋顶和周边的雨水花园与雨水循环系统结合起来，并应用智能监控系统收集分布测试点的数据，统一调控系统作用效率；*HELIOS of French National Solar Energy Institute* 将形似翅膀的巨大屋顶形态与智能热传感器结合起来，采用动态热模拟实时追踪不同时段下各类可变智能构造的季节性使用。结合技术形态和能量系统语言图解，可以表达出每个案例通过技术提高能量调控效率的路径，并通过形式操作而成为建筑的基本要素（见图 5 -9）。

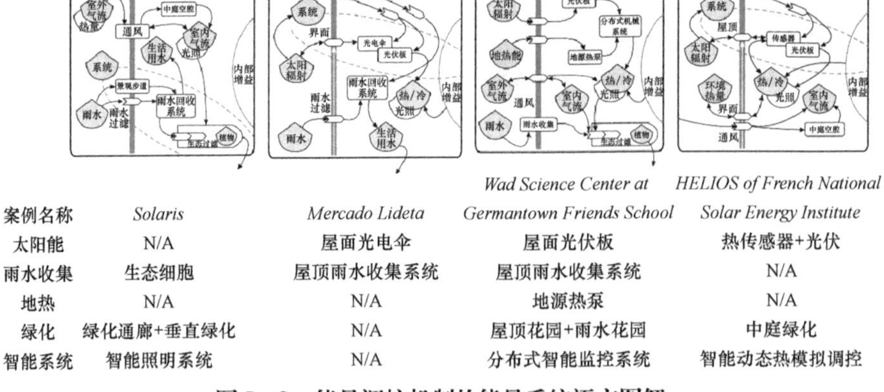

案例名称	*Solaris*	*Mercado Lideta*	*Wad Science Center at Germantown Friends School*	*HELIOS of French National Solar Energy Institute*
太阳能	N/A	屋面光电伞	屋面光伏板	热传感器+光伏
雨水收集	生态细胞	屋顶雨水收集系统	屋顶雨水收集系统	N/A
地热	N/A	N/A	地源热泵	N/A
绿化	绿化通廊+垂直绿化	N/A	屋顶花园+雨水花园	中庭绿化
智能系统	智能照明系统	N/A	分布式智能监控系统	智能动态热模拟调控

图 5 -9　能量调控机制的能量系统语言图解

资料来源：笔者自制。

从能量调控图解中可以看出，当代气候建筑的能量调控不再是将建筑与环境隔离开来的、建筑内部集中式的大型机械调控，而是同建筑本体紧密结合并分布在建筑各要素中的技术元素。这些元素也不单单是设备本身，更是成为建筑这个开放大系统中重要的子系统，具有转化为形态的潜力。尽管当下高新材料和技术层出不穷，但从热力学角度来究其本质依旧是建筑能量调控原型的多种转译，转译后的形式要素以相应的能量需求为出发点，反应了能量策略的核心机制，并在转译后有了更多样的表达（见图5－10）。例如传统建筑中利用绿化进行微环境调节的能量调控方式，在 *Solaris* 中转译为环绕建筑整体的绿化通廊（T－R－），在 *Wade Science Center at Germantown Friends School* 中转译为雨水花园（R－P＋）；依靠坡屋面天沟或地面暗渠解决排蓄水问题，在 *Mercado Lideta* 中转译为屋面集水结合天井内回收系统；传统建筑中相当于主动调控的火塘、壁炉等室内热源（S＋），也由于可再生能源技术的加入转译为相当于被动调控的策略。具有特殊性的是近年来智能建筑技术的兴起，如 *Wade Science Center at Germantown Friends School* 中的智能监控系统和 *HELIOS of French National Solar Energy Institute* 中的智能动态热模拟，使能量调控的内在效率有了质的飞升。

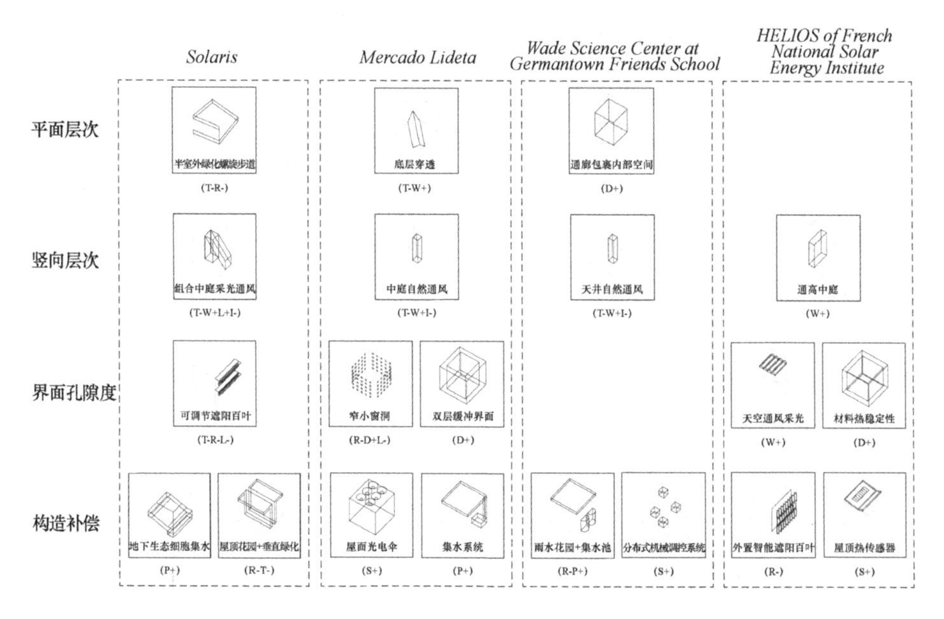

图5－10　能量调控机制下的原型转译

资料来源：笔者自制。

第三节 当代气候建筑的热力学原型转译模式总结

热力学建筑理论对传统围绕建构和流线的设计方法进行了批判，希望通过热力学法则进行重新思辨，提出了建构新的研究或设计方法的愿景。研究热力学原型是从能量利用的本质来揭示能量和形式的关系，需要透过形态、空间和构造的多样化表达研究其内在的核心机制，并进行类型学上的当代转译探索。转译是事物结构的基本属性和构成方法之一，热力学原型之间的转换核心就是转译方法。原型转译指的是一种基本结构的转换方式，需要基于气候特征、能量需求和要素尺度，在基本结构相似或不变的前提下产生的不同外部表现形式。

一 能量策略价值比较

气候建筑中的能量策略包括形式因素，也包括形式包裹的适宜技术之下内含的调控机制。能量策略作为能量机制的基本类，需要预估它们对于特定气候类型之下能量需求的作用效率。在策略的实现过程中，可以将有效性与重要性作为依据，在确定能量策略基本类型的前提下，针对当地气候并最大限度地利用建筑所在场所的自然环境潜能。传统气候建筑的共同特点是依照特定地区的气候环境特征，因地制宜地采用具有地域特色的建构方式；而对于当代气候建筑设计来说，能量策略必须依据当下所掌握的环境控制技术，对所面对的问题做出理性的综合分析，综合各种外部因素（如场地资源、地域文化、经济水平与信息技术）并进一步协调。气候信息是设计或分析建筑的出发点，气候特征决定了建筑对能量的需求类型，进而影响了建筑师对能量策略的选择。

根据案例分析的结果总结，参考大卫·劳埃德·琼斯所提出的对气候策略在不同气候类型中的适用性评价，以柯本气候分类方法为例，依据相关能量策略对于不同气候分类下在环境调控效率（即各个策略在舒适度和能耗表现上）方面的差异，可得出表 5－16 中气候类型与能量策略的价值比较分析（其中：①为价值最高，②为价值较高，③为价值一般，④为有部分价值）。①

表 5－16　　　　气候类型与能量策略价值比较分析

能量策略	北极	苔原	高地	大陆性	温带	地中海	亚热带	热带	稀树草原	草原	沙漠
自然通风				④	②	②	①	①	①	①	①
机械通风	③	③				④	③	②	②	②	②
夜间通风					③	②	①	①	①	①	①
机械制冷							③	③	③	③	②
蒸发降温									③	②	①
蓄热结构		④	④	②	③	②				③	②
轻型结构							③	③	②	④	④
机械制热	①	①	①	①	②	④				④	
被动太阳能			②	②	①	②					
内部热利用	②	②	②	③	③	④					
隔热材料	①	①	①	①	②	③					④
遮阳百叶				④	③	②	②	②	②	①	①
人工照明	②	②	④	④	④						
自然采光	②	②	②	②	②	②	③	③	③		

资料来源：笔者整理。

从表 5－16 中可以看出，与建筑中能量流动方式有关的气候因

① ［英］大卫·劳埃德·琼斯编著：《建筑与环境——生态气候学建筑设计》，王茹等译，中国建筑工业出版社 2005 年版。

素包括温湿度、空气流动、太阳辐射和降水，能量策略需要利用或抵御这些因素，再将策略转换为建筑的形式原型并进行转译。选用能量策略的困难在于两点：一是了解并运用各种气候因素的控制办法，二是必须协调策略组合应对时产生的矛盾。这是由于不同气候特征所产生的能量需求很可能有相悖之处。这种矛盾也分为两类：一是同一个对象在夏季与冬季时期的能量需求矛盾，比如夏热冬冷的地区在夏天必须遮挡太阳辐射，冬天却需要将太阳热辐射引入室内以采暖；二是在面对相同的能量需求目标时多个能量策略的优选矛盾，这时候就需要考虑气候资源的潜能，比如气温降低但太阳辐射充足的情况适用被动式太阳能供热，气温升高但湿度很小且有风的情况也适宜采用被动式太阳能制冷。

二　能量形式化侧重点比较

热力学建筑原型方法实际上是根据各个气候因素的潜能等级，积极利用有利因素并回避不利因素，也就是捕获引导转换能量流或阻隔能量流的过程。前文在图 3－12 中已表达了气候引发变量与建筑形式变量之间的关系，若要进一步构建“结构—层级—因子”的热力学原型形态梯度，则先要掌握该地区的气候特点，明确应对的能量需求，研究控制每一种能量需求所适用的能量机制，以及这些机制下的技术和形式因子，最终选择与调节各种形式因子的表达形态与它们之间的矛盾。这就涉及比较分析不同的能量机制下各个热力学原型要素表现的侧重点。在能量策略的实现过程中，分析原型要素中的侧重点（见表 5－17），能够做到在基本类型确定的前提下进行横向比较选型，得到基本系统组织构架下更为有效合理的形式关系（其中：①为关系最强；②为关系较强；③为关系一般；④为有少许关系）。

表 5－17　　能量形式化机制下原型要素层次的形式侧重点比较

		场地关系	朝向	蓄热/轻型	开敞/集聚	疏密虚实	遮阳构件	通风结构	功能组织	缓冲空间	再生能源	内部增益	H/W	水体	绿化
能量捕获	整体布局	②	①		②			②		③					
	平面层次		②	②	②	③	③	③	③	③	④			③	③
	竖向层次	②					④	③	③	③			②		③
	界面孔隙度		①	①	③	①	①	①		①	②	③			③
	构造补偿	④	②	②	④	②	①	②		④	②	③		④	①
能量协同	整体布局	③	④		②			②		②				③	②
	平面层次		③	②	①	③	③	①	①	①	③	①		④	④
	竖向层次	①						①	①	①	③	①	①		④
	界面孔隙度			①		②	②	③		④		④			
	构造补偿		④	③	④			③		③	④	③			③
能量调控	整体布局	③	③		③			③		④	④			③	③
	平面层次		②	④	④	③	③	③	②	④	②	②			
	竖向层次	④					④	③	②	④	②	②	③		
	界面孔隙度		③	②	②	①	①	②			②	④			
	构造补偿	②	④	③	④	②	②	②			①	①		②	②

资料来源：笔者整理。

三　以“结构—层级—因子”为形态梯度的原型转译

原型转译模式并不是针对某个特定的气候区，而是把各种自然能量要素提取出来，分解成多个能被以不同方式处理和调控的气候参数。参数之间既相互独立又彼此联系，太阳辐射能引起空气温度升高，温度差影响空气流速，空气流速影响湿度，湿度增大能增进传热，等等。这些参数切实影响到了建筑的能量需求，是塑造形式的多股“力”，每股“力”都连接到一些原型的选择和转译的反馈参数。同一个能量策略可能解决多种能量需求问题，同一种能量需求问题可能导向多个能量策略，多种反馈参数所挑选出来的可用能量策略最终需要集成到同一个系统中来协同设计。热力学原型转译的研究不受单一尺度的限制，其形态呈现可以从建筑材料建构的微观尺度到建筑整体的中观尺度和城市环境的宏观尺度。

将本书所涉及案例的热力学原型转译整理成一张总表，表格可分为两个部分。前半部分为“原型的原型”，是能量流通结构（能量捕获、能量协同、能量调控）的不同层级（整体布局、平面层次、竖向层次、界面层次、构造补偿）中，根据气候特征下的能量需求因子所生成的原型，这些内容在前文对于传统乡土建筑的论述中均有涉及；后半部分为“原型的转译”，是在当代气候建筑的功能和技术语境下，从能量形式化机制出发，抽象化分析出这些原型要素的转化方式（见表 5 - 18）。转译后的形式仍然保留有原型的能量流动逻辑，只是由于当代建筑的功能需求多样化与技术类型多样化，从而产生了更为复杂的表达方式。这不仅是要控制单个形式因子生成的因果关系，更是需要据此控制多个变量，在能量需求的限制与形式的自发应对下，统筹获得更多样的形态空间并形成新的范式，培养出新的发展可能，并将这一逻辑更为清晰地展现出来。

表 5 - 18　基于“结构—层级—因子”形态梯度的热力学原型转译模式

能量形式化	原型层次	能量需求因子		原型转译方式
能量捕获（Ec）	整体布局	聚居型（R - W - ）	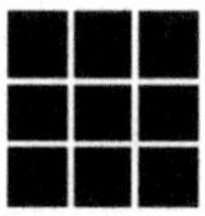	合并体量 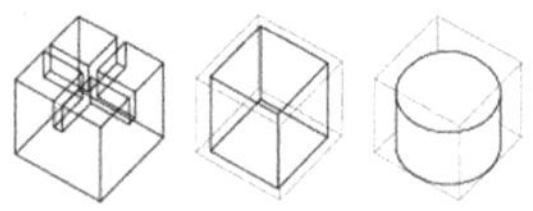
		散居型（R + W + ）	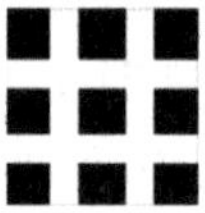	分散体量 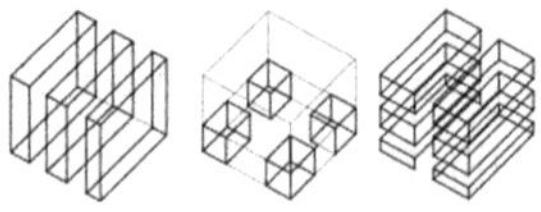
	平面层次	南向界面（R + ）	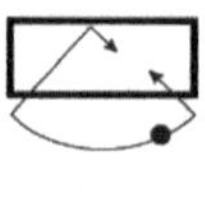	扭转 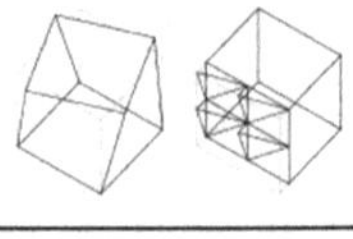　消减 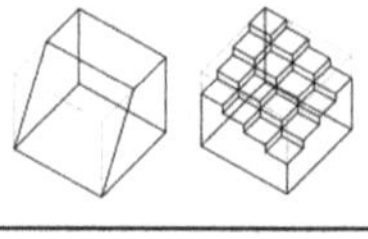

续表

能量形式化	原型层次	能量需求因子		原型转译方式
能量捕获（Ec）	平面层次	“院”型平面（D+I+W-）		紧凑封闭 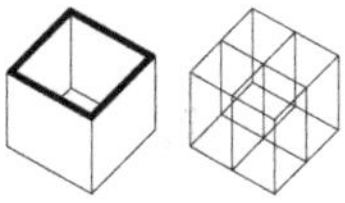
		“亭”型平面（D-I-W+）		松散开敞 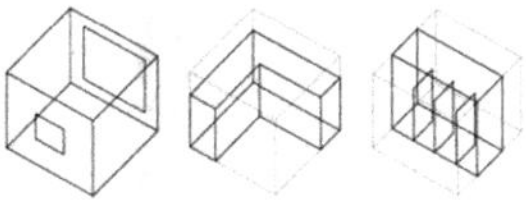
	竖向层次	底层架空（T-D-W+）		角度 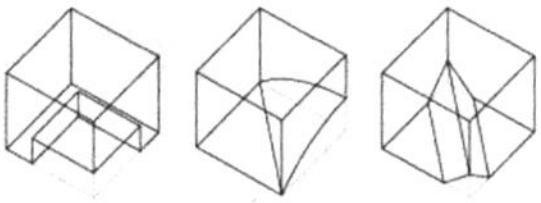
	界面层次	界面开口（R+D-W+）		孔隙率 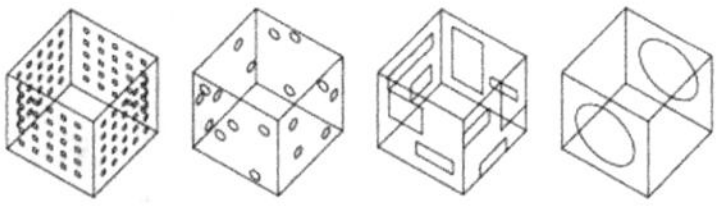
		界面遮阳（R-T-）	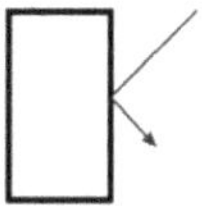	结构  纹理
		界面采光（R+）	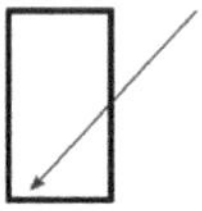	延展 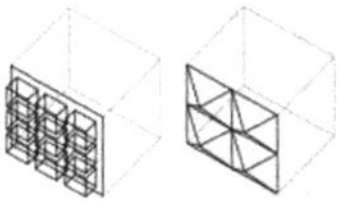　倾角变化 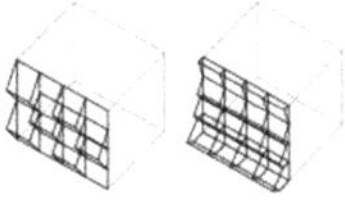
	整体布局	冷巷（R-T-W+）		截面差异 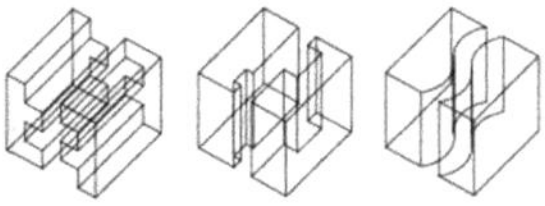 角度 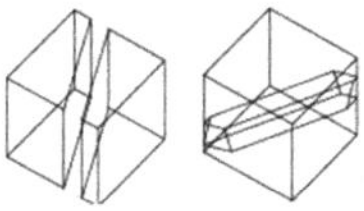
		地势（RW）		梯度 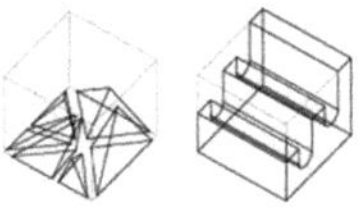

续表

能量形式化	原型层次	能量需求因子		原型转译方式
能量协同(Ep)	平面层次	敞厅(R+W+D+)		排列 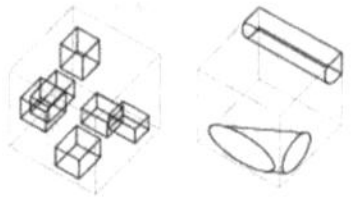
		水平组织(S)	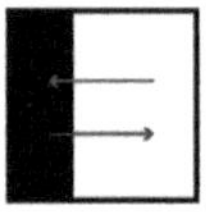	围合 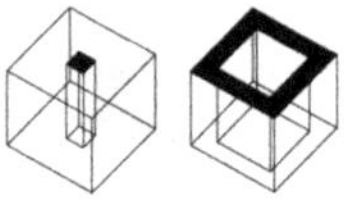
	竖向层次	坡屋顶(D+P-R+)		分形 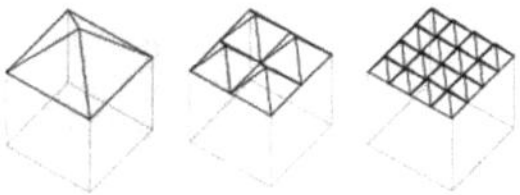
		庭院天井(L+W+)		口径 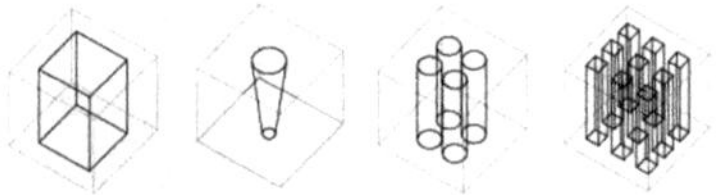
		捕风塔(W+I-)		阵列 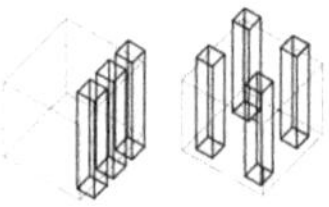 口径 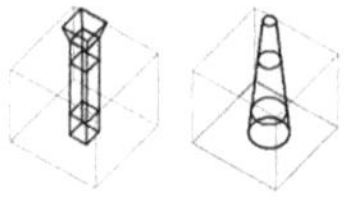
		竖向组织(S)	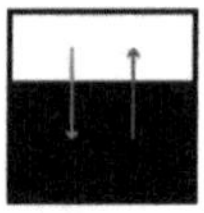	错动 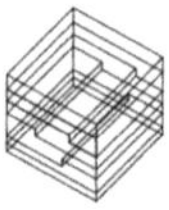
	界面层次	双层界面(D+)		开口 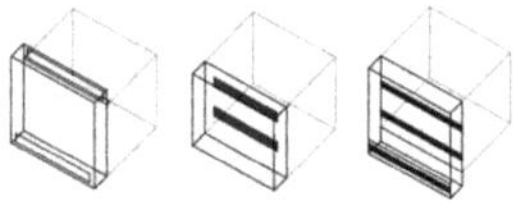
		重质围护(D+)		材料 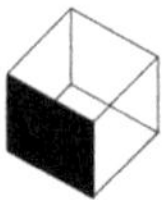 厚度 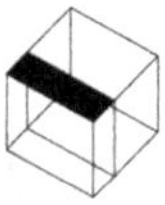 孔隙度 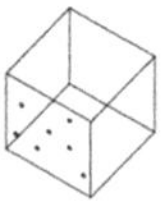
		轻质围护(D-)		材料 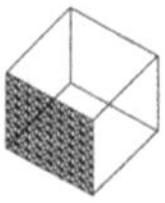 厚度 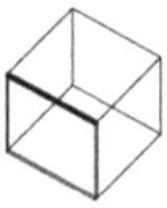 孔隙度 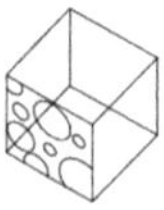

续表

能量形式化	原型层次	能量需求因子	原型转译方式
能量调控（Er）	整体布局	植物水体（T－R－）	纳入
	竖向层次	能量间层（D＋）	位置　深度
	界面层次	可调节遮阳（R－T－）	动态控制
		立面绿化（R－H＋）	渗透　衍生
	构造补偿	室内热源（S＋）	资源配置
		蓄排水（P）	叠构

资料来源：笔者整理。

第四节　样本研究：当代气候建筑热力学原型转译模型

一　研究样本及概况：黄河口生态旅游区游客服务中心

黄河口生态旅游区位于山东省东营市，黄河入海口地区的黄河三角洲国家自然保护区内。东营市是山东省北部的地级市，地理位置为北纬36°55′—38°10′、东经118°07′—119°10′，地势自西南向东北倾斜，黄河穿境而过，东部与渤海相邻，西接滨州市，南接淄博、潍坊两市。东营市属于暖温带大陆性季风气候，同时它背陆面海，受到亚欧大陆和西太平洋的共同影响，冬寒夏热，季风明显，四季分明，境内南北气候差异不明显：春季多风，早春冷暖无常，时有“倒春寒”现象发生，晚春回暖迅速并常伴有春旱；夏季炎热多雨，偶有台风侵袭；秋季气温下降且雨水骤减；冬季干燥寒冷多风，少雨雪。降水量年际变化大，年平均降水量为555.9毫米，多集中在夏季，易形成旱、涝灾害。

（一）东营市气候评价与需求特征

东营市在全国气候热工分区中属于“寒冷地区”。从温度分析来看（见图5-11），东营市典型气候年平均温度为12.8℃，极端最高气温为37.2℃，极端最低气温为-11.4℃。最冷月为1月，平均气温为-2℃（平均最低气温为-6.3℃）；春季由于太阳辐射作用，3—5月平均每月升温6—7℃；6月开始进入盛夏，最热月7月的平均气温为26℃（平均最高气温为32.1℃）；秋季从9月开始，9—11月平均每月降温6—8℃。气温的平均年较差约为28℃，平均日较差

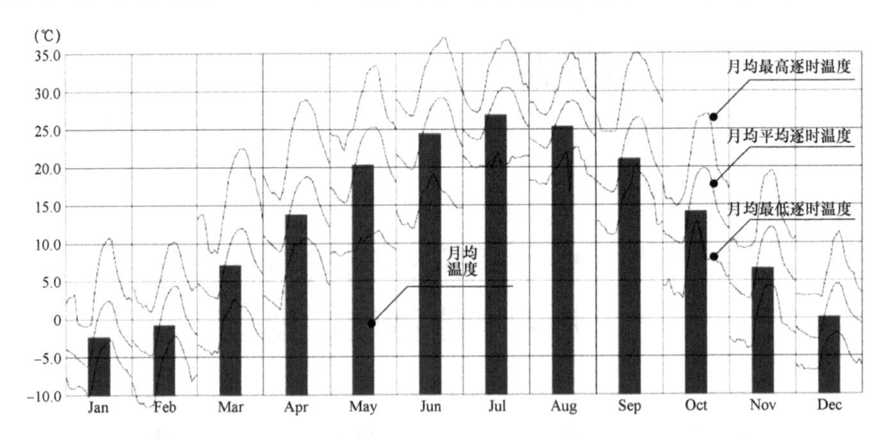

图5-11　东营市月均温度、最高/最低逐时温度、平均逐时温度分析（图例范围0—35℃）

资料来源：笔者自制。

约为9.8℃，其中春秋季的气温日较差较大，4月平均日较差达到12.7℃，10月平均日较差也有11.8℃；冬夏季的气温日较差较小，其中8月气温日较差为7.1℃。据统计，全年最热日在大暑日前后2—3天，全年最冷日在大寒日前后3—4天。

从相对湿度分析来看（见图5－12），东营市全年内相对湿度变化和空气温度的变化走向基本一致，6—8月相对湿度逐步攀升，8月平均相对湿度为全年最高的82.9%，人体体感闷热潮湿；冬季与春季初期相对湿度最低，3月的“倒春寒”时期平均相对湿度为全年最低的50.2%，人体体感干燥寒冷。从时段来看，湿度在午后至傍晚太阳落山前最低，夜晚和凌晨时段湿度最高。

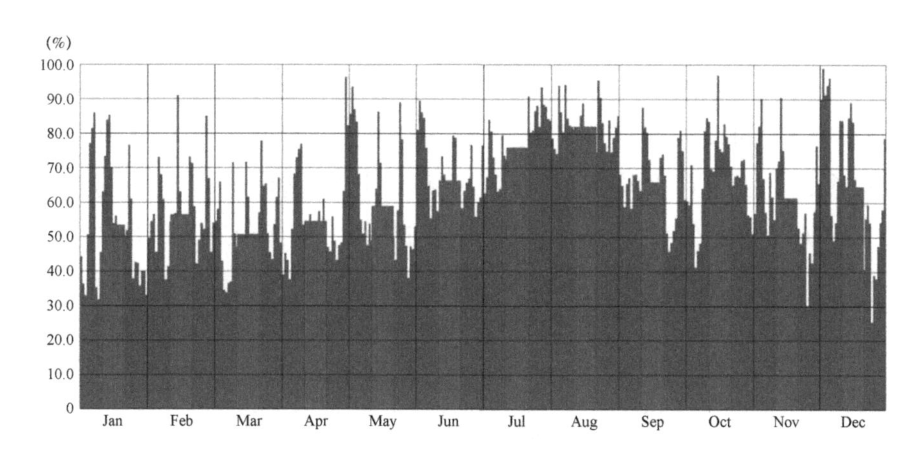

图5－12 东营市逐日相对湿度与月平均相对湿度分析
（图例范围0—100%）

资料来源：笔者自制。

从辐射与日照分析来看（见图5－13），随着太阳高度角的增加，东营市从春季至初夏的太阳总辐射量也逐步增加，到6月时月日均总太阳辐射值达到5519Wh/m^2，从7月又开始递减，直至12月下降到1872Wh/m^2。而东营市逐月日照时数中，2月为最低（133.8小时），而后递增至8月的最高（251.9小时）（但7月较低，仅为139.1小时）；季节分布上，春季（3—5月）为710.1小时，夏季

(6—8 月）为 628.5 小时，秋季（9—11 月）为 601.6 小时，冬季（12 月至次年 2 月）为 543.3 小时，年日照总时数为 2422.9 小时。

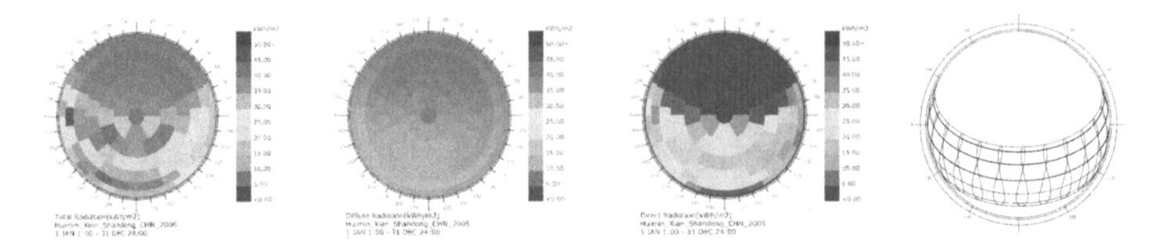

图 5－13　东营市全年太阳总辐射、散射辐射、直接辐射图（左）与太阳轨迹（右）（图例范围 0—50 千瓦·时/平方米）

资料来源：笔者自制。

从风速与风向分析来看（见图 5－14 和图 5－15），东营市背陆面海，受到亚欧大陆和西太平洋的共同影响，季风的主导影响下风速具有较大的季节性变化。在全年风量中，东营市春季的大风量日数最多，4 月达到平均风速 4.0 米/秒，年风速峰值也在 4 月出现（约为 16.2 米/秒），6—8 月风量逐步减小，偶有台风，8 月风量最

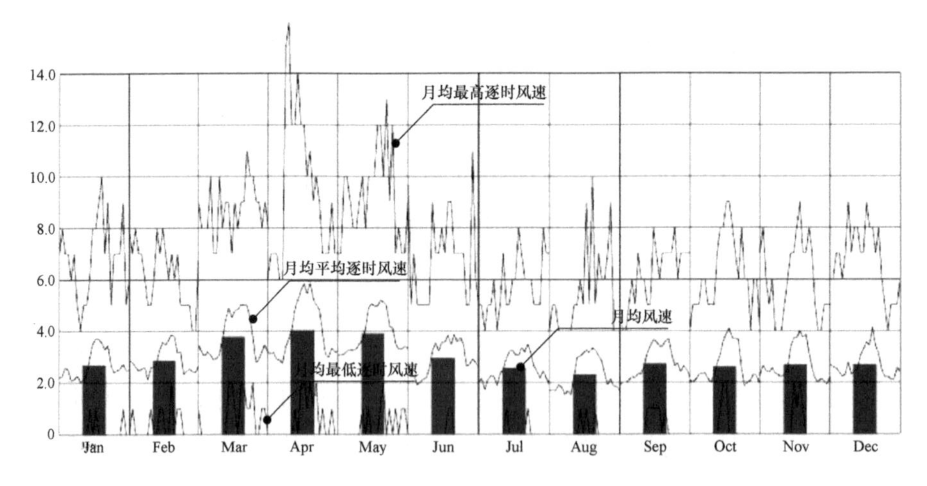

图 5－14　东营市月均风速、月平均逐时风速、最高/最低逐时风速分析（图例范围 0—14 米/秒）

资料来源：笔者自制。

小，平均风速在 2.1 米/秒，冬季风量略大于夏季但小于春季；时段上为清晨日出后至午后风速逐渐增加，日落后风速降低，夜晚至清晨降低至最小值。在全年风向中，冬季（12 月至次年 2 月）以西北风及东北风为主导；春季（3—5 月）风大，西南风主导时间占 1/2 以上；夏季（6—8 月）盛行风向为东南风与西南风；秋季（9—11 月）与冬季接近。

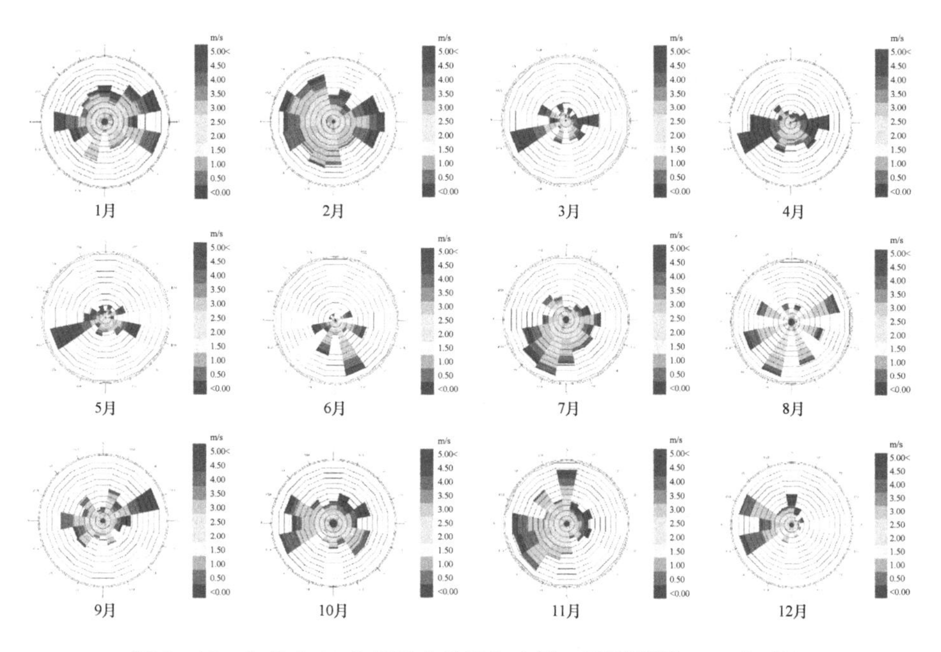

图 5－15　东营市 12 个月风玫瑰风向分析（图例范围 0—5 米/秒）

资料来源：笔者自制。

从降水量分析来看，东营市年平均降水量约为 555.9 毫米，年际变化较大，主要集中于夏季，平均月降水量最高在 7 月，为 130 毫米，降雨率为 38%，雨量大，历时短；春季和秋季降水量较少，降雨率在 10% 左右；而冬季基本上干旱少雨，有降雪但不频繁，1 月降雨率低至 1% 左右。

1. 季节特征明显

东营市地处暖温带，受到海洋季风影响而四季特征明显。年平均气温为12.8℃，最冷月1月平均气温为－2℃，极端最低气温达到－11.4℃；最热月7月平均气温为26℃，极端最高气温为37.2℃；气温平均年较差达到了28℃，冷热并存。同时也因季风影响而雨水分配不均匀，年降水量不多，降雨主要集中于夏季的6—8月，冬季雨水量很少。全年风向在季风主导下也有很大的季节性变化，秋冬季以西北风和东北风为主，春夏季以东南风和西南风为主。

2. 旱涝隐患并存

东营市总降水量并不多，年平均降水量在555.9毫米左右，雨季集中在6—8月的夏季，加上偶发的台风侵袭，易因暴雨引发洪涝灾害；但进入秋季后降雨量骤减，冬季与早春降雨量极低，1月降雨量低至1毫米，尤其是早春易发生旱情和土地干涸现象。

3. 淡水资源丰富

东营市位于黄河三角洲地区，是黄河入海口所在地，是中国东部沿海自然资源最为丰富的地区之一。黄河由西南向东北横穿整个城市并最终汇入渤海，巨大的水量为东营市带来了丰富的淡水资源。黄河流域山东省中部渤海水系的小清河，其支流广利河横穿整个东营市，为城市居民供应了大量的淡水，也为城市湿地的形成和发展提供了便利条件。

秋冬干冷、春季风旱、夏季湿热成为东营市最典型的气候特征。因此当地建筑在朝向、形态和构造方面应首先满足冬季保温、防寒、防冻的要求并兼顾防风，夏季还应注意防热，大多形态厚重，北向开口面积较小。

（二）东营市周边地区传统民居的气候应对形制

山东省乡土民居建筑结构形式主要包括砖混结构、木结构土坯砖结构及木结构黏土砖结构，墙体材料主要包括实心砖、土坯、石材等。[①] 东营市位于山东省东北部，黄河多次迁徙决溢的不断堆积形

---

① 冯立全：《山东省典型传统民居节能技术研究与应用》，硕士学位论文，烟台大学，2017年。

成的这块黄河三角洲地带，造就了当地多样化的生态环境和具有特色的地质与气候环境，其周边地区包括鲁东民居与鲁北民居的基本形制均反映了当地人民通过建造手段应对气候环境的智慧与经验，对周边地区乡土民居的研究也是对当地典型热力学原型提取的前提。东营市在建筑气候区划方面属于ⅡA类的寒冷地区，不仅要满足冬季防寒采光要求，还要格外重视防水和防风的问题。这是因为地处沿海，建筑容易受到海风侵蚀，海陆风交替难以控制和把握，季风特点也导致降水集中于夏季，易造成排水隐患。

1. 核心院落的布局模式

鲁东与鲁北地区的传统民居常采用合院式布局模式（见图5-16），除大户人家有较为规整的四合院外，其他有三合院和二合院等多种不规则院落类型，平面呈现“凹、日、目”等形制，长宽比在1∶1到3∶2之间。整个平面布局体系的核心为尺度适中的院落，院落周边房间多向院落内开窗，形成封闭式的院落布局。这样的封闭院落布局模式占主导，一是封闭的外墙可以对冬季的寒风起到遮挡作用；二是院落不仅保障了正间南向房屋的采光，同时狭长的院落成为整座建筑气流集散的汇合之处，与纵向周边房间形成了一个高效的通风组织系统，使得热压通风和风压通风的效果更为显著。院落作为一个气候的缓冲空间，连同具有保温遮阳作用的外围护结构，与屋檐一道形成了舒适的内部的热力学系统。此外，气候

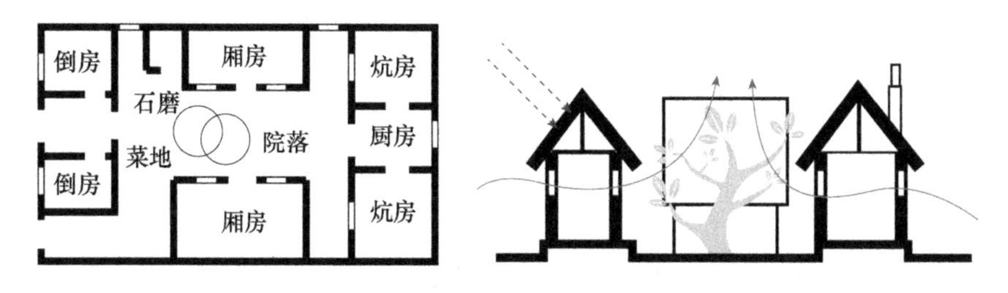

图5-16　鲁东与鲁北民居内向型的核心院落布局与庭院通风采光

资料来源：笔者自制。

因素决定了鲁东与鲁北地区的院落尺度既没有皖南天井院那么窄小，也不像东北大院那样宽阔开敞。这样尺度的院落可以满足采光、通风和冬季接受太阳辐射以采暖的需求，也能成为居民交流休憩的中介场所，同周围房间联系紧密。

2. 朴素厚重的外部形态

当地传统民居在简单朴实的外部形态上也体现了防风、防寒和防潮的生态智慧。例如蓬莱民居，“建屋的地基高高的，房檐低低的，间量小小的，寓室大大的……地基高可防止水淹，房檐低不招风，冬季比较暖和，间量（面宽）小可节约材料，寓室（进深）大则是对间量小平方面积的补充”①。民居外部较规整严谨，除山墙面开有气窗外，其他外墙开窗较少，对外较为封闭。为了抵御外部的寒风或海风侵袭，外部墙体通常较为厚重，比如胶东西部沿海平原地区的黄县民居，人们采取就地取土烧砖砌筑土坯墙。土坯墙强度较高，防寒防风的性能好，也降低了建造时的植入能量消耗。屋顶形式多为硬山且坡度以30—45°居多，有利于防雨、防风和防潮。总体来说，除了少数标志性建筑外，鲁东鲁北地区传统建筑很少使用复杂的建筑形态和宏大的建筑体量，减少体型系数的同时能够更好地融入当地的地形地貌。

3. 气候适应的设施构造

考虑到冬季与早春寒风以及夏季多雨的气候特点，鲁东鲁北民居通常以有利于防风防水的细部构造来应对。民居常采用石材砌筑的高门槛和高基础，坚固耐用且经得起风吹雨淋。就屋顶构造来说，胶东半岛独具特色的民居海草房具有浓厚的地域特色和生态特征，以当地浅海海域生长的野生藻类海草来苫盖的房顶因含有大量的卤和胶质，防火耐腐，一层海草一层麦秸的交替苫作的屋顶结实耐用，保温隔热性能也很好。此外，由于鲁东北地区在气候分类中属于严寒地区，除建筑自身的防寒作用外，还需附加设施取暖，烧炕成为

① 孙运久:《山东民居》，山东文化音像出版社1999年版。

民居常设的取暖设施。地下或地上火灶为热源，利用做饭时柴草燃烧的余烟热量经过火炕烟道时散发给土坯，土坯的比热容较大，散热较慢，提高自身温度，最终通过炕面板向室内散热，有效改善室内取暖状况，再通过烟囱排出屋外。

基于前文对气候建筑的热力学原型所做的归纳和系统建构，东营市周边传统民居应对气候经验的建筑形制同样以五个原型层级（整体布局、平面层次、竖向层次、界面孔隙度、附属技术）、三个能量流通结构（能量捕获结构、能量协同结构、能量调控结构）来构成应对不同能量需求因子的热力学系统（见表5－19）。

表5－19　　东营市周边地区传统民居的热力学原型提取

原型层级	气候策略	聚落实例	图例	能量需求因子									流通结构	性能意义
				T	R	H	P	W	D	L	I	S		
整体布局	背山选址	青岛雄崖所村					–	–					Ec	充分抵挡冬季寒风，使村落位于稳定的空间态势中，也可利用自然坡度建成村内排水系统
	滨水选址	荣成烟墩角村			+			+					Er	夏季可依靠海陆受日照和天穹辐射不均而交替产生的地方风来促进通风
平面层次	内向布局	荣成烟墩角村	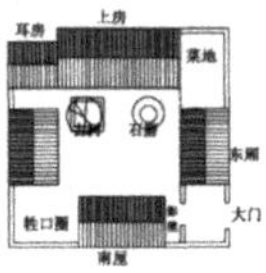	+				–	+		+		Ec	对冬季寒风起到阻挡作用，开窗较少也减少了内部热量向外散发
	缓冲空间	乳山寨东村			+			+	+	+			Ep	院落空间是室外气候到室内环境之间的缓冲空间，也承担了光、热、风、雨等的调控作用

续表

原型层级	气候策略	聚落实例	图例	能量需求因子									流通结构	性能意义
				T	R	H	P	W	D	L	I	S		
竖向层次	短檐坡顶	海阳琵琶岛				–	–	–		+			Ep	坡度为30—45°，形式多为硬山，防雨防风防潮，屋檐低不招风，利于快速排水
	院落空间	乳山寨东村		–	+			+	+		–		Er	风进入室内加热后流入庭院，庭院内热空气上升流出室外，并带动室外新鲜的风进入室内
界面孔隙度	裸露型界面	蓬莱长岛			+					+	+		Ec	围护结构没有过多遮阳构件，外观朴素方正，体型系数较小，有利于减少散热面积
	重质围护	泰安麻塔地区		+					+		+		Ep	外围护厚重规整，采用夯实黏土砖等强度高保温性能好材料，蓄热能力强减少室内环境波动
	海草苫盖	荣成烟墩角村							+		+		Er	一层海草一层麦秸的交替苫作的房顶防火耐腐，保温隔热性能很好
构造补偿	火炕烟囱	牟氏庄园		+							+	+	Ep	做饭的余烟热量经过火炕烟道时为土坯提高温度并向室内散热，再通过山墙外的烟囱排出

注：能量递转结构：Ec－能量捕获结构，Ep－能量协同结构，Er－能量调控结构；能量需求因子：T－空气温度，R－太阳辐射，H－湿度，P－降水，W－风，D－昼夜温差，L－自然光照，I－室内热量，S－室内热源。

资料来源：笔者整理。

（三）黄河口生态旅游区游客服务中心的总体概况

黄河口生态旅游区位于山东省东营市，黄河入海口处的黄河三角洲国家级自然保护区内，处于城市边缘与广袤湿地环境的过渡地带。游客服务中心位于该保护区的入口区域，是集接待、展览、候车、餐饮、办公、会议于一体的综合性服务设施。寒冷地区的冬季气候特征、远大于市区的季节性大风和源自山东传统建筑的材料建构与原型表达，使本建筑成为研究当代气候建筑热力学原型转译方法的重要样本。建筑从东营市周边传统夯土民居中获得建造经验，以夯土砖垒起的朴素形体消隐在广袤的黄色草甸、芦苇与湿地中，占地面积为4.9万平方米，总建筑面积为9900平方米。三个平展的体型错落展开，东西长向布局，呈现为三条粗粝的“磐石”形态。六个内部院落嵌于其中，并通过巨大的开口与地景尺度相呼应，呈现出内向性的、沿建筑长向展开的空间开放度和透明性，与封闭的外部形成对照，并明显表现出当地民居气候性原型的形态转译（见图5－17至图5－19）。[①]

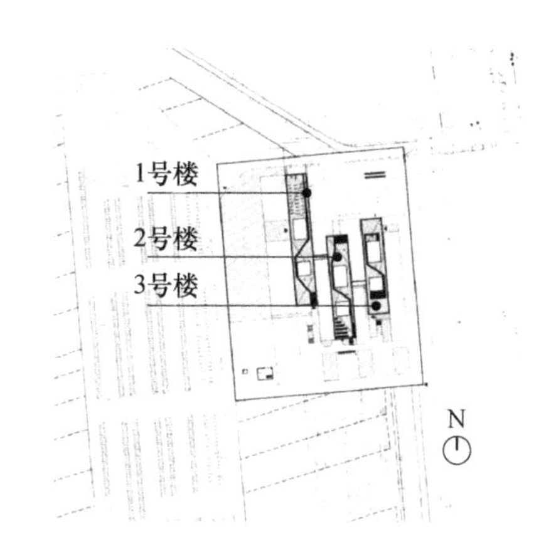

图5－17　样本建筑：黄河口生态旅游区游客服务中心总平面

图5－18　从湿地眺望黄河口生态旅游区游客服务中心

资料来源：麟和工作室提供。该项目设计单位：同济大学建筑设计研究院（集团）有限公司麟和建筑工作室。项目负责人：李麟学；建筑师：刘旸、李欢欢、王瑾瑾、尹宏德、柯纯建。

---

① 李麟学、王瑾瑾：《作为能量媒介的材料建构——黄河口游客服务中心夯土实验》，《建筑技艺》2014年第7期。

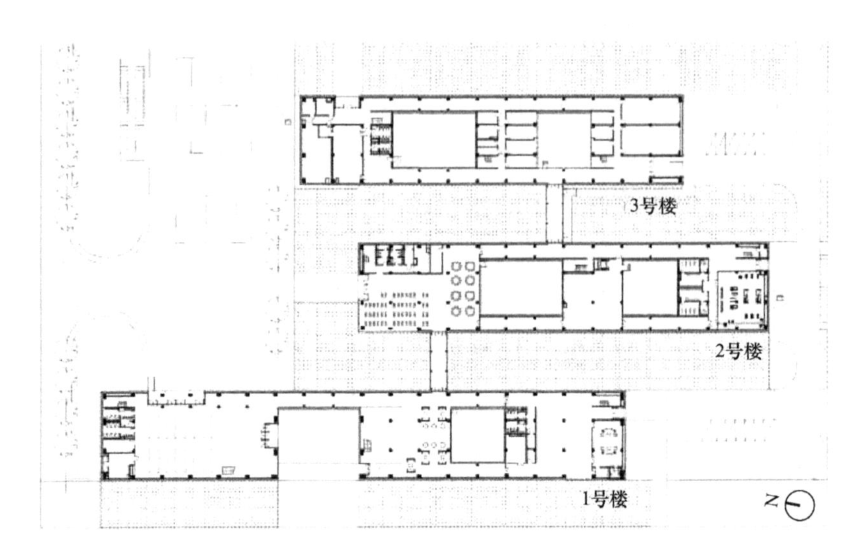

图5－19　样本建筑：黄河口生态旅游区游客服务中心一层平面

资料来源：麟和工作室提供。

分析该样本建筑的热力学原型转译路径同样以能量形式化的形式策略出发（见图5－20），研究能量捕获结构的外部形态响应机制、能量协同结构的空间梯度机制和能量调控结构的辅助调节机制，并以定性与定量结合的方法验证原型转译对气候适应和环境调控的有效性。除了对样本群体布局的分析之外，均选择1号楼进行对建筑单体的热力学机制分析（见图5－21）。

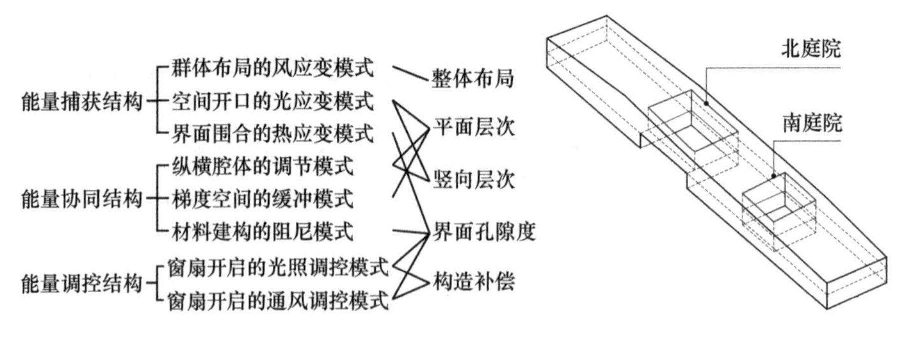

图5－20　样本建筑热力学原型转译研究路径　　图5－21　样本1号楼形态空间构成

资料来源：笔者自制。

二　能量捕获结构的外部响应

（一）群体布局的风应变模式

对于传统民居建筑来说，有组织的集体布局能够带来群体优化效应，使得单个民居相互连接集合成一个整体，每个单体之间都相应地减少与外部不利气候环境接触的界面，获得较为稳定的内部环境。同时有组织的集体布局也能够通过合理的规划安排，形成群体内部贯通的巷道，以组织良好的通风带走热量并获得新鲜的空气。东营市在气候特征上需要注意的是冬季防风保暖兼顾夏季隔热，因此在当地建筑的群体布局阶段需要重视冬季与夏季对于风热需求的矛盾问题。

1. 群体布局的风向方位角分析

风环境的量化要考虑到近地表气流速度由于摩擦会比高空中低，也要考虑到气流一般从高压区域流向低压区域。风速的增加或减小就取决于建筑与入风方向的角度，以及迎风面的高度和孔隙度。根据 G. Z. 布朗的研究，建筑的风渗透率和风压成正比，因此目标是挡风的建筑布局时，风向若垂直于挡风墙体，挡风区域会增加，风速减小最多的区域在挡风墙体后 2—7 倍高度的范围内，一个迎风的“墙式”建筑可以把主导风速减小至原来的 15% 左右；[①] 而若建筑与风成 45°夹角布置时，可使迎风面最大，群体内或建筑内通风效果更好。[②] 这是由于入风方向垂直于墙面时除迎风面为正压区外，其他三个方向的墙面均会产生负压区，而入风方向与墙体成一定倾斜角度时，则会有两个方向的墙体在正压区，压力差会引导气流运动，由此则可实现有组织通风，因此 45°为较好的导风角度。

---

① ［美］G. Z. 布朗、［美］马克·德凯：《太阳辐射·风·自然光：建筑设计策略》（原著第二版），常志刚等译，中国建筑工业出版社 2008 年版。

② ［美］G. Z. 布朗、［美］马克·德凯：《太阳辐射·风·自然光：建筑设计策略》（原著第二版），常志刚等译，中国建筑工业出版社 2008 年版。

从东营市全年逐月风向来看，常年主导风向为南偏东风，常年平均风速为3.65米/秒。当地冬季最冷月平均最低气温为-6.3℃，冬季主导风向为西北风；夏季最热月平均最高气温为32.1℃，夏季主导风向为南偏东风。因此建筑需要抵挡寒冷季节风向以保护建筑和室外空间免受冷风影响，减少建筑通过对流和渗透的热损失。而且若将风挡在室外区域且室外区域又有阳光进入，则人体感觉会比较舒服；同时，建筑还需要兼顾在短暂夏季引导并增强风的流入来带走区域内部热量。

筛选出东营市寒冷季节（12月至次年2月）与较炎热季节（6—8月）的风环境，加上该建筑的使用时间段（8：00—20：00）后导出风玫瑰图（见图5-22）。可以看出，冬季在建筑运行时间段的平均盛行风向为北风，其次约为北偏东68°方向；夏季在建筑运行时间段的平均盛行风向约为南偏西68°方向，其次为南偏西22方向。再将建筑基础体块叠加可以看出，建筑群总体为南北纵向布局（夹角为南偏东5°），南北山墙，东向墙体开口较小，为挡风面，西向墙体开口大，为迎风面。结合不同月份的盛行风向，可以看出，在寒冷时期建筑挡风墙体基本与盛行风向垂直（北面山墙阻挡冬季北风，

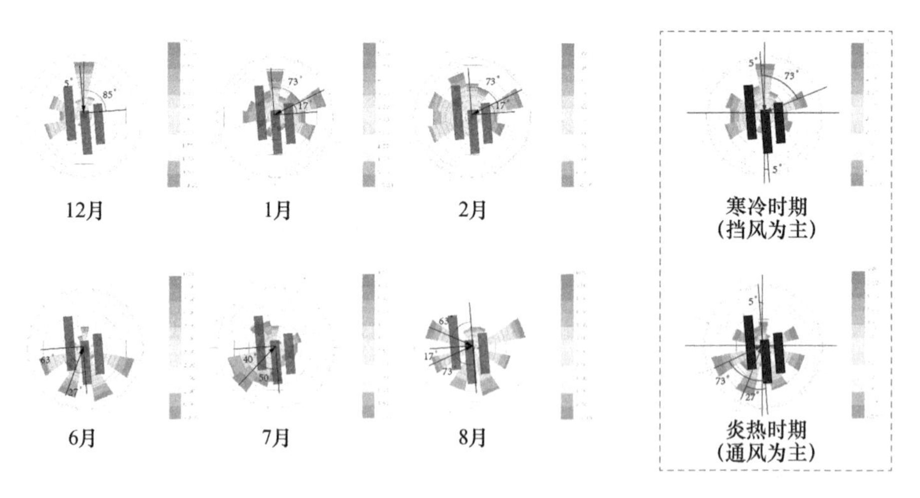

图5-22　样本群体布局在冬季与夏季的风向方位角分析

资料来源：笔者自制。

东面小开口界面和次要盛行风向夹角呈73°)，炎热时期建筑西侧迎风面墙体和盛行风向夹角为27—73°。因此，北向和东向墙体与冬季盛行风向接近垂直，减小该界面开口率有利于阻挡冬季寒风；西向和南向墙体与夏季盛行风向有一定夹角，能够产生建筑西侧和南侧两个正压区，增加该界面开口率有利于增加夏季进风量，再以院落的设置促进风的迅速流出，降低空气龄，提升室内空气流速。

2. 群体布局在寒冷与炎热季节的场地通风调控

当室外风速为3.5米/秒时，模拟研究样本的总体布局在主次盛行风向下离地1.5米高度的场地空气流动状况，可以看出，寒冷季节时室内温度高于室外，由于建筑北向与东向界面较为封闭，对建筑使用时间段9：00—18：00盛行的北风与北偏68°风均有较好的阻挡作用，平均风速为0.36—0.46米/秒；在炎热季节时室内温度低于室外，建筑西向与南向界面的迎风面有较大的开口率，对建筑使用时间段盛行的南偏西68°和南偏西22°风有较好的引导作用，平均风速为0.76—0.85米/秒，同时三个平行体块之间缩小的巷道捕获外部自然风形成了风压通风，引导气流进入场地内部，巷道内的平均风速为1.3—1.5米/秒，人体有较明显的吹风感，通风散热的作用较好（见图5－23)。

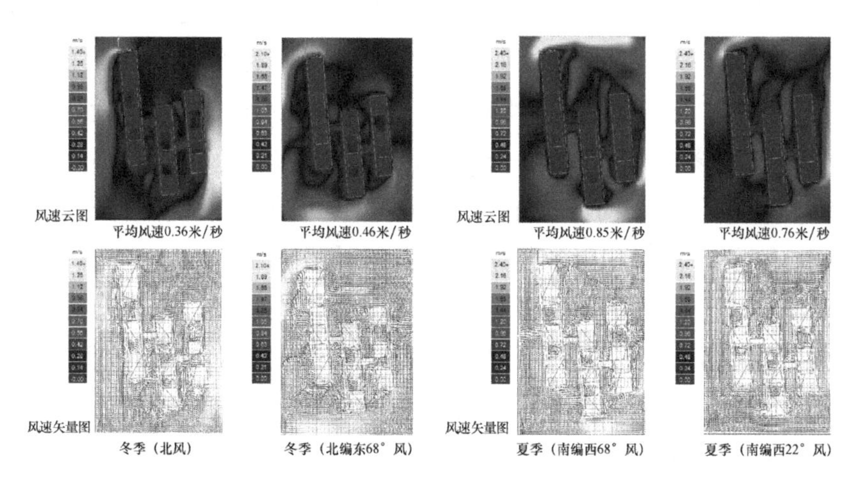

图5－23　样本在寒冷（左）与炎热（右）季节盛行风向下的场地空气流动状况

资料来源：笔者自制。

（二）空间开口的光应变模式

鲁东与鲁北地区民居在平面布局上通常以院落为核心，院落的形态、大小和比例直接影响到民居内光环境的特性。通常来说，院落或天井作为当地乡土民居内部空间开启的重要部分，具有改善室内光环境的重要作用，是在封闭的围合形态内部捕获室外采光资源的主要渠道，而室内光环境分布和采光效率主要取决于院落或天井的形态参数、高宽比和面积比重的差异。

1. 庭院高宽比与自然采光量

当地乡土民居的院落平面比例一般为1∶1—3∶2，方形和矩形院落均有常见，高宽比的范围和合院的规模有关系，0.4—1的为多。由于外部相对封闭，庭院可以说是建筑的能量获取中心，位于庭院周边的房间可以借助开阔的院落来较大程度地提升室内光照水平。房间和院落相邻时，其采光状况受到当地气候条件下可获得的自然采光量、院落的高度和宽度、面向庭院房间的窗口面积和位置与窗玻璃的透射能力的影响。在这些影响因素中，最重要的是庭院的尺寸和比例。南方民居中常见的高窄天井只能得到较小的天空视角，因而当地民居作为高纬度民居的代表，能获得的自然光较少。若要得到相同的自然采光量，则需要较大的、矮而宽的庭院。古尔丁（John R. Goulding）等的研究表明，对于所有的纬度地区和不同的庭院大小，当高宽比为2∶1时，正方形庭院比长方形庭院（长宽比为2∶1）多提供了7%—10%的自然采光量，而庭院高度较小；高宽比降低至1∶1时的，正方形庭院和长方形庭院的作用类似。①

2. 庭院开口形状指数与采光性能的对照研究

黄河口生态旅游区游客服务中心作为当代气候建筑的样本，从当地乡土民居的院落空间开启中获得热力学意义上的能量捕获原型并加以转译，以庭院的光照连通来获得良好的室内自然采光。以最

① John R. Goulding et al. eds., *Energy in Architecture*, The European Passive Solar Handbook, London: B. T. Batsford, 1992.

西端的 1 号楼为例，建筑内部有南、北两个庭院，以当地乡土民居的院落形态一般比例为基础，北庭院为纵向长方形，高 11.6 米，进深 19.7 米，面宽 13.6 米；南庭院基本为正方形，高 10.5 米，进深 14.0 米，面宽 13.6 米。根据庭院形状指数公式（R 为庭院形状指数，L 为面宽，W 为进深，H 为高度）——$R=(L\times W)/H^2$，可计算出：北庭院的形状指数 R = 1.99，高宽比 H/W = 0.58，长宽比 L/W = 0.69；南庭院的形状指数 R = 1.73，高宽比 H/W = 0.75，长宽比 L/W = 0.97。可以看出，由于取自当地乡土民居的院落原型，此样本建筑的两个庭院的尺度比例均在原型院落的平均比值之内。

以南北两个庭院的现有尺度为基础参照，借助能量可视化工具，分别设置 3 个对照组来对庭院尺度变量进行对比研究（见表 5 - 20）。北庭院设置长宽比的对照组，在保持庭院面积为现状 267.9 平方米不变、高度一定的情况下，设置长宽比分别为 0.89、0.79、0.69、0.59，庭院界面设置开启方式参考现状，东侧为无窗夯土墙体，另外三侧为全玻璃幕墙；南庭院设置高宽比的对照组，在保持长宽比 0.97 现状不变、高度一定的情况下，设置高宽比分别为 0.95、0.85、0.75、0.65，庭院界面置开启方式大致参考现状，东西侧为无窗夯土墙体，南北侧为玻璃幕墙（即北 3 组、南 3 组为现状庭院尺度）。另外，东营市位于中国光气候分区Ⅳ区，将设计照度设为当地天然光临界照度值 4500lx。

表 5 - 20　1 号楼南北庭院对照组的尺寸比例变量与采光性能比较

庭院组别		进深（米）	面宽（米）	高度（米）	长宽比	高宽比	形状指数	平均采光系数（%）	冬至日照时间（小时）	夏至日照时间（小时）
北	1	16.7	16.0	11.6	0.89	0.69	1.99	11.24	0.62	0.94
	2	18.3	14.6		0.79	0.63		11.75	0.62	0.93
	3	19.7	13.6		0.69	0.58		11.95	0.62	0.94
	4	21.0	12.7		0.59	0.55		12.20	0.66	0.95

续表

庭院组别		进深（米）	面宽（米）	高度（米）	长宽比	高宽比	形状指数	平均采光系数（%）	冬至日照时间（小时）	夏至日照时间（小时）
南	1	11.1	10.8	10.5	0.97	0.95	1.09	7.53	0.49	0.73
	2	12.4	12.1			0.85	1.36	8.80	0.53	0.77
	3	14.0	13.6			0.75	1.73	11.95	0.62	0.94
	4	16.1	15.7			0.65	2.29	13.89	0.71	1.02

注：由于本部分为针对庭院尺度的光应变模式研究，为了排除其他因素的相关性，模型设置仅对庭院表面材质做了设置，未对建筑外围护界面的材质作定义，因而表中所得平均采光系数和冬夏至日照时间为用于对照组的对比结果，并非准确的实际光环境性能参数。

资料来源：笔者整理。

3. 庭院开口形状指数变化对采光系数与日照时长的影响

从位于底层距地面 750 毫米高处的平均采光系数模拟结果来看（见图 5－24），北组在庭院面积和庭院高度不变（也就是形状指数 R 值不变）的情况下改变长宽比，随着庭院从正方形向矩形的纵向拉长，即随着长宽比的减小，平均采光系数逐渐增大，但增大的幅

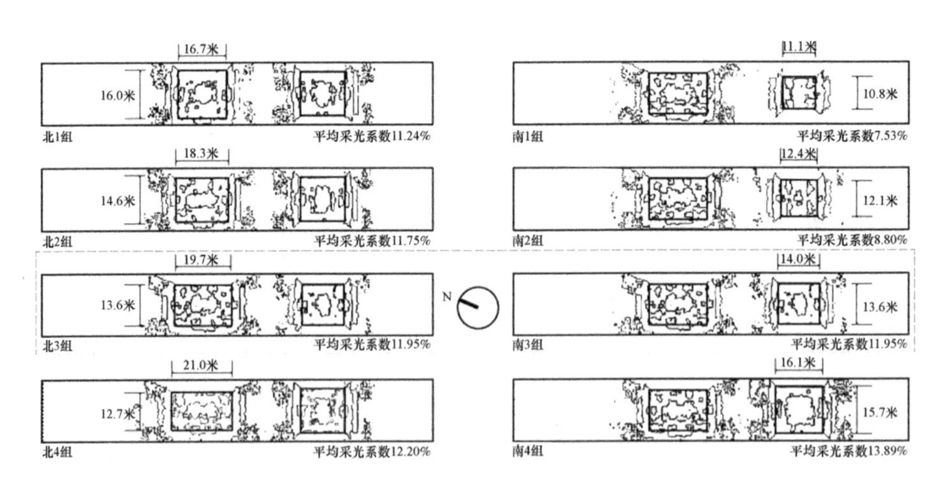

图 5－24　1 号楼南北庭院不同对照组的采光系数模拟结果

资料来源：笔者自制。

度甚小，影响不大；南组庭院比例接近正方形，在长宽比和庭院高度不变的情况下对照组改变了庭院的面积，随着高宽比的逐步减小（即随着形状指数 R 的逐步增大），平均采光系数也逐渐增大，而且增长的幅度较大，影响较大。对比来看，改变庭院的形状指数是改善建筑内部采光性能更有效的途径。因此可以看出，庭院的形状指数对庭院捕获光性能的影响较大，其中高宽比的减小提高了庭院的采光量，长宽比的减小提高了庭院的采光均匀度。同时，增加形状指数的大小能够对室内采光量有直接影响，但建筑室内光环境品质却并非和其成正比，过大的开启面积会增加室内眩光和室内不必要得失热量的途径，因而样本（第三组）现状则是结合了平面实际功能和采光性能的较为合理的选择。

（三）界面围合的热应变模式

东营市位于中国建筑热工分区的寒冷区域，防寒保温为气候应对的第一要务，当地周边乡土民居形态基本较为紧凑规整，少作连接体的变化，围护结构一般采用保温性能较好的夯土砖等材料，墙体很厚，外部较为封闭，目的是减少暴露在外部的表面积，提高围护结构的保温水平。此外，围护结构的传热能力取决于其热阻、室内外温差和表面积的综合作用，其中建筑表面面积和地板的面积比（S/F 值）对于围护结构传热的影响较大。从图 5 - 25 中可以看出，通过建筑外围护结构的传热量随着 S/F 值的提高而增加，但对于高热阻值、绝热性能较好的建筑，这种变化较小。

1. 不同朝向内外界面的日均日照时长和日均直接辐射总值对比

样本建筑虽限于场地和功能采用了长宽比较大的薄型平面，但其形态取自当地传统民居朴素厚重的对外封闭、对内向心的原型，形体简单，外部开口较少。南北均以一庭院作为获得太阳热量的热源中心，并将热量辐射给周边房间。同时也因其外围护界面采用了总厚度 500 毫米的双层夹心夯土墙体，热阻值高，进一步减少了薄型平面对于表皮热损失的影响。样本建筑将南北向定位为长方向，为了更好地捕获外部气候的太阳得热和太阳光，3 座平行的南北长

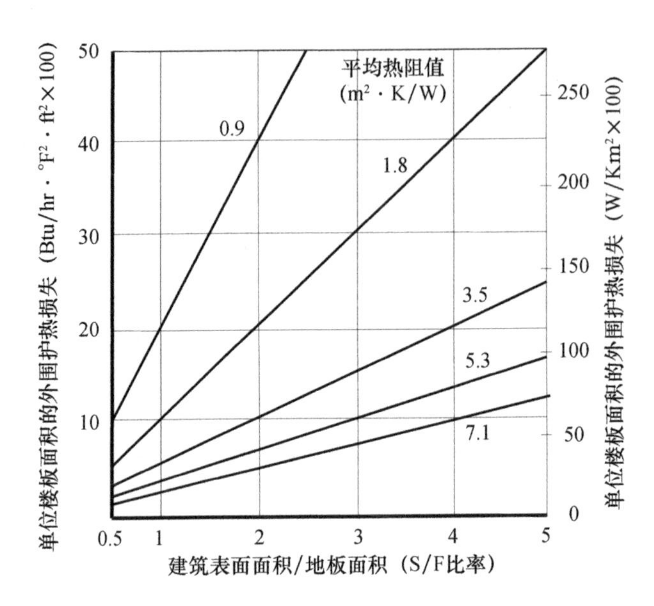

图 5－25　外围护结构得/失热与 S/F 比率的函数关系

资料来源：笔者自制。

向建筑各自在窄长的平面中嵌入南北两个庭院，将阳光带入建筑内部和建筑北侧，南面的庭院由来自顶部的太阳辐射加热，北面的庭院则从南面以及顶部获得太阳辐射热。

从表 5－21 和表 5－22 可以看出，寒冷季节的 12 月至次年 3 月，该建筑群 1 号楼的东、西墙面的日均日照时长和日均直接辐射总值为南向墙体（实为南偏东 5°方向墙体）的 1/2 左右，在炎热季节的 6—8 月，该建筑的东、西墙面日均日照时长比南向墙体少 1 小时左右，受到的日均直接辐射总值为南向墙体的 1/2—2/3。因此可见，南向界面在冬季与夏季的得热量均较高；北向界面冬季失热量大，日照时间很短，需要尽量减小不必要的开启面积；东西向界面冬夏季的辐射得热量都比南向界面少很多，但夏季日照时间的过长也会引起眩光，需要通过界面的开口率来平衡冬季得热和夏季隔热的需求。而从表 5－23 和表 5－24 可以看出，对于以 1 号楼南庭院为例的建筑内界面，北向界面除了在最炎热的月份外，几乎无法获得直接辐射，南向界面对于获得冬季辐射热有较大助益，且从模拟结果来看，获得辐射热的区域主要集中在建筑二层界面。

表5-21　　样本1号楼不同朝向外界面的日均日照时长　（单位：小时）

朝向	1月	2月	3月	4月	5月	6月	7月	8月	9月	10月	11月	12月	全年
南	9.55	10.32	11.48	10.53	8.67	8.07	8.37	9.69	11.43	11.00	9.33	9.00	9.79
北	0	0	0.24	2.57	5.48	7.33	6.13	3.71	0.84	0	0	0	2.25
东	4.55	5.00	5.61	6.00	6.74	7.00	7.00	6.19	5.80	5.00	4.30	4.00	5.60
西	5.00	5.32	6.01	6.97	7.16	8.00	7.23	7.00	6.37	6.00	5.03	5.00	6.26

注：由于样本建筑非正南北向（存在5°偏离），因此本表的“南”向指“南偏东5°”，“北”向指“北偏西5°”，“西”向指“西偏南5°”，“东”向指“东偏北5°”。

资料来源：笔者整理。

表5-22　　样本1号楼不同朝向外界面的日均直接辐射总值　（单位：Wh/m^2）

朝向	1月	2月	3月	4月	5月	6月	7月	8月	9月	10月	11月	12月	全年
南	808	1515	1667	2426	3241	3253	1806	1293	1829	1693	1309	762	1798
北	0	0	5	52	438	740	362	81	13	0	0	0	142
东	337	728	864	1214	1659	2006	1143	717	932	782	546	386	942
西	472	786	808	1263	2017	1985	1024	656	911	912	763	376	997

注：由于样本建筑非正南北向（存在5°偏离），因此本表的“南”向指“南偏东5°”，“北”向指“北偏西5°”，“西”向指“西偏南5°”，“东”向指“东偏北5°”。

资料来源：笔者整理。

表5-23　　1号楼南庭院不同朝向内界面的日均日照时长　（单位：小时）

朝向	1月	2月	3月	4月	5月	6月	7月	8月	9月	10月	11月	12月	全年
南	3.96	4.98	5.82	6.41	6.18	5.92	6.11	6.34	6.18	5.45	4.31	3.54	5.43
北	0	0	0	0	0.35	1.43	1.08	0.39	0	0	0	0	0.36
东	1.83	2.22	3.50	4.19	5.21	5.53	5.31	4.57	3.68	2.73	1.74	1.23	3.49
西	1.77	2.53	3.45	4.87	5.38	5.66	5.22	4.86	4.46	3.16	2.08	1.65	3.76

注：由于样本建筑非正南北向（存在5°偏离），因此本表的“南”向指“南偏东5°”，“北”向指“北偏西5°”，“西”向指“西偏南5°”，“东”向指“东偏北5°”。

资料来源：笔者整理。

表 5－24　1 号楼南庭院不同朝向内界面的月日均直接辐射总值　（单位：Wh/m^2）

朝向	1 月	2 月	3 月	4 月	5 月	6 月	7 月	8 月	9 月	10 月	11 月	12 月	全年
南	432	979	1107	1689	2463	2536	1401	922	1270	1173	789	375	1260
北	0	0	0	0	110	240	100	14	0	0	0	0	39
东	150	393	513	927	1644	1738	882	517	521	384	243	109	669
西	171	395	586	1042	1690	1800	1005	600	887	649	349	175	780

注：由于样本建筑非正南北向（存在 5°偏离），因此本表的“南”向指“南偏东 5°”，“北”向指“北偏西 5°”，“西”向指“西偏南 5°”，“东”向指“东偏北 5°”。

资料来源：笔者整理。

2. 不同朝向内外界面开口系数变化对室内热舒适度的影响

分别模拟 1 号楼的一、二层的外界面四个朝向、南庭院内界面四个朝向，在各自不同的界面开口系数（即开口率）之下，其夏至日日间和冬至日日间的预测室内热环境不满意度（PPD）的变化值。考虑到该样本建筑位于旅游区，全年 365 天运行，办公区域和游览区域的运行时间均设置为周一至周日 8：00—20：00。其中，横坐标方向代表各朝向界面所设置的 10%、20%、30%、40%、50%、60%、70%、80% 逐渐提高的 8 个对照组开口系数，纵坐标方向为 PPD 值下降（也就是舒适度提高）的百分比，可以看出：

（1）首先无论是建筑外部界面还是庭院的内部界面，基本上随着界面开口的增大，必然会引起冬至日 PPD 上升和夏至日 PPD 的下降，也就是界面开口不利于冬季通过隔热的热环境改善，却有利于夏季通过散热的热环境改善，但二层楼的庭院内界面数据除外。模拟结果表明，其四个朝向的开口系数增加都可以提高室内在冬至日与夏至日的热舒适度。

（2）从一层外界面的折线图来看（见图 5－26），增大东西界面的开口系数比增大南北界面的开口系数的影响更大（与建筑南北外界面面积较小也有关系），北向影响又比南向大。在夏至日，界面开口系数每增大 10%，南北向 PPD 约下降 0.08，东西向约下降 0.75；在冬至日，界面开口系数每增大 10%，南向 PPD 约上升 0.2，北向约上升0.41，东西向平均上升1.3，上升率随着开口系数的增大而放缓。

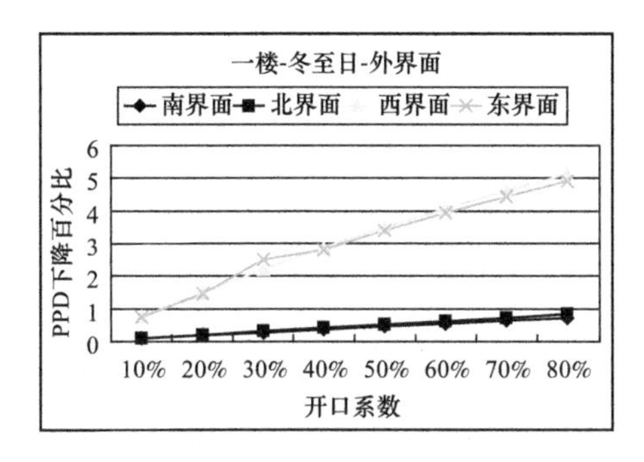

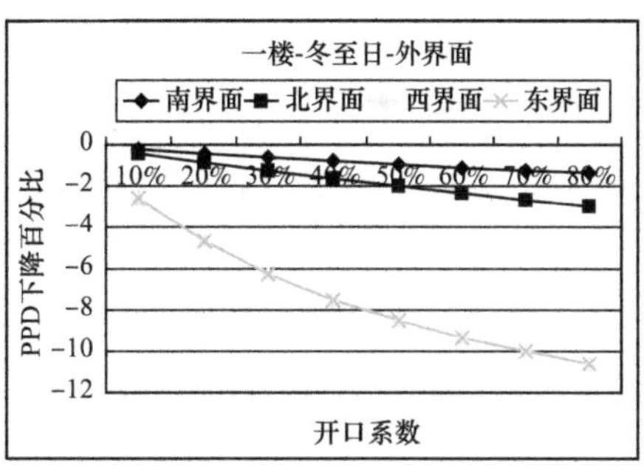

图5－26　1号楼一层外界面四个朝向界面开口系数对室内热舒适度的影响

资料来源：笔者自制。

（3）从一层庭院内界面的折线图来看（见图5－27），由于四个朝向的内界面面积相近，因而不同朝向开口系数对舒适度的影响差距就没有外界面那么大。对于夏季来说，东西向内界面开口略优于南北向，每提高10%则PPD下降0.04，南北向分别下降0.03和0.02；对于冬季来说，东西向略优于南向，南向优于北向，北向开口PPD增速较缓。总体来说，一层内界面开口系数增大对冬季的不利大于对夏季的有利。

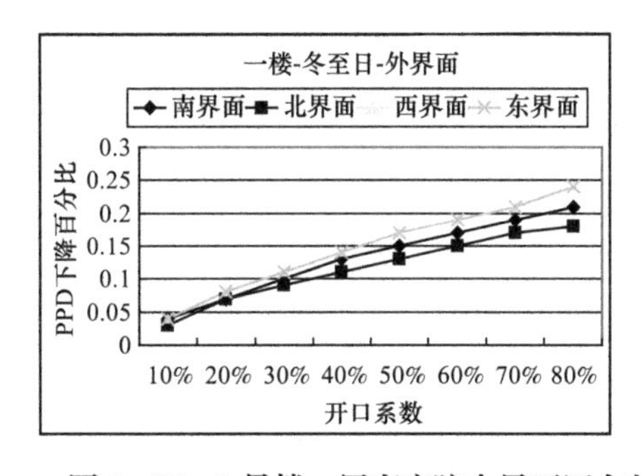

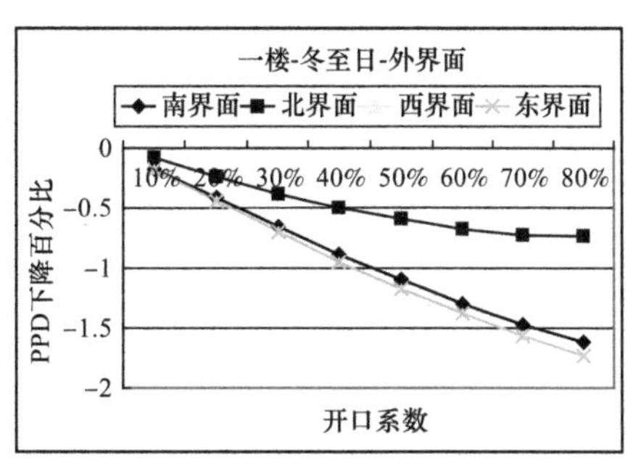

图5－27　1号楼一层南庭院内界面四个朝向界面开口系数对室内热舒适度的影响

资料来源：笔者自制。

（4）从二层外界面的折线图来看（见图5－28），与一层一样，增大东西界面的开口系数比增大南北界面的开口系数的影响更大，但总体影响比一层外界面要小。在夏至日，界面开口系数每增大10%，南北向PPD约下降0.02，东西向约下降0.18；在冬至日，界面开口系数每增大10%，南向PPD基本无变化，北向约上升0.1，东西向平均上升0.36，上升率随着开口系数的增大而放缓。

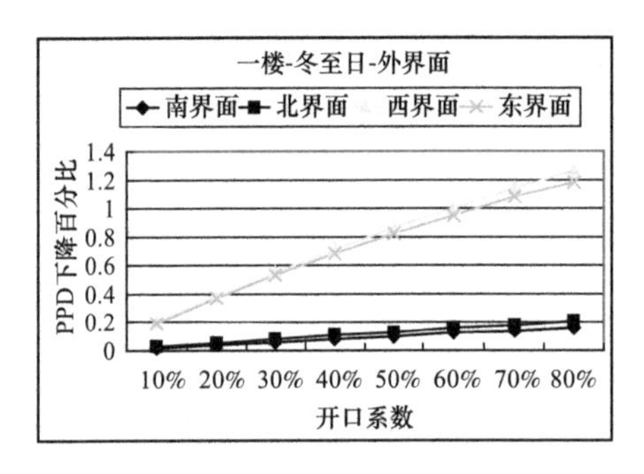

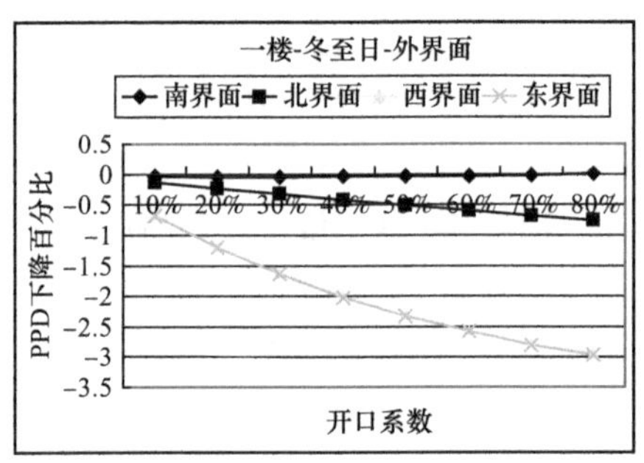

图5－28　1号楼二层外界面四个朝向界面开口系数对室内热舒适度的影响

资料来源：笔者自制。

（5）从二层庭院内界面的折线图来看（见图5－29），与外界面不同，开口系数的提高对冬季和夏季都有正向影响，并且四个朝向的影响率都较为接近，其中开口系数每增大10%，夏至日PPD约下降

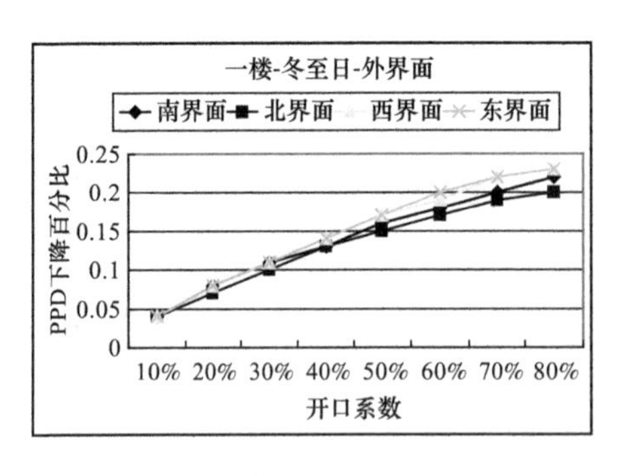

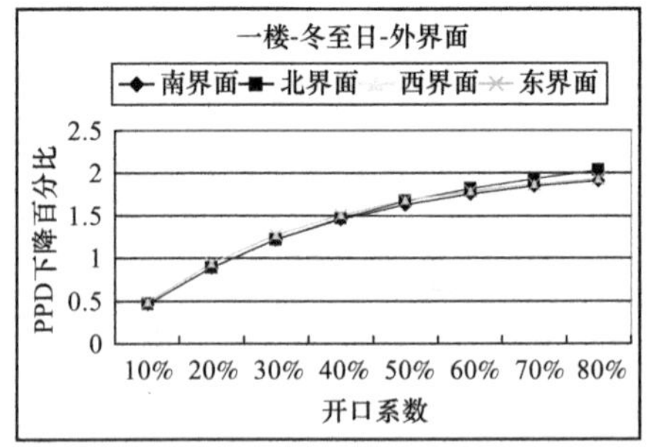

图5－29　1号楼二层南庭院内界面四个朝向界面开口系数对室内热舒适度的影响

资料来源：笔者自制。

0.03，冬至日 PPD 平均约下降 0.25，下降率随着开口系数的增大而放缓，说明庭院通过接收冬季的太阳辐射得热而提高了室内的热舒适。

总结来说，外界面的开口可以通过通风散热来提高炎热季节室内的热舒适度，但又会导致寒冷季节由于热散失而产生负面影响，并且一层的影响比二层更大，东西界面的影响比南北界面更大，寒冷季节的不利影响比炎热季节的有利影响更大；庭院内界面的开口尤其是二层庭院内界面开口，对室内热舒适度无论是冬季还是夏季均有着正面影响，并且二层的影响比一层更大。这与当地乡土民居热力学原型的外部封闭围合、对内庭院开敞的界面形态是吻合的，该样本建筑也以当代建筑的形式策略转译了这样的界面原型，减少了对外开口（见图5－30），并且增加了对内开口（见图5－31），同时考虑到了夏季通风和冬季得热。因本建筑南北向界面的面积较小，对室内总体热舒适度和温度分布的相关性不大，因此北向墙体除次入口外未设其他开口，南向墙体中设置了较大面积的玻璃幕墙以采光得热。东西向界面不规则地在夯土墙体上开启小型窗洞（见图5－32），窗洞尺寸有三种：300 毫米 ×600 毫米、300 毫米 ×900 毫米、300 毫米 ×1200 毫米。不仅作为界面开启的一种方式辅助建筑内部获得均匀的光线和辐射热，也与夯土自身肌理叠合在一起，形成了更为丰富的立面效果，达成了能量捕获机制的形式化。

图5－30 西向外界面肌理

资料来源：麟和工作室提供。

图5－31　相对于封闭的夯土外界面的较为开敞通透的庭院内界面

图5－32　夯土墙上的窗洞

资料来源：麟和工作室提供。

三　能量协同结构的空间梯度

（一）横纵腔体的调节模式

传统民居中利用贯穿的弄堂或廊道作为横向腔体用于获得穿堂通风，利用嵌入内部的庭院作为纵向腔体用于获得高度方向上的通风，若将横向腔体和纵向腔体相结合，则更能够利用风压通风。在炎热季节或是温带气候的夜晚，空气流动往往比较慢，风压通风是一种有利的降温方式，可以在迎风面的建筑或是上层房间内使用，不仅能带走房间内的热量，还能通过增加人体皮肤表面蒸发率来增加降温效果，给人带来凉爽的感觉。此时辅助结合在背风面采用的热压通风一同形成混合通风策略，会带来更好的效果，其组合效果归因于二者气流压力的总和。空气流速与进出风口的面积大小、风和开口的夹角、室外风速大小都有关系，最有效的风压通风是入口在高压区而出口在低压区，当进风口面积较大而风向与窗户垂直时，气流速度最高。热压通风则是一种重力通风系统，不受房间朝向和室外空气流速的限制。热空气上升从空间上部开口流出，冷空气从空间下部开口进入室内，置换掉逸出的热空气。其通风效率和进出风口的垂直高差与大小、室内外气温差有关，当进出风口面积相等时，热压通风风速最大。

1. 横纵腔体的空间组织

当地炎热季节的室外风速相对较低，样本建筑的外部界面较为厚重封闭，因此需要在平面和剖面中通过空间组织来加强室内自然通风的效率以带出热量（见图5－33），建筑形体中嵌入的南北两个庭院是建筑中部的热压通风烟囱（纵向腔体）。它们将周围的房间聚合起来，使上下两层的空间相互串通，室外空气由于庭院的烟囱效应，经由庭院周边的房间引入，再从庭院顶部排出。而庭院外侧的走道则形成了风压通风的通道（横向腔体），当地炎热季节的主导风向以偏南的西南、东南方向为主，与南北通道的方向相近，更有利于风压自然通风。这样的平面可以使气流从建筑的一侧流入，并在建筑的开放式平面内循环。同时建筑界面的夯土材料作为重质的蓄热体有很好的热延迟性能，日间吸热，夜间散热，夜间通风的效果很明显。从风环境的空间分布来看，设置室外风速为3.5米/秒，风向为当地夏季建筑运行时间段盛行的西南风和东南风，建筑内部的横向腔体和纵向腔体相互协作提供了很好的导风作用，带动建筑内整体风环境的空气流动。

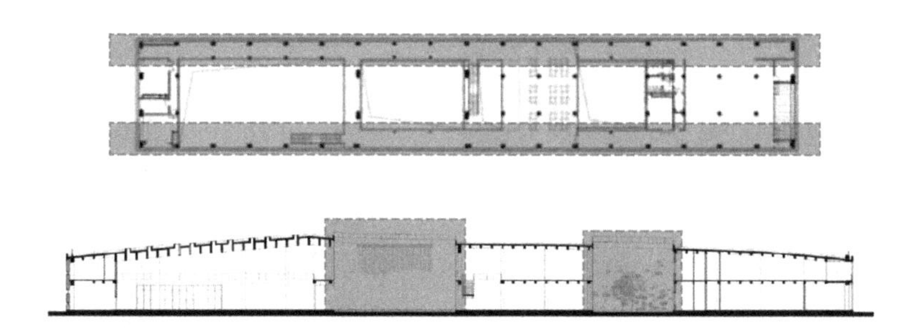

图5－33　样本建筑的横向腔体（上）和纵向腔体（下）

资料来源：笔者根据麟和工作室提供图纸改绘。

2. 横向腔体在炎热季节的导风性能

从风压通风的角度看，建筑长向两侧沿庭院周边横向贯穿建筑的廊道成为形态狭长的横向导风腔体，通过文丘里效应产生了较快的风速（见图 5－34），西南风时一层廊道内日间平均风速为 1.42 米/秒，二层廊道内日间平均风速为 1.13 米/秒；东南风时一层廊道内日间平均风速为 1.12 米/秒，二层廊道内日间平均风速在 0.93 米/秒。一层原本就因西向外界面有较大进风口、其他界面开口较小而产生了很好的风压通风效果，二层外界面较为封闭，因而横向腔体在建筑二层的导风效果更加明显。并且西南风时建筑西侧入口开口提供了较大的进风口，开口与庭院内壁形成的垂直翼板使风斜吹向墙体时速度加快，因而庭院内气流速度较快，此时纵向腔体的导

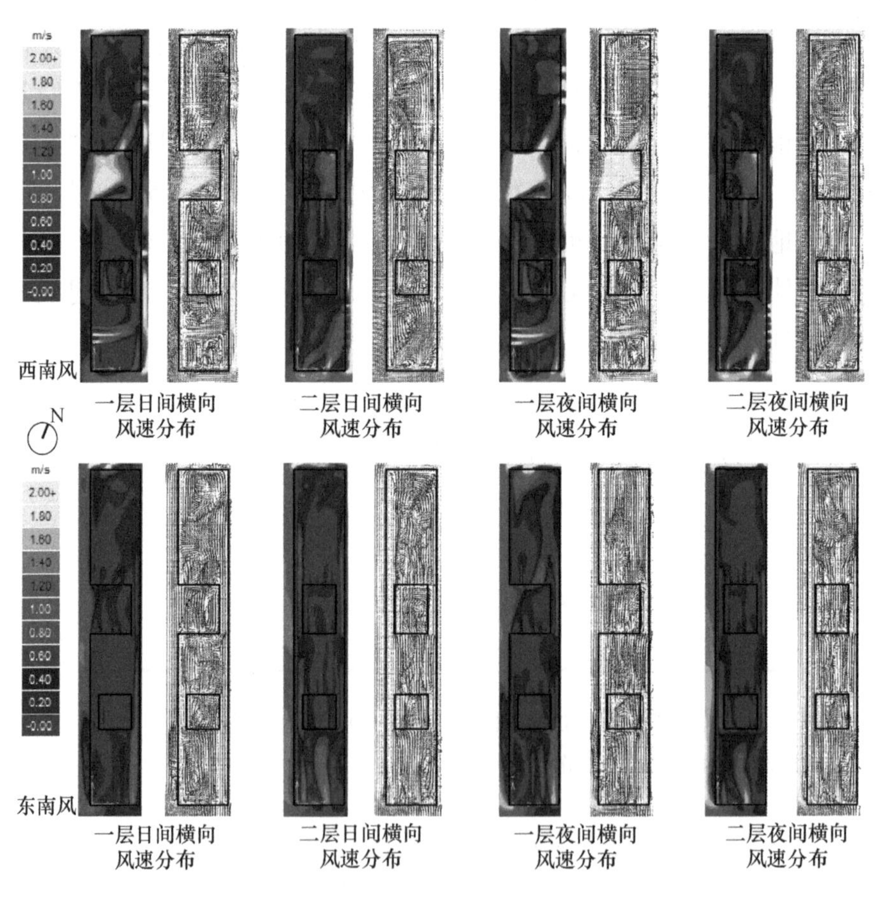

图 5－34　样本建筑 1 号楼横向腔体风速分布、风速矢量图

资料来源：笔者自制。

风作用占主导；东南风时廊道内气流速度较快，此时横向腔体的导风作用占主导。

3. 纵向腔体在炎热季节的导风性能

从热压通风的角度看，在平面上样本的南北纵深很大，南北外界面接受太阳辐射量的不同导致南北部室内空间的室内温度差，横向腔体内由此产生了由北往南的循环气流；从剖面上看，由于设置了南北两个庭院，日间庭院上方受到太阳辐射而温度升高，庭院内的上下温度差产生了热压通风，空气自庭院周边的界面进风口流入后，迅速沿着庭院内壁上升自庭院上方流出，所产生的竖向湍流也提高了平均风速和空气流动的均匀性，其中西南风时以纵向腔体为主导（见图5－35），北庭院内的平均风速为1.78米/秒，南庭院内的平均风速为

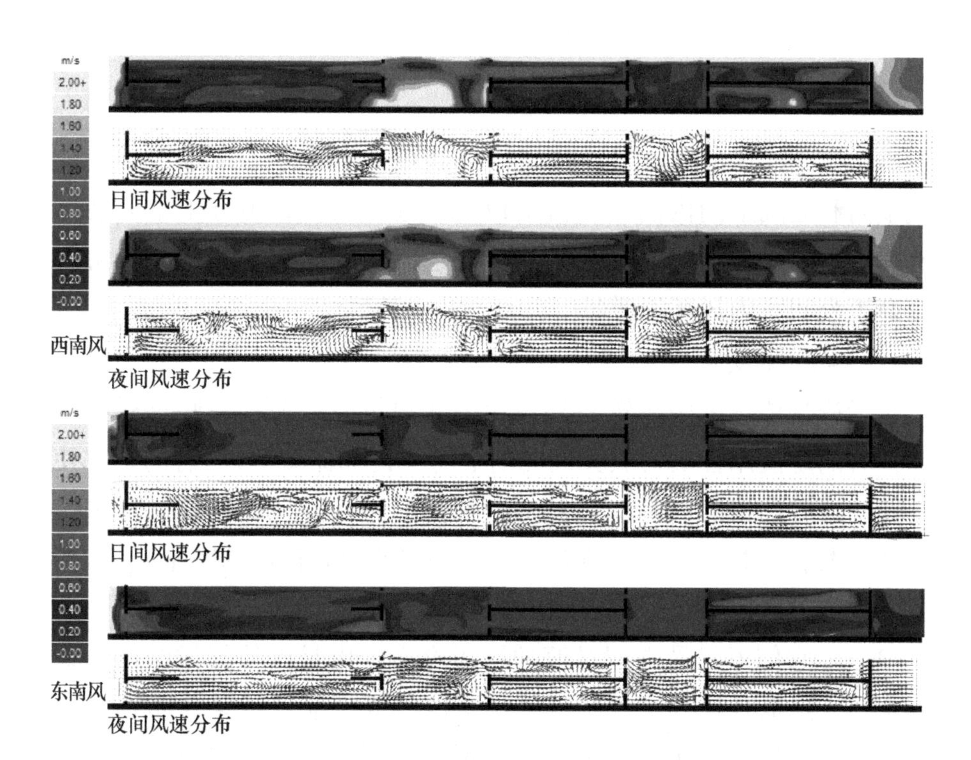

图5－35　样本建筑1号楼纵向腔体风速分布、风速矢量图

资料来源：笔者自制。

0.58米/秒，东南风时以横向腔体为主导，北庭院内平均风速为0.33米/秒，南庭院内平均风速为0.15米/秒。从纵向风速分布的模拟结果可以看出（见图5-36），由于当地属于寒冷地区，庭院的设置以接受日照和冬季获得额外的太阳辐射为主要目标，因而庭院的高宽比并不大，竖向热压通风的效果不明显，庭院内的自然通风还是以风压通风为主。

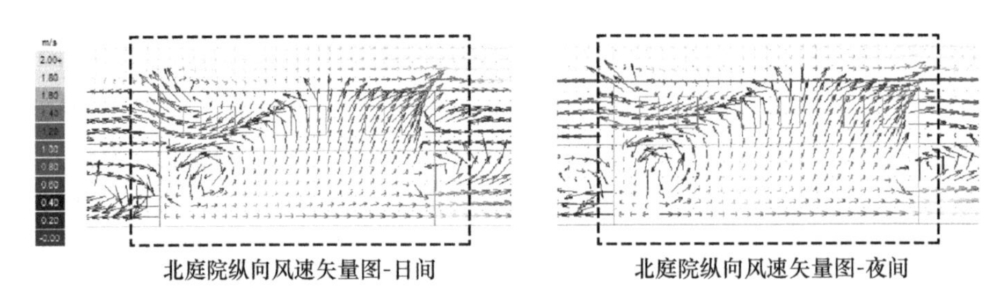

图5-36 样本建筑1号楼，北庭院日间（左）与夜间（右）纵向风速矢量图

资料来源：笔者自制。

从夜间通风的角度看，建筑内外环境的温差小而风速较大，建筑室内和庭院空间内的空气流动以风压通风为主，由夯土重质墙体蓄热放热而局部温度升高带来的热压通风为辅，二者相互结合协同提高了夜间室内风环境质量。

（二）梯度空间的缓冲模式

无论是传统民居建筑还是当代公共建筑中，都有一些这样的空间：有的是使用性质为服务或辅助空间（比如储藏室），有的是在使用期间没有严格的热环境要求（比如交通空间），有的是在一天中仅在特定的部分时段有热环境要求（比如仅于夜晚使用的卧室）。这些空间往往可以作为在外部环境和控温的房间之间的热缓冲区（见图5-37）。它们不仅是空间过渡的层级意义，更是内外气候缓冲的梯度空间，降低环境冲突、降低控温空间的人工制冷或采暖负荷，梯度地利用能量。若缓冲区朝南，它可以为周围的房间提供热量；若缓冲区朝东朝西，将减少围护结构的热损失。缓冲空间与主体空间之间的热流计算是复杂的，但缓冲空间在冬季的温度分布可以表征出缓冲区的效用。寒冷季节中，空气从缓冲区循环到建筑中后折返，能够节约大量能量，缓冲空间的平均温度则可以通过室内外平均温度与界面窗墙比来估算。寒冷地区的缓冲区设置意义还在于可以有效减少外墙面的开口面积，将能量的交换限制在缓冲空间内完成，减少外部不利气候要素对室内环境的影响。在当地民居的热力学原型中，缓冲空间为除了使用房间外的庭院和通道。在本书的样本建筑中，缓冲空间为两个庭院以及庭院周围的水平交通和竖向交通空间。

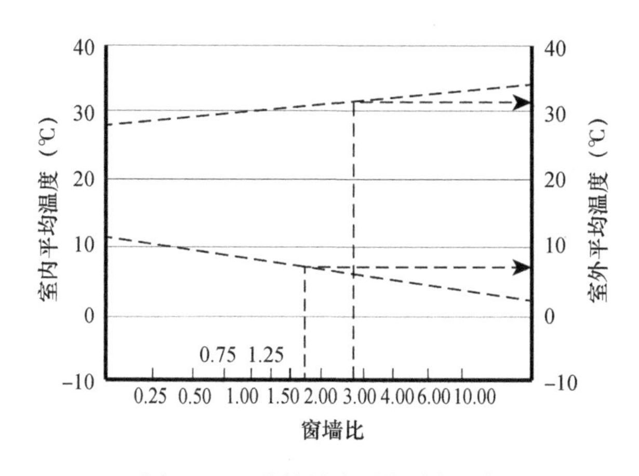

图5－37 估算缓冲区的平均温度

资料来源：笔者自制。

1. 梯度空间布局对室内空气温度水平分布的缓冲作用

从温度的水平分布来看（见图5－38），在样本建筑1号楼的夏至日空间温度水平分布模拟的结果中，日间12：00，室外空气温度为34.6℃时，一层北庭院内平均温度为33.9℃，南庭院内平均温度为37.2℃，廊道内平均温度为33.5℃，室内平均温度为31.4℃；二层北庭院内平均温度为34.8℃，南庭院内平均温度为40.3℃，廊道内平均温度为34.1℃，室内平均温度为32.1℃。在冬至日温度水平分布模拟的结果中，日间12：00，室外空气温度为6.2℃时，一层北庭院内平均温度为11.3℃，南庭院内平均温度为15.4℃，廊道内平均温度为9.4℃，室内空间平均温度为7.9℃；二层北庭院内平均温度为14.7℃，南庭院内平均温度为18.1℃，廊道内平均温度为10.4℃，室内空间平均温度为8.2℃。

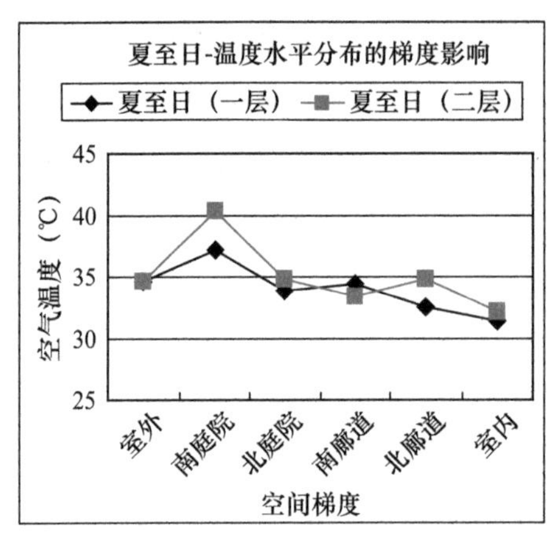

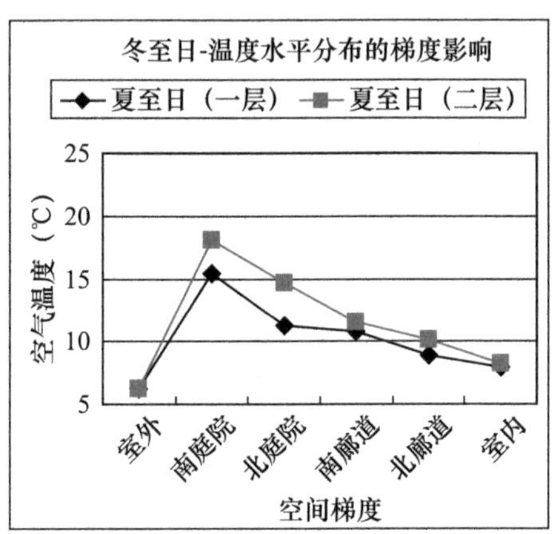

图5－38 1号楼内缓冲空间对空气温度水平分布的影响

资料来源：笔者自制。

2. 梯度空间布局对室内空气温度竖向分布的缓冲作用

从温度的竖向分布来看（见图5－39），在样本建筑1号楼的夏至日空间温度竖向分布模拟的结果中，日间12：00，室外空气温度为34.6℃时，北庭院1.5米处平均温度为32.9℃，从下往上温度逐步提升，近屋面处平均温度提高到34.9℃；南庭院1.5米处空气温度为36.2℃，从下往上温度逐步提升，近屋面处空气温度为39.1℃。在冬至日温度竖向分布模拟的结果中，日间12：00，室外空气温度为6.2℃时，北庭院内近地面处因辐射热空气平均温度为14.8℃，1.5—6.6米处平均温度下降到11.7℃，近屋面处因热空气上升和周围蓄热墙体放热又回升至14.0℃；南庭院内地面处平均温度为20.1℃，1.5—6.6米处平均温度下降到15.8℃，近屋面处回升至18.2℃。

从结果来说，无论是夏至日还是冬至日，日间庭院（尤其是南

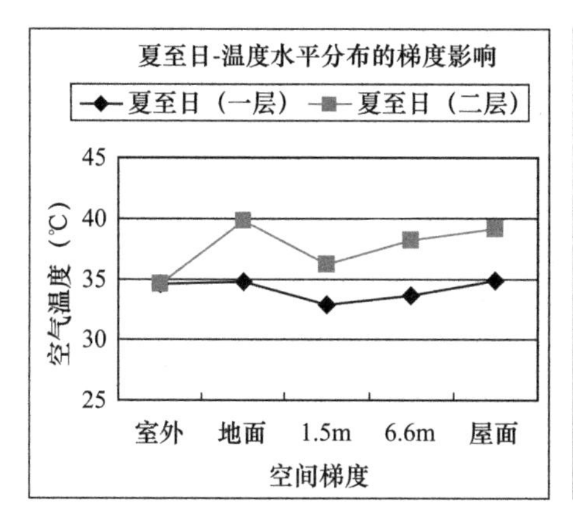

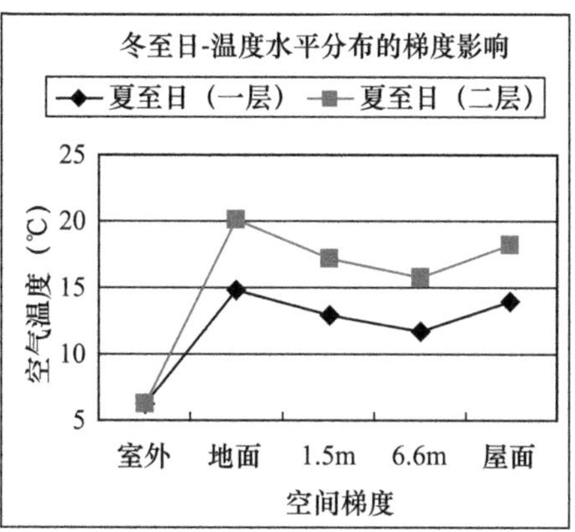

图5-39　1号楼内缓冲空间对空气温度竖向分布的影响

资料来源：笔者自制。

庭院）与室内空间的平均温差在5—8℃，大于廊道和室内空间1.5—2.3℃的平均温差，夏至日呈现出庭院≥室外>廊道>室内的梯度分布，冬至日呈现出庭院>廊道>室内>室外的梯度分布（见图5-40）。可以看出，庭院在寒冷季节捕获了额外的太阳辐射，并经过水平廊道的缓冲和分布，为周围的室内空间提供热量，在炎热季节获得过量的辐射热又通过水平廊道的缓冲，减少了对室内温度的不利影响。其中，北庭院因高宽比较大、围合界面的材质中玻璃幕墙比例较大，且一层西侧未设缓冲廊道而直接与外部气候连通（此处为建筑主入口）。虽接纳的太阳辐射量更大，但热量散失较快。因此，从能量捕获和递转的缓冲作用来说，南庭院的效果较为明显。从竖向分布来看，由于受太阳辐射的范围不均，加上庭院四周的垂直壁面对于空气水平流动的限定，庭院内的空气温度也呈现了竖向的梯度分布，炎热季节时庭院内气温从下到上逐步提高，寒冷时庭院内气温从下到上逐步降低。庭院中由于地表日间收到辐射储存的热量在夜间释放出来，庭院中自下而上近地面温度最高，近屋面处温度又下降，庭院地面和内界面为周围的房间提供了日间所存储的热量。

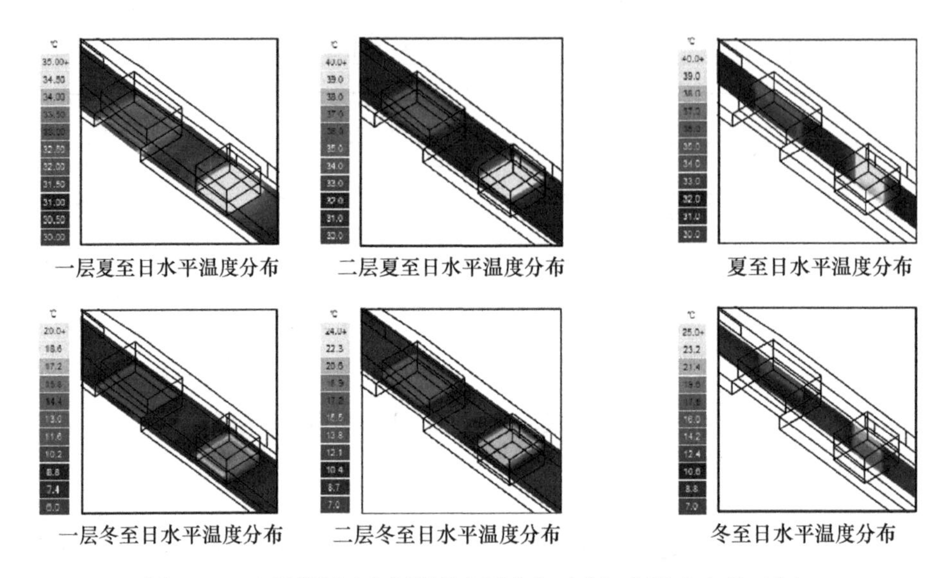

图5-40 1号楼缓冲空间温度水平分布（左）与竖向分布（右）

资料来源：笔者自制。

（三）材料建构的阻尼模式

在寒冷地区，足够的外围护厚度是满足建筑保温隔热需求的重要条件之一。除了选择良好的蓄热材料，还可以通过墙体构造的层级来提高外界面的保温性能，最简单的是将保温层设置在外围护结构的表面，也可以将保温层设置于外围护结构的中间层，甚至是将保温层和结构一体化砌筑。

1. 双层夹心夯土墙体的构造优化

夯土是中国古代最重要的建造材料之一，因其可就地取材、简单的建造技艺和防风防寒的优良性能而在民居中被广泛应用，进入当代却未得到较好的传承与发展。样本建筑继承了这一传统外围护界面的建造原型，并通过一系列夯土实验来回应当代气候建筑的建造方式和体系，完成材料建构上的原型转译。东营市靠近黄河入海口，当地砂土常年被河水冲刷，颗粒较圆且强度较低，因此样本建筑采用了周边地区临朐的水洗黄砂，其杂质少、强度高，适合作为夯土墙的主要材料。另外，在材料配比上加入了水泥提高墙体强度，又加入防水剂解决传统夯土墙不耐雨水风化的问题，最终该墙体获得了与 C25 混凝土相近抗压强度（25.4MPa）的力学性能，又比 C25 混凝土在同等条件下节约了 13% 左右的水泥用量，大大减少对资源的消耗和对环境的负面影响。夯土原料中还加入了铁黄、咖啡、铁红等不同颜料并分层夯实，形成了色彩渐变的夯土肌理，自然地将形态融合在湿地景观中。

在墙体构造优化方面，该建筑采用了双层夹心墙体做法，总厚度为 500 毫米，在两片 210 毫米厚的夯土墙体之间夹入 80 毫米厚的聚氨酯板（见图 5－41），以达到更好的保温效果（此夯土墙的传热阻 $R0=3.72m^2 \cdot K/W$）。此外，墙体内部以纵横钢筋拉结成网（与传统夯土墙中的竹片筋作用相同），也解决了墙体抗裂与建筑物抗震等要求。① 这些优化将夯土墙的传统技艺与当代建筑的空间要求和建

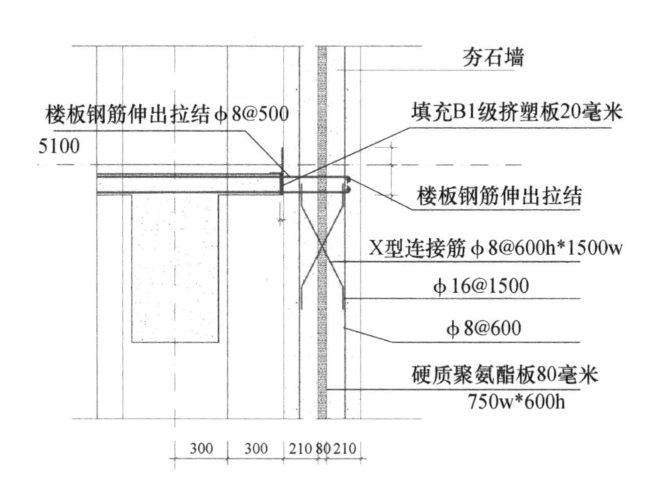

图 5－41　双层夹心夯土墙楼面处节点构造

资料来源：麟和工作室提供。

① 李麟学、王瑾瑾：《作为能量媒介的材料建构——黄河口游客服务中心夯土实验》，《建筑技艺》2014 年第 7 期。

造体系进行了良好的搭接。根据美国橡树岭国家实验室（Oak Ridge National Laboratory）进行的实验研究，外保温做法（Interior mass）和夹心墙做法（CIC）比内保温做法（Exterior mass）以及内外保温做法（ICI）的节能效果更好，并且随着传热阻的增高，性能的提高愈加明显。但是，保温层的材料通常比较柔软疏松，置于外墙外容易受到外界侵蚀引起渗漏或霉变，也无法在外立面表达出夯土特有的肌理效果。因此，该建筑采用的双层夯土夹心墙做法是兼顾耐久性和保暖性能的最合适选择。

经过材料建构的原型转译后，该建筑的夯土墙体成为一个良好的蓄热体，有较高的体积热容，能够积蓄并放出热量，对室外气候对室内的影响产生了阻尼作用，维持室内温度和适度的相对稳定，从而提高室内人体舒适度。从图 5－42 中可以看出，采用蓄热墙体后的舒适区域往低温和高温时段均扩大了一倍，舒适度在除了 1 月、2 月、11 月外的其他月份均有较明显的提高。

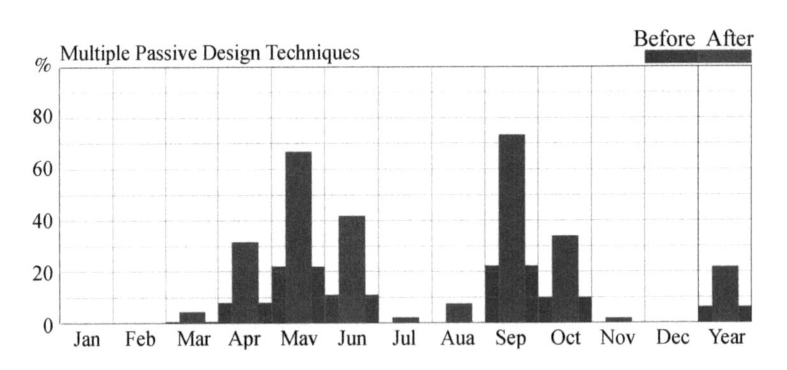

图 5－42　采用蓄热墙体后的室内舒适度变化

资料来源：笔者自制。

2. 双层夹心夯土墙体对室内温度波幅的阻尼作用

此双层夹心夯土墙体对室内温度的阻尼作用，可以通过该建筑（1 号楼）北部端头房间在大寒日、大暑日的室内外温度分布和线性回归模型来进行研究。在温度的波幅上（见图 5－43），大寒日室外温度日较差为8.6℃，采用双层夹心夯土墙外界面与采用普通实砌砖墙界面的一层室内温度日较差分别为4.0℃和5.2℃，二层室内温度日较差分别为4.5℃和5.3℃；大暑日室外温度日较差为10.6℃，采用双层夹心夯土墙外界面和采用普通砖墙界面的一层室内温度日较差分别为4.8℃和5.4℃，二层室内温度日较差分别为4.6℃和5.8℃。可以看出，此夯土界面的温度波幅比普通砖墙界面要稳定一些，冬季夜间的保温性能较好，且温度下降速度比普通砖墙更缓，日间9：00—18：00时段温度比普通砖墙高3.5—4.0℃；夏季日间的升温也明显落后于普通砖墙，日间9：00—18：00时段温度比普通砖墙低0.8—2.9℃。另外，从室内外温度的线性回归模型来看（见图5－44、图5－45），该夯土界面在冬季和夏季的室内温度拟合度 R^2 值为0.76，而普通砖墙界面在冬季室内温度的拟合度 R^2 值为0.85—0.89，夏季室内温度的拟合度 R^2 值为0.96—0.97，因此本夯土墙体比普通砖墙受外部温度波动的影响要低9%—21%，室内热稳定性较好，对外部气候的不利因素有良好的缓冲作用。

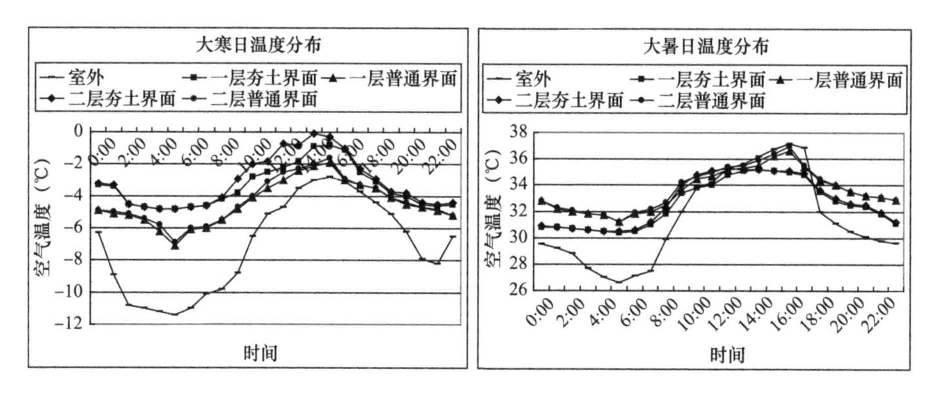

图5－43　外围护材料建构对1号楼大寒日（左）和大暑日（右）室内温度分布的影响

资料来源：笔者自制。

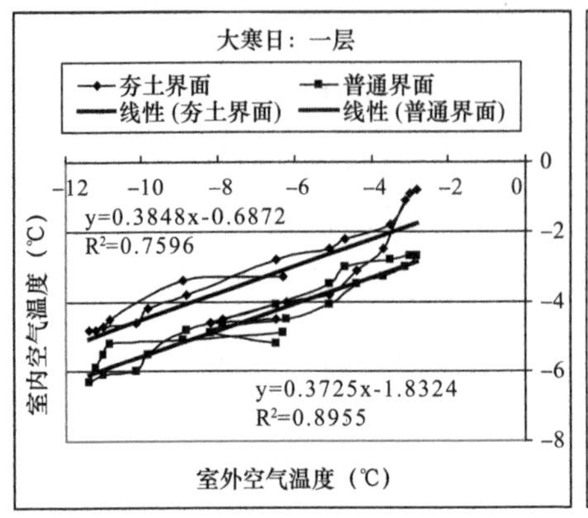

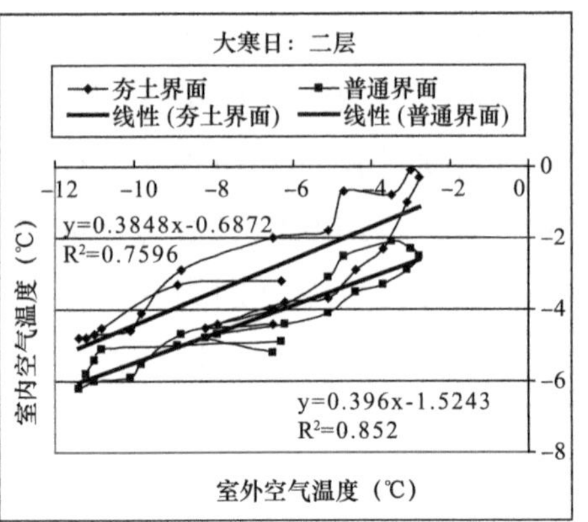

图5－44　外围护材料建构对大寒日1号楼室内外温度的线性回归分析比较

资料来源：笔者自制。

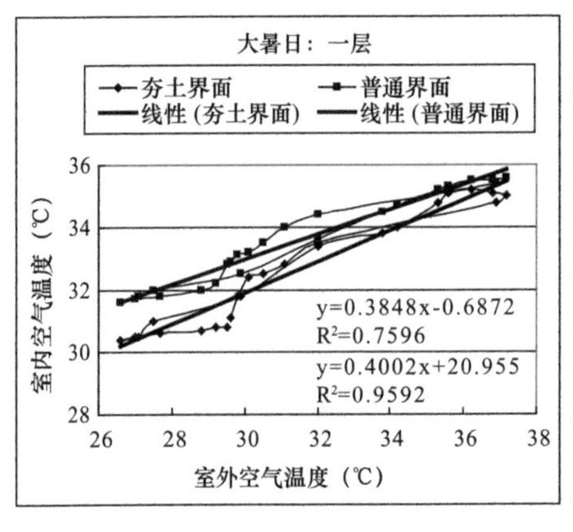

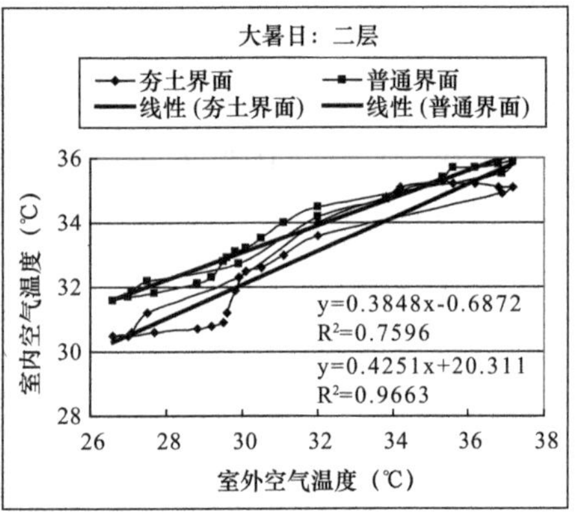

图5－45　外围护材料建构对大暑日1号楼室内外温度的线性回归分析比较

资料来源：笔者自制。

四　能量调控结构的辅助调节

（一）窗扇开启的光照调控

1. 天窗井口系数对采光效率的影响对比

当建筑的天窗和建筑屋顶同一高度时，其所采集的自然光需要向下引导，穿过屋顶到达内部。顶部天窗的优点是利用天穹采光，均匀分布光并更容易控制眩光现象，适应于各种形状的室内空间和大面积的楼面。天窗的采光效率即光进入天窗的百分比，取决于天窗井壁的反射率和天窗井的形状，高窄的天窗采光效率较低。G. Z. 布朗等针对天窗井提出了“井口系数”（well index，WI）的概念，指的是天窗井壁的深度和井口面积之比例，即：WI = H（W + L）/（2W · L）。根据他们的观点，通过天窗尺寸计算出来的采光系数需要经过采光效率的修正，天窗的采光效率越低，天窗尺寸就必须越大，以提供同样的光照水平。① 从图 5 – 46 中可以看出，井口系数越高，井壁反射率越低，天窗的采光效率就越低。

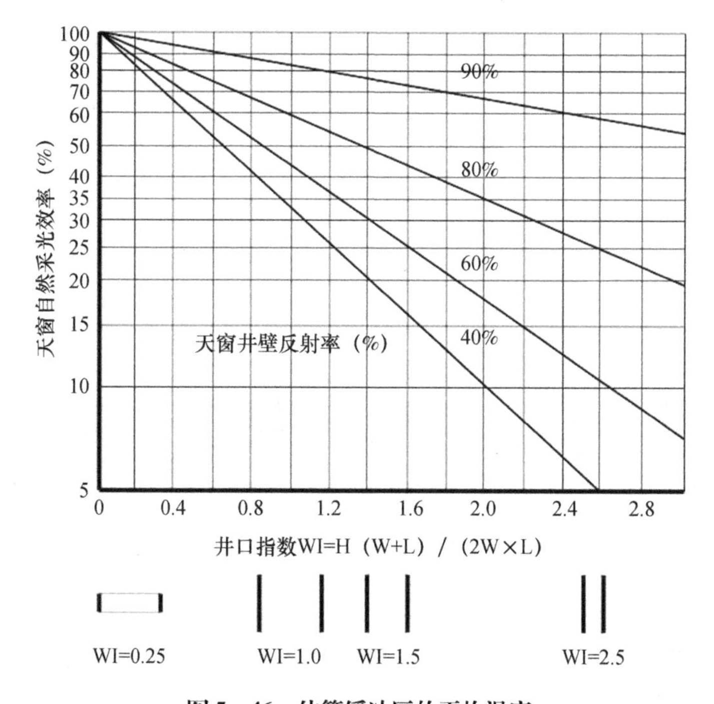

图 5 – 46　估算缓冲区的平均温度

资料来源：笔者自制。

---

① ［美］G. Z. 布朗、［美］马克 · 德凯：《太阳辐射 · 风 · 自然光：建筑设计策略》（原著第二版），常志刚等译，中国建筑工业出版社 2008 年版。

2. 天窗对室内自然光照性能的调控作用

样本建筑1号楼北侧为两层通高的候车大厅，这个人流量较大、使用频率较高的大空间需要有均匀柔和的自然采光照度，因此候车大厅上方的屋顶采用了27个交错排布的天窗，天窗沿着缓坡屋面连续排开，宽600毫米、长3300毫米、井壁深500毫米，即井口系数为0.49，井壁反射率为50%（混凝土井壁），井壁对应的采光效率为60%。根据东营市位于中国光气候分区Ⅳ区，将设计天空照度设为当地天然光临界照度值4500lx，可以通过能量可视化模拟得出候车大厅区域的平均采光系数在无天窗和有天窗两种情况下（见图5-47），后者比前者高7.6%，冬季日均日照时长多0.61小时，夏季日均日照时长多1.22小时，可以看出设置天窗对于通高候车大厅的光环境优化有着较明显的作用，光照均匀度也有所提升。

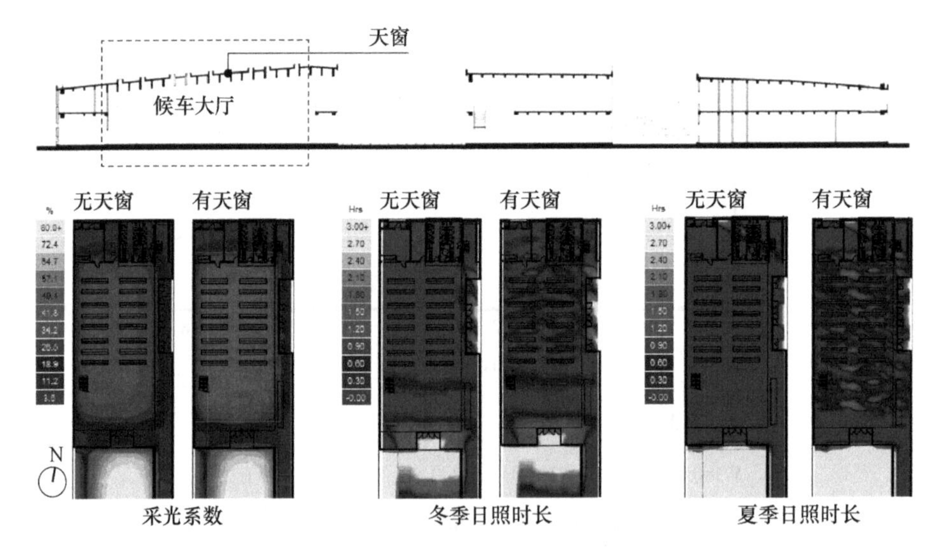

图5-47 增设天窗对候车大厅区域自然光照影响的对比分析

资料来源：笔者自制。

（二）窗扇开启的通风调控

1. 炎热季节窗扇开启对室内风环境的调控作用

由于天窗处设置了电动排烟窗，也可通过控制窗扇的开启来改善候车大厅区域的通风状况。东营市虽位于寒冷地区，但其夏季尤其是7月的最高温度可达到37.2℃，需要通过通风将热空气从室内带出，提高空气流速也可以增加室内人体皮肤表面的水分蒸发率从而达到凉爽感觉。天窗开启的时间段一般在夏季或过渡季节需要自然通风的时间段，因此从大暑日的最热时段的室内外温度（室内35.0℃、室外37.2℃）、主导风向（西南风）和平均风速（3.0米/秒）条件下（此时庭院内界面和建筑外界面的窗也处于开启状态），样本建筑1号楼候车大厅室内风环境分布的模拟结果来看，当天窗处于开启状况时，建筑西面的主入口作为较大的进风口，天窗作为较小的出风口，两个开口之间的风压差提高了室内空气流速，带动气流从室内向天窗流出，同时从室外带入补充了新鲜空气，在这个过程中也带走了室内的热量；候车厅内的平均风速有了0.2米/秒左右的提升，气流分布和速度均有改善（见图5-48）。

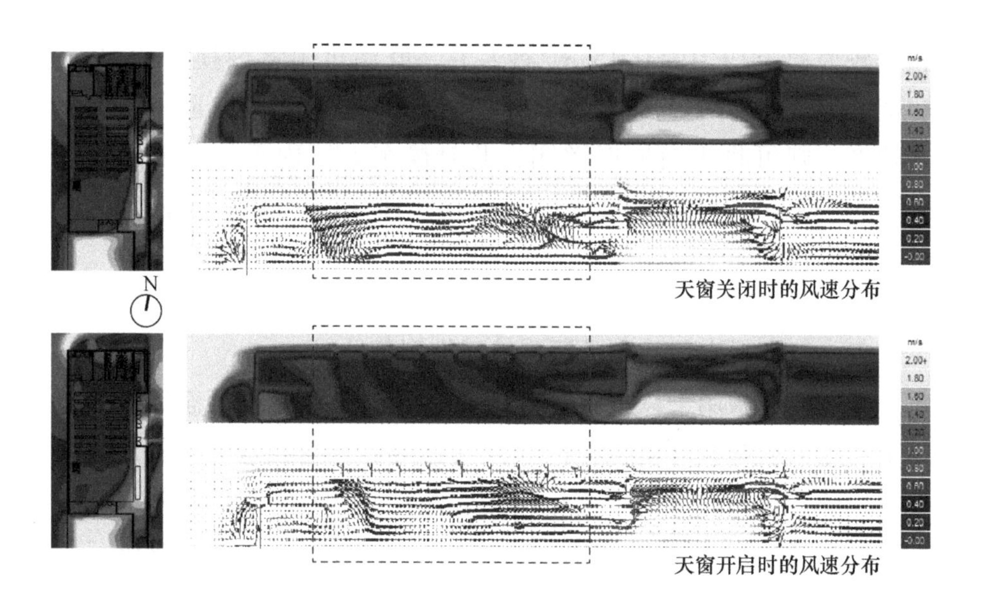

图5-48　大暑日日间天窗开启对候车大厅区域自然通风状况调控的对比分析

资料来源：笔者自制。

2. 寒冷季节窗扇开启对室内风环境的调控作用

与夏天相反，冬季建筑对风的需求由通风向防风转变，一般需要关闭天窗，在天气较晴朗的时间段可以结合风向关闭北面和东面的外界面窗扇，在极端寒冷的时间段则可以进一步关闭庭院内界面窗扇，减小界面开口的同时减少了进风量，阻止内部热量的流失。在大寒日日间最寒冷时段的室内外温度（室内 -4.2℃、室外 -9.8℃）、主导风向（北风）和平均风速（2.2 米/秒）条件下，分别模拟“东北外墙关闭 + 天窗关闭 + 庭院内窗开启”“东北外墙关闭 + 天窗开启 + 庭院内窗关闭”“东北外墙关闭 + 天窗关闭 + 庭院内窗关闭”三种情况对候车大厅室内风环境分布的影响（见图 5-49）。从结果可以看出，关闭庭院窗比关闭天窗对室内风环境的影响更大（候车大厅内平均气流速度降低 0.31 米/秒），仅关闭天窗时会使较高速的气流集中于候车大厅的上方，关闭庭院内窗且开启天窗时可使室内气流速度骤降，且候车大厅内还可以将气流速度保持在较为稳定均匀的 0.15 米/秒左右，既满足了室内换气的需求，也能一定程度上阻挡热对流引起的热损失。若要进一步降低室内气流速度，则可将天窗同时关闭，此时候车大厅内平均气流速度在 0.08 米/秒左右。因此可以看出，人工调控窗扇开启对室内风光热环境的改善有明显的作用。

五 研究样本的热力学原型转译模型总结

样本建筑采用了以气候为性能驱动导向、以建筑形态回应能量需求的主被动结合环境调控的模式，它的形态应能量流动的规律而生，反映了在当地气候下对建筑能量操作的既有经验的认知，是特定气候类型下对环境调控的形式法则，也就是热力学原型在“系统—结构—层级—因子”下的当代转译，一种类型范式的表达。在这个形式表达的过程中，温湿度、辐射、风、光照等气候要素被转换成能量递转结构的引导对象，对不利要素加以过滤，对有利要素加以利用，促成了能量形式化的结果，是对能量运作的综合考量。

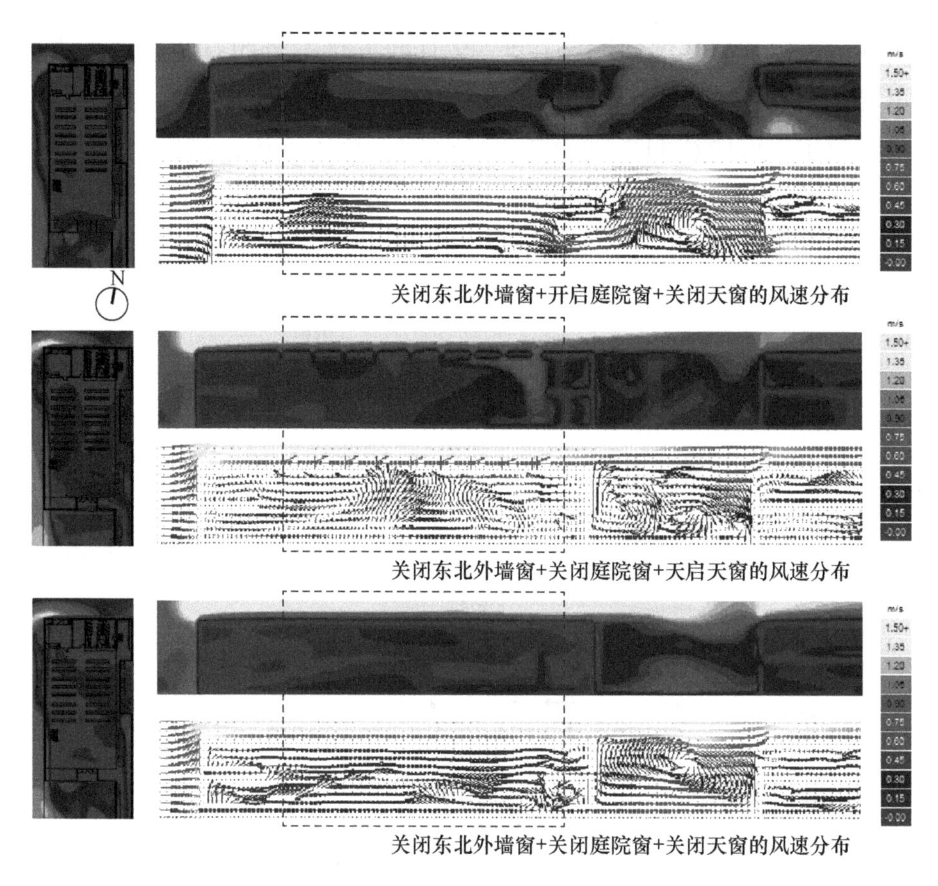

图5-49 大暑日日间窗扇开启对候车大厅区域自然通风状况调控的对比分析

资料来源：笔者自制。

通过对基础气象数据资料的可视化分析，从东营市的生物气候焓湿图（见图5-50）中可以得出当地一年中每个月的舒适时间占比，以及每个月通过被动太阳能采暖、蓄热体、蓄热体+夜间通风、自然通风、蒸发降温等被动式气候策略可增补舒适时间的占比（见图5-51、表5-25）。从中可看出，东营全年舒适时间占比仅为7%，主要分布在5月和9月，采用蓄热体被动策略的效用最明显，蓄热体可补充全年22%的舒适时间，蓄热性能加夜间通风可补充全年24%的舒适时间，尤其是在4—6月和9—10月的过渡季节，结合直接与间接蒸发降温还可以再增补18%的舒适时间；引导自然通风的同时可以解决热湿问题，在5—9月的炎热季节均有明显的效果，可补充18%的全年舒适时间；用被动太阳能采暖也主要在过渡季节发挥效用，可增补11%的全年舒适时间。总体来说，借助被动式气候策略可以使全年舒适时间占比达到32%，增加了25%的舒适时间。

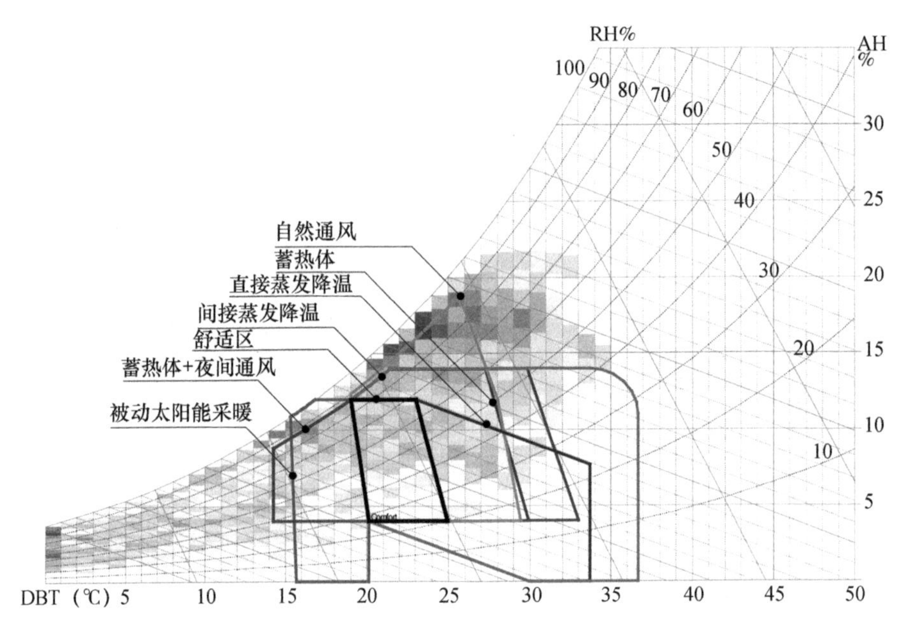

图5－50　东营市生物气候焓湿图和被动式气候策略有效区

资料来源：笔者自制。

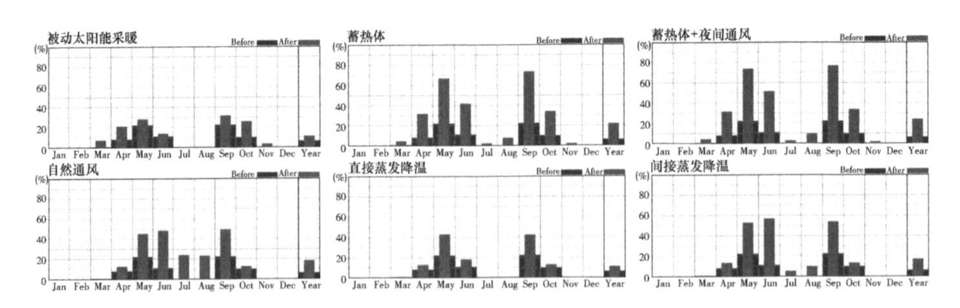

图5－51　东营市各种被动式气候策略的逐月有效时间占比示意

资料来源：笔者自制。

表5－25　东营市各种被动式气候策略的逐月有效时间占比　（单位：%）

	1月	2月	3月	4月	5月	6月	7月	8月	9月	10月	11月	12月	全年
舒适区	—	—	1	8	22	11	—	—	22	10	—	—	7
被动太阳能采暖	—	—	9	21	28	13	—	—	31	26	4	—	11
蓄热体	—	—	4	31	66	42	3	8	73	34	2	—	22
蓄热＋夜间通风	—	—	4	31	74	51	3	10	76	34	2	—	24
自然通风	—	—	—	12	45	49	23	22	49	12	—	—	18
直接蒸发降温	—	—	—	12	42	18	—	—	43	13	—	—	11
间接蒸发降温	—	—	—	13	53	57	5	10	54	14	—	—	18
总计	—	—	10	38	78	71	27	26	81	39	4	—	32

资料来源：笔者整理。

可以看出，采用蓄热体作为围护结构是最为有效的一项能量操作方式，厚重的围护结构带来的是内向型的平面格局，因此这也是热力学原型中需要被继承和转译的重要形式要素，再者则是有利于被动采暖的内部庭院，等等。从“系统—结构—层级—因子”的热力学原型体系出发，结合表5－26中对当地传统民居的热力学原型提取结果和能量需求因子的影响，可以建立样本建筑的热力学原型转译路径继而获取其热力学模型体系。转译后的建筑形体体现了能量形式化的结果，在能量流动的空间分布（室内风、光和热环境分布）和时间分布（寒冷季节、过渡季节和炎热季节）上延续了热力学原型的既有规律，又适应了当代气候建筑的使用需求。

表 5 - 26　　研究样本的热力学原型转译模型

递转结构	要素层级	能量需求因子	原型提取	原型转译	说明
能量捕获	整体布局	W -	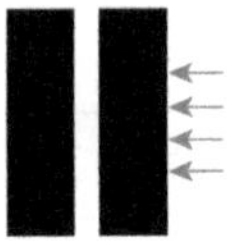	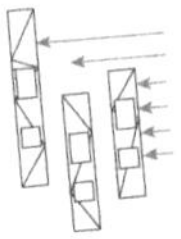	防风布局：厚重封闭的外墙垂直于冬季主导风向，建筑的相互遮挡也阻挡了寒风对室内热环境的不利影响，减少对流引起的热损失，缓解冬季的风热矛盾问题
		W +	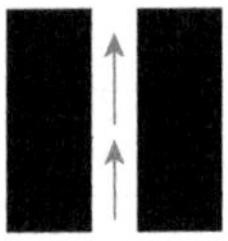	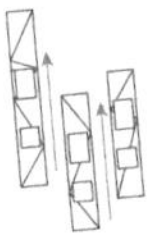	导风布局：面向夏季主导风向的建筑之间的通道最大程度上捕获了炎热时期的室外来风，狭巷以文丘里效应加速了从此穿过的气流，提高了自然通风的效率，也带走了多余的热量，降低气温
	平面层次	L +	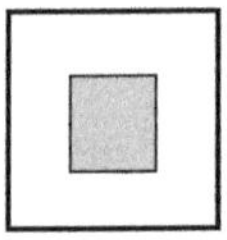	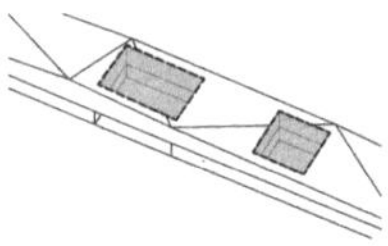	空间开口：当地民居多为外部封闭，对内向心的合院布局，而内部房间采光多借助中央的庭院来获得，庭院成为能量捕获的中心来源；在样本建筑南北狭长的体块中转译为南北两个采光庭院
	界面孔隙度	T +/- I +/- L +		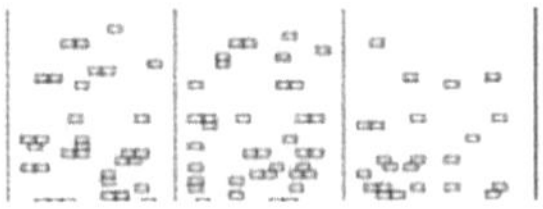	界面开口：当地民居外墙开窗较小以减少渗透带来的热传导损失，而在样本建筑中转译为夯土墙体上均匀分布的窄小窗洞，使建筑内部获得均匀的光线和辐射热，形成了更丰富的立面效果

续表

递转结构	要素层级	能量需求因子	原型提取	原型转译	说明
能量协同	平面层次	T+/- D-	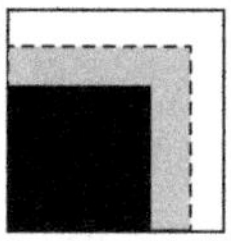	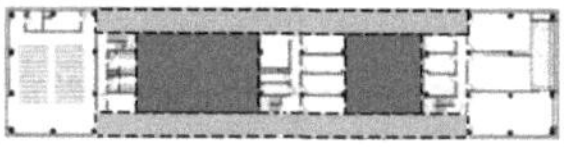	缓冲空间：传统民居中庭院和走道为室内外过渡的缓冲空间，样本建筑中则是南北庭院和东西两侧廊道成为了缓冲空间，形成了室外—庭院—廊道—室内的能量梯度利用格局，缓冲了室内环境的波动幅度
	竖向层次	W+		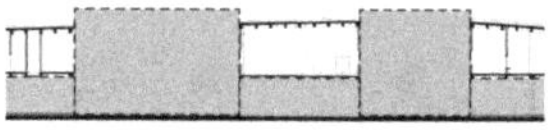	横纵腔体：在平面和剖面中通过空间组织来加强室内自然通风的效率以带出热量，南北庭院是建筑中部的纵向腔体，庭院外侧的走道则形成了横向腔体，有利于风压热压自然通风
	界面孔隙度	D-			双层夯土墙：当地传统民居中的厚重外围护在样本建筑中得到了强化，两层夯土墙中央夹有聚氨酯板保温层，高热阻的围护结构以良好的蓄热性能和阻尼作用降低了室内气温的波动幅度
能量调控	界面孔隙度	L+	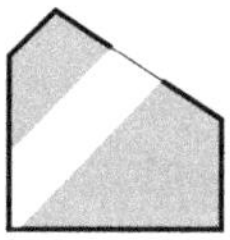	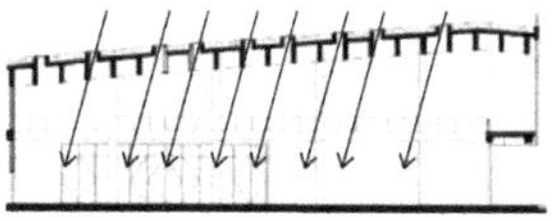	天窗开启：天窗利用天穹采光，将所采集的自然光需要向下引导，穿过屋顶到达内部，将光线均匀分布并应用于其下的大空间候车大厅中

续表

递转结构	要素层级	能量需求因子	原型提取	原型转译	说明
能量调控	界面孔隙度	W +/-			窗扇开合：与传统民居通过不同季节的窗扇开合来调控通风的方式相同，样本建筑以外界面、庭院内界面和天窗的开合来控制在不同室外环境下的通风情况
		D -			种植屋顶和墙面：海草房作为鲁东民居的典型形制，以海草覆盖屋顶提高了屋顶的耐久和蓄热能力，样本建筑相应地设置了种植屋顶和墙面作为调控室内微环境的有效策略
	辅助技术	S +			光伏屋面：当地传统民居中通过火灶火炕系统作为内部得热的能量来源，在样本建筑中则利用了南侧屋顶的斜度设置了一定数量的光伏板以获得可持续的能量来源

资料来源：笔者自制。

第五节 本章小结

本章内容论述的核心是当代气候建筑的能量形式化机制，以及在这些机制中实现的热力学建筑原型转译方式，并对这些方式进行了分析总结和样本研究（见图5-52）。

首先，本章论述了当代气候建筑的热力学深度，研究了气候建筑在当代相对于传统建筑在功能与技术途径上的特殊性，阐述了当

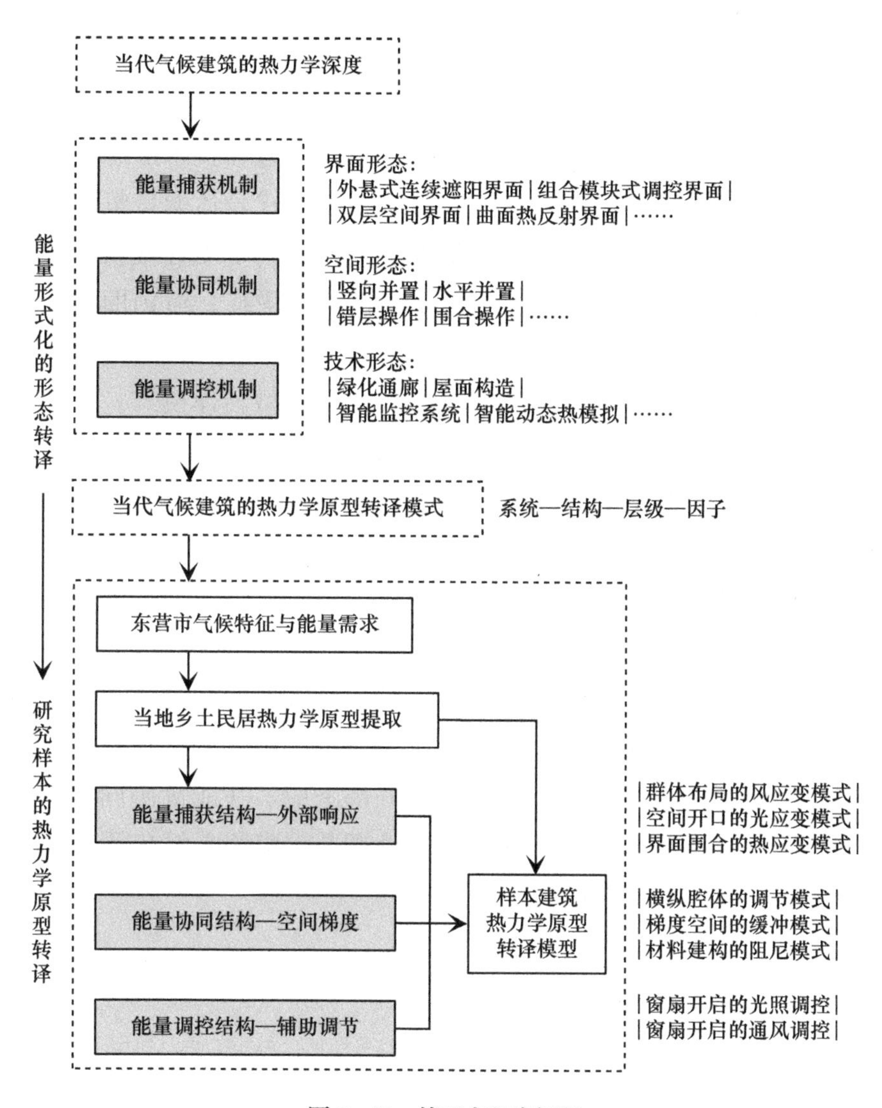

图5－52　第五章研究框架

资料来源：笔者自制。

代气候建筑以能量法则为塑形工具，始终同传统气候建筑一样存在原型的潜力。而后从能量捕获、能量协同和能量调控这三种机制出发，对当代气候建筑的能量形式化机制进行了分析。能量形式化是将能量流动提升到建筑空间、形式的地位之上，在设计初期通过对气候和环境要素的评估来采取能量策略，再用能量塑形的设计方法充分利用气候环境的资源促动建筑生成。

其次，根据能量形式化机制的基本类型，本章分别以当代气候建筑的多个实际案例进行了外部形态、空间形态和技术形态三方面的比较分析。可以看出，传统气候建筑在以形式表达能量策略的方式上所呈现的直观性，以经验和基本逻辑转译到了当代气候建筑的实践案例中。虽然建筑功能和技术手段的类型更广，但仍旧具有清晰的组织方式和原型性。

然后，本章提出当代气候建筑的热力学原型转译模式。先是针对不同气候类型对气候建筑能量策略的价值做出比较分析，再以不同能量形式化机制下的作用方式对多个原型要素层次的表现侧重点作出评估，结合第四章对原型提取的模式总结，提出以“结构—层级—因子”为形态梯度的热力学原型转译模式，为未来的气候建筑研究和范式建立提供新的参考。

最后，根据所得出的结论，本章将黄河口生态旅游区游客服务中心作为当代气候建筑的样本进行深入研究，定性分析与定量分析结合，分析了它在能量捕获结构中的外部响应、在能量协同结构中的空间梯度、在能量调控结构中的辅助调节，最终总结出研究样本建筑的热力学原型转译模型。

第六章

气候建筑热力学原型的应用策略

第五章通过对当代气候建筑能量策略的系统认知，得出了基于能量形式化机制的热力学原型转译模式。它同建筑的外部气候环境信息、内部建筑环境信息、建筑的外部形态和内部组织等众多因素都有关系，这些因素相互关联、相互牵制，对建筑形式产生了复杂、综合且深远的具体影响。为了权衡能量形式化中多个要素变量的共同作用并以此指导设计实践，则需要对气候建筑热力学原型方法进行应用策略的建构，尝试应用参数化环境模拟工具对设计前期进行指导、模拟和优化，力图实现设计应对气候、设计应对能量，以建筑本体来减少未来的能耗负担。

这个策略实现的过程是建筑内外影响因素的分析和整合。首先是针对具体场地和功能，确立影响建筑形式要素的气候参数；而后基于能量需求建立气候适应性目标模型，利用环境参数化模拟软件对设计生成的热力学原型进行性能分析，对多目标下的原型形态变量进行比较和优化；最后确定的原型可以在能量捕获、能量协同和能量调控三个层面上进行考虑，结合场地和功能，转化为实际尺度上的建筑界面和建筑空间。

区别于一般生态建筑的考虑，热力学视角下的气候建筑设计策略是以能量流动触发形式生成，其包含的体量关系、结构选型、功能组织、材料特性等均决定了能量的传递方式，打破了传统以功能布局、构图原则为出发点的设计思路。计算机工具的发展成了能量形式生成的技术支撑，气候和能量流动可以被精细模拟与呈现，在设计前期对形态和性能进行持续优化，目的是减少建筑建成后对机械设备的依赖。

第一节 基于气象数据的可视化分析

气象数据是气候建筑设计的重要依据，也是热力学原型方法的最大前提和基础。对气候数据的研究是设计前期的首要任务，需要先行于整个设计过程。通过分析气候数据，可以发现建筑所需解决的能量需求问题所在，充分挖掘环境的潜力，确立形式发展的目的，并以此为依据约束建筑原型的变量，指导转译的方向。

气象数据包括气象站地理位置、空气温湿度数据、平均风速和主导风向、太阳物理轨迹、日照辐射强度等。具体设计对象的气候数据可以从 epwmap、EnergyPlus 或 OneBuilding 网站获得，离基地最近并且具有代表性，所下载得到的气候数据包括 . epw、. stat 和 . ddt 格式文件。这些文件可以作为气象输入参数导入 Ladybug Tools 等参数化环境分析软件中，对气候数据进行进一步图解与分析。

本书所建构的热力学原型方法，在对气候建筑进行设计或研究分析之前，需对场地环境有总体的概括认识，对当地的气候条件进行基于数据研究的定性分析，对后期原型建立和原型转译的热力学方法建立指导性原则。从气候设计和建筑热环境分析的角度来考虑，反映建筑所在地区最基本气候特征所需要的气象参数最少包括以下四种，它们在不同程度上提供了有用的设计和研究信息。

第一，空气温度：空气温度年较差、日较差、月平均最高与最低温度等。

第二，空气湿度：月平均最高与最低相对湿度等。

第三，太阳辐射：月平均日总辐射量、直接与漫射辐射量、太阳高度角和方位角等。

第四，风：月平均风速、月最大风速、风向等。

一　空气温度数据

空气温度表征了空气的冷热程度，一般指距地面 1.5 米高处的室外空气温度，受到太阳辐射、空气流速和下垫面状况的影响。由 Ladybug 工具可以读取 .epw 气候数据包得出典型年 8760 个小时的干球温度、湿球温度和露点温度数值，并且能够可视化分析出和建筑设计密切相关的温度特征，包括空气温度的年较差、日较差和舒适温度时间占比等。

空气温度的年较差：一年中月平均气温的最高值与最低值之差称为气温年较差（见表 6－1a）。气温年较差的大小与纬度、海陆分布有关：纬度越高，正午太阳高度和昼夜长短的年变化越大，因此气温年较差越大；陆地比海洋的热容量小，同一纬度的海陆相比，陆地升温和降温都比沿海快，因此离海洋越远，气温年较差越大。气温年较差影响到设计中季节性处理建筑能量需求的矛盾性，也就是夏季需要散热与冬季需要保温的矛盾。

空气温度的日较差：气温日较差是一天中气温最高值和最低值之差（见表 6－1b）。气温日较差的大小和纬度、地表状态和天气情况有关：纬度越高，太阳高度的日变化越小，因而气温日较差越小；同纬度下，滨水地区的气温日较差小于内陆山地地区的气温日较差；由于直接辐射的减少，阴天的气温日较差小于晴天。气温日较差很大程度上影响了当地建筑围护结构的蓄热性能。若日温度波幅超过 8℃，一般来说建筑材料的蓄热性对热环境的调节将会起很大的作用。温度波动幅度大于 15℃时，可以用夜间通风来获得室内热舒适，从而适应昼夜温差大的气候条件。①

舒适温度时间比例：从人体舒适的角度去划分冷暖标准，可以

① 杨柳：《建筑气候学》，中国建筑工业出版社 2010 年版。

统计出舒适气温所占的全年时间比例。参考通用热舒适指标 UTCI 模型，人体感知温度在 9—26℃可称为舒适区间，小于此区间为过冷区，大于此区间为过热区，同时可通过软件计算出各区间的时间比例。在表 6－1c 中，将大于 26℃的时间段和小于 9℃的时间段分别设为不同的状态，可以统计出上海市过热区时间段占 14. 6%，过冷区时间段占 25. 9%，反映了上海市的夏热冬冷气候特征，建筑应对气候采取的能量策略需要以冬季防寒兼顾夏季防热；而海口市过热区时间段占 40. 6%，且几乎没有处于过冷区的时间段，反映了炎热时间在全年占主导，建筑需要采取措施以防热降温。

表 6－1　　　　上海市与海口市的空气温度数据分析比较

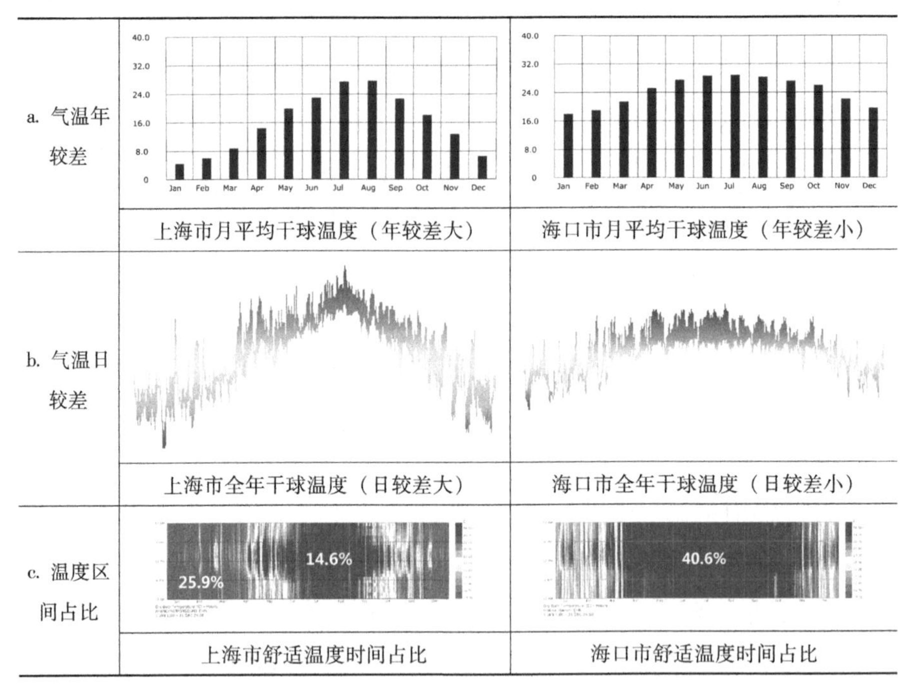

a. 气温年较差	上海市月平均干球温度（年较差大）	海口市月平均干球温度（年较差小）
b. 气温日较差	上海市全年干球温度（日较差大）	海口市全年干球温度（日较差小）
c. 温度区间占比	上海市舒适温度时间占比	海口市舒适温度时间占比

资料来源：笔者自制。

二　空气湿度数据

空气湿度用来表征空气中水汽含量距离饱和的程度，用绝对湿度、相对湿度和露点温度等物理量来表示，受纬度、地表状态和季风影响。当相对湿度达到100%后水分将不再蒸发，因此高湿度的环境不利于人体体表汗液蒸发，而带来闷热的不舒适感。此外湿度过高还会引起霉菌滋生而破坏建筑的结构性能，也会造成建筑围护结构内外表面产生冷凝而降低建筑的保温性能。

空气相对湿度和人体舒适度关系密切，影响到人体能量平衡、热感觉皮肤潮湿度、室内材料触觉和人体健康等，通常和空气温度、空气流速、人体状态、衣着水平等物理量共同影响人体舒适感觉。一般来说，当相对湿度保持在40%—70%范围内时，人体可以保证蒸发过程的稳定。[①] 通过可视化分析软件可以筛选并清晰呈现出相对湿度小于40%或大于70%的时间段，以此有针对性、有选择性地对研究对象进行进一步分析。从图6－1和图6－2中可以得出，上海大多数时间的相对湿度都高于70%，尤其是夏季6—8月的清晨和夜间，需要重视夏季温湿度都较高的炎热期气候适应策略，可以促进建筑内部和表面通风来加速空气中水汽的散失。

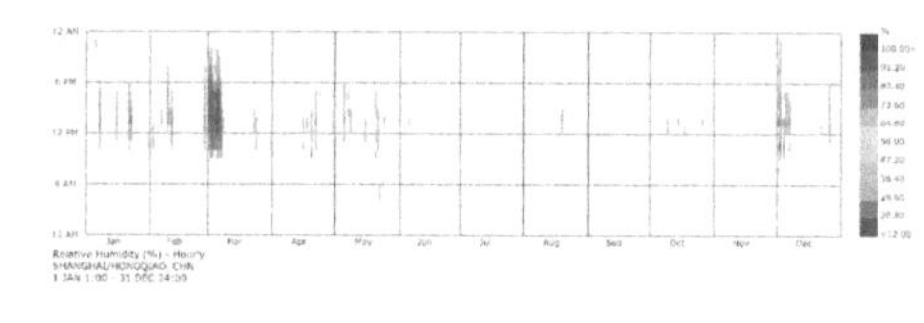

图6－1　上海市空气相对湿度<40%的时间分布

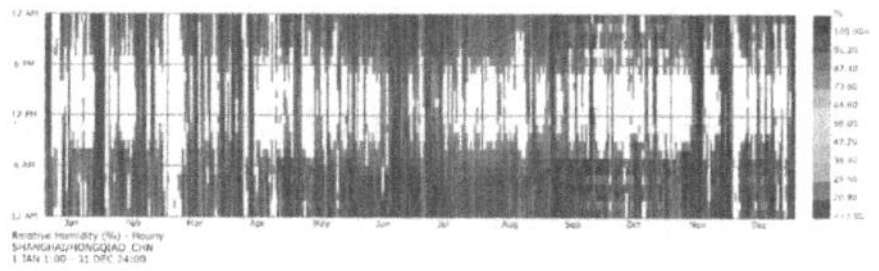

图6－2　上海市空气相对湿度>70%的时间分布

资料来源：笔者自制。

三　太阳辐射与太阳角度

太阳辐射指的是地球接收的太阳以电磁波形式向外传递的能量。太阳辐射量主要受到纬度、海拔和天气的影响，它的强弱主导了地球上的气候波动，造成了地表温度差异。太阳辐射对于建筑的影响

① 杨柳：《建筑气候学》，中国建筑工业出版社2010年版。

主要分为热效应和光效应两个部分。产生热效应的太阳总辐射为地球表面某一观测点水平面上接收太阳的直射辐射与天穹漫射辐射的总和，直接辐射是太阳以平行光线的形式直接投射到地面上的辐射，漫射辐射指除太阳方向以外其他方向发出的太阳辐射量，即太阳辐射通过大气时，受到大气和云层的散射作用，从天空的各个角度到达地表的太阳辐射。产生光效应的是太阳辐射中的可见光，它影响室内的自然采光状况。

太阳的直接辐射和漫射辐射是建筑获得热量的最主要气候因素之一，而同一地区的辐射量呈现出方向性和时间性的强度变化。一座建筑的多个表面所受的总辐射量会随着朝向、时间和季节的变化而产生规律性的变化：正午时建筑因太阳垂直照射而辐射距离短，所接收的辐射量最大；北半球多数地区的建筑南向墙体在夏季接收的辐射量小于西向墙体，而在冬季则大于西向墙体。

Ladybug Tools 内置了动态天然采光模拟软件 DAYSIM 作为内核之一，它的天穹模拟（Sky Dome）采用了特里根扎（Peter Tregenza）提出的日光系数法，将天空模型切分为不同方向的 145 个测量点，将研究范围内的太阳辐射量通过折算对应到每个点中，以此建立出可视化的太阳辐射信息，并以天穹的方式直观展示辐射的强度和方向特征。

太阳辐射的利害分析：对太阳辐射的分析属于热效应的分析，它主要在于对不同地区和不同时间段内太阳辐射是有益还是有害的区分。炎热地区的夏季需要屏蔽过量的太阳辐射对建筑表面的加热作用，而寒冷地区的冬季需要争取太阳辐射来获得热量而提高室内温度。以上海市为例，采用通用热舒适指标 UTCI 模型的 9—26℃ 为大致的舒适温度区间，低于 9℃ 的时间区间内的太阳辐射属于有益辐射，争取这部分的辐射有助于减少供暖能耗，而高于 26℃ 的时间区间内的太阳辐射属于有害辐射，屏蔽这部分的辐射有助于减少制冷能耗。因此通过 Ladybug 的太阳辐射（Radiation Analysis）模块计算，图 6－3a 为较寒冷时段需要争取的有益太阳辐射部分，图 6－3b 为较炎热时段需要屏蔽的有害太阳辐射部分。通过分析可得出，建筑需要通过开窗获得辐射得热的位置，以及需要设置遮阳构件、调整布局或种植植物来降低太阳辐射的位置。

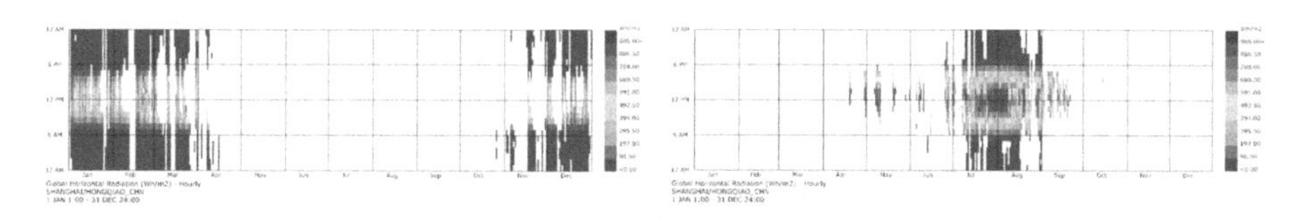

a. 寒冷时段需要争取的有益太阳辐射　　b. 炎热时段需要屏蔽的有害太阳辐射

图6－3　上海市太阳辐射的利害分析

资料来源：笔者自制。

日照时数分析：对日照时数的分析属于光效应的分析，主要和太阳与建筑的相对位置关系相关。导入位置信息可生成日轨图，可视化出具体地区的太阳位置信息，其中圆圈外围数值表示太阳方位角，内圈数值表示太阳高度角，多条平行弧线表示太阳在某一日的活动轨迹，垂直于弧线的“8”字形则表示一天中某个时间点在全年的太阳轨迹变化，黄色点表示太阳位置（见图6－4）。通过 Ladybug 的日照时数（Sunlight Hours Analysis）模块则可以模拟出目标场地的日照和阴影区域的时间分布（见图6－5），调整建筑布局方式和建筑形体以获得足够的自然采光。

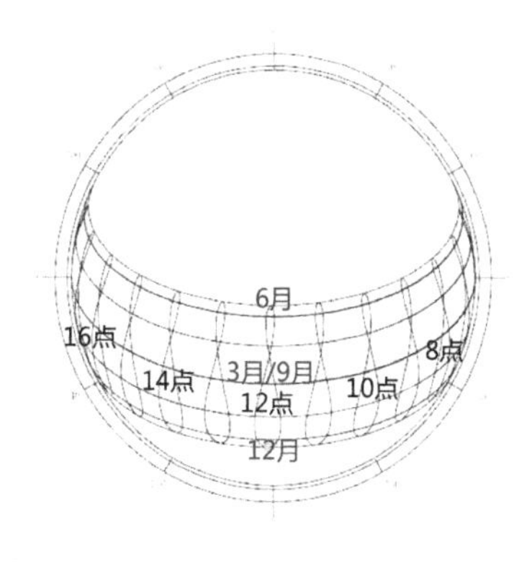

图6－4　上海市太阳轨迹示意

资料来源：笔者自制。

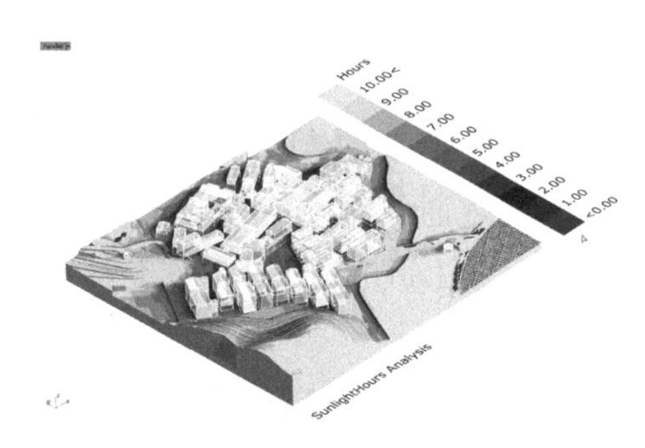

图6－5　日照时数分析

四 风速风向与通风控制

风的产生来自太阳辐射分布差异而引起的空气流动，而建筑的规划布局和景观布置、建筑的空间排布和形态设计都对建筑风环境有很大影响。建筑对风的需求也分为需要利用和需要阻挡这两个基本控制方向，炎热时期可以利用自然通风降低建筑内部及周围的空气温度，寒冷时期需要阻止冷风朝生活空间渗入。

因此，对通风控制的优化则来自三组气候参数的分析，即空气温度、风速和风向。对空气温度的分析主要是为了筛选出寒冷和炎热时期的风，对风速的分析主要是筛选出需要阻挡的强风时段，以及有潜力形成自然通风降温的风速时段。将这些时段筛选出来，再结合该时段的风玫瑰图研究主导风向，从而确定通风控制的主要策略，比如布局、形态和开口等。

第二节 基于参数变量的原型建立

对气候数据的可视化分析可以得出气候特征，气候特征结合建筑自身内部功能可以导向能量需求。建立基于能量需求的目标模型是介于气候数据研究和设计原型优化之间的技术准备过程。它不仅能研究建筑的外部环境性能，例如对室外风环境的模拟研究建筑形态对气流的引导影响作用、对太阳辐射的模拟研究建筑的热能获取情况等，也可以研究建筑的内部环境性能，例如室内热环境模拟所带来的人体舒适度变化、室内风环境的模拟研究建筑内部的自然通风情况、分时段的建筑内部能耗情况等。整个过程可以通过以 Ladybug Tools 为工具的环境性能模拟软件进行辅助可视化分析。

这个过程分为四个步骤。

第一，建立和建筑体块相匹配的能源模型。由于模拟软件的限制和需求，模型需要经过简化，还需要输入建筑功能与使用人数以明确建筑内部能耗的类型。

第二，确立多目标的模拟意图。根据影响建筑形态的要素层次，这个步骤可以分为三个部分，即模拟目标、模拟时间和模拟对象。其中模拟目标是有针对性的评价标准，例如太阳辐射模拟、内部能耗模拟、日照模拟、室内外风环境模拟等，模拟时间是比如全年、季节、冬夏至日等有代表性的分析时间段，模拟对象是包括建筑界面形态、功能空间组织、指定空间分析和建筑技术效率等所需要生成或优化的具体原型要素。

第三，设定参数变量。这个变量与具体的气候特征和气候参数的选取有关，也与能量流动的机制有关，是整个模拟运算需要输入的数据变量，包括和外部能量有关的气候参数以及和建筑本体有关的形态参数，例如以能量捕获为形式化机制，将太阳轨迹与太阳辐射作为气候参数，对于建筑遮阳构件的角度和尺寸作为形态参数的影响。

第四，建立模拟运算程序。这个步骤将前面的三个步骤联结成一个系统进行比较和循环运算，成为一个有具体对象的完整的能量形式化工具。

一　气候特征确定原型优选项

对目标建筑的分析首先缘于对其所属气候分区的了解。无论是最基础的斯欧克莱的四大气候分区，还是最广泛使用的柯本气候分类法，以及中国的建筑气候区划标准，它们都包含了地理位置信息和基本气候状况的特征描述，也可从该地区常见的传统建筑形态中提取出有用的气候建筑基本原型。这是热力学设计和气候设计的开始，通过气候分区的判定可以初步确定形态设计时需要考虑的主被动策略的大致方向。以上海市为例，上海市位于斯欧克莱分区中的温和气候区、柯本气候分类中的Cfa（亚热带湿润气候）和中国气候区划中的夏热冬冷气候区。这个气候分区的特征是四季分明，春秋较短、冬夏较长，日照充足，全年湿度较高，夏季高温多雨而冬季潮湿寒冷，又因城区面积大而人口密度高使得上海有明显的城市热岛效应。因此总的来说，上海市所在气候区的建筑需要以冬季供暖与保温为主要措施，以夏季遮阳和隔热为辅，重视自然通风效率。

二　能量策略整合生成多级原型

对气候信息的特征分析（见图6－6）能够导向建筑基本能量需求的定性分析，结合建筑信息包括建筑类型、内部功能和运营时间等影响建筑内部性能需求的特征分析，是生成气候建筑热力学原型的基础。首先是基于对能量需求的基本分析，可以对建筑中受到气候影响并进行气候适应的相关能量行为进行分类讨论，包括与能量捕获行为相关的辐射、传导、对流、渗透，与能量协同行为相关的能量平衡，与能量调控行为相关的内部增益、能量引导和能量转换等能量策略内容。此后从三种基本能量递转结构类型也就是能量捕获结构、能量协同结构和能量调控结构出发，对这些确立后的能源、热量、空气、自然光的相关策略进行拆分和重组。重组后的策略要素可以以整体布局、平面层次、竖向层次、界面孔隙度和构造补偿五个层次或其中几个层次落实到建筑的初始形态中，充分考虑到不

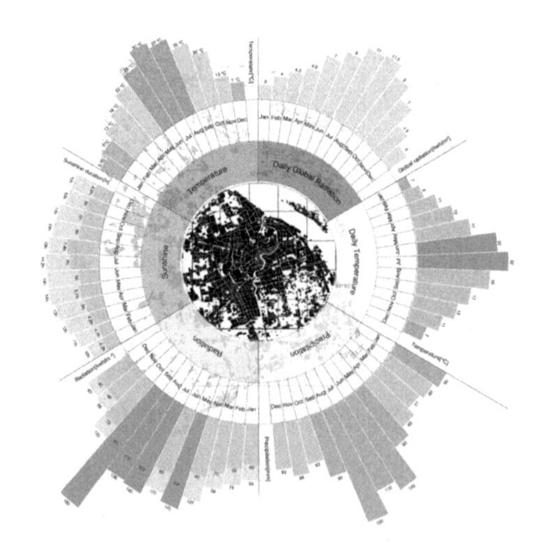

图6－6　上海市主要气候特征图解

资料来源：麟和工作室提供。

同季节、不同策略、不同朝向的影响，整合形态和尺度影响，生成多层级的热力学原型（见图6－7）。所生成的热力学原型将成为该建筑的原初样本，进一步进行原型参数变量设定和原型优化选取，而后用于下阶段的设计或研究。

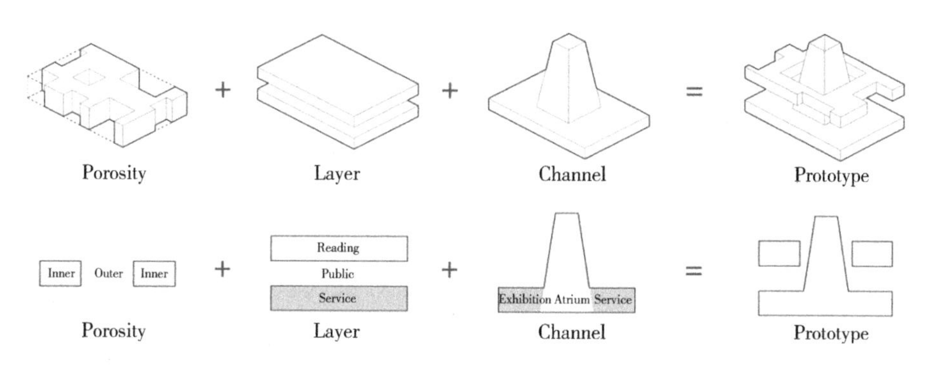

图6－7　多级原型的生成与整合

资料来源：同济大学《热力学建筑原型》课程成果，设计者：郑馨、郑思尧、吕欣欣，指导教师：李麟学、周渐佳。

三　参数变量设定和原型优化

生成后的原型在多个层次上都具有可调整的变量参数，变量的设定与环境模拟时的目标意图有直接关系，变量参数为环境模拟的输入端，目标意图为环境模拟的输出端。因此总的来说，原型优化的环境模拟过程分为五个基本模块（见图6－8）：

原型建立→目标设定→变量设定→模拟类型→原型优化

1. 原型建立

能量策略整合生成了多级热力学原型后，可以此为基础对原型进行必要的简化并建立基本能源模型。能源模型除了简化的建筑体块、建立基本的场地体量模型，还需要赋以建筑的基本功能类型（居住或办公建筑等）、界面的材料和厚度、使用人数等模型参数。Ladybug Tools 对于能源模型的参数包含了对内部能耗要素（制冷、供暖、照明灯设备）的设定，但在本阶段研究中无须对此要素进行

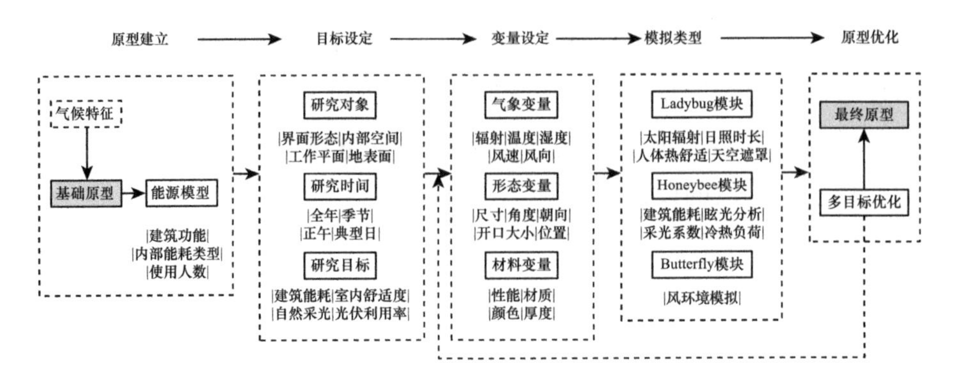

图6－8 热力学原型优化步骤

资料来源：笔者自制。

深入设置。这是由于本书所涉及的研究对象气候建筑为主要受外部气候影响较大的建筑类型，并且热力学原型的方法构架主要应用于方案前期的设计准备或概念设计阶段，暂时不需要对建筑内部能耗和运营方式进行定义。

2. 目标设定

针对需要研究或需要设计的目标进行明确的意图设定，实际上就是对模拟结果输出端的设定。设定包括三个方向——研究对象、研究时间和研究目标：研究对象指的是具体研究的形态或空间实体，是界面形态还是内部空间，是工作平面还是地表面；研究时间指的是需要进行模拟的时间段（全年、月份、日期甚至精确到小时），这与当地的气候特征有关，比如位于上海地区的建筑常着重于研究冬季12月至次年2月的室内平均温度与外界面接受的太阳总辐射量；研究目标指的是需要获得的模拟运行结果，比如辐射量、室内温度、热舒适时间占比和总能耗等。

3. 变量设定

变量设定是原型优化模拟过程的输入端（见图6－9），此处的“变量”主要是与热力学原型有关的形态变量和材料变量，以及与气候特征有关的气象变量。形态变量包括外部界面形态变量和内部空间形态变量，它们和建筑进行气候适应的策略有直接关系，比如尺寸、角度、位置、朝向、开口等，材料变量包括性能、材质、色彩、厚度等，设定参数时可以从热力学原型的五个层次出发，并且需要对变量的上下限值进行限定，以划定模拟的区间和形态变化的范围。气象变量主要是太阳辐射量、气温、湿度、风速风向等数据。

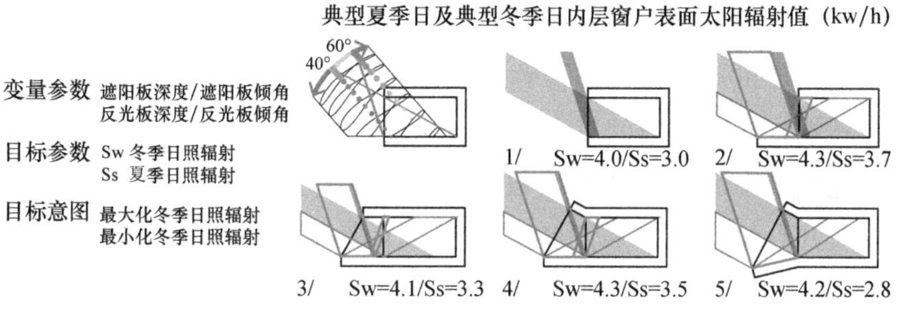

图6－9 原型优化过程中的参数变量设定

资料来源：沈晓飞：《气候适应及能量协同的高层建筑界面系统研究》，硕士学位论文，同济大学，2015年。

4. 模拟类型

模拟类型指的是环境性能分析软件中的各项模拟运算模块。运算模块连接了原型优化过程的输入和输出端，以 Ladybug Tools 为例，它具有快速多目标运算的能力，其中 Ladybug 拥有用于模拟太阳辐射情况、日照时长和人体舒适度等的模块，Honeybee 拥有可用于模拟内部能耗、平均照度等的模块。这些运算模块需要从离目标建筑最近气象站的 . epw 文件中获得并输入气象参数和位置信息。

5. 原型优化

以环境模拟为基础的原型优化是将热力学原型用于下一步能量形式化转译的重要依据。它有助于将建筑原型从多个层次级别出发，针对气候环境、能源利用和人体舒适度等方面进行优化，得出合理能量递转系统下建筑外部与内部空间的最佳基础形态。优化方式可以是单目标的针对性优化，也可以是多目标的耦合性优化，而最终的结果需要返回模拟的输入端进行验证和性能测试的往复循环。单目标的针对性优化指的是针对某项具体性能目标，确立一定参数变量，通过相应的运算模块获得原型样本评价，根据分析结果的反馈，从多个样本类型中交叉比对选取最优结果。由于热力学原型涉及的因素众多，界面形态、材料性质、功能组织和空间形态等要素通常相互联系，它们对建筑的环境性能产生了综合性影响，因此多目标的耦合性优化则更为常见。在设计的概念发展和初步设计阶段，需要基于计算机运算进行多参数、多目标、多任务分析与优化原型。

其中，多参数指的是影响模拟结果的多项输入端建筑形态参数，比如优化某中庭空间的通风效果，涉及底部开口大小、中庭高宽比和窗户开启位置等；多任务指的是多个模拟类型任务，比如要优化某朝向的建筑窗墙比，则涉及辐射模拟、日照模拟、能耗模拟等任务的同时进行；多目标指的是模拟结果输出端的多个优化方向，比如为了研究界面遮阳构件角度，则需要对夏季最小太阳辐射、冬季最大太阳辐射、室内日照均值等进行优化。每个输入端、输出端和模拟类型的变化都会造成样本形态与样本性能的大幅度变化，加上多个目标的优化会引起输入端变化的矛盾性。比如位于夏热冬冷地区的上海在夏季需要通过减小窗墙比来阻挡过量辐射，在冬季却需要增加窗墙比来争取有利辐射。这些优化和选择过程需要大量往复运算，因此多目标耦合优化是极为必要的。Ladybug Tools 通过其搭载平台 Grasshopper 可以实现多目标共同优化，设定原型的自动寻优逻辑，每次自动寻优计算需经过至少 50 代（共计 2600 次）运算，每个算例涉及的因变量从 6 个至 20 个不等。对于普通双核电脑而言，单次性能计算时间可控制在 1 分钟左右。在保证寻优质量的前提下，它可以极大缩短计算反馈周期，提升设计效率。[①] 另外，基于 Ladybug Tools 开发的 Design Explorer 2 可以做到以模型可视化的风格

① 毕晓健、刘丛红：《基于 Ladybug + Honeybee 的参数化节能设计研究——以寒冷地区办公综合体为例》，《建筑学报》2018 年第 2 期。

化分析，方便我们对多个原型样本进行选取和分析，更重要的是它可对输入端进行追溯，有助于我们对形态输入端和性能输出端建立直接联系（见图6－10）。

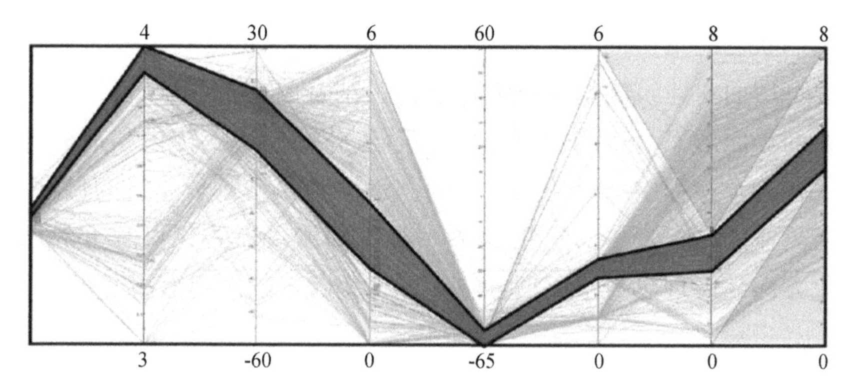

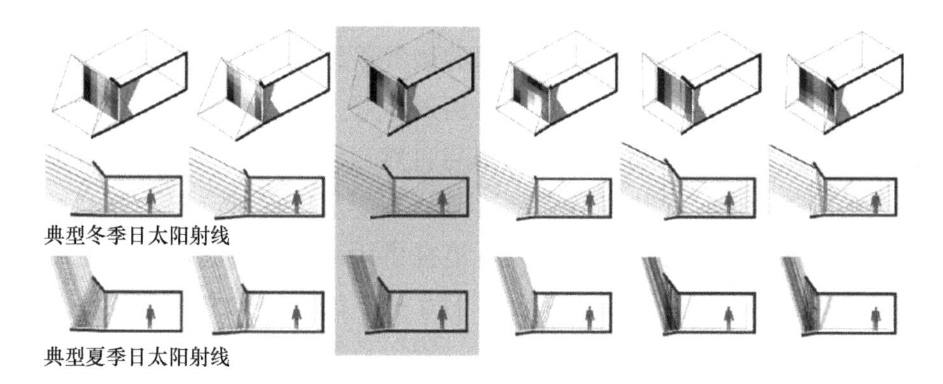

图6－10　多目标优化：芝加哥高层建筑界面形态原型计算机参数优化

资料来源：沈晓飞：《气候适应及能量协同的高层建筑界面系统研究》，硕士学位论文，同济大学，2015年。

第三节　基于能量形式化的原型转化

经过气候数据可视化和目标模型建立，所生成的建筑原型可以进行具体转化。这个部分是对热力学原型研究方法在设计上的应用，根据项目的实际情况，结合城市基地环境和气候特征，建立并优化建筑的热力学原型，以基本的几何形式明确“形式—能量”的直观联系，研究原型叠加变换所带来的热循环和热交换方式的发展可能。而后根据前文所总结的热力学原型转译模式为形式变换基础，分别以能量捕获、能量协同和能量调控三种能量形式化机制出发，从原型的多个层面对建筑能量策略进行重构，结合前文的原型转译模式，对建筑的界面形态、空间形态与技术形态进行进一步转化和适应性修正。在这个过程中结合功能和空间，逐渐为原型赋予建筑的尺度，并植入具体的城市环境。这里列举一些不同能量形式化机制下的原型转化方向，展现热力学原型方法在设计实践上的应用潜力。

一　外部形态改善能量捕获

1. 群体布局的原型转化（Ec—T/R/W）

街道格局既影响到建筑物周围的微气候，也影响到采光、阳光和风环境。高密度的城市中心区的街道布局，其宽度和朝向很大程度上决定了相邻建筑物太阳能利用与自然通风的潜力，以及街道上行人的舒适程度。炎热气候下街道可适当变窄以提供遮阳，并利用柱廊、挑檐和树木等为街道和人行道提供阴凉。寒冷气候下街道则考虑有足够的宽度以获得太阳光。图 6－11 的设计案例所在场地为山东济南的章丘区绣源河畔，设计过程以自组织为关键词，通过对森林生态系统的研究，建立了六角形单元的基本体块单元原型。每个六角形体类似森林中的一棵棵“树”，整体布局来自“树”的多种组合，最终构成了群体尺度上的界面形态。原型转化的过程中的风环境模拟是最主要的转化依据，首先决定了群体的疏密变化，优化了单元体外部形态。再将基地原有资源比如水体和树植入六角单体原型的间隙空间，最后适当减少水体和植物处的风速对群体风环境进行往复模拟优化验证。

参数变量——街道高宽比、街道走向、广场大小。

性能目标——日照时长、年太阳辐射累计值、空气流速。

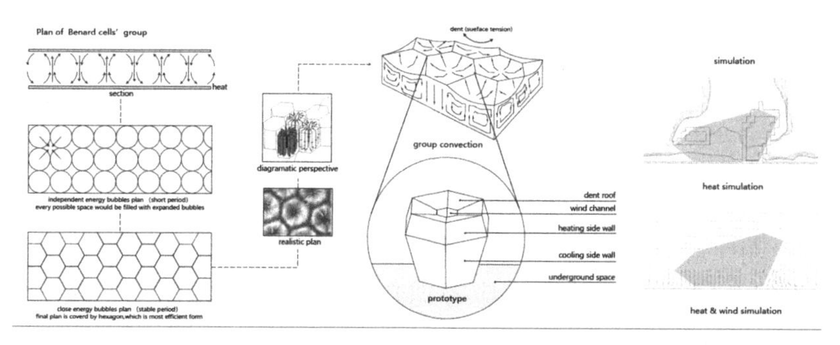

a. 以森林生态系统为热力学原型

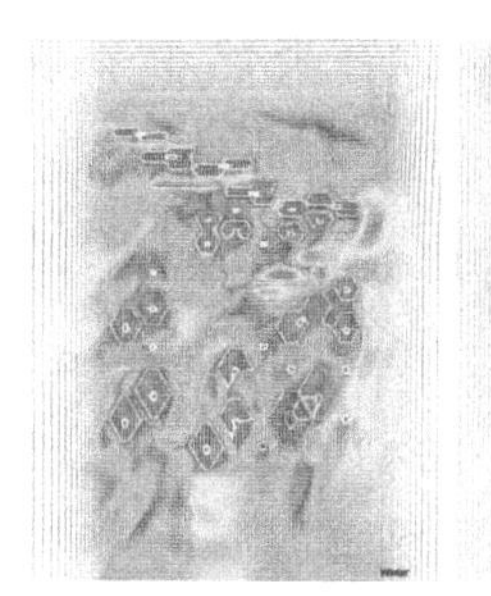

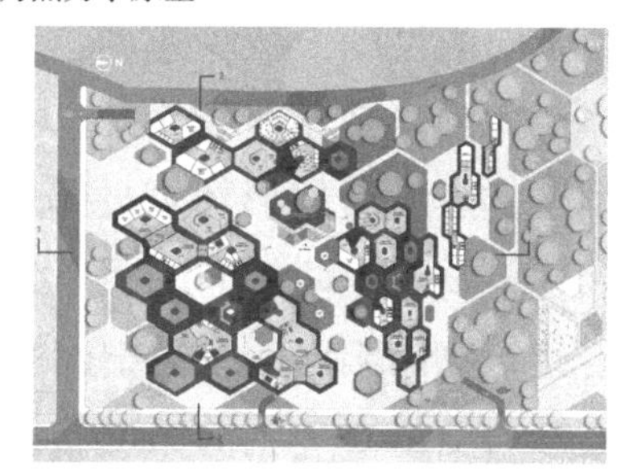

b. 基于风环境模拟的群体布局原型转化

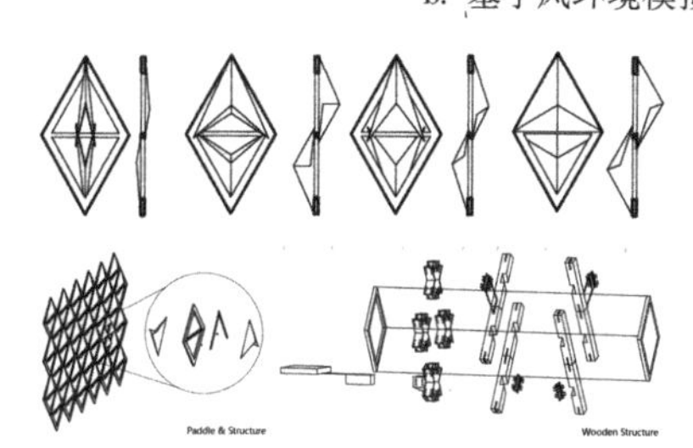

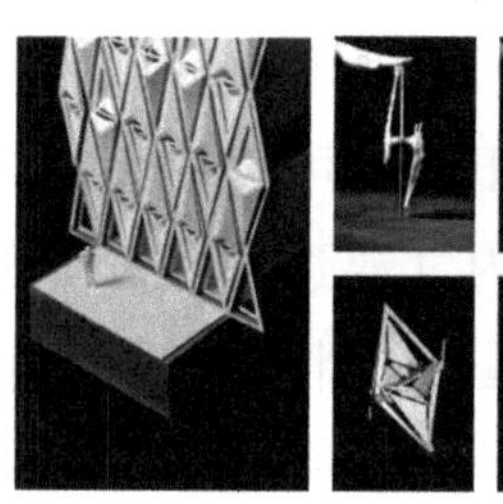

c. 基于叶片开合大小的导风气孔原型转化

图 6－11　外部形态改善能量捕获："Forest"

资料来源：同济大学《热力学建筑原型》课程成果，设计者：刘旭田、王芮、杨雁容、哥纳·马克思·斯图西克，指导教师：李麟学。

2. 导风开口的原型转化（Ec—W/I）

窗口设计与主导风向相垂直，并在风入口窗的正对面墙面布置风出口窗，使其开口尺寸等于或大于风入口窗的开口。保持风入口窗和出口窗之间路径畅通，充分的穿堂风能够将空间或建筑内的热量带走，使空气能自由流动。对于背风方向或与来风方向夹角很小的房间，在窗外可设置垂直于风向的导风板，利用导风板前后的压力差便能产生从导风板前经过室内再到达导风板后的气流，把自然风引入建筑内部。

参数变量——可开启面积比、导风面方向角、进出风口面积比。

性能目标——空气流速、制冷能耗、舒适时间占比。

3. 供冷/供热形体的原型转化（Ec—T/R/I）

有利于供冷设计的形体应考虑自然场地的能源流动，减少太阳热量的获得并利用自然通风来冷却室内空间，适当加长建筑物沿着东西走向的尺度，减少东西立面的尺寸，由此减少在炎热季节东西墙体对太阳光热能的吸收，以及午后较高温度对室内环境的影响。有利于供热设计的形体需要最大限度地提高建筑获得阳光直射，应增加建筑物沿东西走向的距离，使冬季获得阳光直射的表面积最大，沿着建筑物向阳面的室内空间应设计为人的主要活动区。

参数变量——朝向角度、体型系数、长宽比。

性能目标——年太阳辐射累计值、总能耗值、舒适时间占比。

4. 综合遮阳的原型转化（Ec—R/L）

适宜的太阳辐射可以提高室内气温和室内照度，但过强的太阳辐射会造成室内气温过高和眩光的不良影响。在炎热的夏季，遮阳装置或挑出的屋檐能将不必要的直射阳光挡在向阳面玻璃窗外，从而降低室内冷负荷。综合遮阳装置通常应用于建筑界面，分为空间式遮阳界面和构件式遮阳界面。空间式遮阳界面具有较大进深，并常具有附属空间功能；构件式遮阳界面常将遮阳构件固定于向阳面玻璃窗上方，或是将遮阳装置设为活动式，这样可以在天气炎热时遮挡阳光而在天气寒冷时引入阳光。尺寸各异和位置高低错落的遮阳装置，能够使室内日照分布更多样化。此外遮阳板和反光板在建筑界面中的组合，能够通过对光线的阻隔和反射，有效提升室内采光系数低值，控制眩光，并防止空间内温度过高。

参数变量——遮阳位置、遮阳角度、遮阳间距、屋檐深度。

性能目标——冬季太阳辐射最大、夏季太阳辐射最小、室内日照均值、室内采光系数。

5. 开窗大小的原型转化（Ec—R/L/I）

从多个侧面进行自然采光能够提供更均匀的照明，减少眩光现象的产生。但高开窗率在争取到更多阳光的同时，也造成了更多的热损失。较大的窗墙比可以获得较多的日照，较小的窗墙比能够减少能源损失，因此可以将不同朝向的窗墙比作为和形态相关的输入变量，将室内工作平面上的平均采光系数与典型冬季日的能源进行实际尺度上的多目标性能模拟，完成热力学原型的进一步转化。

参数变量——材质参数、开窗位置、窗墙比。

性能目标——制冷/制热能耗、采光能耗、室内采光系数、舒适时间占比。

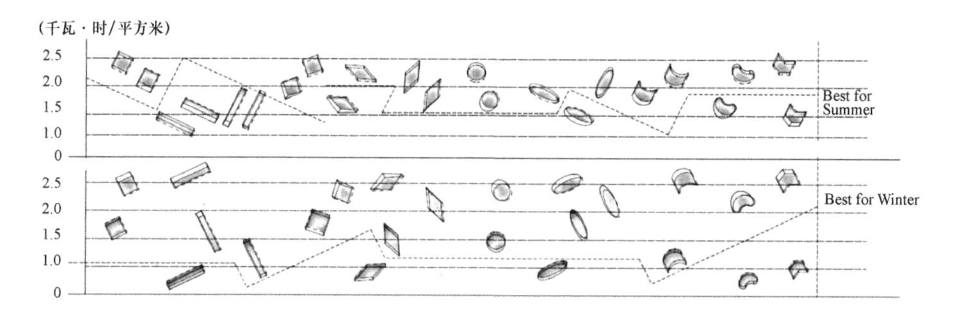

a. 以不同几何形状的庭院为热力学原型

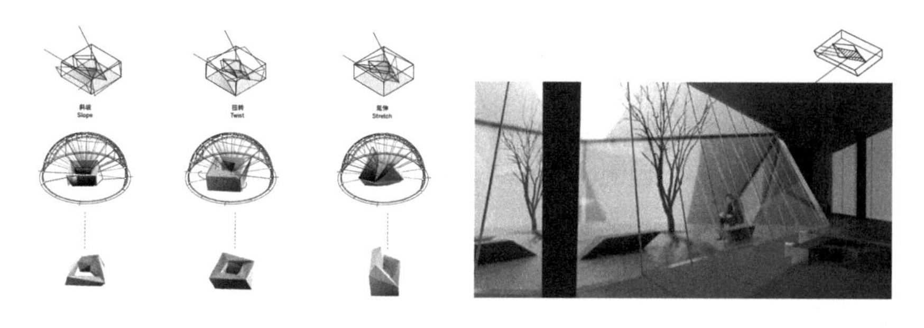

b. 基于太阳高度角的庭院空间原型转化

图6－12　空间形态组织能量协同："光之聚落"

资料来源：同济大学《热力学建筑原型》课程成果，设计者：梁芊荟、林静之、王劲凯，指导教师：李麟学、周渐佳。

二　空间形态组织能量协同

1. 庭院空间的原型转化（Ep—W/L/R/T）

庭院或天井空间有多种形式，取决于设置庭院的需求目的，是用于采光、通风、得热或是用于降温。当建筑物进深较大且超过侧窗采光的范围时，可设置天井或庭院为周围的房间提供照度；可以像日光间一样在冬季提供太阳得热；促进夏季自然通风的庭院通常较为通透且足够大，还需要在迎风面留足通向庭院的开口；而高窄的天井为周边房间提供了遮阳效果的阴影，并起到被动式烟囱效应通风的作用，温度较高的室内空气上升通过高位开口流向室外，同时温度较低的室外空气则由低位开口进入室内。图 6－13 的设计案例将传统长方形庭院的原型加以变异优化，用庭院本体的几何形状来优化夏季和冬季的辐射差异，核心控制要素是不同季节的特定太阳高度角。

参数变量——庭院高宽比、庭院位置、开口大小、开口位置。

性能目标——室内日照均值、空气流速、总能耗值。

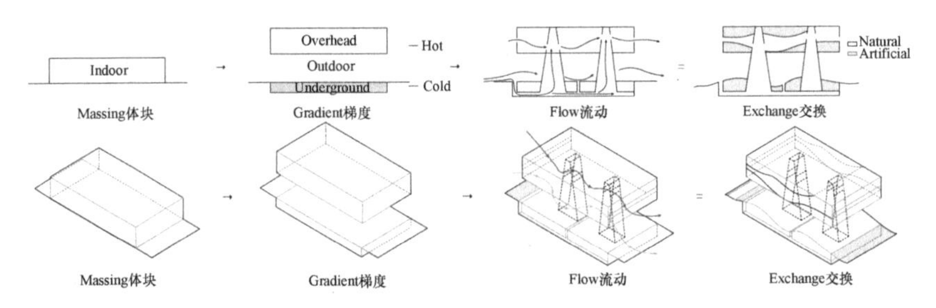

a. 以“热源”和“冷源”的置入为热力学原型

b. 基于能量梯度的空间分层热力学原型转化

图 6－13　空间形态组织能量协同：“双系统空气流动”

资料来源：同济大学《热力学建筑原型》课程成果，设计者：黄景溢 、莫然、陈昌杰、克里斯托夫 · 芬克，指导教师：李麟学、周渐佳。

2. 空间分层分区的原型转化（Ep—T/I）

在部分建筑物中，某些区域由于人员或设备的高度集中而产生大量热量，即此前提过的“热源”空间，其他空间可以利用这些“热源”来提供所需的热量，比如餐馆厨房和机械用房，将锅炉和热水器等的放置空间设置在其多余能量能为邻近房间所共享的地方。此外由于热空气上升，建筑物较高层部分一般比底层更温暖，因此根据活动或所需温度的不同，可以在建筑内设置功能垂直分区来利用温度分层。图6－13的设计案例根据使用功能空间所需热环境的需求差异，提出了将内部空间转化为“热源”和“冷源”两个系统，两套系统之间创造出空间的能量梯度层级，以此形成流动和交换，平衡能量消耗。

参数变量——空间功能、使用人数、运营时间表。

性能目标——供暖能耗、总能耗值。

3. 缓冲空间的原型转化（Ep—T/D）

建筑中有些空间，比如交通走道或储藏间，它们使用性质灵活，对操作温度也没有严格要求。这些容许温度波动的房间可作为外部环境和控温房间之间的热缓冲区，降低了人工采暖和制冷的负荷，节约大量能量。缓冲层是功能分层分区的要点之一，它可以置于平面的外侧，也可以置于竖向外侧（比如屋顶），缓冲区内温度变化和室外温度变化的特征比较可以表征出缓冲区的效用。

参数变量——空间位置、空间尺寸。

性能目标——日温度波动范围。

三　技术形态整合能量调控

1. 风塔的原型转化（Er—W/T/H）

在干热气候条件下，风塔顶部有着较高的进风口，干热的室外空气通过风塔内部液体降温而形成了密度较大的冷气流，冷空气下沉并产生正压，将其送入特定的建筑室内空间或区域，从周围的窗户流出。此时进风口处则形成了负压，使更多室外空气能由此吸入。风塔能够制造的冷空气总量取决于室外环境的湿度、冷却塔的高度和蒸发水量。风塔越高，提供的冷空气也就越多，无须使用风扇或借助室外风速。图6－14的案例是位于上海浦东的图书馆设计，以植物的呼吸作用作为概念伊始，提出了一个上层有开孔、下层有风塔通道的上下交叠的热力学原型。原型确定后转化为建筑层面，烟囱状的通高空间连通原型底层，使底层和风塔内有良好的通风环境。不同尺度的风塔被赋予不同功能：最大尺度的风塔是图书馆的塔楼，较大尺度的风塔成为内部可通行的采光天井，中等尺度的风塔是阅览空间的聚光井，小尺度的风塔是交通核，等等。风塔原型在转化的过程中整体向北倾斜，防止顶部过热且使风塔南侧产生庭院。

参数变量——风塔高度、横截面大小、进风口位置、进风口大小。

性能目标——空气流速、舒适度占比。

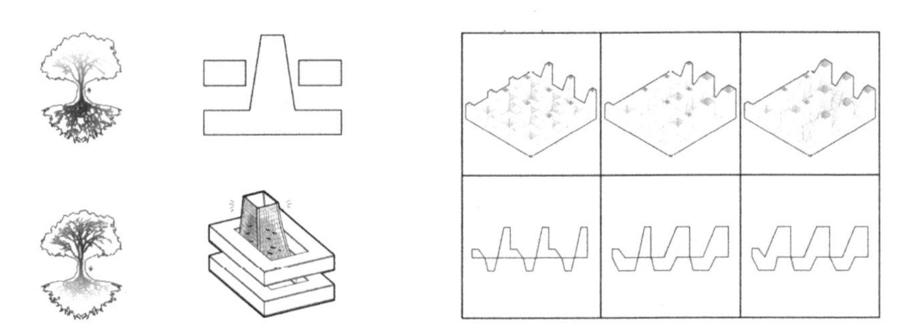

a. 以上下层交叠的风塔作为热力学原型

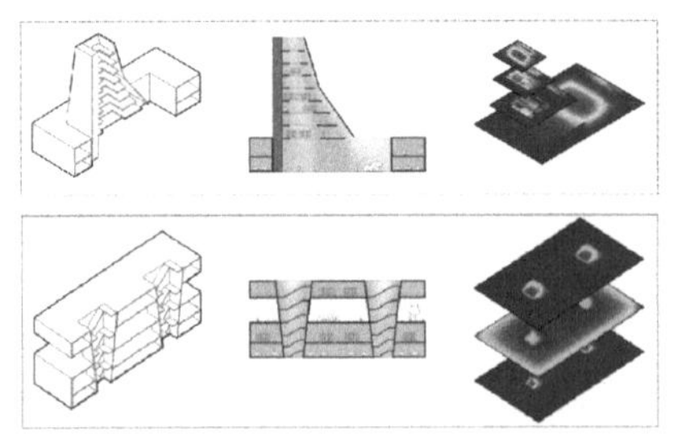

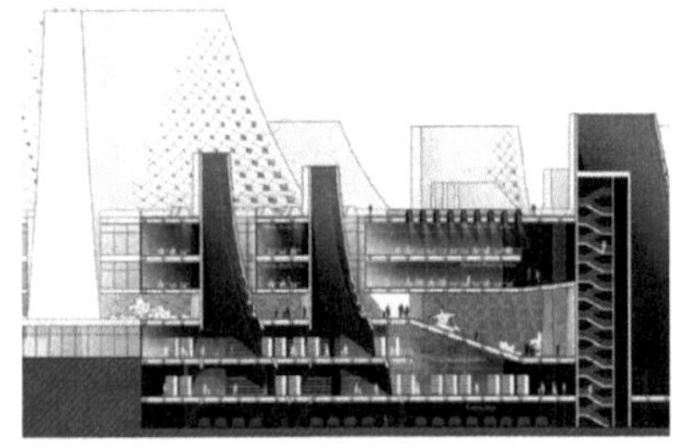

b. 基于风塔形态变化的热力学原型转化

图6－14　技术形态整合能量调控："Photosynthesis"

资料来源：同济大学《热力学建筑原型》课程成果，设计者：郑馨、郑思尧、吕欣欣，指导教师：李麟学、周渐佳。

2. 蓄热墙体的热力学原型转化（Er—T/R/I/D）

蓄热墙属于间接得热的太阳能系统，将蓄热物质置于需要加热的空间和向阳墙体之间，在端部收集和储存太阳能。阳光透过玻璃加热蓄热墙，蓄热墙和玻璃之间的空气间层成为一个良好的保温层，再使蓄热墙通过导热和辐射的方式加热室内空间，以补偿白天的能耗并作为夜间保温的替代方法。同时在室外气温波动剧烈的地区，可利用夜间冷空气带走室内的热量并降低室内蓄热材料的温度，从而在第二天白天无需使用外部设备仍然使空间保持凉爽。

参数变量——材料性质、墙体厚度、间层性质。

性能目标——总能耗值。

第四节　应用策略的局限性

前文所述的热力学原型应用策略中，建筑师的主观能动性依然起到引导和控制作用，因此该方法能够成为气候建筑设计中美学创新的有效途径。它在设计初期可以达到选型择优的目的，能够为中国节能设计方法整合提供一种直观的新思路，也具有现实的可行性。但它依旧存在一定的局限性，这主要在于计算机工具的局限性和实际建构上的复杂性两个方面。以计算机工具的局限性为例：其一，多数参数化环境模拟软件在设计初期仅仅需要输入少量的设计条件和参数，但在设计后期往往需要更精确的结果时，却缺少更多细节数据的输入条件；其二，模拟软件运行结果的准确度依赖于设计者在模型参数和设计条件输入上的准确度，也就是若数据输入这一环出现错漏，结果有可能会造成较大的误差；其三，计算机模拟始终属于较为理想化的设计依据，无法完全取代现实中的气候、场地和建筑性能状况，仅依据经验或主观上的判断，加上参数和程序的假设，是不能够完整反映错综复杂的现实情况的。

第五节 本章小结

方法是解决存在于逻辑分析和创造性思考之间冲突的手段，方法与理论思想相关联，具体的方法导向的是策略路径。策略路径是可用于设计研究实践的，可以使问题得到更为科学和理性的解答。策略路径取决于方法建构，气候建筑热力学原型的设计和研究应采取何种框架、步骤是怎么样的，在此过程中如何取得理论、技术和实际操作的高度融合，这是本章所要回答的具体问题。

建构热力学视角下的气候原型方法，不仅有利于打破传统绿色建筑设计中遇到的技术堆砌与形式困境，更是将对能量的思考深入建筑设计初始阶段，成为设计进程的指导者和推动者，建立崭新的能量形式化范式，并使建筑的环境性能得到优化和验证的保证，减少后续设计阶段与建筑使用阶段的反复工作和资源浪费。

具体策略路径以参数化环境模拟软件为工具，分为三个步骤——基于气象数据的可视化分析、基于能量需求的原型建立和基于能量形式化机制的原型转化。对气象数据的可视化是热力学原型方法的前提和基础上，通过分析气候特征发现建筑所需解决的能量需求问题所在，确立原型发展的目的。原型建立是热力学原型方法的核心步骤，从气候特征下寻找基本的建筑原型、建立能源模型，到确立多目标的模拟意图，再设定与形态相关的参数变量，最终建立起相关联的模拟运算程序，对所生成的原型在不同层级上进行往复优化。从多个优化方向中选取最后的原型样本植入场地，结合具体功能、经济文化和环境条件，在能量捕获、能量协同、能量调控这三种机制上进行更为深入的、真实尺度上的形式化操作。

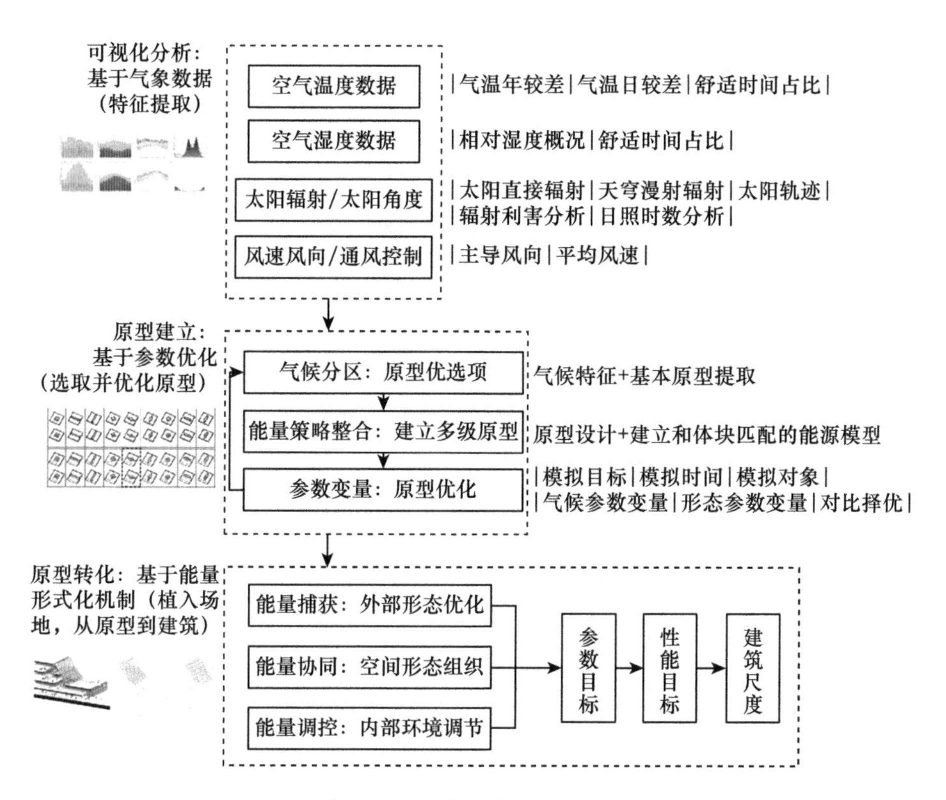

图 6－15　第六章研究框架

资料来源：笔者自制。

第七章

结　　语

第一节　本书的结论

一　时代背景下的气候设计和环境调控观念更新

从科学层面来看，如今综合学科与交叉学科蓬勃发展，专业之间的横向与纵向交融日益深入，人类知识疆域愈加扩大，学科边界愈加模糊。以混沌理论、耗散理论、涌现理论、协同论等理论为代表的复杂性科学，突破了以往传统科学范式对人们思维逻辑的束缚，揭示了自然界与人类社会产生、发展和运作的非线性特征。在这个背景下，建筑不再只是作为庇护所的存在，而是集合了气候环境、人文环境、社会环境、技术环境以及信息环境的综合体。因此，建筑学科的研究方法与目标也在不断变化。

我们常常希望能通过技术使室内维持热舒适标准，同时降低能耗。这种决定论事实上忽视了气候议题的复杂性。对于建筑学科研究来说，不仅需要新技术，更需要价值观念的改变。复杂科学的兴起打破了学科之间原有的界限，使原本服从于功能的形式逐渐从环境科学、生态学、数字技术乃至热力学中获得新的养分，探索气候环境、建筑和人体之间更为深层次的关联。在热力学视角下，建筑是一个开放系统，场地气候是这个系统最重要的环境。气候中的太阳辐射、温湿度、风等要素是不断运动的能量流，创造了外部环境；建筑捕获、传递、转化这些能量流，创造了内部环境。能量流的内在规律可以成为气候设计的依据，重新界定建筑的形式类型。

气候建筑的热力学原型实际上就是能量规律的稳定内核。地区气候下的建筑通常具有稳固的环境调控类型，结合了文化、技术等因素呈现出不同的形式。原型揭示了能量与形式关系的本质，它具有改变建筑结构、要素、组织和审美的能力，可以演化出不同的建筑形式。反过来说，形式也参与到环境调控的过程中，协助使用主体完成对气候环境的适应和协同。立足于气候与能量，这一视角为当下的可持续议题重构了建筑思考的整体性。

二　以能量流动为基础的类型学方法构建

班纳姆在《环境调控的建筑学》中提出了“保守型”“选择型”“再生型”的三种基本模式，开启了环境调控的建筑类型研究。气候虽不是影响形式的唯一因素，但某一特定的气候下，建筑的环境调控类型是相对稳定的，建筑形式是建筑从气候中获得能量与递转能量的工具。本书构建了热力学视角下的气候建筑原型方法，针对地区气候特征，具体通过“能量流通结构—原型要素层级—能量需求因子”的形态梯度，导向热力学原型这一类型学上的建构。热力学原型从能量流动出发，回应了气候环境并除却了风格审美的影响，直接指向了特定气候下的环境调控范式（包括形态、空间、界面、材料等）。从传统气候建筑中提取的热力学原型是一种深层结构，它可以成为环境调控的形式法则从而进行当代气候建筑的转译。

三　热力学思考下的范式和评价标准重塑

在顺应天时的过去，人需要和自然共处，需要观察气候、顺应气候、利用气候，以人的主体需求结合在地文化，塑造出多样化的建筑形态。进入当代社会，人工照明使我们摆脱了对自然光的依赖，空调系统利用机械能驱动将室内的热量散发到室外，为建筑营造出温湿度适宜的微气候环境。建筑从而走上了一条标准化设计的道路，大进深建筑在主动调控技术的助力下遍布全球。建筑不再是生动的自我运转的系统，而成为封闭的空壳，以机械通风和空调驱动，通过管道机械式地输送能量。这就是基尔·莫在《隔离的现代主义》中反思的自现代主义以来的“人工气候”，以密闭隔离的建筑形式为特征，这种同质化风格忽视了设计中对气候环境的适应性应答。当下以“能量评级认证”为代表的节能建筑，某种程度上依然是这一“环境隔离”传统的延续和强化，建筑本体的形式活力被技术和设备的堆砌取代。

本书从热力学角度，将具象的建筑形式和抽象的能量流动联结起来，强调了建筑和气候环境之间的关系。这将建筑形式从内部调控的桎梏中解放出来，开始倾向一种非线性科学思维的建构，以此将人们的视线从机械、呆板、静态的建筑形态中释放出来，投入与自然更接近的形态体系之中。① 热力学原型的方法是将建筑的环境性能和建筑本体设计融为一体，通过分析环境气候参数驱动，并将其可视化，揭示能量流动的热力学机理和性能，促动产生新的几何与形式。从信息数据、性能参数、能量流动到形式生成，在物质、形式、能量与性能这些热力学的核心话语间建立一个全景视野。② 在这个过程中，新的范式得以产生，建筑不再是量化环境性能的容器，它修复了人和气候的关系，为日常生活赋予了崭新的建筑体验。

第二节　本书的创新点

第一，系统论述了热力学视角下气候建筑的内在意义和研究体系。

---

① 张向宁：《当代复杂性建筑形态设计研究》，博士学位论文，哈尔滨工业大学，2009 年。

② 李麟学：《热力学建筑原型　环境调控的形式法则》，《时代建筑》2018 年第 3 期。

本书所研究的“气候建筑”需要将气候视为建筑需要适应的外部环境，也需要将气候视为建筑可以利用的外部能源。气候是天然的存在，人作为主宰，为了生存时刻处于与气候的博弈之中。建筑是人类抵御气候的造物，介入人和气候之间。这个介入的过程是为了迎合人的客观需求，其形式可能是对外部的阻隔，也可能是对外部的适应；实质上它是一个热力学过程，运作的本质是能量流动。以热力学的视角串联气候、能量、建筑和人体之间的内在关系，就是为了探究建筑本体如何通过能量流动来化解人和气候之间的必然矛盾。本书将建筑和其所在的气候环境视为一个开放且复杂的热力学系统，以能量流动为思考方式研究气候建筑内部的环境调控作用，从而厘清形式生成的内部逻辑，即建筑的热力学原型，它代表了对事物复杂性的还原。

第二，构建了从原型提取到原型转译，以“结构—层级—因子”为形态梯度的气候建筑热力学原型研究方法。

本书以热力学原型为研究线索，将能量流动对气候建筑形式的影响作出类型归纳。本书的观点是，气候建筑和周围气候环境可视为一个整体的热力学系统，其内部最本质的能量流动过程生成了建筑的热力学原型。热力学原型以“结构—层级—因子”组成形态梯度：由三种能量流通结构（能量捕获结构、能量协同结构、能量调控结构）和五个要素层级（整体布局、平面层次、竖向层次、界面孔隙度、构造补偿）构成，用以应对气候要素下不同的能量需求因子（减少得热、促进通风等）。在此基础上，借鉴了系统生态学中的能量系统语言为图解工具，以定性定量结合的方法研究大量案例，从传统气候建筑中提取热力学原型，再分析它们在当代气候建筑中的形式转译。

第三，热力学原型是环境调控的形式法则，以此为基础提出气候建筑原型建立和转化的能量形式化机制，即能量捕获、能量协同和能量调控。

从热力学原型的提取到热力学原型的转译，是建筑本体的形式创造，是能量形式化的过程，体现的是建筑形式的能量法则。能量法则存在于气候建筑的三种能量流通结构中，因此能量形式化的机制也涉及能量捕获、能量协同、能量调控这三种行为。能量捕获影响了建筑外部形态的优化，能量协同影响了建筑空间形态的组织，能量调控影响了建筑技术形态的调节。若目标是应用于气候建筑的设计实践，则首先是分析气候数据，再是原型的建立和优化，最后还原到建筑尺度的原型转化，这一过程可通过参数化环境性能分析软件介入得以实现。热力学视角下气候建筑原型研究为重新思考可持续大背景下的建筑自主性提供了理论依据，为未来低能耗建筑的范式更新提供了方法参考。

第三节　未来展望

中国辽阔的疆域和基本国情决定了建筑发展方向必须充分关注气候类型差异所造成的地区资源差异，而当今许多所谓绿色节能技术为了追求指标所造成的巨大建造和运营成本，与国家倡导的绿色建筑初衷相背离。强调“形式追随气候”“形式追随能量”，是为了说明建筑形式之于调节能量流动及运转的重要性，也是最大化气候资源的利用，适应中国国情的建筑“低技术”发展需求。本书的研究在当下属于较新的研究领域，涉及范围比较广泛，学科交叉的跨度也比较大（建筑学、热力学、系统生态学等），因此还有很多值得探讨的学术问题需要在未来的研究中进一步拓展；本书所涉及的研究对象较为庞大，所选择的气候建筑研究案例难免无法囊括所有气候类型，也无法涵盖所有形式策略类型；另外，本书的研究主要建立在理论研究和软件模拟之上，在转化为实践的过程中还会产生许多需要克服的问题。本书提出的是一种研究方法，期望由此能够带来对建筑本体的思考，并为绿色建筑、低能耗建筑热潮下的建筑范式更新提供一个新的注脚。期待未来能引发同行业学者和专家的进一步关注，在此基础上对此研究方向展开更全面、更深入的探索。

参考文献

一　中文文献

毕晓健、刘丛红：《基于 Ladybug + Honeybee 的参数化节能设计研究——以寒冷地区办公综合体为例》，《建筑学报》2018 年第 2 期。

蔡雁：《泉州岵山镇传统建筑的保护研究》，硕士学位论文，厦门大学，2014 年。

陈心怡：《气候学视野下的闽南传统建筑空间转译研究》，硕士学位论文，天津大学，2016 年。

窦平平：《从“医学身体”到诉诸于结构的“环境”观念》，《建筑学报》2017 年第 7 期。

冯立全：《山东省典型传统民居节能技术研究与应用》，硕士学位论文，烟台大学，2017 年。

郭红：《建筑原型的阐释》，硕士学位论文，华中科技大学，2004 年。

郝石盟、宋晔皓：《不同建筑体系下的建筑气候适应性概念辨析》，《建筑学报》2016 年第 9 期。

何美婷、李麟学：《基于自然能量的乡土建筑热力学研究》，《建筑节能》2019 年第 10 期。

黄瑜潇：《柏社村地坑窑院建筑的现代应用设计及其生态低技术研究》，硕士学位论文，西安建筑科技大学，2017 年。

孔宇航、孙真、王志强：《形式生成笔记——基于能量流动的建筑形式思考》，《新建筑》2018 年第 3 期。

李钢、项秉仁：《建筑腔体的类型学研究》，《建筑学报》2006 年第 11 期。
李麟学、侯苗苗：《性能、系统、诗意　上海崇明体育训练中心 1、2、3 号楼生态实验》，《时代建筑》2019 年第 2 期。
李麟学、钱韧、吴杰：《能量形式化与高层建筑的生态塑形》，《城市建筑》2014 年第 19 期。
李麟学：《热力学建筑原型　环境调控的形式法则》，《时代建筑》2018 年第 3 期。
李麟学、陶思旻：《绿色建筑进化与建筑学能量议程》，《南方建筑》2016 年第 3 期。
李麟学、王瑾瑾：《作为能量媒介的材料建构——黄河口游客服务中心夯土实验》，《建筑技艺》2014 年第 7 期。
李麟学：《知识 · 话语 · 范式　能量与热力学建筑的历史图景及当代前沿》，《时代建筑》2015 年第 2 期。
李玲玉：《地域文化视野下的山东沿海传统民居保护与利用研究》，硕士学位论文，吉林建筑大学，2015 年。
林正豪、宋晔皓、韩冬辰：《轻质装配式建筑的气候适应表皮原型研究——以温和与寒冷地区实验平台为例》，《南方建筑》2019 年第 1 期。
刘琪瑶：《建筑原型理论研究及应用——以院落建筑为例》，硕士学位论文，重庆大学，2012 年。
刘琪瑶、魏皓严：《“原型”概念溯源》，《室内设计》2012 年第 1 期。
刘旸、吴琦：《运动的空气：自然通风与热力学引导在公共建筑设计中的运用》，《建设科技》2017 年第 20 期。
刘洋：《基于原型思想的建筑空间创作观》，博士学位论文，哈尔滨工业大学，2017 年。
鲁安东、窦平平：《发现蚕种场　走向一个“原生”的范式》，《时代建筑》2015 年第 2 期。

鲁安东、窦平平：《环境作用理论及几个关键词刍议》，《时代建筑》2018 年第 3 期。
麦华：《基于整体观的当代岭南建筑气候适应性创作策略研究》，博士学位论文，华南理工大学，2016 年。
茅艳：《人体热舒适气候适应性研究》，博士学位论文，西安建筑科技大学，2006 年。
闵天怡：《基于“开启”体系的太湖流域乡土民居气候适应机制与环境调控性能研究》，博士学位论文，东南大学，2019 年。
闵天怡：《生物气候建筑叙事》，《西部人居环境学刊》2017 年第 6 期。
彭一刚：《地域风格在印度》，《建筑学报》2005 年第 5 期。
沈君承：《当代“热力学建筑实验”及其启示》，《住宅与房地产》2017 年第 27 期。
史永高：《面向环境调控的建构学及复合建造的轻型建筑之于本议题的典型性》，《建筑学报》2017 年第 2 期。
宋晔皓：《技术与设计：关注环境的设计模式》，《世界建筑》2015 年第 7 期。
宋晔皓、王嘉亮、朱宁：《中国本土绿色建筑被动式设计策略思考》，《建筑学报》2013 年第 7 期。
孙柏：《交互式表皮绿色建筑设计空间调节的表皮策略研究》，硕士学位论文，东南大学，2018 年。
孙真：《基于能量流动的建筑形式生成方法研究》，硕士学位论文，天津大学，2017 年。
王飞：《寒地建筑形态自组织适寒设计研究》，博士学位论文，哈尔滨工业大学，2016 年。
王骏阳：《现代建筑史学语境下的长泾蚕种场及对当代建筑学的启示》，《建筑学报》2015 年第 8 期。
邬峻：《建筑原型的表现模拟与分析》，《建筑学报》2004 年第 6 期。
吴秋丽：《辽宁省传统满族村落空间形态研究》，硕士学位论文，沈阳农业大学，2018 年。
夏伟：《基于被动式设计策略的气候分区研究》，博士学位论文，清华大学，2008 年。
肖葳、张彤：《建筑体形性能机理与适应性体形设计关键技术》，《建筑师》2019 年第 6 期。
闫海燕：《基于地域气候的适应性热舒适研究》，博士学位论文，西安建筑科技大学，2013 年。
闫业超等：《国内外气候舒适度评价研究进展》，《地球科学进展》2013 年第 10 期。
杨柳：《建筑气候分析与设计策略研究》，博士学位论文，西安建筑科技大学，2003 年。
张乾：《聚落空间特征与气候适应性的关联研究——以鄂东南地区为例》，博士学位论文，华中科技大学，2012 年。
张彤：《环境调控的建筑学自治与空间调节设计策略》，《建筑师》2019 年第 6 期。
张彤：《空间调节——绿色建筑的需求侧调控》，《城市环境设计》2016 年第 3 期。
张向宁：《当代复杂性建筑形态设计研究》，博士学位论文，哈尔滨工业大学，2009 年。
张毅、韦娜、王渊：《浅谈建筑之熵》，《住宅科技》2014 年第 5 期。
赵亚敏：《建筑适应气候的适宜技术——以福建建筑为例》，《南方建筑》2019 年第 3 期。
郑斐、刘甦、王月涛：《从孤立到开放——系统生态学视野下现代建筑能量实践反思》，《新建筑》2019 年第 1 期。
仲文洲、张彤：《环境调控五点——勒·柯布西耶建筑思想与实践范式转换的气候逻辑》，《建筑师》2019 年第 6 期。

二　外文文献

Alan Wilson, *Entropy in Urban and Regional Modelling*, London: Routledge, 1970.

Amos Rapoport, *House Form and Culture*, Englewood Cliffs: Prentice Hall, 1969.

B. Givoni, *Climate Consideration in Building and Urban Design*, New York: John Wiley & Sons, 1998.

C. Mileto et al. , *Vernacular and Earthen Architecture: Conservation and Sustainability*, London: CRC Press, 2017.

C. Mileto et al. , *Vernacular Architecture: Towards a Sustainable Future*, London: CRC Press, 2014.

Dan Willis et al. , *Energy Accounts: Architectural Representations of Energy, Climate, and the Future*, New York: Routledge, 2017.

D'Arcy Thompson, *On Growth and Form*, Cambridge: Cambridge University Press, 1961.

David Gissen, *Subnature*, New Jersey: Princeton Architectural Press, 2009.

Dean Hawkes, *The Environmental Imagination: Technics and Poetics of the Architectural Environment*, New York: Routledge, 2008.

Dean Hawkes, *The Selective Environment*, London: Taylor & Francis, 2002.

Donald Watson, *The Energy Design Handbook*, Washington, D. C. : The American Institute of Architects Press, 1993.

Friedrich Nietzche, *The Will to Power*, New York: Vintage, 1968.

Fumihiko Seta et al. , Understanding Built Environment, Singapore: Springer, 2016.

G. W. Wenzel, "Canadian Inuit Subsistence and Ecological Instability-If the Climate Changes, must the Inuit?", *Polar Research*, Vol. 28, No. 1, 2009.

Hassan Fathy, *Architecture for the Poor: An Experiment in Rural Egypt*, Chicago: The University of Chicago Press, 2000.

Howard T. Odum, *Environment, Power, and Society for the Twenty-First Century: The Hierarchy of Energy*, New York: Columbia University Press, 2007.

H. T. Odum, *Systems Ecology: An Introduction*, New Jersey: Wiley, 1983.

Inaki Abalos, Daniel Ibanez, *Thermodynamics Applied to Highrise and Mixed Use Prototypes*, Cambridge: Harvard University Press, 2012.

Javier Garcia-German, *Thermodynamic Interactions: An Architectural Exploration into Physiological Material, Territorial Atmospheres*, Barcelona: Actar Publishers, 2017.

J. M. Evans, "Evaluating Comfort with Varying Temperature: A Graphic Design Tool", *Energy and Buildings*, No. 1463, 2002.

Kamarul Syahril Kamal, Lilawati Abdul Wahab, Asmalia Che Ahmad, "Climatic Design of the Traditional Malay House to Meet the Requirements of Modern Living", The 38th International Conference of Architectural Science Association ANZAScA "Contexts of architecture", Launceston, Tasmania, 2004.

Ken Yeang, *Designing With Nature: The Ecological Basis for Architectural Design*, New York: McGraw-Hill, Inc., 1995.

Kiel Moe, *Convergence: An Architectural Agenda for Energy*, New York: Routledge, 2013.

Kiel Moe, *Insulating Modernism: Isolated and Non-Isolated Thermodynamics in Architecture*, Boston: Birkhäuser, 2014.

Kiel Moe, *Integrated Design in Contemporary Architecture*, New York: Taylor & Francis Usa, 2008.

Kiel Moe, *Thermally Active Surfaces in Architecture*, New Jersey: Princeton Architectural Press, 2010.

Leon Battista Alberti, *The Ten Books of Architecture: The 1755 Leoni Edition*, New York: Dover Publications, 1986.

Linxue Li, Simin Tao, "Towards Thermodynamic Architecture: Research on Systems-based Design Oriented by Renewable Energy", 2nd International Conferece on Environmental and Energy Engineering, 2018.

Lisa Heschong, *Thermal Delight in Architecture*, Cambridge: The MIT Press, 1979.

Luis Fernandez Galiano, *Fire and Memory: On Architecture and Energy*, Cambridge: The MIT Press, 2000.

MarcusVitruvius Pollio, *Vitruvius: The Ten Books on Architecture*, Cambridge: Harvard University Press, 1914.

Mario Carpo, *The Digital Turn in Architecture: 1992 – 2012*, West Sussex: Wiley, 2013.

Mary Ann Steane, *The Architecture of Light: Recent Approaches to Designing with Natural Light*, New York: Routledge, 2011.

Matthew R. Hall, *Materials Forenergy Efficiency and Thermal Comfort in Buildings*, Cambridge: Woodhead Publishing, 2010.

Matthew R. Hall, Rick Lindsay and Meror Krayenhoff, *Modern Earth Buildings: Materials, Engineering, Construction and Applications*, Cambridge: Woodhead Publishing Limited, 2012.

Michael U. Hensel, *Performance-Oriented Architecture*, New Jersey: John Wiley & Sons, 2013.

M. Santamouris, *Energy and Climate in the Urban Built Environment*, London: James & James, 2001.

Neeraj Bhatia, Jurgen Mayer H., *Arium: Weather + Architecture*, Berlin: Hatje Cantz, 2010.

Nick Baker, Koen Steemers, *Energy and Environment in Architecture: A Technical Design Guide*, London: Taylor & Francis, 1999.

Peter Smith, *Architecture in a Climate of Change*, Oxford: Architectural Press, 2001.

Peter Smith, *Sustainability at the Cutting Edge: Emerging Technologies for Low Energy Buildings*, Oxford: Architectural Press, 2003.

Pınar Kısa Ovalı, Gildis Tachir, "Underground Settlements and Their Bioclimatic Conditions; Santorini/Greece", 14th International Conference in "Standardization, Protypes and Quality: a Means of Balkan Countries' Collaboration", 2018.

Q. Gong et al., "Sustainable Urban Development System Measurement Based on Dissipative Structure Theory, the Grey Entropy Method and Coupling Theory: A Case Study in Chengdu, China", *Sustainability*, Vol. 11, No. 1, 2019.

Ralph L. Knowles, *Energy and Form: An Ecological Approach to Urban Growth*, Cambridge: The MIT Press, 1980.

Ravi Srinivasan, *Kiel Moe*, *The Hierarchy of Energy in Architecture: Emergy Analysis*, New York: Routledge, 2015.

Reyner Banham, *The Architecutre of the Well-tempered Environment*, Chicago: The University of Chicago Press, 1969.

Robert Krier, *Urban Space*, New York: Rizzoli, 1979.

R. Soleymanpour, N. Parsaee, M. Banaei, "Climate Comfort Comparison of Vernacular and Contemporary Houses of Iran", Asian Conference on Environment-Behaviour Studies, 2015.

Sadi Carnot, *Reflection on the Motive Power of Heat*, New Jersey: John Wiley & Sons, 1897.

Shady Attia, "Assessing the Thermal Performance of Bedouin Tents in Hot Climates", 1st International Conference on Energy and Indoor Environment for Hot Climates, 2014.

Simon Sadler, *Archigram: Architecture without Architecture*, Cambridge: the MIT Press, 2005.

Steven V. Szokolay, *Introduction to Architectural Science: The Basis of Sustainable Design*, Oxford: Architecural Press, 2008.

Susannah Hagan, *Taking Shape: A New Contract Between Architecture and Nature*, Oxford: Architectural Press, 2001.

Torben Dahl, *Climate and Architecture*, London: Routledge, 2009.

Victor Olgyay, *Design with Climate: Bioclimatic Approach to Architectural Regionalism*, New Jersey: Princeton University Press, 1963.

Vivian Loftness, Dagmar Haase, *Sustainable Built Environments*, New York: Springer, 2012.

Willam Braham, *Architecture and Energy Performance and Style*, New York: Routledge, 2013.

Willam W. Braham, *Architecture and Systems Ecology*, New York: Routledge, 2016.

Y. C. Wu et al., "Myth of Ecological Architecture Designs: Comparison Between Design Concept and Computational Analysis Results of Natural-ventilation for Tjibaou Cultural Center in New Caledonia", *Energy and Buildings*, Vol. 43, No. 10, 2011.

索　　引

B

被动式策略　51，93，130，151，152，255，269

捕风塔　68，69，108—110，228，245，275，278—280

F

风玫瑰　130，138，310，354

G

干球温度　52，113，130，138，349

构造补偿　115，117，121，144，151，169，177，185，194，202，227，236，243，244，253，294，356，375

H

焓湿图　53，113，130，133，134，144，152，161，162，169，178，186，187，195，196，203，211，220，228，237，238，339

耗散结构　16，32，71，75，77—79，87，95

环境调控　9，13，24—28，33，35，55，61，62，66，103，108，113，119，240，256，258，277，291，308，338，372，373，375

环境性能模拟　31，34，37，130，354

缓冲层　66，270，367

J

建筑原型　12，13，17—20，33，108，112，122，253，348，359，361，370

降水量　46，127，128，132，138，139，142，147，155，164，166，173，176，182，

190，192，197，206，214，215，223，224，232，242，275，277，298，301，302

界面孔隙度　115，117，121，142，150，160，168，177，185，193，201，210，219，226，235，243，244，253，305，356，375

聚落　108，114，115，133，135—138，140，142，143，148，154，156，157，162，172，174，177，189，205，207，208，215，216，224，231，233，234，243，245，253

K

开放系统　6，10，16，17，29，71，73，75—77，86，95，102，244，254，372

柯本气候分类　125，126，135，138，146，172，190，197，265—267，269，274—277，282，283，285，286，291，355

空间形态　65，87，139，194，271—277，346，358，360，362，365，376

空间组织　26，71，75，91，95，113，116，119，221，244，251，253，262，273，323，343，355

L

Ladybug Tools　37，38，129，130，133，348，352，354，357，359，360

N

能级匹配　75，85，87，88，95，115

能量捕获　35，118，119，121，171，244，245，253，258，259，262—265，269，270，294，305，308，312，321，329，345—347，355，356，362，370，375，376

能量策略　112，113，115，119—121，133，134，136，140，144，156，215，229，238，240，242，243，253，255，289—293，345—347，350，356，357，362

能量调控　35，60，118，119，121，244，245，253，258，261，262，280—282，287—289，294，305，308，334，345—347，356，362，367，

370，375，376
能量流动 6，7，10，11，13，16，17，28—34，36，43，56，69，70，74，75，79，87，89—91，93，97，100，109，110，115，118，122，123，253，258，260，263，271，279，280，291，294，338，341，345，347，348，355，373—376
能量流通结构 32，33，81，82，99，117，118，244—247，294，305，373，375，376
能量系统语言 29，31，34，36，97—99，101，103，122，134，145，153，163，170，172，179，188，196，204，212，221，230，238，253，270，279，288，375
能量协同 6，11，35，118，119，121，133，145，153，172，205，239，244，245，253，258，260，271—273，276，278，279，294，305，308，322，345—347，356，362，365，370，375，376
能量形式化 13，29，30，33—35，110，254，258，259，262，292，294，308，338，341，344—347，355，359，361，362，370，375，376
能量需求 33，34，36，60，79，106，110，112，114，116，121，123，130—133，137，139，140，145，148，152，153，156，161—163，166，172，174，179，182，188，191，196，198，200，204，207，212，215，221，224，230，233，236，238，240，242，246，247，251，253，254，265，270，271，273，279，289，290，292—294，305，338，341，347—349，354，356，370，373，375

P

平面层次 115，116，121，141，149，157，166，175，184，192，199，208，216，224，234，243，244，253，271，294，305，356，375

Q

气候建筑 4，7，9，10，13，24，31—36，41，48，50，

55，56，71，73，75，79，83，84，88—99，101—103，112，113，115，117，121—124，129，133—135，137，239，240，247，253—258，262—264，270，271，273，278，279，281，288，290，294，297，305，307，312，330，341，344—348，355，356，358，369，370，373—376

气候设计　8，15，20—25，27，31，32，34—36，51，53—55，61，66，68，93，95，263，348，355，372，373

气温日较差　132，286，299，349

腔体　322—326

R

热力学建筑　6，7，27—32，34—36，69，95，110，290，292，344

热力学系统　11，16，32，33，41，69，72，73，75，76，78，84，90，91，93，99，103，134，171，247，253，258，303，305，375

热力学原型　13，32—36，97，103，106，108，110，113—115，121—123，129，131，134，144，152，153，161，169，178，186，195，203，205，211，220，228，237，243，247，251，253，254，258，259，279，290，292，305，321，327，338，341，347，348，356—362，365，368—370，373—375

热舒适　4，9，21，34，43，45，47—55，62，71，81，83，84，87，92，93，95，108，109，112，113，123，130，132，133，144，159，174，182，204，207，238，240，241，256，260，271，321，349，350，352，358，372

日照时长　130，216，314—316，336，359，362

S

适宜技术　23，117，256，261，262，281，290

竖向层次　115—117，121，142，149，159，168，176，184，192，200，209，218，226，243，244，253，257，

294，305，356，375

T

太阳辐射　15，22，41—46，51，52，80，81，84，85，90，91，95，99，112，115，116，120，124—128，130，132，137—140，142，147，148，151，155—157，165—167，171，172，176，177，182，186，190，192，193，196，197，204，206，208，212，214，219，223，224，231—234，238—241，243，245，246，253，265，268，283，284，292，293，298，299，304，316，321，325，326，329，348，349，351—355，359，360，362，364，373
太阳能烟囱　274，278，279

X

乡土民居　135，136，140，189，302，303，312，313，315，321
相对湿度　45，52，54，113，128，130，137—139，147，154，155，165，166，172，182，190，192，197，199，205，214，222，232，246，299，348，351

Y

原型提取　33，34，111，122—124，129，239，246，247，253，256，258，303，341，346，375
原型转译　33—35，117，122，123，134，247，254，269，278，281，287，290，293，294，297，307，308，330，332，338，341，344，346—348，362，375

Z

整体布局　115，121，133，140，148，156，174，183，207，216，224，233，243，244，253，271，294，305，356，362，375
植入能量　133，143，145，153，160，177，179，188，197，205，226，231，304
自然通风　46，50，51，53，54，57，64，80，85，87，92，116，133，140，142，145，151—153，156—159，

161—163，168—170，172，178，187，192，193，195，207，208，211，212，220，229，238，242，263，264，267，268，272，274，275，278，279，284，285，287，288，323，326，337，339，354，356，362，364，366